GR 336   8,-
T/4

Franziska Gasser
Germana Patria

Beiträge zur Altertumskunde

Herausgegeben von
Michael Erler, Ernst Heitsch, Ludwig Koenen,
Reinhold Merkelbach, Clemens Zintzen

Band 118

B. G. Teubner Stuttgart und Leipzig

Germana Patria

Die Geburtsheimat in den Werken
römischer Autoren der späten Republik
und der frühen Kaiserzeit

Von
Franziska Gasser

B. G. Teubner Stuttgart und Leipzig 1999

Die vorliegende Arbeit wurde von der Philosophischen Fakultät I
der Universität Zürich im Sommersemester 1998 auf Antrag von
Prof. Dr. Hermann Tränkle und Prof. Dr. Heinrich Marti als
Dissertation angenommen.

Die Deutsche Bibliothek – CIP-Einheitsaufnahme

Gasser, Franziska:
Germana patria: die Geburtsheimat in den Werken römischer Autoren
der späten Republik und der frühen Kaiserzeit /
von Franziska Gasser. – Stuttgart; Leipzig: Teubner, 1999
 (Beiträge zur Altertumskunde; Bd. 118)
 Zugl.: Zürich, Univ., Diss., 1998
 ISBN 3-519-07667-5

Das Werk einschließlich aller seiner Teile ist urheberrechtlich geschützt.
Jede Verwertung außerhalb der engen Grenzen des Urheberrechts-
gesetzes ist ohne Zustimmung des Verlages unzulässig und strafbar.
Das gilt besonders für Vervielfältigungen, Übersetzungen,
Mikroverfilmungen und die Einspeicherung und Verarbeitung
in elektronischen Systemen.
© 1999 B. G. Teubner Stuttgart und Leipzig
Printed in Germany
Druck und Bindung: Röck, Weinsberg

Vorwort

Die intensive Beschäftigung mit der „Geburtsheimat römischer Autoren" hat mir über einige Jahre hinweg Freude und Genugtuung bereitet. Im Dezember 1997 war dann die Arbeit inhaltlich im wesentlichen abgeschlossen, deshalb konnte später erschienene Literatur in der Regel auch nicht mehr berücksichtigt werden.

Es ist mir an dieser Stelle ein Anliegen, mich bei allen, die mir bei meinen Bemühungen hilfreich zur Seite gestanden sind, herzlich zu bedanken.
Mehr als nur grosser Dank für stets selbstverständlich gewährten Rat in einzelnen Sachfragen und sorgfältigste Betreuung während der ganzen Zeit gilt meinem Lehrer und Doktorvater, Prof. Dr. Hermann Tränkle; ohne seine Anregung und grosszügige Förderung hätte ich das Unternehmen nicht in Angriff genommen, ohne seine Freundschaft nicht in dieser Weise zu Ende gebracht. Prof. Dr. Heinrich Marti danke ich für das Korreferat, insbesondere für seine Vorschläge zur Präzisierung und manch willkommenen Hinweis auf ärgerliche Versehen. Nennen möchte ich in meiner Dankadresse weiter die Germanistin lic. phil. Magdalena Seibl, welche die einzelnen Kapitel auf allgemeine Verständlichkeit und sprachliche Korrektheit geprüft hat, sowie meine Fachkollegin lic. phil. Barbara Suter, die sich dieselbe Mühe mit einer inhaltlichen Durchsicht und dem aufwendigen Korrekturlesen der gesamten Arbeit gemacht hat. Schliesslich freut es mich, dass der „Fonds für Altertumswissenschaft, Zürich" meine Arbeit berücksichtigt und mit einem Druckkostenzuschuss unterstützt hat.
Besonders hervorheben möchte ich das Verdienst meiner lieben Eltern, die meine wissenschaftliche Ausbildung gutgeheissen und all die Jahre in nicht selbstverständlicher Weise unterstützt haben.

INHALTSVERZEICHNIS

I	EINLEITUNG	9-13
II	*PATRIA CIVITATIS* UND *PATRIA NATURAE* – EINE ORIENTIERUNG	14-31
III	CICERO UND ARPINUM	22-49
III.1	Darstellung	22-48
III.2	Schlussbemerkungen	48-49
IV	CATULL UND DIE TRANSPADANA	50-61
IV.1	Darstellung	50-60
IV.2	Schlussbemerkungen	61
V	VERGIL UND MANTUA	62-73
V.1	Darstellung	62-71
V.2	Schlussbemerkungen	72-73
VI	HORAZ, UNTERITALIEN UND VENUSIA	74-89
VI.1	Darstellung	74-87
VI.2	Schlussbemerkungen	87-89
VII	PROPERZ UND ASSISI	90-102
VII.1	Darstellung	90-101
VII.2	Schlussbemerkungen	102
VIII	OVID UND SULMO	103-115
VIII.1	Darstellung	103-114
VIII.2	Schlussbemerkungen	114-115
IX	LIVIUS UND PATAVIUM – einige Bemerkungen	116-121
X	STATIUS, NEAPEL UND DER GOLF	122-147
X.1	Darstellung	122-145
X.2	Schlussbemerkungen	146-147
XI	MARTIAL UND BILBILIS	148-185
XI.1	Darstellung	148-181
XI.2	Schlussbemerkungen	182-185
XII	PLINIUS DER JÜNGERE UND COMUM	186-216
XII.1	Darstellung	186-214
XII.2	Schlussbemerkungen	214-216
XIII	LOKALPATRIOTISMUS VON CICERO BIS PLINIUS	217-228
XIV	BIBLIOGRAPHIE	231-243
XV	INDICES	244-261
XV.1	Stellen	244-254
XV.2	Namen, Begriffe, Sachen	255-261

I GERMANA PATRIA – EINLEITUNG

Germana patria[1] – „Geburtsheimat"[2], ein Begriff, der bei jedem andere Bilder aufsteigen lässt: Erinnerungen an Kindertage, an eine bestimmte Landschaft und ihre Menschen. Viele sind ihrer engeren Heimat zeit ihres Lebens in stolzer Anhänglichkeit verbunden, manche werfen hin und wieder einen Blick zurück, und einige mögen ganz froh sein, der Enge der Geburtsheimat und Herkunft entflohen zu sein und den Anschluss an die „grosse Welt" gefunden zu haben.

Ziel der vorliegenden Untersuchung ist es, etwas über die Beziehung römischer Autoren zu ihrer engeren Heimat zu erfahren. Bei den Römern, bei denen die Geburtsheimat nicht mit der gleichen Selbstverständlichkeit wie bei den in Polis-Staaten lebenden Griechen mit der Heimat im weiteren Sinne (*patria civitatis*)[3] zusammenfallen musste, können wir das Phänomen des Lokalpatriotismus in einer besonderen Ausprägung erfassen; wer nicht aus der *urbs* stammte, hatte sozusagen zwei Vaterländer[4] und konnte möglicherweise eine Spannung zwischen dem Intimen, Familiären der Geburtsheimat und dem Glanz und Ruhm des „grossen" Vaterlandes wahrnehmen. Insbesondere gilt das für die Zeit nach der weiträumigen Ausdehnung des römischen Bürgerrechts, gegen Ende der Republik.[5]

Deshalb scheint es vernünftig, die Arbeit mit „Cicero und Arpinum" zu beginnen, zumal der grosse Redner der erste und einzige ist, der einige wenige allgemeingültige Gedanken zum Verhältnis der beiden „Heimaten" äussern mochte.[6] Nicht näher eingegangen wird also auf das bemerkenswerte Faktum, dass die ersten Dichter Roms aus der Fremde kamen und sich bis in die Kaiserzeit hinein

---

1 Cic. leg. 2,3.
2 Ausdruck aus: Pfligersdorffer, G., Von der Geburtsheimat zur geistigen Heimat, Zum antiken Modell eines Bewusstseinswandels, Vierteljahresschrift des Adalbert Stifter Instituts 25, 1976, 131-42.
3 Cic. leg. 2,5. Vgl. Anm. 4.
4 Die *patria civitatis* und die *germana patria*: (Cic. leg. 2,3), resp. *patria naturae* (Cic. leg. 2,5 MARCUS: *Ego mehercule et illi et omnibus municipibus duas esse censeo patrias, unam naturae, alteram civitatis: ut ille Cato, quom esset Tusculi natus, in populi Romani civitatem susceptus est, itaque quom ortu Tusculanus esset, civitate Romanus, habuit alteram loci patriam, alteram iuris ...*).
5 Vgl. die Ausführungen in Kap. II. Auf die bekannte Tatsache, dass es berühmte römische Familien gab, deren ursprüngliche (tatsächliche oder legendäre) Herkunft aus z.T. gänzlich „fremden", nicht „eingemeindeten" Städten und Gebieten stets bekannt blieb, sei in diesem Zusammenhang hingewiesen (vgl. auch Anm. 10 am Schluss). Diejenigen, die nicht aus römischen Munizipien oder Kolonien stammten, besassen aber, im Gegensatz zu dem in leg. 2,5 genannten „Tuskulaner" Cato, nicht „zwei Vaterländer" (vgl. Anm. 4 und die „Abgrenzungen" des Themas in Kap. II).
6 Im Rahmen der Vorgespräche von *De legibus*. Vgl. Kap. III.

kaum Latiner, geschweige denn geborene[7] Stadtrömer unter ihnen befanden.[8] Den Schlusspunkt findet die Untersuchung ganz natürlich bei Martial und Plinius, d.h. vor einer entscheidenden Zäsur in der Geschichte der römisch-lateinischen Literatur, der sogenannten „griechischen Renaissance" unter Hadrian. Dass die Beschäftigung mit Autoren aus späterer Zeit an sich durchaus lohnend wäre, zeigt etwa besonders augenfällig der aus Burdigala (Bordeaux) stammende Ausonius.[9] Richtig aktuell wird das Thema *germana patria* nämlich erst wieder im vierten Jahrhundert –[9] es führt dann allerdings in eine neue, fast schon fremde Welt, deren historische Realitäten ja gerade auch im Hinblick auf das Verhältnis zwischen „kleinem" und „grossem" Vaterland entschieden andere waren als noch in der frühen Kaiserzeit.

Grundsätzlich unergiebig erschien es mir indes, altbekannte Unsicherheiten und offenkundige Unwahrscheinlichkeiten erneut zu diskutieren und weiter zu verfolgen: So wird der Leser vergebens nach Kapiteln wie „Varro und Reate",[10] „Tacitus und das diesseitige (?) Gallien (?)",[11] „Juvenal und Aquinum"[12] oder gar

---

7   Berühmt ist die Verleihung des römischen Bürgerrechts an Ennius, der aus dem messapischen Rudiae stammte: *Nos sumus Romani qui fuimus ante Rudini* (Enn. ann. 377 V.; vgl. Cic. Brut. 79).

8   Vgl. e.g. Klingner, F., Dichter und Dichtkunst im alten Rom, Leipziger Universitätsreden 15, 1947, 20 S., zit. nach: Römische Geisteswelt, Stuttgart 1979 (= München 1965[5]), 160-90, 163.

9   Zu Ausonius vgl. S. 217, Anm. 1. Zum knapp ausserhalb der erfassten Zeit lebenden Fronto (aus Cirta) vgl. Champlin, E., Fronto and Antonine Rome, Cambridge (Mass.) 1980, 5-19.

10 Varro äussert sich nicht zu seiner Herkunft. Hingegen gibt es zwei sich widersprechende Zeugnisse Späterer: Während ihn Symmachus als *Reatinus* bezeichnet (epist. 1,2,2 *Terentium, non comicum, sed Reatinum illum Romanae eruditionis parentem*; hier stellt sich die Frage, ob *Reatinus* die Herkunft angibt oder den Polyhistor nach seinem Landgut von Varro Atacinus, dem Dichter, unterscheiden soll (vgl. Sidon. epist. 4,3,1).), nennt Augustin Rom als Geburtsheimat (civ. 4,1 *Romae natus et educatus*; diese Aussage lässt sich im Gegensatz zu derjenigen des Symmachus nicht umdeuten). Varro pflegte engste Beziehungen zu seinem sabinischen Landgut. Um so mehr sollte es verwundern, dass er in seinen erhaltenen Schriften nirgends auch nur andeutungsweise von Reate als *germana patria* spricht. Andererseits war er in derselben Tribus, der Quirina, eingeschrieben wie der sabinische Senator Q. Axius (Varr. rust. 3,2,1); zu ihr gehörte auch Reate. Nur: Der Sohn erbte jeweils die Tribus des Vaters, und die Mitglieder der (in der Praefektur Reate ihren ererbten Besitz habenden?) (vgl. Kl. Pauly 5, „Terentius", 592: die Terentii stammen aus dem Sabinischen)) Familie mochten – wer will's wissen? - genau wie andere, ursprünglich aus ländlichen Gebieten stammende Römer bereits seit Generationen „Romae nati et educati" sein. Vgl. zu dieser bekannten Tatsache etwa – um ein berühmtes Beispiel zu nennen – die von Tacitus, ann. 11,24,1f., sehr frei ausgestalteten Ausführungen des Claudius in seiner Rede zur Verleihung des Bürgerrechts an den gallischen Adel (vgl. CIL XIII, 1668 = ILS 212; dass in den erhaltenen Bruchstücken der Originalrede diese Ausführungen nicht, resp. nicht genauso wie bei Tacitus – vgl. die ersten Zeilen – erscheinen, entwertet sie nicht als Zeugnis für unsere Sache.).

11 Für Tacitus vgl. etwa Syme, R., Who was Tacitus?, HLB 11, 1957, 185-98, zit. nach: Rom. Pap. 6, Oxford 1991, 43-54, insbes. 50-54.

12 Die Antwort auf die Frage, ob der nach dem menschenleeren Cumae abziehende Umbricius den Satiriker im nahegelegenen Aquinum einfach auf einem beliebigen Landgut oder in der

"Tibull und Pedum"[13] Ausschau halten und auch keine Behandlung der Echtheitsfrage von catal. 8 oder des berühmten *Mantua me genuit, ...* unter „Vergil und Mantua" erwarten dürfen.

Das Hauptanliegen der Arbeit wird es hingegen sein herauszufinden, ob alle Autoren wie Cicero beim Gedanken an ihre *germana patria* ein unbestimmbares Gefühl, ein Nescio-Quid, empfunden haben. Darüber hinaus soll versucht werden, die Tiefe und vor allem die *qualitas* dieser Empfindung zu ergründen: Was verbindet einen Dichter in der Weltstadt Rom noch mit seiner Geburtsheimat? Verbliebener Familienbesitz? Jugenderinnerungen? Eine vertraute Landschaft und ihre Menschen? Das Bewusstsein einer bestimmten Volkszugehörigkeit?

Gewiss ist es nicht einfach, einen Gefühlswert wie „Heimatverbundenheit" zu erfassen. Am zweckmässigsten und natürlichsten erscheint es mir, jedem Autor eine gesonderte Erläuterung zu widmen, seine Äusserungen zur Geburtsheimat mit denen über andere Örtlichkeiten (Rom, Landsitze) zu vergleichen und schliesslich einfach hinzuhören, bei welcher Gelegenheit, wie oft und in welcher Art er von seiner engeren Heimat erzählt, ohne dabei zu vergessen, dass die Äusserung persönlicher Gefühle auch eine Frage der Persönlichkeit der Autoren und des Genos ihrer Werke ist. Von Vergil ist eine andere Darstellung der Geburtsheimat zu erwarten als etwa von Horaz oder Livius. Trotzdem ist es bestimmt aufschlussreich, abschliessend im Rahmen der Möglichkeiten Vergleiche anzustellen, Parallelen und Unterschiede aufzuzeigen.

Den Bemühungen um das Heimatbild der einzelnen Autoren ist eine kurze sachliche Einführung vorangestellt, welche die historischen und gesellschaftlichen Gegebenheiten, in die das Phänomen „grosse Heimat – kleine Heimat" eingebettet ist, skizzieren soll. Auch wenn die Arbeit, und das sei eigens betont, eine zur römi-

---

germana patria besuchen will (Iuv. 3,318-321), hängt davon ab, wie man zu der (verschollenen) Inschrift CIL X, 5382 (= ILS 2926) aus Aquinum steht, die einen *...nius Iuvenalis* erwähnt, dessen Lebensdaten zu denen des Dichters passen könnten (Zur Diskussion vgl. e.g. De Labriolle, P., Villeneuve, F., Juvénal, satires, texte établi et traduit par P.d.L. et F.V., Paris 1950, XVIf.).

13 Dass es sich beim in Hor. epist. 1,4,1f. genannten Landgut des Albius (Tibullus) um das Heimatgut des Elegikers handelt, steht nirgends. Völlig willkürlich ist weiter die Annahme, Tib. 2,4,53 oder 1,10,15f. (!) bezögen sich auf eben dieses Gut. Aufgrund einer umstrittenen Konjektur von Bährens – *eques R. e Gabiis* statt des überlieferten *eques regalis* – in der anonymen Tibullvita wird, da das alte und verödete Gabii in der Nähe von Pedum lag, eine Herkunft Tibulls aus der *regio Pedana* oft als gegeben angenommen (So etwa Smith, K.F., The Elegies of Albius Tibullus, The corpus Tibullianum edited with introduction and notes on books I, II and IV, New York 1913 (repr. Darmstadt 1964), 33f.; Putnam, M.C.J., Tibullus, A commentary, Oklahoma 1973, 4; Cairns, F., Tibullus: A Hellenistic Poet at Rome, Cambridge, 1979, 1; Murgatroyd, P., Tibullus I, A Commentary on the First Book of the Elegies of Albius Tibullus, Pietermaritzburg 1980, 6f. (als möglich erachtet); daneben auch Bonjour, M., Terre natale, Études sur une composante affective du patriotisme romain, Paris 1975, 196-98).

schen Literatur sein soll und keinerlei Ambition hegt, ernsthaft in den engeren Fachbereich der Historie überzugreifen, scheint eine solche Orientierung nicht nur wünschenswert, sondern recht eigentlich notwendig. Sie soll nicht einfach nur „antiquarische" Neugierde befriedigen – was an sich ja auch nicht verwerflich wäre – sondern helfen, verständlich zu machen, wieso gerade im alten Rom die *germana patria* zum Thema werden konnte, ja vielleicht sogar musste.

Dass eine breit angelegte Arbeit nicht in jeder Beziehung originell sein kann und älteren Diskussionen und Erkenntnissen mehr als andere zu verdanken hat, ist eher selbstverständlich als beklagenswert. Das Thema „Autor und Herkunft" ist im Grunde ein ganz altes und zumindest bis noch vor nicht allzu langer Zeit – die unsrige ist gegenüber biographischer Ausdeutung von Texten ja doch bedeutend kritischer – ein recht beliebtes gewesen. So findet sich nicht nur in jeder Literaturgeschichte und allen Monographien ein Abriss über Herkunft und Heimat des Autors, im Lauf der Zeit haben sich auch zahlreiche Aufsätze zum Thema angesammelt, von „Il paesaggio mantovano in Vergilio" bis „Plinio il Giovane e la sua piccola patria".[14] Dazu kommen die Bemerkungen zu den einschlägigen Textpartien in den Kommentaren der einzelnen Werke und beiläufige Hinweise in den verschiedensten Abhandlungen, die es zusammenzustellen und zu vergleichen gilt. Wie es nicht anders sein kann, findet sich darunter sehr viel Kluges, Richtiges, aber auch manch Unbedachtes, willig Tradiertes. Gelegentlich lesen wir auch Bizarres oder zumindest Erheiterndes: Die Behauptung etwa, dass es in der paelignischen Heimat des Ovid Gelegenheit zu Milch- und Kaltwasserkuren gegeben habe, hat sich dadurch, dass sie in die RE Eingang gefunden hat, ein besonders langes Leben gesichert,[15] während die erklärte Gewissheit, dass es im Gegensatz zu vielen nur als „Topoi" gebrauchten Landesprodukten im Falle der „gaditanischen Tänzerinnen" doch „sensaciones directas" seien, die den Spanier Martial „zuweilen mit ausgesprochenem Überdruss" über sie sprechen liess, köstlich und rührend wirkt.[16]

Neben dem als selbstverständlich vorauszusetzenden Willen, bei einem alten Thema Neues zu entdecken, ist es also keineswegs überflüssig, bekannte Sichtweisen und Interpretationen erneut aufzunehmen und zu gewichten. Zuweilen werden zu diesem Zweck längere Exkurse oder Erklärungen von Textstellen nötig, so dass die Arbeit in gewissen Partien, sei es im Haupttext, sei es mit Hilfe umfangreiche-

---

14 Della Corte, F., Il paesaggio mantovano in Vergilio, AVM 53, 1985, 41-56; Rusca, L., Plinio il Giovane e la sua piccola patria, in: Horizonte der Humanitas, ed. G. Luck, Bern 1960, 91-99. Die Wahl von zwei Arbeiten aus Italien ist nicht zufällig: Die Beschäftigung mit berühmten „conterranei" aus früherer Zeit liegt den Nachgeborenen nahe.
15 Hofmann, M., RE XVII, „Paeligni", 2261. Vgl. S. 104, Anm. 18.
16 Dolç, M., La investigación sobre la toponimía hispana de Marcial, EC 4, 1957, 68-79, 70: „Son directas ya, por el contrario, las sensaciones que nos describe, a veces con manifiesto hastío, sobre las crepitantes danzarinas de ‚Gades', ..." (vgl. S. 181 mit Anm. 147).

rer Anmerkungen, die Aufgabe eines kleinen Kommentars übernimmt. Sowohl die Gewichtung bestehender Sichtweisen als auch das sprachliche und inhaltliche Kommentieren der als Quellen genutzten Stellen wurden in der meines Wissens bisher einzigen umfassenden Veröffentlichung zur „Geburtsheimat römischer Autoren" eher an den Rand gedrängt. Die ambitiöse Thèse von M. Bonjour, die das Phänomen der „Terre natale" insbesondere in Hinblick auf die „motivations profondes" gründlicher zu erfassen sucht,[17] lässt sich zudem auch kaum näher auf Eigenheiten von Autor und Werk ein. Der Versuch, das Thema *germana patria* vor allem auch unter stärkerer Berücksichtigung der erwähnten Gesichtspunkte wieder aufzunehmen, lässt sich deshalb wohl rechtfertigen.

---

17 Bonjour, Terre, XIII (zit. Anm. 13). (Einen beachtlichen Teil der Arbeit nimmt im übrigen die Aeneis ein (ebd. 465-590). In ihr will die Autorin die Synthese der Liebe zum „grossen" und zum „kleinen" Vaterland gefunden haben.).

II   *PATRIA CIVITATIS* UND *PATRIA NATURAE*, DAS „GROSSE" UND DAS „KLEINE" VATERLAND – EINE ORIENTIERUNG

Einige allgemeine Bemerkungen können das Verhältnis zwischen *patria civitatis* und *patria naturae* kaum beschreiben, geschweige denn wirklich erfassen. Wenn aber ein Abriss der wichtigsten Fakten der Orientierung dienen kann und das Phänomen „Geburtsheimat" ins historische und gesellschaftliche Umfeld einzuweisen vermag, ist das Unterfangen vielleicht nicht einfach vermessen.

Aus der Anlage der Untersuchung ergeben sich zwei zentrale Einschränkungen für die Breite der Bemühungen. Zum einen ist dadurch, dass nur Autoren des ersten vor- und nachchristlichen Jahrhunderts Beachtung finden, ein enger zeitlicher Rahmen abgesteckt. Das Verhältnis der beiden *patriae* hat sich im Laufe der Geschichte notwendigerweise gewandelt. „Rom" war, auch wenn ihm beide als Senatoren dienten, für den Republikaner Cicero in einer anderen Art *patria civitatis* als für den jüngeren Plinius unter Trajan. Mit der zunehmenden räumlichen Verbreitung veränderte sich das Wesen des römischen Bürgerrechts. Formal blieb es durch die Einweisung der Neubürger in die *tribus* ein Stadtrecht. Seine politische Bedeutung war in der aristokratisch gegliederten Gesellschaft Roms für den einfachen Stadtrömer schon zu Zeiten der Republik gering. Für den gemeinen Bürger in den italischen Landstädten und in noch höherem Masse für den in den Provinzen – das heisst für eine stetig grösser werdende Mehrheit – war später erst recht nur der standesrechtliche Charakter der *civitas Romana* bedeutsam: Sie verlieh in der von Rom beherrschten Welt den privilegiertesten Rechtsstand und beachtliche wirtschaftliche Vorteile.[1] Darauf konnte einer stolz sein und sich als „Römer" fühlen und geben oder aber ein Leben nach den unter Umständen ganz anders gearteten Traditionen der engeren Heimat führen und sich, wie etwa der Apostel Paulus, erst in gegebener Situation auf die *patria civitatis* berufen.

Die zweite Abgrenzung betrifft das formale Verhältnis der beiden *patriae*. Mit der Ausnahme von Catull, der die Aufnahme Veronas in den römischen Bürgerverband nicht mehr erlebte,[2] stammen alle berücksichtigten Autoren aus Städ-

---

1   Vgl. Dahlheim, W., Gewalt und Herrschaft, Das provinziale Herrschaftssystem der römischen Republik, Berlin, New York, 1977, 314f., zum Abschluss des *bellum sociale*: Dieses „öffnete die sozialen und wirtschaftlichen Privilegien des *populus Romanus* für alle Städte Italiens". Das Bürgerrecht erhöhte die „soziale Sicherheit". Zu den Vorteilen des römischen Bürgerrechts im einzelnen (u.a. Steuerfreiheit, Appellationsrecht, Zugang zum Heer und zu den Versorgungseinrichtungen) vgl. Bleicken, J., Verfassungs- und Sozialgeschichte des Römischen Kaiserreichs, Bd. 1, Paderborn 1981[2], 314-16.

2   Verona wurde das Bürgerrecht mit den anderen Städten der Cisalpina 49 v. Chr. verliehen. Catulls Vater beherbergte Caesar als Gastfreund (Suet. Iul. 73), was als Erweis für die Herkunft aus angesehener Familie gelten kann. Dass die Valerii Catulli das römische Bürger-

ten, die spätestens während der frühen Mannesjahre ihrer literarisch tätigen Söhne als Gesamtgemeinde mit dem römischen Bürgerrecht bedacht wurden;³ das Problem des Doppelbürgerrechts braucht also lediglich am Rande zu interessieren.⁴

Als Cicero im Vorgespräch zum zweiten Buch von *De legibus* meinte, jeder Munizipale besitze zwei Vaterländer, eines aufgrund seiner Herkunft und Geburt (*patria naturae, patria loci*), das andere aufgrund seiner Rechtsstellung als römischer Bürger (*patria civitatis, patria iuris*),⁵ brachte er damit ein Thema zur Sprache, das nicht wenige seiner Generation unmittelbar beschäftigen mochte: Während seine *germana patria* schon seit weit über hundert Jahren als *municipium cum suffragio* vollwertig in den römischen Bürgerverband eingegliedert war,⁶ galt das für die Geburtsheimaten der meisten Italiker erst nach Abschluss des Bundesgenossenkrieges, ja die Städte der „gallischen" Transpadana erhielten das Bürgerrecht gar erst 49 v. Chr. für ihre Unterstützung Caesars.⁷

Die neu aufgenommenen und nun als *municipia* konstituierten Städte und Bürgerverbände hatten zuvor in recht verschiedenen Abhängigkeits- und Rechts-

---

recht besassen, ist – nicht zuletzt wegen der Beherbergung Cäsars – mit der grössten Wahrscheinlichkeit anzunehmen. Vgl. Syndikus, H.-P., Catull, Eine Interpretation, I (Erster Teil: Die kleinen Gedichte (1-60)), Darmstadt 1984, 2: „Caesar wohnte in den oberitalischen Städten seiner Provinz gewiss immer in den vornehmsten Häusern und ganz bestimmt nicht bei einem Provinzialen, sondern bei einem römischen Bürger." Sogar wenn Catull aus einer ursprünglich in der Transpadana heimischen Familie stammen sollte, ist der Besitz der *civitas Romana* beinahe vorauszusetzen: Da die Gemeinden jenseits des Po 89 v. Chr. mit dem *ius Latii* bedacht wurden, ist es wahrscheinlich, dass ihre Honoratioren nach der Bekleidung eines Amtes als Ex-Magistrate das römische Bürgerrecht erhielten (so Lintott, A., Imperium Romanum, Politics and administration, London, New York 1993, 163). Allgemeine Erwägungen und Spekulationen zu Stand und Geschichte der Valerii Catulli bietet Wiseman, T.P., The Masters of Sirmio, in: Roman Studies, Literary and Historical, ed. T.P.W., Liverpool 1987, 311-70.

3 Arpinum: 188 v. Chr. als *civitas cum suffragio*; Mantua: Bürgerkolonie seit dem 3. Jh. v. Chr.; Venusia, Asisium, Sulmo, Neapel: Im Anschluss an den Bundesgenossenkrieg 90/89 (Sulmo wohl erst 87 v. Chr. zusammen mit den anderen Paelignern (vgl. Hofmann, M., RE XVIII, „Paeligni", 2258); Patavium: 41 v. Chr.; Comum: *Novum Comum* 59 v. Chr. von Caesar als Bürgerkolonie eingerichtet, erscheint unter Augustus als *municipium* (vgl. Hülsen, Ch., RE suppl. I, 326); Bilbilis: unter Augustus. Die Spezifizierung „als Gesamtgemeinde" ist wichtig, weil es gerade im Falle der aus der Munizipalaristokratie stammenden Autoren möglich ist, dass die Familie das römische Bürgerrecht schon seit längerer Zeit besass.
4 Vgl. dazu S. 24f. mit Anm. 49.
5 Leg. 2,5 MARCUS: *Ego mehercule et illi et omnibus municipibus duas esse censeo patrias, unam naturae, alteram civitatis: ut ille Cato, quom esset Tusculi natus, in populi Romani civitatem susceptus est, itaque quom ortu Tusculanus esset, civitate Romanus, habuit alteram loci patriam, alteram iuris ...*
6 Vgl. Anm. 3.
7 Vollgültig zu „Italien" zählte die Transpadana erst mit der Aufhebung des Provinzialstatus' 42 v. Chr.

verhältnissen zu Rom gestanden.[8] Selbst wenn die meisten ihre Souveränität schon vor langer Zeit eingebüsst und insbesondere ihre Aussenpolitik zur Sache Roms hatten werden lassen, hatten sie bis anhin ein mehr oder weniger ausgeprägtes staatliches Eigenleben geführt. Dieses ging durch die Munizipalisierung nicht völlig verloren. Das römische Reich war zu keiner Zeit, schon gar nicht im hier interessierenden Zeitraum von ca. 50 v. Chr. bis ca. 100 n. Chr., ein zentralistisch-einheitlich geleiteter Flächenstaat. Gerade in Italien, das nach seiner Neuordnung ein zusammenhängendes Siedlungsgebiet römischer Bürger bildete, blieb den Landstädten so viel an Eigenständigkeit, dass sich ihre Bürger[9] mit dem Ort der Herkunft nicht nur auf der privatesten familiären Ebene identifizieren konnten.[10] Wer aus einer Landstadt stammte, war nicht einfach „Römer mit Domizil in Tusculum oder Patavium".

Die römische Zentralgewalt griff nämlich im italischen Kernland weiterhin nur an wenigen Punkten in die inneren Angelegenheiten der Städte ein. Am direktesten geschah das dort, wo sie es schon immer getan hatte, in der Aussenpolitik und etwa beim Bau und Unterhalt der Fernstrassen auf städtischem Gebiet. Munizipien und Kolonien verwalteten sich selber, und zwar bis in diokletianische Zeit ohne drückende Kontrolle durch die Obrigkeit in Rom,[11] so dass man im Handeln der städtischen Magistrate „im allgemeinen nicht das Fungieren als regionale ‚Behörden' im Dienste der Zentrale sehen" kann.[12]

Die Städte verwalteten ihren Grundbesitz, ihr Vermögen und die kommunalen Einrichtungen, daneben beaufsichtigten sie das Steuer- und Zollwesen.[13] Von nicht zu unterschätzender Bedeutung war die Pflege der Kulte:[14] Jede Gemeinde

---

8   Vgl. e.g. Sherwin-White, A.N., The Roman Citizenship, Oxford 1973², 38-80.
9   Zum „Stadtbürgerrecht" vgl. S. 24f.
10 Sherwin-White, Roman Citizenship, 62: „Even if it is true that Rome abolished the former constitutions of her new boroughs, it may not follow that there was left no shadow of a *res publica*. In particular, the possession of extensive *iurisdictio* may not be so important on the standards of antiquity as the maintenance of the *sacra municipalia* or even as those merely administrative functions, the *aedilicia potestas* ...".
11 Am Ende des 1. Jh. sind erstmals *curatores rei publicae* bezeugt. Sie waren mit der Überwachung des Finanzhaushaltes einzelner Städte beauftragt. Die nicht unbedeutenden Möglichkeiten der Einflussnahme auf eine Gemeinschaft durch die Kontrolle ihres Finanzhaushaltes werden von Eck, W., Die staatliche Organisation Italiens in der hohen Kaiserzeit, München 1979, 19, doch wohl unterschätzt. Die ersten *correctores* in bestimmten Gebieten Italiens erscheinen aber tatsächlich erst unter Diokletian. Zur „Selbstverwaltung" Italiens in der Kaiserzeit im allgemeinen vgl. Eck, Staatliche Organisation, 6-24.
12 Eck, Staatliche Organisation, 11.
13 Den umfassendsten Überblick über die Aufgaben der Gemeinden bietet noch immer Liebenam, W., Städteverwaltung im römischen Kaiserreiche, Leipzig 1900.
14 Zur Bedeutung der Religion und der lokalen Priesterämter in der Kaiserzeit vgl. Christ, K., Geschichte der römischen Kaiserzeit, München 1988, 386 u. 391f. Vgl. auch Anm. 10 u. 15.

II *patria civitatis* und *patria naturae* 17

bestimmte den Kreis ihrer Götter selber.[15] Darüber hinaus besass sie eine Jurisdiktionsgewalt, die sich nicht auf rein verwaltungsrechtliche Massnahmen, etwa Polizeistrafen, beschränkte. Ihre Beamten entschieden über die grosse Masse der Zivilrechtsfälle, die *duoviri iure dicundo* hatten als oberstes Organ auch die höchste juristische Kompetenz inne.[16] Grundsätzlich hatten sich die Städte nach römischem Recht zu richten, was aber gewisse Lokalstatuten nicht ausgeschlossen haben mag.[17] Die Streitwertgrenzen, welche die Überweisung einer Rechtssa-

---

15 Mommsen, Th., Römisches Staatsrecht, III,1, Leipzig 1887³, 803: „Augustus hat bei seinen Lebzeiten Stadt für Stadt in Italien unter ihre Götter aufgenommen ..., während der Staat diesen Gott nicht kannte."
16 Jurisdiktionsgewalt hatten auch die Aedilen. Gemäss einer Lesart der *Tabulae Irnitanae* sähe es so aus, als wären sie, auch hinsichtlich der Streitwertgrenzen, den *duoviri* beinahe gleichgestellt. Vgl. Lamberti, F., „Tabulae Irnitanae", Municipalità e „ius Romanorum", Napoli 1993, 66f. u. 272 (Irn. <c. 19>, Z. 15: *HS CC* oder ebenfalls *HS ∞* wie die duoviri?). *HS ∞* bei González, J., The Lex Irnitana: A New Copy of the Flavian Municipal Law, JRS 76, 1986, 147-243, 153, 176 u. 201f. (Dass in <c. 19>, Z. 15, parallel zu <c. 84>, Z. 25, ∞ stehen muss, ist nicht einzusehen. Zur Interpretation von <c. 84>, Z. 25, vgl. Lebek, W.D., La ‚Lex Lati' di Domiziano (Lex Irnitana), Le strutture giuridice dei capitoli 84 e 86, ZPE 97, 1993, 159-78, 165). Fernández Gómez, F., La lex Irnitana y su contexto arqueológico, Sevilla 1990, 73, liest CC, was nach der recht guten Photographie (op. cit., 72) wahrscheinlicher ist als ∞.
17 Die unbedingte Verbindlichkeit des römischen Rechts wird für die Bürgermunizipien zuweilen angezweifelt, spricht doch Gellius davon, dass Kaiser Hadrian sich gewundert habe, dass seine *municipes* aus dem spanischen Italica den Status einer Kolonie demjenigen als Munizipium vorzögen, „obwohl sie nach eigenen Sitten und Gesetzen leben könnten" (Gell. 16,13,4). Darauf definiert Gellius *Municipes ergo sunt cives Romani ex municipiis legibus suis et suo iure utentes, muneris tantum cum populo Romano honorari participes, a quo munere capessendo appellati videntur, nullis aliis necessitatibus neque ulla populi Romani lege adstricti, nisi in quam populus eorum fundus factus est* (16,13,6), um dann allerdings ganz am Schluss anzufügen, dass die Rechte der Munizipien in seiner Zeit gar nicht mehr angewendet werden könnten, *quia obscura et oblitterata sunt* (16,13,9). Während einzelne Gelehrte der Auskunft des Gellius Vertrauen schenkten (als einer der moderneren etwa Simshäuser, W., Iuridici und Munizipalgerichtsbarkeit in Italien, München 1973, 38), stiess er schon früh auf Skepsis. Sehr vehement wandte sich vor allem Mommsen gegen das „Meisterstück historisch-juristischer Confusion" (Staatsrecht III,1, 796, Anm. 3; vgl. 811f.). In der Tat lässt es sich leicht vorstellen, dass Gellius' Definition von den in 16,13,7 beschriebenen *municipia sine suffragio* beeinflusst ist (so Sherwin-White, Roman Citizenship, 57, und Galsterer, H., Herrschaft und Verwaltung im republikanischen Italien, Die Beziehungen Roms zu den italischen Gemeinden vom Latinerfrieden 338 v. Chr. bis zum Bundesgenossenkrieg 91 v. Chr., München 1976, 68 u. 81. Brunt, P.A., Italian Manpower, 225 B.C. - A.D. 14, Oxford 1987², 532, meint, Gellius beziehe sich auf den Unterschied zwischen Munizipium und Kolonie „in a remote past"). Wie er allerdings dazu kam, diese „Confusion" Hadrian zu unterstellen, ist kaum befriedigend zu beantworten (Galsterer, Herrschaft, 133, denkt sich – ohne Kommentar –, auch Hadrian habe von Halbbürgergemeinden gesprochen ...). Dass Vollbürgermunizipien in hadrianische Zeit das Recht gehabt hätten, in mehr als nur verwaltungstechnischen Angelegenheiten – was mit dem gewichtigen *legibus suis et suo iure utentes* wohl doch gemeint ist (vgl. aber unten, Vittinghoff) – nach eigenem Recht zu richten, scheint mir allerdings keineswegs glaubhafter als ein allfälliges gründliches Missverständnis des Gellius: Zunächst kann man darauf verweisen, dass bei verschiedenen

che an die übergeordnete Instanz erforderlich machten, variierten von Stadt zu Stadt.[18] Eine Inschrift aus Puteoli aus der Zeit der spätesten Republik oder des frühen Prinzipats scheint für jene Zeit sogar die bestrittene Zuständigkeit für Kapitalurteile, zumindest für gemeine Verbrecher, zu sichern.[19]

Im Falle der beinahe identischen domitianischen „Schwestergesetze" dreier südspanischer Städte lateinischen Rechts, der *lex Salpensana, Malacitana* und *Irnitana*, ist die Zuständigkeit der Munizipalbeamten für einige wichtige Rechtsgeschäfte, insbesondere aber für *actiones famosae*, allerdings nur gegeben, wenn

---

Rechtssystemen das Überweisen einer Rechtssache an die übergeordnete Instanz unmöglich würde (Streitwertgrenzen machen nur in einem klar definierten System Sinn), und es ist daran zu erinnern, in welchem Ausmass in flavischer Zeit selbst Gemeinden lateinischen Rechts auf die Verbindlichkeit römischer Normen verwiesen wurden (vgl. S. 19f.). Der gewichtigste Einwand ist allerdings ein grundsätzlicher: Worauf sollte sich die staatliche Gemeinschaft der Römer überhaupt gründen, wenn nicht auf die Rechtsgemeinschaft ihrer Bürger (vgl. Cic. rep. 1,49 *si enim pecunias aequari non placet, si ingenia omnium paria esse non possunt, iura certe paria debent esse eorum inter se qui sunt cives in eadem re publica. quid est enim civitas nisi iuris societas civium?*)? Vor allem nennt aber Cicero in leg. 2,5 (vgl. Anm. 5) die *patria civitatis* wohl nicht umsonst auch *patria iuris* (erstaunlicherweise wird diese Stelle bei der Diskussion des Problems nie angeführt; den meisten scheint der Ausdruck offenbar exakt dasselbe wie *patria civitatis* zu bedeuten). Selbst wenn nach der *constitutio Antoniniana* (212 n. Chr.) die Volksrechte mehr Einfluss hatten, als man annehmen würde (dazu mit den neuesten Erkenntnissen Lintott, Imperium Romanum, 154-60), gilt zumindest in Italien nach dem Bundesgenossenkrieg „grundsätzlich nur noch römisches Recht" (klar und lapidar: Kunkel, W., Römische Rechtsgeschichte, Eine Einführung, Köln, Wien 1990[12], 75f.; ähnlich: Crawford, M.H., CAH X[2], 429; unter einigen Vorbehalten, etwa gegenüber Mommsens strikter Ablehnung von Gellius, letztlich doch auch: Jolowicz, H.F., Nicholas, B., Historical Introduction to the Study of Roman Law, Cambridge 1972[3], 74, im Zusammenhang mit der Diskussion über das Doppelbürgerrecht: „We can only conclude that in the principate, as in the republic, anomalies (sc. ‚some local rules') existed, but in spite of them, the general idea that law went with citizenship was maintained ..."). Vittinghoff sieht hinter *suis moribus legibusque uti* überhaupt keine Anspielung auf eigenes Recht, sondern bezieht es – recht vage – „auf bestimmte Eigenarten, die sich im Laufe der Stadtgeschichte entwickelt hatten und im römischen Municipalgesetz ausgedrückt waren". (Vittinghoff, F., Römische Stadtrechtsordnungen, in: Vittinghoff, F., Civitas Romana, Stadt und politisch-soziale Integration im Imperium Romanum der Kaiserzeit, ed. W. Eck, Stuttgart 1994, 49 mit Anm. 100). Diese einfache „Lösung" geht aber nicht mit den übrigen Informationen des Gellius zusammen (... *nullis aliis necessitatibus neque ulla populi Romani lege adstricti, nisi in quam populus eorum fundus factus est.*).

18 Die alte Vermutung (vgl. e.g. Eck, Staatliche Organisation, 20) wurde durch den Fund der *Tabulae Irnitanae* für die sonst unter beinahe identischen Stadtgesetzen lebenden lateinischen Städte Südspaniens bestätigt. Während für das kleine Irni in <c. 69> (*De iudicio pecuniae communis*) die Grenze bei 500 HS lag, nennt das Schwestergesetz in Malaca unter derselben Rubrik eine Summe von 1000 HS. Obwohl es für Italien keine überlieferte Zeugnisse für eine derartige Abstufung gibt, ist eine solche doch anzunehmen (so u.a. auch Galsterer, H., CAH X[2], 403f. u. 410).

19 Vgl. Simshäuser, Iuridici, 173-83, insbes. 182. Zustimmend: Galsterer, CAH X[2], 404 u. 410f. Entschieden dagegen: Crawford, CAH X[2], 423 (ohne nähere Begründung, mit Verweis auf sein vor der Herausgabe stehendes Buch „Rome and Italy after the Social War").

beide Parteien zustimmen.[20] Irgendeine auch nur praejudizierende Entscheidung, die das Leben oder die zivile Existenz einer freien Person hätte betreffen können, war den Magistraten dieser Gemeinden ausdrücklich untersagt. Hingegen lässt sich den *Tabulae Irnitanae* entnehmen, dass die grundsätzlich festgesetzten Streitwertgrenzen mit dem Einverständnis von Kläger und Beklagtem offenbar überschritten werden konnten.[21]

Die Gemeinden waren also, wie aufgezeigt, für grosse und gewichtige Teile des städtischen Lebens selbst verantwortlich. Aus dieser relativen Eigenständigkeit werden sich für die einzelnen Munizipien und Kolonien in den Einzelheiten ihres Gemeindelebens mitunter nicht unerhebliche Unterschiede ergeben haben. Andererseits ist zu betonen, dass sich die Differenzen in Grenzen hielten: Die Rahmenbedingungen für die Verwaltung, die städtischen Verfassungen, vereinheitlichten sich nämlich nach der Einigung Italiens und mit der Ausdehnung des Reiches zunehmend. Der Disput darüber, zu welchem Teil das der Wirkung normativer Verordnung zuzuschreiben ist und wieviel davon auf eifrig entgegenkommendes Verhalten[22] gegenüber der nun gemeinsamen grossen, siegreichen „Vaterstadt" zurückgeht, ist seit dem Fund der *Tabulae Irnitanae* erneut ausgebrochen. In Malaca, Salpensa und Irni[23] waren die Stadtgesetze bis auf geringe Modifikationen, welche die jeweiligen örtlichen Gegebenheiten berücksichtigten, identisch. In ihrer Einheitlichkeit scheinen sie auf ein in Rom erlassenes Muttergesetz zurückzuweisen.[24] Auffallend ist, in welchem Masse die Gemeinden zwar

---

20 Vgl. Anm. 21.
21 Tab. Irn. <c. 84>. Vgl. dazu Lebek, La ‚Lex Lati', 164-70, insbes. 165f. (<c. 84> betrifft das *privatim agere*).
22 Vgl. die berühmten Ratschläge des Plutarch, die sich auf seine Zeit beziehen mögen, Plu. M. 814E,F (= praecepta rei publicae gerendae 19) Ποιοῦντα μέντοι καὶ παρέχοντα τοῖς κρατοῦσιν εὐπειθῆ τὴν πατρίδα, δεῖ μὴ προσεκταπεινοῦν, μηδέ, τοῦ σκέλους δεδεμένου, προσυποβάλλειν καὶ τὸν τράχηλον, ὥσπερ ἔνιοι, καὶ μικρὰ καὶ μείζω φέροντες ἐπὶ τοὺς ἡγεμόνας ἐξονειδίζουσι τὴν δουλείαν, μᾶλλον δ' ὅλως τὴν πολιτείαν ἀναιροῦσι, καταπλῆγα καὶ περιδεᾶ καὶ πάντων ἄκυρον ποιοῦντες.
23 Zur genauen Lage und zum Namen der Stadt – wohl doch eher „Irni" als „Irnium" – vgl. e.g. González, Lex Irnitana, 147.
24 Galsterer, H., Municipium Flavium Irnitanum: A latin Town in Spain, JRS 78, 1988, 78-90, 78: „The most important initial result of its decipherment was that the Lex Irnitana partially overlaps with the long-known Flavian city-laws of Salpensa and Malaca, and that where it does the text is identical; a single original text therefore lies behind all the Flavian city laws (vgl. ebd. 83 u. 89). Vgl. Lamberti, „Tabulae Irnitanae", 234: „La legge di Irni nella sua estensione e compiutezza, nel ..., dové essere una *lex data*, redatta a Roma, dalla cancelleria imperiale, ...". Vgl. auch Lebek, La ‚Lex Lati', 160-64, und, mit Mommsens Beschreibung des Verhältnisses von Mutter- zu Tochtergesetz, ders., Domitians Lex Lati und die Duumvirn, Aedilen und Quaestoren in Tab. Irn. Paragraph 18-20, ZPE 103, 1994, 253-92, 257f. Dass Lebeks verdienstvolle Verteidigung des vorgefundenen, originären Wortlauts *lex Lati* im sogenannten Domitianbrief, dem Schlusskapitel <c. 98> der *Tabulae Irnitanae*, auf den

auf die Verbindlichkeit römischer Rechtsnormen verwiesen werden,[25] die Organe der Zentralgewalt (Kaiser, Statthalter) aber im Hintergrund verbleiben.[26] Vom Beispiel latinischer Städte in Spanien[27] kann man nicht auf das Vorgehen in anderen Fällen schliessen – schon gar nicht auf das bei der Neuordnung der italischen Gemeinden gegen Ende der Republik.[28] Andererseits scheint sich die Vermutung zu bestätigen, dass sich zumindest in der Kaiserzeit Stadtgesetze für neu zu konstituierende Gemeinden stark an bestimmten von der Verwaltung in Rom vorgegebenen Modellen orientierten.[29]

Gedanken führen muss, *lex Lati* sei auch der Name des domitianischen Muttergesetzes gewesen, ist nicht zwingend. Dass diese *lex Lati* eben nicht nur die Anwendung des *ius Latii* regelte, „ma era concepita come una costituzione municipale" (Lebek, La ‚Lex Lati', 163), ist reine Hypothese. Immerhin hat gerade das im Kapitel angesprochene Problem der Rechtmässigkeit der *conubia* ganz direkt mit dem neuen, latinischen Rechtsstand zu tun, so dass sich *lege Lati* im Ausdruck *conubia conprehensa quaedam lege Lati* auch nur darauf beziehen könnte, auf die nach dem „Gesetz über das Latium" geltenden Bestimmungen. Dass dieses Gesetz nicht nur Bestimmungen über die Anwendung des „Latium" enthielt, sondern als „Stadtgesetz" konzipiert war und nebenbei auch etwa Regelungen „Über das Anweisen von Tutoren" (<c. 29>) oder „Über die Wahl eines Patronus" (<c. 61>) enthalten haben soll, ist nicht ohne weiteres einzusehen. (Vgl. auch die Ansicht Galsterers in Anm. 27).

25 Tab. Irn. <c. 93> (Lamberti) *Quibus de rebus in h(ac) l(ege) nominatim caut(um) scriptum<ve> / non est, quo iure inter se municipes municipi Flavi / Irnitani agant, de iis rebus omnibus ii inter s[e eo i]ure / agunto, quo cives Romani inter se iure civili / agunt agent. Quod adversus h(anc) l(egem) non fiat quod- / que ita actum gestum conprehensumque erit, id / ius ratumque esto.* In <c. 85> werden die Behörden angewiesen, das Edikt des Provinzstatthalters zu veröffentlichen und sich an die dortigen Weisungen zu halten. Zudem wird öfter in Bemerkungen wie *si Romae ageretur* <c. 89> darauf verwiesen, es wie in Rom zu halten (vgl. Johnston, D., Three Thoughts on Roman Private Law and the Lex Irnitana, JRS 77, 1987, 62-77, 63), oder der Vorrang der Gesetze und Bestimmungen Roms wird als formeller Schlusspassus an die Regelungen angefügt (vgl. etwa die identische Schlussformel <c. 19,17-23>; <c. 20,32-37> und <c. 18, Schluss> (in Bruchstücken erhalten, vgl. Lebek, Domitians Lex Lati, 270-92)).
26 So erscheint es in den erhaltenen Teilen der *Tabulae Irnitanae*. Sie werden für diese Frage allerdings von Galsterer, Municipium, 87f., für repräsentativ gehalten. Zu „Roms indirekter Herrschaft" vgl. S. 30f.
27 Neueste Funde aus der Tarraconensis könnten erweisen, dass alle flavischen Munizipien Hispaniens, d.h. nicht nur die der Baetica, praktisch identische Stadtgesetze hatten. Vgl. Lebek, W.D., Die Municipalen Curien oder Domitian als Republikaner: Lex Lati (Tab. Irn.), Paragraph 50 (?) und 51, ZPE 107, 1995, 135-94, 140. Galsterer, H., Rez: Lintott, A., Imperium Romanum, Politics and administration, London, New York 1993, Gnomon 69, 1997, 330-36, 334, Anm. 6, warnt allerdings davor, aus den *leges Irnitana* und *Malacitana* eine synthetische *lex Flavia municipalis* zu konstruieren.
28 So entschieden auch Lebek, La ‚Lex Lati', 163f.
29 Vgl. etwa Abbott, F.F., Johnson, A.C., Municipal Administration in the Roman Empire, New York 1968 (Neudruck d. Ausg. 1926), 74: „While the constitution given to new foundations may have varied according to local conditions, yet precedent was powerful in Roman law and custom, and it is equally possible that imperial charters followed some model, such as the *lex Iulia municipalis*." (Das Beispiel der *lex Iulia municipalis* ist unglücklich, da die Exi-

Die Munizipalisierung Italiens könnte, nach der *Tabula Heracleensis* zu schliessen, um 44 n. Chr. abgeschlossen gewesen sein.[30] Es scheint, dass neben den Bemühungen Sullas im unmittelbaren Anschluss an das Ende des Bundesgenossenkrieges zumal Caesar ab ca. 55 v. Chr. nicht geringen Anteil an der Neuordnung hatte.[31] Allerdings wurde vor nicht allzu langer Zeit der Abschluss einer zentralen, allumfassenden Neuordnung auch Augustus zugeschrieben.[32] Die Frage, ob es eine solch allgemeingültige, sei es von Caesar oder von Augustus herrührende, *lex Iulia municipalis* gegeben hat, ist höchst umstritten. Seit neuestem wird sie, m.E. mit Recht, wieder abschlägig beantwortet, und man kehrt auf eine Position zurück, wie sie zu Beginn dieses Abschnittes skizziert wurde.[33] Immerhin belegt für das Jahr 46 ein Brief Ciceros (fam. 13,11,3), in dem davon die Rede ist, dass der Arpinate Sohn und Neffen in der Heimat *constituendi municipii causa* zu Aedilen habe wählen lassen, dass unter Caesar auch alte Munizipien neu geordnet wurden.[34] Die Tatsache, dass zumindest in einigen italischen

---

stenz eines universalen „julischen Munizipalgesetzes" zweifelhaft ist (vgl. die unmittelbar folgenden Ausführungen)).
30 Vgl. aber das Folgende und Anm. 32.
31 Die historische Entwicklung kann nicht im einzelnen nachgezeichnet werden. Vgl. dazu e.g. Sherwin-White, Roman Citizenship, 150-73, insbes. 166f. u. 170f.
32 Diese Ansicht wird etwa von Purcell, N., OCD 1996³, 1001, „municipium", bereits als communis opinio gehandelt, obwohl von verschiedensten Seiten ernsthafteste Bedenken angemeldet werden (vgl. etwa die Ausführungen von Lamberti, „Tabulae Irnitanae", 201-20).
33 Die Wiederaufnahme der Diskussion hing mit der Entdeckung der *Tabulae Irnitanae* (1981) zusammen. Der neue Fund führte einige Gelehrte zu entschiedener Befürwortung einer universalen *lex municipalis* (Die alte und neue Debatte unter Analyse der jeweiligen Zeugnisse wird am besten zusammengefasst bei Lamberti, „Tabulae Irnitanae", 201-20). Negativ äusserte sich schon bald Galsterer, H., La loi municipale des Romains: chimère ou réalité?, Revue historique de droit français et étranger 65, 1987, 181-203, der die entstandene relative Uniformität der Munizipien vielleicht aber doch allzu vage erklärt, wenn er schreibt: „Cependant, je ne veux contester en aucune manière que nombre de règlements individuels étaient de plus en plus interprétés comme s'ils avaient une valeur générale ... et que l'idée de l'existence d'un corpus des prescriptions partout obligatoires pénétrait de plus en plus dans la conscience générale" (op. cit., 203). In allerneuester Zeit (1996) meinen M.H. Crawford und C. Nicolet schliesslich „the existence of a unitary lex municipalis has now been universally abandoned" und nehmen mit dem Glauben an die Existenz einer „Lex Iulia dealing with some municipal affairs" im Grunde den alten, vermittelnden Ansatz von Sherwin-White auf, der mit gewissen (verbindlichen!) Einzelregelungen Caesars rechnete (M.H. Crawford, C. Nicolet, in: Roman Statutes, ed. M.H. Crawford, vol. 1, London 1996, 359; für Sherwin-White s.o.).
34 Sherwin-White, Roman Citizenship, 160 (das Datum „49 B.C." ist wohl ein Versehen). Als Erweis eines allgemeingültigen Munizipalgesetzes taugt die Stelle seiner Ansicht nach nicht (op. cit., 167). Vgl. dazu und zum (möglichen) Vorgehen bei einer solchen *constitutio municipii* Frederiksen, M.W., The Republican Municipal Laws: Errors and Drafts, JRS 55, 1965, 183-198, insbes. 189f.

Städten mit eingewurzelten eigenen Traditionen[35] die alten Ämterbezeichnungen für die Gemeindeoberen nicht einfach den nun üblichen *duoviri* und *quattuorviri* gewichen sind,[36] lässt aber darauf schliessen, dass die Neuordnung Italiens zumindest nicht rigoros mit dem aus der Verwaltung moderner Staaten vertrauten Anspruch auf absolute Egalität durchgeführt wurde. Besonders eindrücklich wird das etwa durch Neapel repräsentiert. Die Stadt am Golf bediente sich noch in flavischer Zeit des Griechischen als Amtssprache und richtete sich als einzige italische Stadt nach dem griechischen Kalender,[37] ihre Bürgerschaft war in Phratrien aufgeteilt, und selbst im 4. Jh. n. Chr. findet man neben den römischen Munizipalbeamten Demarchen und Laukelarchen.[38] Rom scheute sich, Altes und Gewachsenes ohne Not einer verordneten Einheitlichkeit zu opfern: Die Gemeinden wahrten, solange sie in den wesentlichen Dingen mit römischer Praxis übereinstimmten,[39] in einem nicht zu eng bemessenen Rahmen Eigenständigkeit und Identität.

Ein Widerschein dieser Eigenständigkeit findet sich an eher unerwarteter Stelle: Kaum von ungefähr nämlich kam unter Augustus im römischen Kulturleben nicht einfach der Gedanke eines allgewaltigen, siegreichen Rom auf, sondern

---

35 Es ist die Tendenz auszumachen, Altes, Gewachsenes wenn immer möglich nicht anzurühren. Titel, Ämter und eine gewisse Eigenständigkeit blieben so auch insbesondere in den alten Städten des Ostens erhalten (vgl. e.g. Christ, Geschichte, 392).
36 Vgl. Sherwin-White, Roman Citizenship, 162; Brunt, Italian Manpower, 533f.; Galsterer, Herrschaft, 121-26. Für Rudolph, H., Stadt und Staat im römischen Italien, Leipzig, 1935, 222f., hingegen bestanden alte Achtmänner-, Viermänner-, Dreiädilenverfassungen „faktisch nur noch dem Namen nach".
37 Mommsen, Römisches Staatsrecht, III,1, 821.
38 Die kompakteste Zusammenfassung der Verhältnisse in Neapel bietet noch immer Nissen, Italische Landeskunde II, 2, Berlin 1902, 749f. Bei den neben den römischen Munizipalbeamten auftretenden „Demarchen" und „Laukelarchen" kann es sich allerdings wohl doch nur um die Beibehaltung des alten Titels oder die einer bestimmten Teilfunktion dieses Amtes handeln. Crawford, CAH X², 419-21, warnt mit einem gewissen Recht davor, von den Verhältnissen der „griechischen" Städte Kampaniens auf diejenigen in ganz Italien zu schliessen, da sich dort eben ganz andere Kräfte – etwa die einer überlegenen Kultur – der „Romanisierung" entgegenstellten als im übrigen Italien. Dort schritt die Anpassung an römische Verhältnisse denn auch schnell und kräftig voran, ob das nun die weitere Verbreitung der lateinischen Sprache, des (iulischen) Kalenders oder das Angleichen kultischer Gebräuche betraf (vgl. ebd. 424-33; 979-89 (Appendices)). Mir scheinen die Verhältnisse in Neapel aber doch zu beweisen, dass die „Romanisierung" Italiens kaum im Sinne einer Gleichschaltung erzwungen wurde und nicht zu einem geringen Teil auf dem mehr oder weniger sanften „Druck der Umstände" beruhte: Ein Gemeinwesen, das sich in einem von Rom dominierten Umfeld behaupten wollte, tat das am erfolgreichsten durch möglichst vollständige Assimilation. Diese wurde den Gemeinden Italiens durch die Verleihung des Bürgerrechtes (schliesslich) ermöglicht und entsprechend vorangetrieben: Nur so war von der neuen Errungenschaft wirklich zu profitieren.
39 Abbott-Johnson, Municipal Administration, 57, zu den besonderen Verhältnissen im Osten des Reiches: „... it is true that, while old titles and forms were tenaciously held, magisterial functions and essential governmental methods were brought into greater conformity with western practice."

II *patria civitatis* und *patria naturae* 23

die vor allem auch durch die zeitgenössische Dichtung verfestigte und propagierte „Italien-Idee". Italien mit all seinen Flüssen, Seen, Städten und Völkern tritt als gelobtes Land, als *Saturnia tellus*, gleichberechtigt Seite an Seite mit der *pulcherrima Roma* in die neue Zeit des Friedens ein.[40] An die Seite Roms gestellt werden konnte Italien aber nur, weil es als „lebendiges Eigenes" erkennbar war und es auch bleiben sollte.[41]

Den an nüchternen Fakten interessierten Historiker mag es allerdings mehr berühren, dass uns trotz der geschilderten relativen Freiheit römischer Bürgergemeinden eigentlich kaum wirklich auswertbare direkte Zeugnisse[42] zum Verhältnis zwischen römischem Staat und römischer Stadt bekannt sind. Das erstaunt umso mehr, als nicht zuletzt die Inschriften bezeugen, dass sich die nicht aus der Metropole stammenden römischen Bürger zunehmend mit ihrer engeren Heimat identifizierten. Gleichzeitig errang ihre Elite schon während und erst recht nach dem Bürgerkrieg parallel zum Niedergang der alten, stadtrömischen Patrizierfamilien auch im „grossen Vaterland" an Einfluss – ihr standen nunmehr die Ämter und Würden des Reiches offen. Das Verhältnis von „grossem und kleinem Vaterland" hätte von der historischen Entwicklung her also eigentlich durchaus zu einem beliebten Thema werden können.

Nach dem Versuch, die Stellung der Bürgergemeinden im Staatsganzen zu skizzieren, soll im folgenden die Bedeutung der *germana patria* für den einzelnen näher betrachtet werden:

Die „Ortszugehörigkeit" spielt eine Rolle, die Herkunft wichtiger Persönlichkeiten ist allgemein bekannt und wird etwa auch von den Dichtern aus Tradi-

---

40 Zur Entwicklung der „Italia-Idee" vgl. e.g. Klingner, F., Italien, Name, Begriff und Idee im Altertum, Antike 17, 1941, 89-104; zit. nach: Römische Geisteswelt, Stuttgart 1979 (= München 1965⁵), 11-33.
41 Eine zentralistische „Gleichschaltung" Italiens hätte i.ü. das von Augustus angestrebte Bild der *res publica restituta* empfindlich gestört. Nur schon das spricht eigentlich dagegen, dass es Augustus war, der die – doch in gewissem Rahmen stattgefundene – Vereinheitlichung vor allem vorantrieb, oder dass er diese gar eingeleitet hätte. (Zur Idee einer augusteischen *lex Iulia municipalis* vgl. S. 21). Die relative Uniformität des augusteischen Italien – auch im Hinblick auf die Kultur – mag nicht nur der Verleihung des Bürgerrechts, sondern ebenso den grossen gesellschaftlichen Umwälzungen zur Zeit der Bürgerkriege zu verdanken sein: Viele Italiker verliessen ihre angestammte Heimat und siedelten um, ihr Platz wurde zum Teil von Veteranen eingenommen. Der Teil der lokalen italischen Oberschicht, der auf der Verliererseite gestanden hatte, wurde hinweggefegt, der andere zusammen mit der sich neu bildenden Elite verstärkt zur Verwaltung des Reiches herangezogen. Das alles begünstigte das Abwenden von spezifisch lokalen Traditionen und das Hineinwachsen in eine einheitlichere „italische" Kultur. (Ausführung in Anlehnung an Crawford, CAH X², 431-33).
42 Die in unverbindlich urbanem Gesprächston geäusserten Bemerkungen in Ciceros *De legibus* sind lediglich ein Hinweis auf das Problem.

tion gerne angegeben, nicht zuletzt, weil das „Woher?" in der Antike überhaupt sehr wichtig war. Als „Grieche" war man selbstverständlich Athener, Korinther oder Syrakusaner. Wer die römische Staatsbürgerschaft besass, konnte daneben trotzdem Transpadaner, Apuler, Hispanier oder Afrikaner sein. Anzeichen für diesen Regionalismus gibt es viele, ich möchte zwei nennen: In der Fremde schlossen sich Landsleute zusammen, von einem *municeps* durfte man generell Hilfe erwarten.[43] Vor Gericht konnte einem die *germana patria* je nachdem nützen oder schaden – meinte man doch sehr genau zu wissen, was von diesen oder jenen Landsleuten zu erwarten sei.[44] Nach der territorialen Einigung wurde die engere Heimat römischer Bürger zuweilen hinter dem *cognomen* angeführt. Die Angabe lässt sich zunächst regelmässig auf Soldatenlisten, später auch auf verschiedenen anderen Inschriften finden.[45]

Die Bevölkerung römischer Munizipien und Kolonien setzte sich einerseits aus *municipes* oder *coloni* und andererseits aus *incolae* zusammen.[46] Zur letzteren Kategorie gehörten neben Peregrinen und Latinern auch ansässige römische Bürger aus fremden Gemeinden. Ulpian, dig. 50,1,1 hält fest: *municipem aut nativitas facit aut manumissio aut adoptio ex decreto decurionum*.[47] Trotzdem sprechen moderne Rechtshistoriker nur unter Vorbehalt vom „Orts- oder Stadtbürgerrecht" römischer Bürger in Munizipien und Kolonien, und zwar deshalb, weil eine modernen Rechtsvorstellungen entsprechende abgrenzende Systematisierung des Verhältnisses von „Orts-" und „Staatsbürgerrecht" fehlt.[48] Möglicherweise ist dieser Mangel ein Reflex der noch für die Zeit Ciceros grundsätzlich geltenden Unvereinbarkeit zweier Bürgerrechte.[49] Das Fehlen eines theoretischen Ausdivi-

---

43 Vgl. etwa Cic. Planc. 22.
44 Vgl. dazu die Gerichtsreden Ciceros, e.g.: Flacc., Rab. Post., Phil. 11,4, Pis. fr. 14, 15, 18.
45 Vgl. Mommsen, Römisches Staatsrecht, III,1, 215 u. 781. Gerne wurde der Herkunftsangabe ein *domo* vorangestellt. Weitere Angaben bei Nörr, D., Origo, Studien zur Orts-, Stadt- und Reichszugehörigkeit in der Antike, Tijdschrift voor Rechtsgeschiedenis 31, 1963, 525-600, 528. Zu allgemein formuliert: ders., „Origo", RE Suppl. X, 1965, 433-73, 442: „Es ist in der frühen Kaiserzeit üblich geworden, dass der römische Bürger hinter seinem *cognomen* seinen Herkunftsort ... trägt."
46 „Vollbürger" und *incolae:* vgl. Langhammer, W., Die rechtliche und soziale Stellung der Magistratus Municipales und der Decuriones in der Übergangsphase der Städte von sich selbstverwaltenden Gemeinden zu Vollzugsorganen des spätantiken Zwangsstaates (2.-4. Jh. der römischen Kaiserzeit), Wiesbaden 1973, 28-33.
47 Dazu und zur Verleihung des Stadtbürgerrechts durch kaiserliche „Gnade" vgl. Vittinghoff, Stadtrechtsordnungen, 27f.
48 Nörr, „Origo" (RE), 441f.
49 Zur Frage des Doppelbürgerrechts vgl. Sherwin-White, Roman Citizenship, 291-306, und den übersichtlichen Abriss bei Stahl, M., Imperiale Herrschaft und provinziale Stadt, Strukturprobleme der römischen Reichsorganisation im 1.-3. Jh. der Kaiserzeit, Göttingen 1978, 63-69. Rechtlich gesehen war das römische Bürgerrecht ursprünglich, wie bei Cicero festgehalten, unvereinbar mit einem anderen (Cic. Caecin. 100 ... *cum ex nostro iure duarum civi-*

II *patria civitatis* und *patria naturae*

dierens selbst für die spätere Zeit, in der Bürger einer peregrinen Stadt ohne weiteres gleichzeitig das römische Bürgerrecht besitzen konnten, zeigt aber vor allem, dass theoretische Spitzfindigkeit im pragmatisch-sachorientierten römischen Denken keinen Platz hatte. Zum Thema wird die *origo* bezeichnenderweise nämlich erst, als gegen Mitte des zweiten Jahrhunderts im Zusammenhang mit dem Leisten der *munera* Konflikte über die Zugehörigkeit und Zuständigkeit der Bürger entstanden. Das Konzept der *origo* verband die Bürger schliesslich fest mit der Stadt ihrer Vorväter, um die kommunalen Finanzbedürfnisse zu sichern. Seit jener Zeit wurde es zunehmend schwierig, sich von der ursprünglichen Heimatgemeinde und ihren Ansprüchen zu lösen.

Dass Ortszugehörigkeit über rein verwaltungstechnische Aspekte wie etwa den Eintrag in die Censusliste der entsprechenden Gemeinde hinausgeht, lässt sich an wenigen Tatsachen exemplifizieren: In den Stadtordnungen finden sich Satzungen, die sich spezifisch auf „Gemeindebürger" beziehen, aber nicht auf völlig Fremde oder auf römische Bürger, die dort lediglich ihr Domizil hatten. So gesteht ein Passus der Gemeindeordnung der latinischen Stadt Malaca den *incolae* römischen und latinischen Rechts zwar das aktive Stimmrecht auf kommunaler Ebene zu, weist aber alle zusammen in eine einzige, ad hoc zugeloste *curia* ein.[50] Das beinahe identische Schwestergesetz aus Irni verpflichtet den *incola* dem Stadtgesetz.[51] Im einzelnen wird er in privatrechtlichen Angelegenheiten sowie Dingen, die das Gemeindevermögen betreffen, der Autorität und Jurisdiktion seiner Wohngemeinde unterstellt. Er muss weiter deren *operae* leisten, während er auf besondere Leistungen der Gemeinde wie etwa *epulae*, *sacra*, *ludi* sowie auf das Recht auf Freilassung von Sklaven und das auf die Nennung eines Tutors vor

---

tatum nemo esse possit ... u. Balb. 28 *duarum civitatum civis noster esse iure civili nemo potest* ... Im Zusammenhang mit dem „Doppelbürgerrecht" wird oft auch Nep. Att. 3,1f. über die Verleihung des athenischen Bürgerrechtes an Atticus zitiert: ... *civem facere studerent: quo beneficio ille uti noluit, quod nonnulli ita interpretantur, amitti civitatem Romanam alia ascita*. Die meisten Herausgeber betrachten allerdings *quod ... ascita* als Interpolation (vgl. e.g. Marshall, P.K., Cornelii Nepotis vitae cum fragmentis, edidit P.K.M., Leipzig 1977, app. crit. ad loc.)). Erst unter Augustus gibt es erste Anzeichen dafür, dass diese Regel im einen oder anderen Fall offiziell durchbrochen wurde. In der Praxis mag das längst anders ausgesehen haben; man denke nur an den Fall individueller Bürgerrechtsverleihungen an die Notabeln italischer Städte. So meint Sherwin-White, Roman Citizenship, 304: „It is often forgotten that law and its enforcement are very different matters. No one at Rome was interested in preventing the enfranchised peregrine or itinerant Roman from holding the public offices or using the local courts of the city of his domicile if it suited him." Ähnlich Nörr, „Origo" (RE), 440, mit der wesentlichen Feststellung, dass die Idee des Doppelbürgerrechtes nur einen Scheinsieg erfochten habe, da sich die Struktur der konkurrierenden Bürgerrechte wesentlich gewandelt hatte.

50 *Lex Malacitana*, c. 53.
51 Tab. Irn. <c. 94> *Huic legi uti municipes parere debuerint, ita eius municipi incolae parento.*

einem Duumvirn offenbar keinen Anspruch hat – zumindest wird er in den entsprechenden Kapiteln der *lex* nicht genannt.[52]

Ein Bürger römischen Rechts konnte also wohl seine Rechte als Bürger des gemeinsamen römischen Vaterlandes, etwa das der Appellation an den Kaiser, überall geltend machen, am kommunalen Leben einer fremden römischen Stadt durfte er sich aber nur beschränkt beteiligen, er galt nur in seiner jeweiligen *germana patria* als „städtischer Vollbürger". Von der passiven Wahl blieb er bis ins zweite Jahrhundert in der Regel[53] ausgeschlossen, wenn er nicht zuvor in die fremde Bürgerschaft aufgenommen worden war.[54] Für Personen, die der neuen Heimat von Nutzen sein konnten, so gewiss für alle Begüterten, wird die *adlectio* eine Formalität gewesen sein; es gab durchaus Leute, die in zwei Städten Bürger waren und an beiden Orten ein Amt versahen.[55]

Versuche, die das Verhältnis eines Römers zu seinen beiden *patriae* allein auf Grund rechtlicher Satzungen, so wie sie uns in Stadtrechten und bei den Juristen erhalten sind, erfassen wollen, greifen zu kurz. Ein wichtiger Aspekt droht bei solch formaler Betrachtung unterzugehen: Politische Rechte und Einfluss sind im alten Rom ganz direkt mit Besitz verbunden. Regiert werden die Gemeinden von der lokalen Oberschicht. Die Aufnahme in den Dekurionenstand ist an den Ausweis eines Mindestvermögens gekoppelt. Der Betrag variierte von Stadt zu Stadt, ebenso die *summa honoraria*, die für die einzelnen Ämter aufzubringen war.[56] Somit relativieren sich Überlegungen zu den möglichen Rechten eines Zu-

---

52 Vgl. González, Lex Irnitana, 237.
53 Vgl. aber etwa die bei Abbott-Johnson, Municipal Administration, 66, angeführten Beispiele für *ex incolatu decurio* (ILS 6916; 6992).
54 Vgl. Mommsen, Römisches Staatsrecht, III,1, 805. Vittinghoff, Stadtrechtsordnungen, 28f.
55 Vgl. Abbott-Johnson, Municipal Administration, 66, n. 4, mit Verweis auf ILS 6624, 7005, 6933. Bewerbung um Ämter in zwei Städten liegt m.E. auch bei Stat. silv. 2,2,133-137 vor: *tempus erat cum te geminae suffragia terrae / diriperent celsusque duas vehere per urbes / inde Dicarcheis multum venerande colonis, / hinc adscite meis, pariterque his largus et illis / ac iuvenile calens rectique errore superbus.* Statius' Gönner Pollius Felix scheint sich sowohl in der Geburtsheimat Puteoli als auch in seiner Wahlheimat Neapel um Ämter beworben zu haben (Vgl. auch Kap. X, Anm. 23). Die Verse 133-137 sprechen m.E. eindeutig von politischer Betätigung des Gönners und beziehen sich keinesfalls auf dessen dichterische Ambitionen. In v. 137 ist etwa mit Courtney (Courtney, E., P. Papini Stati Silvae, recognovit brevique adnotatione critica instruxit E.C., Oxford 1990) *rectique* zu lesen, das überlieferte *plectrique* jedenfalls erscheint mir unbrauchbar (vgl. Håkanson, L., Statius' Silvae, Critical and Exegetical Remarks with Some Notes on the Thebaid, Lund 1969, 64-66).
56 Mommsen (Römisches Staatsrecht, III,1, 802 mit Anm. 2) scheint der Plin. epist. 1,19,2 genannte Betrag von 100'000 HS ein allgemeingültiges Mass für die Aufnahme in den Dekurionenstand (Diese Annahme findet sich auch in moderneren Werken, vgl. e.g. De Martino, F., Wirtschaftsgeschichte des alten Rom, aus dem Italienischen übersetzt von B. Galsterer, München 1991², 253). In kleinen Gemeinden Afrikas genügten aber offenbar bereits 20'000 HS (vgl. Alföldy, G., Römische Sozialgeschichte, Wiesbaden 1984³, 110). Zu den *summae honorariae* einzelner Städte vgl. die ausführlichen Tabellen bei Liebenam, Städteverwaltung,

gezogenen in den Comitien. Das gilt umso mehr, wenn man bedenkt, dass der Einfluss der Volksversammlungen auf das politische Leben minim war und sich etwa in flavischer Zeit auf ein eng begrenztes aktives Wahlrecht beschränkt zu haben scheint.[57]

Macht und Einfluss lagen beim Munizipaladel. Da Reichtum in der Antike zum grossen Teil tatsächlich und in Rom idealerweise stets[58] auf Landbesitz beruhte und dieser seinerseits im Kern auf Besitzungen in der *germana patria* gründete, wird bald klar, dass die „Geburtsheimat" – zumal eine solche, die, wie gezeigt, gegenüber dem „grossen Vaterland" ein gewisses Mass an Eigenständigkeit bewahrt hatte – in einer gentilizisch geordneten, agrarisch orientierten Welt von Bedeutung war: Dort lag die Basis des Vermögens, dort besass die Familie Einfluss, Ansehen und ihre nächste und natürlichste Klientel, und das alles in der Regel seit langer Zeit und für lange Zeit. Allein ein Ereignis wie der Bürgerkrieg mit seinen blutigen Wirren und Landenteignungen vermochte diese von Natur aus zutiefst konservativen Verhältnisse für einmal umzuwälzen. Wo sich neue Eliten bildeten, tendierten sie dazu, das Verhalten der alten zu kopieren und vor allem – sie hielten sich ebenso zäh wie diese. Schon in der frühen Kaiserzeit lässt sich nachweisen, dass Angehörige derselben Familie über mehrere Generationen zum *ordo decurionum* ihrer Stadt gehörten. Der Stand war an sich nicht erblich, so

---

57-65 u. Duncan-Jones, R., The Economy of the Roman Empire, Quantitative Studies, Cambridge 1974, 82-88 u. die Tabellen 215f.

57 Lebek, Die Municipalen Curien, 190f., wehrt sich gegen die schon von Mommsen vorgebrachte und von H. Galsterer (Municipium, 86) modifizierte These, dass der Einfluss der gewöhnlichen Stadtbürger gegenüber dem des Decurionenstandes stetig abnahm. Insbesondere seien die Normalbürger der spanischen Städte gegenüber den örtlichen Notabeln durch das Stadtgesetz des Domitian zu neuem Einfluss gekommen, da nach der Verleihung des Latium durch Vespasian „die örtlichen Honoratioren und Potentaten die Ämter einfach unter sich verteilten". Ob die Verhältnisse in Spanien unmittelbar nach dem Edikt des Vespasian so ausgesehen hatten, weiss allerdings niemand; kann man für die Zwischenzeit wirklich Kooptation annehmen (Lebek, a.O.)? Wie auch immer, Galsterer hat, als er von der „growing accretion of importance of the town council" sprach, dem Umstand, dass es ein Wahlrecht für die Bürger gab – im Gegensatz zu Mommsen, der dieses bis zur Annahme von blosser Akklamation relativiert (Römisches Staatsrecht, III,1, 350) – durchaus Rechnung getragen, meint er doch nach der Examination der entsprechenden Bestimmungen der Lex Irnitana: „the popular assembly in effect lost all functions except for elections". Selbst wenn vor dem domitianischen Gesetz nicht einmal das Recht zur Wahl bestanden hätte, verneint das – wenn man die historische Entwicklung insgesamt betrachtet – nicht den Niedergang der Rechte der *plebs* an sich, sondern allenfalls die Stetigkeit der Entwicklung.

58 Den Senatoren war der Handel bekanntlich offiziell nicht gestattet. Nur Landbesitz und -bewirtschaftung galt als standesgemäss und wurde auch gehörig idealisiert. Wer seinen Reichtum anders erworben hatte, trachtete danach, dem gesellschaftlichen Ideal zu entsprechen, und legte sein Geld in Land an. Dieses brachte dann Rendite und Ansehen zugleich (so auch Rostovtzeff, M., The Social and Economical History of the Roman Empire, second edition revised by P.M. Fraser, vol. II, Oxford 1957², 197).

dass eine Erneuerung theoretisch möglich war. Allerdings vererbte sich mit dem Familienvermögen die entscheidende Voraussetzung zur Aufnahme.[59] Selbst Familien, die ihren Reichtum Handel und Unternehmertum zu verdanken hatten, legten ihn schliesslich in Land an, so dass in der Kaiserzeit die meisten Dekurionen Besitzer von Gütern auf den städtischen Territorien waren.[60]

Die Munizipalaristokratie bestimmte das Gemeindeleben nicht nur, sondern sie trug es auch, und zwar ganz konkret durch die Beisteuerung zum Teil erheblicher eigener Mittel. Sie entwickelte starke Bindungen an die *germana patria*, weil Geschicke und Geschichte der Heimatstadt aufs engste mit denjenigen der eigenen Familie verbunden waren. Ihre Werte und Haltungen, auch jene gegenüber der *germana patria*, waren vorbildlich für die übrige Bevölkerung. So bedachten etwa in der Kaiserzeit vermehrt auch Personen niedrigerer Herkunft, etwa reiche Freigelassene, ihre Heimatorte mit Wohltaten, die denen der anerkannten Elite nicht nachzustehen brauchten. Stiftungen dieser meist auch als *Augustales* mit dem Kaiserkult betrauten vermögenden *liberti* sind gerade für das 1. Jh. n. Chr. inschriftlich bestens ausgewiesen.[61] Auch diese Leute wurden von ihren Heimatstädten mit Ehrenstatuen und Inschriften geehrt und wenigstens mit den *ornamenta decurionalia* ausgezeichnet.[62] Immerhin war ein „sozialer Aufsteiger", der sich durch unpassend grosszügige Zuwendungen hervortat und es den genuinen *domi nobiles* gleichtun wollte, ebenso wie die Stadt, die sich von dieser Seite mit allzu grosszügigen Gaben bedenken liess und damit sozusagen „Schuster, Walker und Schenkwirte" unter ihre *nobiles* aufgenommen hatte, noch unter Domitian eine sichere Treffscheibe für beissenden Spott.[63]

Während sich das Leben für den durchschnittlichen Bürger einer römischen Kolonie oder eines Municipiums mehr oder weniger ausschliesslich in der engeren Heimat abspielte, war die am ursprünglichsten mit der *germana patria* verbundene Schicht der *domi nobiles* gleichzeitig am stärksten auf das „grosse Vaterland" ausgerichtet. Aus ihren Kreisen rekrutierte sich der „Reichsadel", ihr winkte in Rom schon seit der Zeit der ausgehenden Republik die Möglichkeit zur Karriere.[64] Vor allem sie schickte ihre Söhne in die Metropole des Weltreichs zur

---

59 Alföldy, Römische Sozialgeschichte, 109f. Zum wirtschaftlichen Verhalten der „neuen (senatorialen) Elite" in der Kaiserzeit vgl. Rostovtzeff (loc. cit. Anm. 58).
60 Zur Tatsache vgl. Alföldy, Römische Sozialgeschichte, 110f. Zum Ansehen des Landbesitzes vgl. Anm. 58.
61 Alföldy, Römische Sozialgeschichte, 113.
62 Vgl. Christ, Geschichte, 369f.
63 Mart. 3,59 *Sutor Cerdo dedit tibi, culta Bononia, munus, / fullo dedit Mutinae: nunc ubi copo dabit?*; vgl. Mart. 3,16 u. 99.
64 Schon Sulla griff bei seiner Restauration bevorzugt auf die italische Oberschicht zurück.

II *patria civitatis* und *patria naturae*   29

Ausbildung[65] und hoffte, sie in die massgebenden Kreise einführen zu können. Aus solchen Verhältnissen stammen über die Hälfte der in dieser Arbeit besprochenen Autoren. Nachzuweisen ist eine Herkunft aus der munizipalen Oberschicht für Cicero[66], Catull[67], Properz[68], Ovid[69] und Plinius[70], annehmen wird man es für Livius[71] und wohl auch für Vergil.[72] Anders sieht es im Falle des Ho-

---

65 Eine bezeichnende Ausnahme ist Horaz: Sein Vater stammte eben nicht aus den Kreisen der in der Heimat Mächtigen (vgl. Anm. 73a) und bot dem Sohn, der die Machtverhältnisse i.ü. deutlich registrierte (sat. 1,6,71-75; vgl. S. 79.), trotzdem nur das Beste – eine Ausbildung in Rom. Darauf, dass zur standesgemässen Ausbildung in besten Kreisen auch ein Aufenthalt in Griechenland gehörte, sei doch hingewiesen.
66 Vgl. S. 41.
67 Vgl. Anm. 2.
68 Prop. 4,1,121 *Umbria te notis antiqua Penatibus edit*. Das *nomen gentile* findet sich auf zahlreichen (echten und gefälschten) Inschriften in Assisi und anderen umbrischen Städten (vgl. Forni, G., I Properzi nel mondo romano: indagine prosopografica, in: Bimillenario della morte di Properzio, Atti del convegno internazionale di studi properziani (Roma-Assisi, 21-26 maggio 1985), Assisi 1986, 175-97). M. Guarducci ist überzeugt davon, in der sog. *domus Musae* unter der Kirche S. Maria Maggiore in Assisi das Haus des Dichters gefunden zu haben (zuletzt: Guarducci, M., La casa di Properzio ad Assisi, in: Bimillenario della morte di Properzio, Atti del convegno internazionale di studi properziani (Roma-Assisi, 21-26 maggio 1985), Assisi 1986, 137-41).
69 Ov. am. 3,15,5f. *siquid id est, usque a proavis vetus ordinis heres, / non modo militiae turbine factus eques* (vgl. am. 3,8,9f., trist. 4,10,7f., Pont. 4,8,17f.). Ovidii sind in Sulmo inschriftlich bezeugt: CIL IX, 3082, 3093 (*Obidia*, *Obidi*).
70 Vgl. Kapitel XII, S. 187.
71 Konkrete Anhaltspunkte gibt es nicht (äusserst zurückhaltend deshalb Schanz-Hosius, II, 297). Die umfassende Bildung und nicht zuletzt das Leben als Gelehrter lassen darauf schliessen, dass er aus vermögenden Kreisen stammte. Zum allgemeinen Tenor vgl. u.a. Klotz, A., RE XIII, „Livius", 816, Fuhrmann, M., Kl. Pauly, 3, 695, „Livius"; Weissenborn, W., Müller, H.J., Titi Livi ab urbe condita libri, bearbeitet von W. Weissenborn und H.J. Müller, 1. Bd., Buch I, Berlin 1962¹⁰ (Nachdruck der 9. Auflg. 1908), 3f. (das Ableiten der Herkunft aus angesehener Familie aus „der Beurteilung von Emporkömmlingen" und „der Parteinahme für die Optimaten" ist problematisch); Bayet, J., Tite Live, Histoire romaine, t. I, Paris 1954, VIII. In Patavium wurden zahlreiche Inschriften von Livii gefunden. Es ist möglich, dass sich die Inschrift CIL V, 2975 (= ILS 2919) auf den Geschichtsschreiber und seine Familie bezieht, wenn das auch nicht so sicher feststeht, wie gerne behauptet wird. (Die Inschrift CIL V, 2865, die in Padua lange Zeit als Grabinschrift des Livius verehrt wurde, gehört indes sicher einem anderen).
72 Auch wenn man den Einzelheiten der bescheidenen Familienverhältnisse (*parentibus modicis*), wie sie bei Donat in der Vita überliefert werden, misstraut, könnte man vielleicht zunächst denken, allein das Aufkommen dieser Geschichten sei ein Zeichen dafür, dass Vergil nicht aus der alteingesessenen Oberschicht stammen konnte und die Familie tatsächlich durch die harte Arbeit des Vaters zu relativem Wohlstand (Ländereien, gute Ausbildung der Söhne) gelangt war. Allerdings: Selbst Horaz ist durch explizite Angaben in den eigenen Werken (sat. 1,6,86 *coactor*) nicht davor bewahrt worden, für den Sohn eines *salsamentarius* (Suet. vita Hor.) gehalten zu werden. Vergils Lebensstil ist der eines doch wohl sehr reichen Mannes; obwohl er ein Haus in Rom besass, konnte er sich aufhalten, wo er wollte (Kampanien, Sizilien, Gegend von Tarent?, Griechenland, Kleinasien). Die Donatvita schreibt ihm ein Vermögen von *centiens sestertium* zu, ein Betrag, bei dem doch zu fragen

raz und mit grosser Wahrscheinlichkeit auch in dem Martials aus,[73] während Statius im Epicedion für den Vater eine Herkunft aus einer zwar angesehenen, aber in beengten Verhältnissen lebenden Familie bezeugt.[74] Dass sich die jungen Leute aus derselben Gegend in der Metropole zu Landsmannschaften zusammenschlossen, scheint natürlich.[75] Der Zusammenhalt unter Personen gleicher Herkunft wurde weiter durch das Institut des Patrociniums entschieden gefördert: Aufnahme und Förderung durfte zu Beginn der Karriere vor allem auch von arrivierten Landsleuten erwartet werden.[76]

Das geschickte Einbinden lokaler Eliten, selbst solcher aus stammfremden Völkern, gilt als eigentliches *arcanum imperii* des römischen Kaiserreiches, als Triebkraft der Romanisierung. Rom herrschte mit einem Minimum[77] an direkter Verwaltung und überliess die Oberaufsicht den jeweiligen städtischen Oberschichten.[78] Diesen wurde das Bürgerrecht, das ihre Loyalität gleichermassen

---

wäre, ob er tatsächlich ausschliesslich *ex libertate amicorum* stammen kann (Don. vita Verg. 13). Man wird den Verdacht nicht los, dass der grosse römische Dichter doch ein beträchtliches ererbtes Vermögen im Rücken hatte. Unter dieser Voraussetzung macht auch der überschwengliche Dank von ecl. 1 mehr Sinn (ecl. 1 beinhaltet gewiss mehr als nur den persönlichen Dank des Dichters; aber es geht nicht an, dem Gedicht jeglichen autobiographischen Hintergrund zu entziehen, wie das Clausen, W., A Commentary on Virgil, Eclogues, by W.C., Oxford 1994, 31f., möchte). Wenn Vergil aber von Haus aus begütert gewesen sein sollte, wird eine Herkunft aus der munizipalen Oberschicht wahrscheinlich: Die soziale Mobilität in der römischen Gesellschaft war im allgemeinen nicht gerade hoch (vgl. S. 27f.), so dass ein rascher Aufstieg des Vaters vom tüchtigen Handwerker zum äusserst vermögenden Grundbesitzer kaum glaubhaft erscheint.

73 a) Horaz über seinen Vater: sat. 1,6,86 *coactor*, 1,6, 6, 21 u. 45, epist. 1,20,20 *libertinus*; sat. 1,6,71 *macro pauper agello*; über die Eltern: carm. 2,20,5f. *non ego, pauperum / sanguis parentum*; vgl. S. 79, 85 mit Anm. 80, S. 87 u. 89. b) Martial: vgl. S. 151.

74 Die Familie gehörte wohl dem *ordo equester* an, musste aber eine Verminderung des Vermögens hinnehmen (silv. 5,3,116-120). Ob der Vater „um dieser unliebsamen Erinnerung willen" aus der Geburtsheimat Velia, „wo er nicht mehr eine grosse Rolle spielen konnte", nach Neapel übersiedelte, sei dahingestellt (Zitate nach Vollmer, F., P. Papinii Statii silvarum libri, herausgegeben und erklärt von F.V., Hildesheim, New York 1971 (Nachdruck der Ausg. Leipzig 1898), 15 mit Anm. 4 u. 7, 536).

75 Besonders auffällig ist das bei den Dichtern Catull und Martial (vgl. Kap. IV u. XI).

76 Bei unseren Autoren spielt das Patrocinium schon bei Cicero eine Rolle (vgl. S. 46 mit Anm. 95, aber nicht im Sinne der Förderung junger Leute), konkrete Zeugnisse dazu liefert ausserdem Plinius und – von der anderen, der „Klientenseite" – Martial. Stark mit seinen Landsleuten verbunden war auch Catull, bei ihm findet sich allerdings kein konkreter Hinweis auf „patronale" Verhältnisse (vgl. S. 61 m. Anm. 61).

77 Stahl, Imperiale Herrschaft, 88, weist allerdings zu Recht darauf hin, dass auch die „römische ad-hoc-Interventionspolitik", d.h. „der Tatbestand, dass die Reichszentrale nur in Reaktion auf vorliegende Missstände von Fall zu Fall in die inneren Angelegenheiten der Städte eingriff", zur langsamen Aushöhlung der städtischen Selbständigkeit führte – „mussten doch potentiell alle Städte der Provinz eines römischen Eingriffs gewärtig sein."

78 Vgl. Aristid. Or. 26,64 τούτων δὲ οὕτω διῃρημένων πολλοὶ μὲν ἐν ἑκάστῃ πόλει πολῖται ὑμέτεροι οὐχ ἧττον ἢ τῶν ὁμοφύλων, οὐδ' ἰδόντες πώ τινες αὐτῶν τὴν πόλιν, φρουρῶν δὲ οὐδὲν δεῖ τὰς ἀκροπόλεις ἐχόντων, ἀλλ' οἱ ἑκασταχόθεν μέ-

"symbolisierte, belohnte und bestärkte",[79] schon von alters her bevorzugt verliehen. Noch im 1. Jh. n. Chr. galt es als besondere Ehre für einen Peregrinen, die römische Zivität zu erhalten.[80] Mit ihrer zunehmenden Verbreitung bis hin zur Ausdehnung des Bürgerstatus auf alle freien Provinzialen durch die *constitutio Antoniniana* 212 n. Chr. relativierte sich dann das Prestige zunehmend. Diese Entwicklung war unter anderem auch dadurch vorgegeben, dass neben ausgewählten, meist aus gehobeneren Verhältnissen stammenden Personen Jahr für Jahr Tausende von entlassenen Auxiliarsoldaten und Freigelassenen das Bürgerrecht erhielten, die Masse der Neubürger sich letztlich also doch nicht aus den oberen Gesellschaftsschichten des Reiches rekrutierte.[81] Die Tätigkeit der *cives Romani* – insbesondere wohl die der Vermögenden und Einflussreichen – erfolgte in der Heimat stets mit Blick auf Rom.[82] Nicht umsonst glichen sich in der Kaiserzeit die Städte, vor allem die neueren der westlichen Reichshälfte, sogar äusserlich bis zur Eintönigkeit.

Wenn sich selbst peregrine Städte nach der Metropolis, ihrer Politik und ihren Werten richteten, wieviel mehr musste das für die uns interessierenden Gemeinden römischer Bürger gelten: Bezeichnend ist denn auch hier weniger das Beharren auf der ursprünglichen Identität als die Nachahmung und Nachbildung Roms; betont wurden in der Regel eigene Wesenszüge, die im Einklang mit traditionellen römischen Werten standen: So gefiel sich etwa die ehemals „gallische" Transpadana als Hort der in der Hauptstadt nunmehr vermissten altrömischen Sittenstrenge ...[83]

γιστοι καὶ δυνατώτατοι τὰς ἑαυτῶν πατρίδας ὑμῖν φυλάττουσι· καὶ διπλῇ τὰς πόλεις ἔχετε, ἐνθένδε τε καὶ παρ' αὐτῶν ἑκάστας (vgl. Or. 26,59). Das galt schon zu Zeiten der Republik: vgl. Galsterer, Herrschaft, 10f. (Bevorzugung der städtischen Organisation), 142-51 (Bedeutung der italischen Führungsschichten für die Herrschaft Roms).

79 So Brunt, P.A., The Romanization of the Local Ruling Classes in the Roman Empire, in: Assimilation et résistance à la culture gréco-romaine dans le monde ancien, travaux du VIe congrès international d'études classiques, ed. D.M. Pippidi, Paris 1976, 161-73, 166.
80 Vgl. dazu Nörr, D., Imperium und Polis in der hohen Prinzipatszeit, München 1969², 56.
81 Diese wesentliche Differenzierung bei Christ, Geschichte, 458.
82 Vgl. Dahlheim, W., Die Funktion der Stadt im römischen Herrschaftsverband, in: Stadt und Herrschaft, Römische Kaiserzeit und Hohes Mittelalter, ed. F. Vittinghoff, 13-74, 64-67.
83 Vgl. dazu S. 212. Zur „Anpassung" an römische Normen in konkreten Dingen (Sprache, Gebräuche) vgl. Anm. 38.

III   CICERO UND ARPINUM *QUA RE INEST NESCIO QUID ET LATET IN ANIMO AC SENSU MEO, QUO ME PLUS HIC LOCUS FORTASSE DELECTET ...* (leg. 2,3)

III.1   DARSTELLUNG

Was empfand Cicero für Arpinum, den Ort seiner Herkunft? War es, wie die Mehrheit der Interpreten annimmt, „Verbundenheit mit dieser Natur (sc. ,der Arpinums') und dem Heimatboden"[1], „Heimatgefühl"[2], „Liebe und Stolz"[3], oder werden wir zu Recht gewarnt: „Mais ne soyons pas dupés de l'émotion que Cicéron a mêlée ici (sc. ,dans de legibus') pour le grand public à ses réminescences..."[4]? Als Ausgangspunkt der Diskussion bieten sich die Einleitungsgespräche der ersten beiden Bücher von *De legibus* an:

Dass Atticus Hain und Eiche des Marius auf Grund einer Reminiszenz aus dem „Marius" erkannt haben soll (1,1), erscheint als wenig diskretes, doch originelles Einbringen des Autors in den Dialog. Die dringende Bitte nach dem lange entbehrten Geschichtswerk aus Ciceros Hand – unverhülltes Eigenlob mit Spitze gegen Griechenland –[5] könnte ärgern, wäre solches nicht ebenso aus anderen Proömien vertraut wie das Betonen des Nutzens der Philosophie für die Öffentlichkeit (1,5; 1,12) und das Verweisen solcher Betätigung in die Freizeit (1,8f.). Wird die Einleitung ohne Ressentiments betrachtet, so ist zuzugeben, dass die Szenerie des Marius-Haines und die Erwähnung des Gedichtes Cicero einen ebenso eleganten Übergang zu den Bemerkungen über die Wahrheit in Dichtung und Geschichtsschreibung erlaubt, wie ihn der Ilissos und die an ihn geknüpfte Sage vom Raub der Oreithyia in Platons *Phaidros* schaffen.[6] Ja, man empfindet eine stille Freude darüber, mit welcher Klugheit und Leichtigkeit Cicero – nicht ohne mit ... *et ve-*

---

1   Pohlenz, M., Der Eingang von Ciceros Gesetzen, Philologus 93, 1938, 102-27, 106.
2   Büchner, K., Cicero, Bestand und Wandel seiner geistigen Welt, Heidelberg 1964, 17f.: „Cicero hat seine Heimat nie verleugnet. Im Proömium zum zweiten Buche der Gesetze hat er ihr ein Denkmal gesetzt, in einer sehr berühmten Stelle, die sein Heimatgefühl und seinen Sinn für Landschaft zeigt ...".
3   Gelzer, M., Cicero, Ein biographischer Versuch, Wiesbaden 1969, 274: „Im Einleitungsgespräch des zweiten Buchs (sc. ,der Gesetze') führt uns Cicero in anmutiger Unterhaltung mit Atticus an die Stätte seiner Geburt in Arpinum, ..., was ihm Gelegenheit gibt, mit Liebe und Stolz seines Municipiums zu gedenken ...".
4   Carcopino, J., Les sécrets de la correspondance de Cicéron, t. 1, Paris 1947, 79.
5   Leg. 1,5 *ATTICUS: Postulatur a te iam diu vel flagitatur historia. Sic enim putant, te illam tractante effici posse, ut in hoc etiam genere Graeciae nihil cedamus ...*
6   Pl. Phdr. 229b ΦΑΙ. Εἰπέ μοι, ὦ Σώκρατες· οὐκ ἐνθένδε μέντοι ποθὲν ἀπὸ τοῦ Ἰλισοῦ λέγεται ὁ Βορέας τὴν Ὠρείθυιαν ἁρπάσαι;.

III Cicero und Arpinum 33

rumne sit, ut Athenis non longe item a tua illa antiqua domo Orithyiam Aquilo sustulerit ... (1,3) einen diskreten, raffiniert eingearbeiteten Hinweis gegeben zu haben – platonische Dramaturgie verwendet, noch bevor in 1,15 direkt auf das Vorbild Platos hingewiesen wird.[7]

An dieser Stelle drängt sich die Frage auf, ob die Landschaftsbilder in *De legibus* tatsächlich etwas wie „Verbundenheit mit dem Heimatboden", echtes Empfinden zum Ausdruck bringen oder ob man in ihnen allein die kunstvolle Spiegelung platonischer Szenerien sehen soll: Die kühlen Flüsse Arpinums stehen für den Ilissos und die Quelle unter der Platane,[8] der heisse Sommertag in der Heimat findet seine Parallele in der Hitze von Athen oder Knossos.[9] Dem Rauschen der Flüsse und der Symphonie der Vögel lässt sich dieselbe Funktion als Geräuschkulisse zuordnen wie dem Chor der Zikaden und der säuselnden Luft.[10] Die Marius-Eiche ist zwar kaum eine Variation der Platane aus dem *Phaidros*,[11] dafür kann man nach Ciceros Hinweis (1,15) hinter den schlanken Pappeln am grünenden Ufer mit

---

7 Leg. 1,15 MARCUS: *Visne igitur, ut ille cum Crete Clinia et cum Lacedaemonio Megillo aestivo quem ad modum describit die in cupressetis Gnosiorum et spatiis silvestribus, crebro insistens, interdum adquiescens, de institutis rerum publicarum ac de optimis legibus disputat, sic nos inter hos procerissimas populos in viridi opacaque ripa inambulantes, tum autem residentes, quaeramus isdem de rebus aliquid uberius quam forensis usus desiderat.*

8 a) Leg. 1,14 MARCUS: *Quin igitur ad illa spatia nostra sedesque pergimus? Ubi cum iam satis erit ambulatum requiescemus, nec profecto nobis delectatio derit, aliud ex alio quaerentibus.* – ATTICUS: *Nos vero, et hac quidem ad Lirem si placet per ripam et umbram.* b) Pl. Phdr. 229a ΣΩ. Δεῦρ᾽ ἐκτραπόμενοι κατὰ τὸν Ἰλισὸν ἴωμεν· εἶτα ὅπου ἂν δόξῃ ἐν ἡσυχίᾳ καθιζησόμεθα. c) leg. 2,6 ... *statim praecipitat* (sc. ‚Fibrenus') *in Lirem, ..., Liremque multo gelidiorem facit. Nec enim ullum hoc frigidius flumen attigi, cum ad multa accesserim, ut vix pede temptare id possim, quod in Phaedro Platonis facit Socrates.* d) Pl. Phdr. 230b ΣΩ. Ἥ τε αὖ πηγὴ χαριεστάτη ὑπὸ τῆς πλατάνου ῥεῖ μάλα ψυχροῦ ὕδατος, ὥστε γε τῷ ποδὶ τεκμήρασθαι· e) Pl. Phdr. 229a ΦΑΙ. ...῾Ρᾷστον οὖν ἡμῖν κατὰ τὸ ὑδάτιον βρέχουσι τοὺς πόδας ἰέναι καὶ οὐκ ἀηδές, ἄλλως τε καὶ τήνδε τὴν ὥραν τοῦ ἔτους τε καὶ τῆς ἡμέρας.

9 a) Vgl. Anm. 7: Schatten, Kühle, Wasser. b) leg. 1,28 ... *sed facile patiar te hunc diem vel totum in isto sermone consumere.* c) leg. 2,3 MARCUS: *Ego vero, cum licet pluris dies abesse, praesertim hoc tempore anni* (sc. ‚aetate'), ... d) leg. 2,7 ... *considamus hic in umbra, ...* e) Macr. Sat. 6,4,8 (frg. leg. 5) *Visne igitur, quoniam sol paululum a meridie iam devexus videtur, nequedum satis ab his novellis arboribus omnis hic locus opacatur, descendamus ad Lirim, eaque quae restant in illis alnorum umbraculis persequamur?.* f) Pl. Phdr. 229a (vgl. Anm. 8e). g) Pl. Phdr. 229b ΦΑΙ. Ἐκεῖ (sc. ‚unter der Platane') σκιά τ᾽ ἐστὶν καὶ πνεῦμα μέτριον, ... h) Pl. Lg. 625b ... καὶ ἀνάπαυλαι κατὰ τὴν ὁδόν, ὡς εἰκὸς πνίγους ὄντος τὰ νῦν, ἐν τοῖς ὑψηλοῖς δένδρεσίν εἰσι σκιαραί, ...

10 a) Leg. 1,21 ATTICUS: *Do sane si postulas; etenim propter hunc concentum avium strepitumque fluminum non vereor condiscipulorum ne quis exaudiat.* b) Pl. Phdr. 230c εἰ δ᾽ αὖ βούλει, τὸ εὔπνουν τοῦ τόπου ὡς ἀγαπητὸν καὶ σφόδρα ἡδύ· θερινόν τε καὶ λιγυρόν ὑπηχεῖ τῷ τῶν τεττίγων χορῷ.

11 Bonjour, Terre, 232: „Chez Platon, l'arbre, ce platane du Phèdre qui se retrouve dans le de oratore (de Orat. 1,7,28), sert à abriter les personnages; c'est un parasol. Le chêne de Marius est une relique et un symbole."

Recht die Zypressenhaine aus den *Nomoi* sehen. Da eine solche Spiegelung die Authentizität der im Text geäusserten Empfindungen nicht von vornherein auszuschliessen braucht – ja sie nicht selten geradezu adelt und zum Zeichen grösster persönlicher Anteilnahme wird –, ist nicht in erster Linie abzuklären, welche Umformungen Cicero am Vorbild vorgenommen hat,[12] sondern vielmehr, welche Funktion die Szenerie im Dialog erfüllt.

Im ersten Buch haftet den Naturbeschreibungen etwas Mechanisches an: Die Eiche des Marius führt zur Diskussion über die Geschichtsschreibung (1,1-1,3), die Aufforderung, zu den Ruheplätzen am mit Pappeln bestandenen Liris zu ziehen (1,14), leitet über zum Hauptthema, dem Gespräch über die Grundlagen des Rechts. Der Einwurf des Atticus in 1,21[13] gliedert nicht das Gespräch, zeigt aber besonders deutlich, mit welcher Virtuosität die Szenerie als gestalterisches Element eingesetzt ist. Der unbefangene Leser findet am urbanen Humor der Stelle Gefallen – erklärt sich doch Atticus geradezu froh um Vogelsang und Wasserrauschen, die sein wenig epikureisches Zugeständnis ungehört machen sollen ... Dieselbe Urbanität, das Raffinierte, Gesuchte, erschwert die Beurteilung der Echtheit des Empfindens für die Landschaft. Gehobene Unterhaltung in den Parkanlagen der Landsitze hatte ihren Platz im Leben Ciceros,[14] und all die geistreichen Anspielungen, der feine Humor, die ganze Art der Gesprächsführung wird man insbesondere Marcus Cicero und Atticus ohne weiteres zugestehen. Deutlich tritt aber hervor, dass die Szenerie im ersten Buch in ihrer hinweisartigen Kürze und Unverbindlichkeit nicht primär grosse Liebe zur Natur der Heimat zum Ausdruck bringt, sondern einen ebenso zweckmässigen wie gefälligen Rahmen für den Dialog bildet. Wären wir nicht durch die Eiche und den Namen „Liris" auf Arpinum verwiesen, könnten die grünen Ufer und schlanken Pappeln, das Rauschen des Wassers und der Gesang der Vögel Elemente einer beliebigen „Erholungslandschaft" sein.

Im zweiten Buch erhält die Landschaft durch die Beschreibung der Fibrenusinsel (2,6) das bis anhin vermisste spezifische Gepräge: Die Landschaft wird unverwechselbar. Wenn auch die Poesie des Bildes durch die nüchterne Grössenangabe der Insel empfindlich gestört wird – *tantum complectitur quod satis sit modicae palaestrae loci* ist eher einem passionierten Bauherrn zuzugestehen als jemandem, der „prächtige Landsitze, Marmorböden und Kassettendecken geringachtet"[15] –, so wirkt die Schilderung doch warm und lebendig. Durch den originellen Vergleich

---

12 Der Vergleich mit den platonischen Szenerien wurde von Pohlenz (op. cit. Anm. 1) sorgfältig durchgeführt.
13 Vgl. Anm. 10a.
14 Vgl. den Briefwechsel.
15 Leg. 2,2 ... *magnificasque villas et pavimenta marmorea et laqueata tecta contemno.* (Es spricht Atticus, allerdings scheinen seine Worte auch die Gefühle des Autors wiederzugeben.).

des Liris mit einer Patrizierfamilie, in der sich der adoptierte „plebeische" Fibrenus namenlos verliert,[16] erhält sie eine ausgesprochen persönliche Note.

Das Lob der Insel im Heimatfluss ist in seiner Art einzigartig: Ciceros Briefe bezeugen eine uns Heutige seltsam anmutende Indifferenz gegenüber landschaftlichen Reizen. Weder seine Reise ins Exil[17] noch die Statthalterschaft in Kilikien regten ihn je zu einer pittoresken Beschreibung an. An Athen beeindruckten ihn die Monumente und die Gastfreundschaft.[18] Die Namen von Syros, Delos, Rhodos oder Tralles folgen sich ohne eine andere Bemerkung als die über das so folgenschwere Reisewetter;[19] Cicero litt an Nausea ...[20] Über die Bautätigkeit auf Ciceros Gütern sind wir genauestens unterrichtet.[21] Nur beiläufig hingegen erfahren wir, dass der Staatsmann und Philosoph gerne auf Makrelenfang ging,[22] dass er den Blick auf Strand und Meer, in seine gepflegten, wohlangelegten Parkanlagen und den in die Ferne schätzte,[23] dass der namenlose Schmerz über den Tod seiner

---

16 Leg. 2,6 ... *statim praecipitat (sc. ‚Fibrenus') in Lirim, et quasi in familiam patriciam venerit, amittit nomen obscurius, Liremque multo gelidiorem facit.*
17 Immerhin könnte man für die Briefe aus dem Exil auch geltend machen, dass Cicero nicht nach „sightseeing" zumute war: Att. 3,19,1 *Itaque in Epirum ad te statui me conferre, non quo mea interesset loci natura qui lucem omnino fugerem, sed ad salutem libentissime ex tuo portu proficiscar et, si ea praecisa erit, nusquam facilius hanc miserrimam vitam vel sustentabo vel, quod multo est melius, abiecero.*
18 Att. 5,10,5 ... *valde me Athenae delectarunt, urbe dumtaxat et urbis ornamento et hominum amore in te, in nos quadam benevolentia.*
19 Att. 5,12,1 *Sexto die Delo Athenis venimus. Prid. Non. Quint. a Piraeo ad Zostera vento modesto, qui nos ibidem Nonis tenuit; a. d. VIII Id. ad Ceo iucunde; inde Gyarum saevo vento non adverso; hinc Syrum, inde Delum, utroque citius quam vellemus, cursum confecimus. Iam nosti aphracta Rhodiorum; nihil quod minus fluctum ferre possit. Itaque erat in animo nihil festinare Delo nec me movere nisi omnia* ἄκρα Γυρέων *pura vidissem.* Vgl. Anm. 17.
20 Att. 5,13,1 ... *navigamus sine timore et sine nausea, sed tardius propter aphractorum Rhodiorum imbecillitatem.*
21 Das „Amaltheum" auf dem Arpinas : a) Att. 1,16,18 *Velim ad me scribas cuius modi sit* Ἀμαλθεῖον *tuum, quo ornatu, qua* τοποθεσίᾳ, *et quae poemata quasque historias de* Ἀμαλθείᾳ *habes ad me mittas; libet mihi facere in Arpinati.* b) Att. 2,1,11 *Amalthea mea te exspectat et indiget tui.* c) Att. 2,3,2 (Atticus hat den Bau gesehen und die engen Fenster gerügt ...). d) (Amaltheum des Atticus: 1,13,1; 1,16,15; 2,20,2; leg. 2,7). Tusculanum u. andere Güter: Vgl. Schmidt, O.E., Ciceros Villen, Darmstadt 1972 (Nachdruck der Ausg. 1899), passim.
22 Att. 2,6,1 *Itaque aut libris me delecto, quorum habeo Anti festivam copiam, aut fluctus numero (nam ad lacertas captandas tempestates non sunt idoneae) ...* Schmidt, Ciceros Villen, 49, spricht von „zahlreichen Ruderfahrten, die ihn von einem Ort des paradiesischen Golfes (sc. ‚des neapolitanischen') zum andern führten" („Att. 14,16,1; 14,20,1 u. 5; 16,3 u. 6 u.s.w.") – allerdings geht es an diesen Stellen nicht um „Bootsfahrten zum Vergnügen" sondern um „Transport" (vgl. etwa 16,6,1), wobei es allerdings, wie Schmidt behauptet, immerhin möglich ist, dass er das von ihm gerne aufgesuchte Meer – zumal wenn es wie im Golf ruhig lag (vgl. etwa Stat. silv. 3,5,84) und die Gefahr der Nausea (vgl. Anm. 20) gebannt war – auch aus dieser Perspektive schätzte.
23 a) Acad. 2,80 *O praeclarum prospectum! Puteolos videmus;* ... (vgl. Att. 12,9; 12,19,1). b) Att. 2,4,5 *Terentiae saltum perspeximus. Quid quaeris? Praeter quercum Dodoneam nihil de-*

Tullia ihn Trost im unwegsamen Dickicht von Astura suchen liess[24] oder dass ihm die Wahl zwischen der Aussicht von Hügeln und Strandspaziergängen schwer fiel.[25] Einerseits mag das daran liegen, dass Cicero, dem das gesellschaftliche Leben alles bedeutete, die Einsamkeit in romantischer Natur ebenso satt bekam,[26] wie er sie in Bedrängnis[27] oder zur Erholung suchte,[28] andererseits befand er das Ausmalen von Idyllen nicht für *digna longioribus litteris.*[29] Für das Gedicht *Britannia* hingegen forderte er von Quintus eine Beschreibung der Örtlichkeit an.[30]

Zeugt also der Anfang des zweiten Buches von *De legibus* durch seine Exklusivität als einmaliges Dokument für Ciceros Liebe zur Landschaft der Heimat?

Vorbehalte gegenüber dieser Folgerung werden vor allem diejenigen anmelden müssen, die das Loblied der heimatlichen Umgebung nicht als Selbstzweck sehen,[31] sondern – indem sie Einleitungsgespräch und philosophischen Gehalt des

---

sideramus quo minus Epirum ipsam possidere videamur. c) ad Q. fr. 3,1,14 ... *nunc domus suppeditat mihi hortorum amoenitatem* (vgl. fam. 9,4).

24 Att. 12,15 *In hac solitudine careo omnium conloquio, cumque mane me in silvam abstrusi densam et asperam, non exeo inde ante vesperum. Secundum te nihil est mihi amicius solitudine.*

25 Att. 14,13,1 ... *quibus quaeris atque etiam me ipsum nescire arbitraris utrum magis tumulis prospectuque an ambulatione* ἁλιτενεῖ *delecter. Est me hercule, ut dicis, utriusque loci tanta amoenitas, ut dubitem, utra anteponenda sit.*

26 Att. 15,16a *Narro tibi, haec loca* (sc. ‚Astura') *venusta sunt, abdita certe et, si quid scribere velis, ab arbitris libera. Sed nescio quo modo* οἶκος φίλος. *Itaque me referunt pedes in Tusculanum. Et tamen haec* ῥωπογραφία *ripulae videtur habitura celerem satietatem. Equidem etiam pluvios metuo si ‚prognostica' nostra vera sunt, ranae enim* ῥητορεύουσιν.

27 Vgl. Anm. 24: Tod der Tullia. Im Schmerz über die politischen Umstände (Okt. 54): Att. 4,18,2 *Dicendi laborem delectatione oratoria consolor; domus me et* rura nostra *delectant; non recordor unde ceciderim sed unde surrexerim.*

28 Alle Stellen bei Foucher, A., Cicéron et la nature, BAGB 1955, 32-49, 41.

29 Att. 12,9 *Cetera noli putare amabiliora fieri posse villa, litore, prospectu maris, tumulis, his rebus omnibus. Sed neque haec digna longioribus litteris nec erat quod scriberem, et somnus urgebat.*

30 a) Ad Q. fr. 2,14,2 ... *sic ego, quoniam in isto homine* (sc. ‚Caesare') *colendo tam indormivi diu te me hercule saepe excitante, cursu corrigam tarditatem cum equis tum vero ... quadrigis poeticis; modo mihi date Britanniam quam pingam coloribus tuis, penicillo meo.* b) ad Q. fr. 2,16,4 *O iucundas mihi tuas de Britannia litteras. Timebam Oceanum, timebam litus insulae; reliqua non equidem contemno, sed plus habet tamen spei quam timoris, magisque sum sollicitus exspectatione ea quam metu. Te vero* ὑπόθεσιν *scribendi egregiam habere video. Quos tu situs, quas naturas rerum et locorum, quas mores, quas gentis, quas pugnas, quem vero ipsum imperatorem habes!.*

31 a) Schmidt, P.L., Die Abfassungszeit von Ciceros Schrift über die Gesetze, Roma 1969, 69f.: „... ist das Loblied der heimatlichen Umgebung bei Cicero weitgehend Selbstzweck, ...". Allerdings verschämt in einer Fussnote: „Zudem möchte das Municipium als Symbol altrömischer virtus (vgl. leg. 2,2f.) einen geeigneten Schauplatz für das Thema, Recht und Sitte der maiores darstellen, ähnlich Hirzel 475ff., dagegen Becker 29." b) Becker, E., Technik und Szenerie des ciceronischen Dialogs, Diss. Münster 1938, 29: „Eine innere Beziehung zwischen dem Gegenstand des Dialogs und dem räumlichen Milieu, in dem das Gespräch

III Cicero und Arpinum   37

Dialogs in einen inneren Zusammenhang bringen – als ein Sich-Befreunden mit der
Idee einer alles beherrschenden Natur.[32] Nach ihrem Dafürhalten leitet Cicero als
hochbegabter Redner hier einmal mehr die Gedanken des Publikums in die gewünschten Bahnen:[33] Naturerleben und Szenerie dienten als Mittel zum Zweck.
Nahegelegt wird die These einer Verflechtung von Szenerie und Inhalt ihren Verfechtern[34] dadurch, dass Cicero Atticus in 2,2 sagen lässt: „Wie Du eben bei der
Erörterung über Gesetz und Recht alles auf die Natur bezogen hast, so hat bei den
Dingen, die man zur Entspannung und Erquickung der Seele sucht, die Natur die
beherrschende Stellung."[35] Damit sei die Brücke zwischen der Natur als Ursprung

---

    spielt, liegt in Ciceros Dialogen nirgends vor." Becker weist namentlich die Ansicht Hirzels
    (vgl. Anm. 32a) über De leg. zurück, versteht es aber durch seine zwar treffende, aber zu
    knappe Argumentation (29, ein (!) Satz: „Denn von der Mariuseiche geht doch das Gespräch
    von Buch I aus, das über Naturrecht handelt, während die Naturschilderungen das mehr geschichtlich gehaltene Gespräch von Buch II einleiten.") nicht, alle Zweifel (vgl. Anm. 31a)
    auszuräumen.
32 a) Hirzel, R., Der Dialog, 1. Teil, Hildesheim 1963 (Nachdruck der Ausg. 1895), 475: „Echt
    dichterisch leitet Cicero wie Platon die Eindrücke der äusseren Natur zum Einklang mit dem
    Inhalt des Gesprächs: die Zeusgrotte, wo der älteste Gesetzgeber der Griechen mit dem
    höchsten Gotte Zwiesprache gehalten haben sollte, stimmt wohl zu einer Gesetzgebung, die,
    wie die platonische, von einem religiösen Hauch durchweht ist; und die Marius-Eiche weckt
    die Erinnerung an die Geschichte Roms und führt somit auf eine der Hauptquellen hin, aus
    der dem Cicero die Ideen seines Dialogs zuströmten, während die Naturschilderungen uns mit
    seiner Ansicht befreunden, die in der Alles beherrschenden Natur den Ursprung des Rechts
    sieht. (II,2)." b) Pohlenz, Eingang, 106: „Bei Cicero vereinen sich philosophisches Denken
    und eigenes Fühlen zu dem Empfinden, dass es dieselbe allgewaltige Physis ist, die die Norm
    für Gesetz und Flur manifestiert – *ut tu paulo ante de lege et de iure disserens ad naturam referebas omnia, sic in his ipsis rebus, quae ad requietem animi delectationemque quaeruntur,
    natura dominatur* lässt er Atticus im Vollgenuss der freien Natur sagen (ii,2). Aus der Verbundenheit mit dieser Natur und dem Heimatboden, …, erwächst die rechte Stimmung für die
    feierlichen, altertümlichen Sprüche, die, …, die Grundlage der staatlichen Lebensordnung
    festlegen und an erster Stelle die Pflichten gegen die Götter einschärfen." c) Ruch, M., Le
    prooemium philosophique chez Cicéron, Signification et portée pour la genèse et l'esthétique
    du dialogue, Strasbourg 1958, 252f.: „De même qu'au livre 1, les propos tenus sur l'histoire
    attiraient notre attention sur l'une des origines du droit, c'est-à-dire le passé national; de
    même l'évocation du site enchanteur qui sert de décor ici doit nous conduire à l'idée que la nature est l'autre fondement de la loi. Atticus explique un peu lourdement, il est vrai, ce symbolisme, mais le thème qu'il développe rejoint et complète celui du livre 1: l'amour du passé
    et l'amour du sol sont les deux tendances les plus authentiquement romaines. Les évoquer,
    c'est faire passer plus facilement le caractère philosophique et spéculatif du sujet, …". Urheber der These ist offensichtlich Hirzel, diesem folgt Pohlenz ohne weitere Diskussion und
    ebenso Ruch, der den „symbolisme" bis ins Detail nachzuweisen sucht (vgl. Anm. 42).
33 Ähnlich wie in den Gerichtsreden oder in gewissen Proömien zu den Dialogen, wo Cicero
    kräftig für das Philosophieren wirbt.
34 Hirzel, Pohlenz, Ruch. Vgl. Anm. 32.
35 Leg. 2,2 *Itaque ut tu paulo ante de lege disserens ad naturam referebas omnia, sic in his rebus
    quae ad requietem animi delectationemque quaeruntur, natura dominatur.*

des Rechts und der Natur als Spenderin seelischer Erquickung geschlagen,[36] wenn auch „un peu lourdement".[37]

Wer eine Brücke schlägt, pflegt sie zu benützen. Gerade das tut Cicero aber nicht. Keine Spur von Fruchtbarmachen eines Überganges von der „äusseren" Natur der Landschaft zur „inneren" Natur als treibende Kraft für den Ursprung der Gesetze. Der Übergang zum Thema des Dialogs (1,14, resp. 2,8) erfolgt ebenso unvermittelt wie in anderen Dialogen auch.[38] In 1,16 erscheint „Natur" als philosophischer Begriff zum ersten Mal, plötzlich, ohne dass der Leser im geringsten darauf vorbereitet wäre. Bei der Herleitung des Rechts aus der Natur zählt Cicero die Segnungen der Natur getreulich auf, zieht es aber vor, bei den nützlichen „Feldfrüchten, Beeren und Haustieren" zu bleiben, und nimmt keinerlei Bezug auf die nähere Umgebung.[39] In der Marius-Eiche kann man mit Findigkeit einen Hinweis auf die Geschichte als eine der Hauptquellen für die Gesetzgebung sehen.[40] Allerdings wird dann riskiert, dass in Verkehrung der Erfordernis die Eiche das erste Buch einleitet, das vom Naturrecht handelt, das mehr geschichtlich gehaltene

---

36 Hirzel, Pohlenz und Ruch bemühen allein diese Bemerkung zur Erhärtung ihrer These, andere Hinweise bringen sie nicht bei.
37 Vgl. Anm. 32c.
38 Pohlenz in seiner kommentierten Ausgabe der Tuskulanen: „Eine Schwierigkeit brachte der eigentümliche Charakter dieser Proömien mit sich. Das war der Übergang zum Thema. Der konnte in den meisten Fällen nur durch einen Saltomortale erfolgen." (Pohlenz, M., M. Ciceronis Tusculanorum disputationum libri V, mit Benützung von Otto Heines Ausgabe erklärt von M.P., Leipzig, Berlin 1912, 23). Dass das Einleitungsgespräch von leg. 1 die Funktion eines Proömiums erfüllt, wies Pohlenz in seinem Aufsatz „Der Eingang von Ciceros Gesetzen" (op. cit. Anm. 1) nach. Dass er für den Übergang vom Einleitungsgespräch zum eigentlichen Dialog in den „Gesetzen" keinen „Saltomortale" annehmen mag, liegt weniger am besonderen Charakter des „Proömiums in Dialogform" als an der treuen Gefolgschaft, die er Hirzel leistet. (Pohlenz, Eingang, 103, Anm. 3: „Auf Hirzels noch heute wertvolle Ausführungen weise ich hier ein für allemal hin.") Eine Verbindung zwischen Szenerie und philosophischem Gehalt lässt sich für keinen Dialog nachweisen. Das gilt auch für den Schwesterdialog von *De legibus*, *De re publica*, wo gewisse Beziehungen zwischen den beiden Rahmenteilen, Einleitungsgespräch und *somnium*, nicht aber zwischen Gesamtrahmen und eigentlicher philosophischer Diskussion gefunden werden können. (Vgl. Becker, Technik, 50f.; Pohlenz, M., Cicero de re publica als Kunstwerk, in: Festschrift R. Reitzenstein zum 2. April 1931 dargebracht von E. Fraenkel, H. Fränkel, M. Pohlenz u.a., Leipzig, Berlin 1931, 70-105, 102: „Was Cicero hier (sc. ‚rep. 6,20ff.') in breiter Ausführung bringt, ist dem Grundgedanken nach schon von Scipio selbst im ersten Buche angedeutet (1,26)."; Pohlenz, Eingang, 123: „In De re publica ist das Einleitungsgespräch über das Prodigium der Doppelsonne, das man bald auf den bevorstehenden Tod Scipios durch mörderische Bürgerhand deutete, die künstliche Vorbereitung für den Abschluss des Werkes, für die Verklärung Scipios im Traum, der ihm das Fortleben zeigt."). Kommt dazu, dass die Doppelsonne nicht Bestandteil der Szenerie in Tusculum ist.
39 Leg. 1,25 *Itaque ad hominum commoditates et usus tantam rerum ubertatem natura largita est, ut ea quae gignuntur donata consulto nobis non fortuito nata videantur, nec solum ea, quae frugibus aut bacis terrae fetu profunduntur, sed etiam pecudes, ...*
40 Vgl. Anm. 32a.

zweite Buch aber mit Naturschilderungen beginnt.⁴¹ Gänzlich aussichtslos ist es, den einzelnen Elementen der Naturschilderung symbolischen Gehalt verleihen zu wollen.⁴² Im übrigen weist die umstrittene Bemerkung des Atticus nicht notwendigerweise auf den behaupteten Zusammenhang hin. Sie fügt sich organisch in eine Partie ein, in der Atticus versichert, die rauhe Naturlandschaft Arpinums zu schätzen. Aufs Ganze gesehen ist sie eher eine charmante Artigkeit unter anderen,⁴³ wobei der Rückblick auf die Natur als Schöpferin eher in Funktion einer Nebenbemerkung im Sinne des wenig urbanen „ja, die Natur ist gewiss etwas Wichtiges" des kleinen Mannes das Kompliment an die Heimat des Freundes galant unterstreicht, als dass sie dem Leser an dieser Stelle das Empfinden vermittelt, „dass es dieselbe allgewaltige Physis ist, die die Norm für Gesetz und Recht der Menschen gibt und sich zugleich in Fluss und Flur manifestiert".⁴⁴ Dass Cicero, der für seinen Teil „prächtige Landhäuser, Marmorböden und Kassettendecken"⁴⁵ eben doch durchaus zu schätzen wusste, dem Lob der unverfälschten Naturlandschaft solchen Raum gewährt, mag gar Wurzeln in der Realität gehabt haben: Im Jahre 59 mochte Cicero als vollendeter Gastgeber seinen anspruchsvollen Freund nicht auf das bescheidene Arpinas einladen ...⁴⁶

---

41 Vgl. Anm. 31b.
42 Ruch, Prooemium, 255: „Rassurons-nous: tout est symbole. ‚C'est en lui que se perd le *Fibrenus*, dans toute l'ardeur de sa jeunesse, abandonnant son nom', comme on laisse le sien lorsqu'on passe de sa famille naturelle dans une famille d'adoption, comme la petite patrie se perd dans l'État, comme le droit civil s'intègre dans le droit tout court qui à son tour plonge dans la nature. Insensiblement trois paysages sont transposés l'un dans l'autre: le décor réel, le modèle littéraire, l'interprétation symbolique ...". Der Gedanke ist schön. Nur: Welchen Gehalt („tout est symbole ...") soll man e.g. ... *et Lirem multo gelidiorem facit* oder *hoc quasi rostro finditur Fibrenus ...* zuordnen? Wie wahrscheinlich ist es, dass ein Symbol hinter dem zu Symbolisierenden steht (Symbol *statim praecipitat* (sc. ‚Fibrenus') *in Lirem et, quasi in familiam patriciam venerit, amittit nomen obscurius* in 2,6 – das Symbolisierte *Sed necesse est caritate eam* (sc. ‚patriam') *praestare <e> qua rei publicae nomen universae civitatis est, ...; dum illa* (sc. ‚res publica') *sit maior, haec* (sc. ‚germana patria') *in ea contineatur* in 2,5, und erst noch getrennt durch eine inhaltlich völlig anderer Bemerkung des Atticus)? Ist es die Art Ciceros, an völlig unscheinbarer Stelle Symbole „insensiblement" – also eigentlich sinnlos ... – so zu „verstecken", dass sie dem Leser nicht auffallen?.
43 Leg. 2,2 *ATTICUS: Equidem ... satiari non queo, magnificasque villas et pavimenta marmorea et laqueata tecta contemno. Ductus vero aquarum quos isti Nilos Euripos vocant, quis non cum haec viserat inriserit? Itaque ut tu paulo ante de lege et de iure disserens ad naturam referebas omnia, sic in his ipsis rebus, quae ad requietem animi delectationemque quaeruntur, natura dominatur. Quare antea mirabar – nihil enim his in locis nisi saxa et montis cogitabam, itaque ut facerem et orationibus inducebar tuis et versibus –, sed mirabar, ut dixi, te tam valde hoc loco delectari. Nunc contra miror te cum Roma absis usquam potius esse.*
44 Vgl. Anm. 32b.
45 Vgl. Anm. 43.
46 a) Att. 2,11,2 *Nos in Formiano esse volumus usque ad prid. Non. Mai.; eo si ante eum diem non veneris, Romae te fortasse videbo; nam Arpinum quid ego te invitem?* τρηχεῖ' ἀλλ' ἀγαθὴ κουροτρόφος, οὔτ' ἄρ' ἔγωγε / ἧς γαίης δύναμαι γλυκερώτερον ἄλλο ἰδέσθαι.

Lehnt man die These, Cicero habe die Landschaft bewusst als Symbol für den Gehalt des Dialogs benutzt, ab, besteht noch immer kein Grund, die Schilderung des Fibrenus als Zeugnis eines ausserordentlichen Verbundenseins mit der heimatlichen Landschaft zu sehen. Cicero schätzte sein Arpinas als Sommerfrische,[47] erfreute sich aber ebenso der ausgezeichneten Lage anderer Güter, ganz besonders liebte er das Meer[48] und seine Anlagen in Tusculum.[49] Die Naturschilderungen in *De legibus* verleihen weniger Ciceros Heimatliebe Ausdruck, als dass sie, ähnlich wie Gymnasien und Bibliothek in den Tuskulanen, die Gärten Scipios mit ihrem sonnigen Rasenplatz in *De re publica*, hier eben nach dem Vorbild zweier platonischer Dialoge, eine Atmosphäre römischen otiums für das Gespräch schaffen.[50] Das Motiv des „Ruheplatzes" tritt also nicht zufällig unverhältnismässig stark hervor.[51] Die Szenerie des Dialogs ist keine Hymne an die Landschaft Arpinums, sondern eine Beschreibung der Ruheplätze auf dem heimatlichen Gut. So brauchen uns die „unpoetischen Elemente" in der Schilderung der Fibrenusinsel[52] wenig zu stören: Es ist durchaus angebracht, die Grösse eines Ruheplatzes anzugeben.[53]

---

b) Att. 2,14,2 *Quo me vertam? statim me hercule Arpinum irem, ni te in Formiano commodissime expectari viderem ...* c) Att. 2,16,4 *Te in Arpinati videbimus et hospitio agresti accipiemus, quoniam maritimum hoc contempsisti.*

47   a) Leg. 2,3 *MARCUS: Ego vero, cum licet pluris dies abesse, praesertim hoc tempore anni, et amoenitatem et salubritatem hanc sequor, raro autem licet.* b) ad Q. fr. 3,1,1 *Ego ex magnis caloribus (non enim meminimus maiores) in Arpinati summa cum amoenitate fluminis me refeci ...* c) Att. 13,16,1 *Nos cum flumina et solitudines sequeremur quo facilius sustentare nos possumus.* (scr. in Arpinati V Kal. Quint. an. 45.). d) Tusc. 5,74 *... ut si quis aestuans cum vim caloris non facile patiatur, recordari velit sese aliquando in Arpinati nostro gelidis fluminibus circumfusum fuisse.*

48   Vgl. S. 35.

49   Für die Einrichtung dieser Anlagen war ihm nichts zu teuer, wie wir vor allem im ersten Buch seiner Atticusbriefe erfahren. Nach seiner Heimkehr aus dem Exil wird ihm mit 500'000 HS eigentlich zu wenig zur Wiederherstellung geboten (Stellenangaben und einzelnes bei Schmidt, Ciceros Villen, 34f.).

50   Über das Verhältnis von *otium* und „Natur", von „Dialog" und „Gartenszenerie" vgl. Grimal, P., Les jardins Romains, Paris 1969², passim. Für Cicero insbes. 357-63.

51   Stichworte: a) leg. 1,14 (vgl. Anm. 8a): *spatia nostra, sedes, requiescemus, per ripam et umbram.* b) leg. 1,15 (vgl. Anm. 7): *sic nos inambulantes, residentes.* c) leg. 2,1 *ATTICUS: Quoniam <u>satis iam ambulatum est</u> ... in insula quae est in Fibreno ... sermoni reliquo demus operam <u>sedentes</u>? – MARCUS: ... Nam illo loco libentissime soleo uti, sive <u>quid mecum ipse cogito,</u> sive <u>aliquid scribo aut lego.</u>* d) leg. 2,6 *Sed ventum in insulam est. Hac vero nihil est amoenius. Etenim hoc quasi rostro finditur Fibrenus, et divisus aequaliter in duas partes latera haec adluit, rapideque dilapsus cito in unum confluit, <u>et tantum conplectitur quod satis sit modicae palaestrae loci.</u> Quo effecto, <u>tamquam id habuerit operis ac muneris, ut hanc nobis efficeret sedem ad disputandum,</u>* ... e) Macr. Sat. 6,4,8 (frg. leg. 5) *nedum satis opacatur, in alnorum umbraculis.*

52   Vgl. S. 34f.

53   Leg. 2,6. Vgl. Anm. 51d.

Von einem Aspekt abgesehen,[54] ist es bei aller Wertschätzung nicht die Landschaft, die Cicero in besonderem Masse mit der Heimat verbindet (leg. 2,3 *sed nimirum me alia quoque delectant*). Die Flüsse der Heimat werden nicht zu den schönsten erhoben – Cicero vermutet, dass der Thyamis auf dem Gut des Atticus in Epirus einen Vergleich nicht zu scheuen brauche –,[55] die Umgebung Arpinums wird nicht zum verklärten Ziel aller Träume und Sehnsüchte, nicht zur „Heimat" der deutschen Romantik.[56]

Nicht die heimatliche Landschaft, nicht die Erinnerung an den Ort seliger Kindheit,[57] sondern ein unbestimmbares Gefühl (*nescio quid*),[58] beruhend auf der Hinwendung zur eigenen Herkunft, knüpft das Band zwischen Cicero und Arpinum: Diesem Municipium, ja gerade diesem altererbten Gut,[59] entspringt er als Spross altehrwürdiger Abkunft (*stirpe antiquissima*). Dort finden sich die Heiligtümer (*sacra*) der Familie und zahlreiche Spuren der Vorfahren (*maiorum multa vestigia*), daher stammt das Geschlecht (*genus*) der Tullii Cicerones,[60] dort stand seine Wiege (*incunabula mea*).[61] Das stolze *stirpe antiquissima* galt nur in dieser Landstadt, wo die Tullii Cicerones zusammen mit den Gratidii die Nobilität stellten. Die Vorfahren mochten für den Privatmann Cicero vorbildlich gewesen sein,[62] in der Sphäre des Öffentlich-Politischen der *res publica* waren sie mitunter inexi-

---

54 Vgl. S. 44 (Nüchternheit der Landschaft).
55 Leg. 2,7 *Sed tamen huic amoenitati, quem ex Quinto saepe audio, Thyamis Epirotes tuus ille nihil opinor concesserit.*
56 Vgl. dazu S. 227 mit Anm. 52.
57 Wenn auch mit *incunabula mea* (leg. 2,4) eine gewisse Andeutung an die früheste Kindheit gemacht zu sein scheint, ist es doch so, dass die Familie Cicero schon sehr früh nach Rom zog. *Incunabula* bezieht sich also eher ganz konkret auf den Geburtsort, als dass darin noch Erinnerungen an eine selige Knabenzeit mitschwingen.
58 leg. 2,3 *Quare inest nescio quid et latet in animo ac sensu meo, quo me plus hic locus fortasse delectet, si quidem etiam ille sapientissimus vir Ithacam ut videret inmortalitatem scribitur repudiasse.*
59 Leg. agr. 3,8 *meus paternus avitusque fundus Arpinas.*
60 Leg. 2,3.
61 a) Leg. 2,4. b) Att. 2,15,3 *quos ego homines effugi, cum in hos incidi? Ego vero in ‚montis patrios et ad incunabula nostra' pergam.*
62 Leg. agr. 2,1 *Est hoc in more positum, Quirites, institutoque maiorum, ut ei qui beneficio vestro imagines familiae suae consecuti sunt eam primam habeant contionem, qua gratiam benefici vestri cum suorum laude coniungant. Qua in oratione non nulli aliquando digni maiorum loco reperiuntur, plerique autem hoc perficiunt ut tantum maioribus eorum debitum esse videatur, unde etiam quod posteris solveretur redundaret. Mihi, Quirites, apud vos ac meis maioribus dicendi facultas non datur, non quo non tales fuerint qualis nos illorum sanguine creatos diciplinisque institutos videtis, sed quod laude populari atque honoris vestri luce caruerunt.*

stent,[63] da der *populus Romanus* sie nicht kannte.[64] In Rom hatte der *homo novus* gegen den Dünkel der Patrizier zu kämpfen, musste sich seine Herkunft vorwerfen lassen, wurde im Prozess gegen seinen Klienten Sulla gar *rex peregrinus* geschimpft.[65] Dass der Vorwurf der Herkunft besonders vor Gericht äusserst effektiv war, erstaunt in einer Patriziergesellschaft kaum. Bei Bedarf scheute sich auch Cicero nicht, Wendungen wie *praemisso Marso nescio quo Octavio*[66] zu gebrauchen oder Calpurnius Piso wegen seiner gallischen Herkunft aufs heftigste anzugreifen.[67] Bei der Verteidigung des Atinaten Cn. Plancius, der – Atina ist nur wenige Kilometer von Arpinum entfernt – aus derselben „rauhen, gebirgigen, treuen, einfachen, den Ihren wohlwollenden Gegend" stammte,[68] warf er hingegen das ganze Gewicht seiner Herkunft in die Waagschale: Die Unterstützung eines Amtsbewerbers durch seine Munizipalen ist nichts als natürlich ... (Planc. 20 *Quid ego de me, de fratre meo loquar? Quorum honoribus agri ipsi prope dicam montesque faverunt.*) Ciceros Bemerkungen zur eigenen Person sind in Gerichtsreden prozesstechnisch motiviert.[69] Dass aber eine Sentenz wie *ex eo municipio* (sc. ‚sum') *unde iterum iam salus huic urbi imperioque missa est*[70] mehr als ein geschickter Schachzug des in die Enge getriebenen Advokaten ist, zeigt leg. 2,6, wo Cicero nach der deutlichen und herzlichen Erklärung seiner Treue zu Arpinum (leg. 2,5) Atticus eine entsprechende Äusserung des Pompejus wiederholen lässt.[71]

---

63 Roloff, H., Maiores bei Cicero, Diss. Göttingen 1938, 6f.
64 Vgl. Anm. 62.
65 a) Att. 1,16,10 *‚Quid'* inquit (sc. ‚Clodius') *‚homini Arpinati cum aquis calidis?'* ... *‚quousque'* inquit *‚hunc regem feremus!'*. b) Sull. 21 *hic ait se ille, iudices, regnum meum ferre non posse, ...*; Sull. 22 *Mitto iam de rege quaerere: illud quaero, peregrinum cur me esse dixeris.* (vgl. Sull. 21-24 passim). c) har. resp. 17 *Vidi enim hesterno die quendam murmurantem, quem aiebant negare ferri me posse, quia, cum ab hoc eodem impurissimo rogarer, cuius esse civitatis, respondi me, probantibus vobis et equitibus Romanis, eius esse, quae carere me non potuisset. Ille, ut opinor, ingemuit. Quid igitur responderem? quaero ex eo ipso qui ferre me non potest. Me civem esse Romanum? litterate respondissem. An tacuissem? ...* d) Sall. Cat. 31,7 *M. Tullius, inquilinus civis urbis Romae ...* e) App. BC 2,2 ..., ἐς δὲ ξενίαν τῆς πόλεως ἰγκουΐλῖνον, ᾧ ῥήματι καλοῦσι τοὺς ἐνοικοῦντας ἐν ἀλλοτρίαις οἰκίαις.
66 Phil. 11,4. (Vgl. aber etwa Brut. 294 *homo Tusculanus*: Hier als „Entschuldigung" für den wenig eleganten Stil des Cato).
67 Pis. fr. 14 u. 15.
68 Planc. 22 *omnia quae dico de Plancio dico expertus in nobis; sumus enim finitimi Atinatibus. ... ea nostra ita aspera et montuosa et fidelis et simplex et fautrix suorum regio ...*
69 Vgl. Thierfelder, A., Über den Wert der Bemerkungen zur eigenen Person in Ciceros Prozessreden, Gymnasium 72, 1965, 385-414, jetzt in: Ciceros literarische Leistung, ed. B. Kytzler, Darmstadt 1973, 225-66.
70 Sull. 69.
71 Leg. 2,6 *ATTICUS: Recte igitur Magnus ille noster me audiente posuit in iudicio, quem pro Ampio tecum simul diceret, rem publicam nostram iustissimas huic municipio gratias agere posse, quod ex eo duo sui conservatores exstitissent, ...*

III Cicero und Arpinum 43

Über die Heiligtümer der Familie berichtet Cicero nirgends Konkretes. Hingegen besitzen wir bezeichnende Aussagen zum Familienkult an sich: *magnum est enim eadem habere monumenta maiorum, iisdem uti sacris, sepulcra habere communia.*[72] Mochte er auch das geplante Heiligtum für seine geliebte Tochter – wohl aus Eitelkeit: zu wenige hätten der Verstorbenen ihre Reverenz erweisen können – nicht auf der Fibrenusinsel errichten lassen,[73] so legt die emotionale Färbung von leg. 2,3 doch die Vermutung nahe, dass die *sacra* der Heimat für ihn mehr als nur ein Teil einer verpflichtenden Tradition waren. Immerhin verlieh er zur Freude der Arpinaten – wenn der Wahl des Ortes auch politische Überlegungen zugrunde lagen – seinem Sohn die Toga pura in der Heimat[74] und liess später ihn und seinen Neffen zu Aedilen des Municipiums wählen.[75]

Das „Nescio-Quid", das Cicero auf dem Arpinas empfindet, ist auf die Vergangenheit gerichtet: Die Örtlichkeit, an der die Spuren der Vorfahren haften, erfüllt ihn mit Ergriffenheit, die er sich von Atticus quasi „legitimieren" lässt (leg. 2,4).[76] Diesem im eigentlichen Sinne „nostalgischen"[77] Berührtsein darf man Authentizität zugestehen, zeigt sich doch im Vorwort zum fünften Buch von *De finibus* eine ähnliche Stimmung: Örtlichkeiten und Monumente Athens wecken die Erinnerung an vergangene Zeiten, an grosse Persönlichkeiten.[78] Es war Cicero, der nicht

---

72 Off. 1,55. Vgl. leg. 2,22.
73 Att. 12,12,1 *Insula Arpinas habere potest germanam* ἀποθέωσιν, *sed vereor ne minorem* τιμὴν *habere videatur* ἐκτοπισμός.
74 a) Att. 9,6,1 *Ergo utar tuo consilio neque me Arpinum hoc tempore abdam, etsi, Ciceroni meo togam puram quom dare Arpini vellem, hanc eram ipsam excusationem relicturus ad Caesarem. Sed fortasse in eo ipso offendetur, cur non Romae potius* ... b) Att. 9,17,1 *Volo Ciceroni meo togam puram dare, istic* (sc. ‚Romae') *puto* ... c) Att. 9,19,1 *Ego meo Ciceroni, quoniam Roma caremus, Arpini potissimum togam puram dedi, idque municipibus nostris fuit gratum.*
75 Fam. 13,11,3 ..., *mihi vero etiam gratius feceris, quod cum semper tueri municipes meos consuevi, tum hic annus praecipue ad meam curam officiumque pertinet. Nam constituendi municipi causa hoc anno aedilem filium meum fieri volui et fratris filium et M. Caesium,* ...
76 Leg. 2,4 *ATTICUS: Ego vero tibi istam iustam causam puto,* ... *Movemur enim nescio quo pacto locis ipsis, in quibus eorum quos diligimus aut admiramur adsunt vestigia. Me quidem ipsae illae nostrae Athenae non tam operibus magnificis exquisitisque antiquorum artibus delectant, quam recordatione summorum virorum, ubi quisque habitare, ubi sedere, ubi disputare sit solitus, studioseque etiam sepulcra contemplor.*
77 Duden, Fremdwörterbuch, „Nostalgie": „... von unbestimmter Sehnsucht erfüllte Gestimmtheit, die sich in der Rückwendung zu früheren, in der Erinnerung sich verklärenden Zeiten, Erlebnissen, ... äussert." Diese Definition trifft den Gemütszustand Ciceros m.E. ziemlich genau.
78 Fin. 5,1-5 passim; fin. 5,2 *Naturane nobis hoc, inquit, datum dicam an errore quodam, ut, cum ea loca videamus, in quibus memoria dignos viros accepimus multum esse versatos, magis moveamur, quam si quando eorum ipsorum aut facta audiamus aut scriptum aliquod legamus* (Piso); fin. 5,4: *Ego autem tibi, Piso, assentior usu hoc venire, ut acrius aliquanto et attentius de claris viris locorum admonitu cogitemus* (Cicero).

ruhte, bis er das Grab des Archimedes gefunden hatte, und stolz berichtet, dass ein Arpinate leistete, was eine der vornehmsten Städte Grossgriechenlands versäumt hatte ...[79]

Die Erinnerung an seinen Grossvater, dem nach der Meinung des Scaurus ein Platz im römischen Senat wohl angestanden hätte (leg. 3,36),[80] mochte zugleich ein Zurückblicken auf jene Zeiten alten Römertums gewesen sein, in der die Beherrschung der griechischen Sprache in weiten Kreisen als Makel betrachtet wurde.[81] Es ist nicht nur Selbstgefälligkeit, die Cicero das bescheidene Landhaus der Vorfahren mit dem des Siegers über Pyrrhus vergleichen lässt (leg. 2,3), sondern eine Art nostalgische Rückbesinnung auf die Lebensführung der Vorfahren, die in den Jahren des Zusammenbruchs der Republik immer stärker zum Symbol für Bürgertugend und Rechtschaffenheit wurde. Vielleicht liess ihn neben dem literarischen Vorbild der steinigen Heimat des Odysseus[82] dieses Bild alten Römertums die Nüchternheit (*saxa et montes*) der Umgebung stark betonen:[83] Nach antiker Vorstellung prägt der Charakter der Landschaft den der Bewohner.[84]

Neben dem Andenken an das Gelehrtendasein seines Vaters (leg. 2,3), findet gleich zu Beginn von *De legibus* der berühmte Mitbürger Marius Platz im Heimatbild. Die Beziehung Ciceros zu Marius ist zu vielschichtig, um hier befriedigend

---

79   Tusc. 5,66 *Ita nobilissima Graeciae civitas, quondam vero etiam doctissima, sui civis unius acutissimi monumentum ignorasset, nisi ab homine Arpinate didicisset.* Zuvorderst liegt die Geburtsheimat auch, wenn Cicero nach einem Beispiel suchte: off. 1,21 ... *ex eo fit ut ager Arpinas Arpinatium dicatur, Tusculanus Tusculanorum,* ... Die Wahl dieser Beispiele könnte allerdings auch dadurch bestimmt sein, dass *De officiis* an den Sohn Marcus gerichtet ist, dem sie wohl vertraut waren.
80   Leg. 3,36 ... *M. Scaurus consul: ‚Utinam<que>‘, inquit, ‚M. Cicero isto animo atque virtute in summa re publica nobiscum versari quam in municipali maluisses.‘*
81   De orat. 2,265 ...; *ut illud M. Cicero senex, huius viri optimi, nostri familiaris, pater, nostros homines similis esse Syrorum venalium: ut quisque optime Graece sciret, ita esse nequissimum.*
82   a) Att. 2,11,2 über Arpinum (vgl. Od. 9,27): τρηχεῖ' ἀλλ' ἀγαθὴ κουροτρόφος, οὔτ' ἄρ' ἔγωγε / ἧς γαίης δύναμαι γλυκερώτερον ἄλλο ἰδέσθαι. (vgl. auch Od. 11,480 ..., ὅπως Ἰθάκην ἐς παιπαλόεσσαν ἱκοίμην). b) Planc. 22 ... *tota denique ea nostra ita aspera et montuosa et fidelis et simplex et fautrix suorum regio* ... c) leg. 2,2 ... *nihil enim his in locis nisi saxa et montis cogitabam, itaque ut facerem et orationibus inducebar tuis et versibus* ... d) Zum Grundgefühl vgl. Lael. 68 *consuetudo valet, cum locis ipsis delectemur montuosis etiam et silvestribus, in quibus diutius commorati sumus.* (Vgl. den verwandten Gedanken Tac. Germ. 2 *quis porro, praeter periculum horridi et ignoti maris, Asia aut Africa aut Italia relicta Germaniam peteret, informem terris, asperam caelo, tristem cultu aspectuque nisi si patria sit?*).
83   Leg. 2,2. Vgl. Anm. 82c. Ciceros Bild der Heimat entspricht durchaus der Realität: Die Abruzzen sind nicht weit von der Geburtsheimat entfernt.
84   Planc. 22 (vgl. Anm. 82b). Einfluss des Klimas: div. 2,96; nat. deor. 2,17, 42f. Einfluss der Meerlage: rep. 2,7ff. Generell: leg. agr. 2,95f.

III Cicero und Arpinum   45

diskutiert zu werden.[85] Dass neben Ähnlichkeiten im Schicksal der beiden *homines novi* – etwa in der Verbannung – die gemeinsame Herkunft, ja Verwandtschaft[86] kein unwesentliches Band für unseren Autor war, bezeugt manche Stelle[87] und nicht zuletzt die Tatsache, dass Cicero als Arpinate offenbar als verbürgte Autorität für die Biographie seines Landsmannes galt (leg. 1,4).[88]

Die Stimmung der Vorrede des zweiten Buches passt ausgezeichnet zum Inhalt von *De legibus*, hätte aber jedem anderen Werk, das im besonderen Masse den Geist alten Römertums in sich trägt, wohl angestanden. Deshalb ist es – zumal es keine Hinweise auf einen engeren Zusammenhang von Vorrede und Disputationsthema gibt – verfehlt, hier nur eine Einstimmung des Lesers sehen zu wollen. Die Wärme und Empfindsamkeit, die uns entgegenströmen,[89] verbieten eine solche Annahme. Wie feinsinnig, gar ein wenig verschämt wirkt das Anführen des klassischen Exempels der Heimatliebe des Odysseus in 2,3.[90] Es erhellt an dieser Stelle

---

85 Zu dieser Beziehung: Gnauk, R., Die Bedeutung des Marius und Cato maior für Cicero, Diss. Leipzig, 1935, 14-67. Besonders enge Identifizierung mit Marius (im Traum): div. 1,59; 2,137f.
86 Off. 3,67 *M. Marius Gratidianus, propinquus noster ...* (vgl. Att. 12,49,2).
87 a) Leg. 1,1; 1,4; 2,6. b) p. red ad Quir. 19 *Vidi ego fortissimum virum municipem meum, C. Marium ...* c) Sull. 23. d) Sest. 50 *... divinum illum virum atque ex isdem quibus nos radicibus natum, ad salutem huius imperi ...*
88 Leg. 1,4 *ATTICUS: Atqui multa quaeruntur in Mario fictane an vera sint, et a nonnullis quod in recenti memoria et in Arpinati homine versere, veritas a te postulatur.*
89 So treffend Becker, Technik, 52: „In der Wärme und der ganzen Empfindsamkeit, mit der er sein Arpinum preist, tritt uns ein liebenswerter Zug in Ciceros Charakter entgegen."
90 a) Leg. 2,3 *Quare inest nescio quid et latet in animo ac sensu meo, quo me plus hic locus fortasse delectat, si quidem etiam ille sapientissimus vir Ithacam ut videret inmortalitatem scribitur repudiasse.* b) vgl. de orat. 1,196 *Ac si nos, id quod maxime debet, nostra patria delectat, cuius rei tanta est vis ac tanta natura, ut Ithacam illam in asperrimis saxulis tamquam nidulum adfixam sapientissimus vir immortalitati anteponeret, quo amore tandem inflammati esse debemus in eius modi patriam, quae una in omnibus terris domus est virtutis, imperi, dignitatis?*. Zum Verhältnis der beiden Stellen: Roloff, Maiores, 6f., Anm. 7. Bonjour, Terre, 305, bezieht den Gegensatz zu Roloff *nostra patria* (de orat. 1,196) „sans une équivoque" auf die Geburtsheimat, um einen Gegensatz zu *eius modi patriam*, dem Gesamtstaat, zu bekommen und weil Ithaka, das Beispiel, eben auch die *germana patria* betreffe. Diese Erklärung findet sich mit gutem Recht in keinem Kommentar: In der Umgebung der Stelle ist immer nur vom Staat die Rede. Cicero hätte den Sprecher Crassus, einen Stadtrömer, seine *germana patria* deutlich nennen lassen, wenn er „Rom als Heimatstadt" und nicht Rom als „politische Einheit" meinen würde. *Nostra patria* betrifft das „grosse Vaterland". Ithaka ist im übrigen für Odysseus gleichermassen Geburtsheimat und politische Heimat. *Eius modi* bezieht sich auf die Vorzüge des römischen Vaterlandes (*domus virtutis, imperi, dignitatis*) im Verhältnis zur Ärmlichkeit Ithakas und nimmt *nostra patria*, das durch das Possessivpronomen im Gegensatz zu *Ithaca illa* steht, nach der Parenthese (*cuius rei est ... anteponeret?*) in Emphase wieder auf. Das will meinen: Über die starke, ursprüngliche Regung (*cuius rei tanta est vis ac tanta natura*) hinaus, die auch gegenüber einem ärmlichen Vaterland empfunden wird (*nos delectat*), verdient die Grösse Roms eben eine besonders glühende Liebe (*tandem inflammati esse debemus*).

nicht nur das *nescio quid*, sondern rechtfertigt ebenso die vielleicht doch etwas zu privaten Gefühle des römischen Staatsmannes für das unscheinbare Arpinum.

Ist es dieselbe Verschämtheit, die Cicero dazu bewogen hat, in 2,5, an einer Stelle, die mit *gaudeo igitur me incunabula paene mea tibi ostendisse*[91] das Vorgespräch elegant hätte schliessen können, das Verhältnis der Heimat durch Geburt (*patria naturae*) und des grossen, durch das Bürgerrecht zugewiesenen Vaterlandes (*patria civitatis*) grundsätzlich zu erläutern? Oder finden wir hier nun, wie es Knoche überaus vorsichtig darzulegen versucht,[92] eine symbolische Bedeutung für den philosophischen Gehalt des Dialogs, indem das Naturrecht mit der *patria civitatis*, der grösseren und umfassenden Heimat, assoziiert und so der Schluss nahegelegt wird, dass die Gesetze Roms, gegründet auf der Gerechtigkeit des Naturrechts, zur Weltgesetzgebung dienen könnten?[93] Beide Annahmen haben nichts Zwingendes. Für die These einer Allegorie fehlen einmal mehr konkrete Bezüge.[94] Gerade der grosse Scharfsinn der Philologen beim Suchen von Parallelen und Symbolen lässt aufhorchen. Was Cicero schrieb, waren fassliche Einführungschriften in die Philosophie für die aufgeklärten Schichten der römischen Gesellschaft. Auch wenn dahinter gewiss das Talent und das grosse rhetorische Geschick des Verfassers steht, findet allzu raffinierte, schwer durchschaubare Symbolik da nicht ihren Platz. Hätte Cicero das Verhältnis von Staatsrecht und Naturrecht mit demjenigen der beiden *patriae* vergleichen wollen, hätte er den Vergleich wohl deutlich ausgeführt, anstatt durch eine „Allegorie" Gefahr zu laufen, nicht verstanden zu werden. Beizufügen ist noch, dass in diesem Falle das „Symbol" sehr undeutlich ausgefallen wäre: Während die *patria civitatis* über der *patria naturae* steht (2,5), ist das Staatsrecht dem Naturrecht untergeordnet (1,18f.). Ebensowenig braucht Paragraph 2,5 eine Relativierung der Heimatliebe für die kritische stadtrömische Öffentlichkeit zu sein. Selbst wenn Cicero seiner Geburtsheimat zugetan war (2,5), seine Landsleute – wie sich das für einen berühmten Sohn einer Landstadt gehörte – gerne unterstützte[95] und sein Arpinas, nicht zuletzt wegen der Abgeschiedenheit von den

---

91 Leg. 2,4.
92 Knoche, U., Ciceros Verbindung der Lehre vom Naturrecht mit dem römischen Recht und Gesetz, in: Cicero, Ein Mensch seiner Zeit, ed. G. Radke, Berlin 1968, 38-60, 59: „... und ist es vielleicht erlaubt, dem Proömium des zweiten Buches De legibus eine gewissermassen symbolische Bedeutung zuzuweisen."
93 Knoche, Verbindung, 59.
94 Vgl. die Überlegungen zu einem Zusammenhang von Szenerie und philosophischem Gehalt, S. 36-39.
95 Fam. 13,11,1-3 ... *propterea non dubito, quin scias, non solum cuius municipii sim, sed etiam, quam diligenter soleam meos municipes Arpinatis tueri. ... mihi vero etiam gratius feceris, quod cum semper tueri municipes meos consuevi, tum hic annus praecipue ad meam curam officiumque pertinet. Nam constituendi municipii causa hoc anno aedilem filium meum fieri volui et fratris filium et M. Caesium ...* (Bitte an Brutus, den Statthalter der Gallia Cisalpina, den Legaten, die sich um die Einkünfte Arpinums aus jener Provinz kümmern

grossen Verkehrsachsen, in der Not gerne aufsuchte,[96] wusste er nur zu gut, dass sein Platz in Rom war.[97]

In der Verbannung galt sein Verlangen neben dem nach Familie und Freunden der Heimkehr in die Stadt, ins Zentrum des politischen Lebens.[98] Ganz hat der Bürger sich nämlich der *res publica* zu ergeben,[99] eine Ansicht, die Cicero verschiedentlich äusserte und die er sich im seinem Leben als unermüdlicher Streiter für die Republik, das „grosse Vaterland", zu eigen gemacht hatte. Könnte es dennoch sein, dass Cicero – obwohl auch im Zusammenhang mit dem „grossen Vaterland" oft von *amor* die Rede ist[100] und er mit der Republik durchaus

---

sollen, alle Unterstützung zukommen zu lassen, zumal Cicero sich in diesem Jahr (i.e. 46. v. Chr.) besonders verpflichtet fühlt, da er neben seinem Sohn auch den seines Bruders (sowie M. Caesium) zu Aedilen des Municipiums wählen liess.). Erhalten als Beispiele einer solchen Unterstützung sind daneben allerdings nur die nachträgliche besondere Empfehlung des Q. Fufidius (fam. 13,12,1 *Alia epistula* (sc. 13,11) *communiter commendavi tibi legatos Arpinatium, ..., hac separatim Q. Fufidium, ...*) und diejenige für L. Custidius (fam. 13,58 *L. Custidius est tribulis et municeps et familiaris meus ...*). Die Unterstützung der municipes war selbstverständlich; sie gehörten zur natürlichen Klientel (vgl. dazu S. 24, 27 u. 30; vgl. e.g. auch Cic. Cluent. 43 *Habitus cum se ab omni eius modi negotio removisset, tamen pro loco, pro antiquitate generis sui, pro eo quod se non suis commodis sed etiam suorum municipum ceterorumque necessariorum natum esse arbitrabatur, tantae voluntati universorum Larinatium deesse noluit.*).

96 a) Att. 8,16,2 ... *si ille* (sc. ‚Caesar') *Appia veniret, ego Arpinum cogitabam.* (Blieb aber: Att. 9,5,1). b) fam. 14,7,3 (an Terentia) *Fundo Arpinati bene poteris uti cum familia urbana, si annona carior fuerit.* (Eignung des Gutes wegen seiner landwirtschaftlichen Produktivität, obwohl es offenbar zum Teil verpachtet war: Att. 13,9,2; 13,11,1 *mercedulas praediorum*). c) Att. 16,10,1 (Flucht vor Antonius) *Itaque mutavi consilium; statueram enim recta Appia Romam. Facile me ille esset adsecutus. Aiunt enim eum Caesarina uti celeritate. Verti igitur me a Minturnis Arpinum versus.* d) Att. 9,6,1 (vgl. Anm. 74a). e) Att. 2,15,3 (vgl. Anm. 61b).

97 Fam. 2,12,2 (aus Kilikien) *Urbem, urbem, mi Rufe, cole et in ista luce vive; omnis peregrinatio, quod ego ab adulescentia iudicavi, obscura et sordida est iis, quorum industria Romae potest industris esse. Quod cum probe scirem, utinam in sententiam permansissem!.* Cicero blieb selbst nach Caesars Einmarsch noch in Rom. Die Stadt bedeutete ihm, der keinen Blick für strategische Notwendigkeiten hatte, das Vaterland schlechthin (Att. 8,2,2 *... qui* (sc. ‚amicus noster' i.e. ‚Pompeius') *urbem reliquit, id est patriam, pro qua et in qua mori praeclarum fuit.*; Att. 9,6,2 *... urbem, id est patriam*). (Weitere Stellen bei Krattinger, L., Der Begriff des Vaterlandes im republikanischen Rom, Diss. Zürich 1944, 11-25).

98 a) Att. 5,15,1 *... lucem, forum, urbem, domum, vos desidero.* b) fam. 2,11,1 *Mirum me desiderium tenet urbis ...* c) fam. 2,12,2 (vgl. Anm. 97). d) fam. 2,13,3 *... miroque desiderio me urbs adficit et omnes mei ...*

99 Leg. 2,5 *Sed necesse est caritate eam praestare <e> qua nomen universae civitati est, pro qua mori et cui nos totos dedere et in qua nostra omnia ponere et quasi consecrare debemus* (Text nach Du Mesnil). Vgl. *De re publica*, passim (insbes. das *somnium Scipionis*) u. *De officiis* (einzelne Stellen bei Krattinger, Begriff, 26-58).

100 *Amor:* Cat. 4,15; de orat. 1,196 (vgl. Anm. 90b), 247 u. 3,13; dom. 103; fam. 10,34a,1 (*Lepidus Ciceroni*); 12,13,1 (*C. Cassius M. Ciceroni*); Flacc. 2, 96, 103; leg. agr. 1,86; prov. 23; Sest. 12 u. 49; Sull. 82 u. 87; Verr. 2,117. (U.ö. unter „amare patriam, rem pu-

gefühlsmässig verbunden war – [101] in leg. 2,5 für diese Bindung statt *amor* absichtlich den weniger emotionsbeladenen Begriff gewählt hat, so dass *caritas*, die Achtung und Ehrung aus Verdienst,[102] gleichsam indirekt das Private, Intime der Gefühle für das Vaterland im engeren Sinne, für die *germana patria*,[103] zu bewahren hilft?

III.2 SCHLUSSBEMERKUNGEN ZU „CICERO UND ARPINUM"

Für die Beantwortung der Frage nach Ciceros Verhältnis zu seiner Geburtsheimat hat sich die Beurteilung der Funktion der Proömien der ersten beiden Bücher von *De legibus* als zentral erwiesen.

Die Versuche, Szenerie und Vorgesprächen symbolischen Wert im Sinne eines Vorbereitens des Lesers auf den philosophischen Gehalt des Dialogs zuzuschreiben, scheinen mir abwegig. Die einzige Überleitung von der Szenerie zu einem Gesprächsthema, diejenige der Marius-Eiche zur Diskussion über die Geschichtsschreibung, findet sich innerhalb des ersten Vorgesprächs und ist bezeichnenderweise äusserst direkt, für den Leser unmittelbar nachvollziehbar, weit entfernt von einer spitzfindigen Allegorie.

Cicero schafft in den beiden Proömien nach dem Vorbild Platos eine Atmosphäre römischen otiums, in der nach Art der Griechen philosophiert wird. Da er in *De legibus* keine historischen Persönlichkeiten, sondern sich, Atticus und seinen Bruder als Gesprächspartner einführt, wird dieses römische otium zum ciceroni-

---

blicam"). <u>caritas:</u> ad Brut. 1,2 u. 23,5; dom. 98; fam. 10,5,1 u. 10,10,2; (leg. 1,43 u. 2,5 (vgl. Anm. 98); parad. 3; part. 56 u. 88 (vgl. Anm. 102); Phil. 2,27 u. 60; 8,18; 12,21; 14,5; p. red ad Q. 4; off. 1,57 *Cari sunt parentes, cari liberi ... sed omnes omnium caritates patria una complexa est ...* u. 3,100; orat. 118; Sest. 37 u. 53; Tusc. 1,90 *Quia tanta caritas patriae est, ut eam non sensu nostro, sed salute ipsius metiamur.* (U.ö. unter „patria, res publica cara est").

101 Vgl. Anm. 99.
102 Zum Unterschied von *caritas* und *amor*: a) part. 56 *... aut caritate moventur homines, ut deorum, ut patriae, ut parentum; aut amore, ut fratrum, ut coniugum ...* b) part. 88 *Amicitiae autem caritate et amore cernuntur. Nam cum deorum tum parentum patriaeque cultus eorumque hominum, qui aut sapientia aut opibus excellunt, ad caritatem referri solent; coniuges autem et liberi et fratres et alii, quos usus familiaritasque coniunxit, quamquam etiam caritate ipsa, tamen amore maxime continentur.*
103 a) Leg. 2,3 *Quia si verum dicimus, haec est mea et huius fratris mei <u>germana patria</u>.* b) leg. 2,5 *Dulcis autem non secus est ea* (sc. ‚patria') *quae genuit, quam illa quae excipit.*

schen, wird der Dialograhmen unwillkürlich ein „wertvolles autobiographisches Dokument".[104]

Allein die Tatsache, dass Cicero sein Vatergut als Szenerie für sein erstes Werk, in dem er selber die Rolle eines Diskussionsteilnehmers übernimmt, gewählt hat, kann als eine Art „Hommage" an die Geburtsheimat gelten.

Das nostalgische Sich-Zurückwenden zur Vergangenheit, das Empfinden eines „Nescio-Quid" beim Betreten historischer Stätten lag Cicero im allgemeinen nahe, entsprach seiner Wesensart. Er brauchte solche Gefühle keineswegs für ein „rührseliges Publikum"[105] zu fingieren, wenn er als Meister der Rede auch gewiss das sichere Gespür dafür hatte, dass ein Proömium wie das zweite seiner „Gesetze" den Leser erfreuen und gefühlsmässig für sein Anliegen des römischen Philosophierens einnehmen musste.[106]

An der äusseren Natur der Heimat schätzte Cicero ihren hohen Erholungswert, zudem berührte ihn das Rauhe, Nüchterne der Landschaft, weil er es im rechtschaffenen Menschenschlag der Gegend – und somit auch in seinen Vorfahren – widerspiegelt sah. Auch hier also ein nach rückwärts gewendetes, nostalgisches Fühlen. Wenn Pohlenz in seinem Aufsatz die Verbundenheit mit der Natur und dem Boden der Heimat besonders hervorhebt,[107] birgt das die Gefahr eines Missverständnisses: Die besonders im deutschen Kulturraum verbreitete schwärmerisch-träumerische Idealisierung der heimatlichen Landschaft findet sich bei Cicero nicht. Die Schilderungen bleiben gefangen im Rahmen der Dialogtechnik, bleiben liebevolle Beschreibungen angenehmer Ruheplätze. Was Cicero mit seiner Geburtsheimat verbindet, ist neben dem Andenken an seinen Mitbürger Marius in erster Linie das an seine Vorfahren.

---

104 Pohlenz, Eingang, 117.
105 Vgl. die Bemerkung von Carcopino (vgl. S. 32 mit Anm. 4).
106 Zur „Aktualität des Themas" vgl. Kap. II, S. 15.
107 Vgl. Pohlenz, Eingang, 106. Vgl. S. 32.

IV CATULL UND DIE TRANSPADANA *SALVE, O VENUSTE SIRMIO, ...* (31,12)

IV.1 DARSTELLUNG

Werden die Gedichte Catulls unter geographischen Gesichtspunkten statistisch erfasst, so fällt neben der literarhistorisch zu begründenden Dominanz griechischer Örtlichkeiten die starke Präsenz Oberitaliens auf.[1] Das übrige Italien, selbst sein glänzender Mittelpunkt, Rom, spielt eine bescheidenere Rolle. Ein häufiges Erwähnen von Ort und Gegend der Herkunft darf aber nicht unbesehen als untrügliches Zeichen gefühlsmässiger Verbundenheit mit der Geburtsheimat betrachtet werden. Spielten Verona und die Transpadana für den Dichter die Rolle der geliebten Heimat[2] oder lediglich die eines Wohnsitzes, der nur als natürliches Umfeld des Lebens und Wirkens Eingang ins Werk gefunden hat?[3]

Eine Definition des Begriffes „Heimat" würde den Zugang zu den Nuancen des Verhältnisses der einzelnen Dichter zum Ort ihrer Herkunft erschweren, ja verwehren. Ohne Bedenken lässt sich aber feststellen, dass ein Herkunftsort dann zur „Heimat" im engeren Sinne wird, wenn eine gefühlsmässige Bindung zu ihm besteht. Für Catull werden wir nicht eine ähnlich nostalgische Ausprägung des Gefühls wie beim Staatsmann und Philosophen Cicero erwarten;[4] doch ist es vielleicht vergönnt, ein gewissermassen catullisches „Nescio-Quid" zu entdecken.

In c. 35 finden wir Verona und Como mit seinem See in den ersten Zeilen. Der Dichterfreund Caecilius soll Catull besuchen:

> *Poetae tenero, meo sodali,*
> *velim Caecilio, papyre, dicas*
> *Veronam veniat, Novi relinquens*
> *Comi moenia Lariumque litus.* (35,1-4)

---

* Für genaue bibliographische Angaben zu den im Folgenden nur gekürzt aufgeführten hauptsächlich verwendeten Textausgaben, Kommentaren und Übersetzungen vgl. Kap. XIV.2 (betrifft: Bährens, Riese, Ellis, Friedrich, Merrill, Kroll, Fordyce, Quinn).

1 Herausgearbeitet bei Chevallier, R., La géographie de Catulle, BAGB, 1977, 187-93.
2 Bonjour, Terre, 189: „... Catulle aimait et fréquentait son pays natal."
3 Highet, G., Poets in a Landscape, Harmondsworth 1959[2], 51: „He speaks of it (sc. ‚Verona') without affection."
4 Charakter und Lebensgefühl der beiden Männer waren grundverschieden: Hier der heissblütige Neoteriker Catull als Vertreter einer sich an griechisch verfeinerten Sitten orientierenden Lebejugend, da der bei aller Verehrung griechischer Kultur doch „konservative" Cicero. Cicero mochte die Neoteriker bezeichnenderweise nicht. Catulls c. 49 ist kaum eine Huldigung an den Staatsmann (anders Kroll, 88). Die gegenseitige Sympathie dürfte sich in engsten Grenzen gehalten haben.

IV Catull und die Transpadana

Ohne jedes Attribut wird Verona als Aufenthaltsort des Dichters und erwünschtes Reiseziel für Caecilius genannt. Ebensowenig wie an anderer Stelle (e.g. 67,34; 68,27) nennt es Catull als seine Geburtsstadt.[5] Wie steht es mit Como, das der erklärte Transpadaner (39,13 *aut Transpadanus, ut meos quoque attingam*)[6] trotz der beträchtlichen Entfernung als Teil der weiteren Heimat hätte empfinden können?

Für Kroll ist *Novi relinquens / Comi moenia Lariumque litus* lediglich Teil dessen, was er „gewissermassen Adresse" nennt.[7] Syndikus dagegen will in den Worten, gegründet auf die von Schnelle beobachtete „beinahe epische Höhe" der Wendung,[8] „ein hübsches Kompliment für Caecilius' Heimat" sehen.[9] Das allerdings würde tatsächlich auf eine gewisse Vertrautheit Catulls mit der Gegend um Como hinweisen.

Schnelle verweist mit Recht auf das Preziöse der Stellung *Novi relinquens / Comi moenia*.[10] Das Gewichtige, Hehre erhält die Wendung aber eigentlich durch eine Art von Pleonasmus. Der eine Ort, den Caecilius verlassen soll, wird doppelt festgelegt (Neu-Como / Ufer des Comersees). Streng folgerichtig und prosaisch gesehen hat, wer Como verlässt, auch den See hinter sich und umgekehrt.[11] Das nachgestellte *Lariumque litus* hält den Leser beim Bild des Sees fest, wo er, da er den Wohnsitz des Caecilius und Ausgangspunkt der Reise (*moenia Novi Comi*) bereits kennt, dem Gedicht folgen könnte. Will Catull den Vers zum Satzende einfach genüsslich mit dem Klang – la ri um li – ausklingen lassen,[12] oder können wir für die eigenartige Breite dieses Teils der „Adresse" eine plausible inhaltliche Erklärung geben?

---

5 Unsere Kenntnis beruht auf anderen Quellen. Vgl. die Kommentare.
6 *Transpadanus* findet sich erstmals bei Catull und Cicero. Für Catull umschloss die Transpadana offenbar das gesamte Gebiet zwischen Po und Alpen, inklusive des später ausgegrenzten Venetien. Vgl. Philipp, H., RE VI A, „Transpadana", 2176-178.
7 Kroll, 65.
8 Schnelle, I., Untersuchungen zu Catulls dichterischer Form, Leipzig 1933, 11: „hoher epischer Stil".
9 Syndikus, H.-P., Catull, Eine Interpretation, I (Erster Teil: Die kleinen Gedichte (1-60)), II (Zweiter Teil: Die grossen Gedichte (61-68)), III (Dritter Teil: Die Epigramme (69-116)), Darmstadt 1984, 1990, 1987, I, 200.
10 Schnelle, Untersuchungen, 11. (Vgl. a) ThlL VIII, „moenia", 1326,41-1327,42: A, usu sollemni, 1. oppidorum, castrorum: ... Cat. c. 35,4 (1326,62) ... b) Ebenso deutlich *litus* für Seeufer: ThlL VII,2, „litus", 1540,50-64: II, A,2, lacuum: Cat. c. 35,4 (51f.) ... Neben Dichterstellen auch, allerdings kaiserzeitliche – d.h. von der Poesie beeinflusste – Prosa, e.g. Plin. nat. 10,9; Plin. ep. 9,7,2. (Das Erwartete wäre *ripa*, vgl. Cic. Mil. 74).
11 Ähnlich pleonastische Wendungen: a) 31,5f. *Thuniam atque Bithunos / liquisse campos* (Thunia und Bithynia liegen so nahe beisammen, dass die Aufteilung willkürlich erscheint.). b) 50,13 *ut tecum loquerer simulque ut essem* (das nachgetragene *ut essem* betont die Wichtigkeit des Beieinanderseins).
12 Vgl. Schnelle, Untersuchungen, 10f.

Die Deutung von Syndikus jedenfalls erklärt sich mit grosser Wahrscheinlichkeit durch seine einseitige Fixierung auf das Motiv des Dichterlobs als eigentlichen Kernpunkt des Gedichtes.[13] Dazu, so muss der unausgesprochene Gedanke wohl lauten, passe ein Preis der Heimat des Freundes ausgezeichnet. Kaum passend ist solch getragenes Lob aber zu Beginn eines tändelnd schweifenden Gedichtes, welches sich, wenn überhaupt, erst am Schluss mit *est enim venuste / Magna Caecilio incohata Mater* zu einigem Ernst aufrafft.

Vergegenwärtigen wir uns das Umfeld der hohen Worte: Como tritt in eine Art Konkurrenz mit Verona. Es hält den Freund fest. Catull hingegen liegt daran, dass er gewisse Überlegungen oder Pläne erfährt. (v. 5f.). Wenn Caecilius „gescheit ist", wird er „den Weg verschlingen" (v. 7) und sich nicht einmal von seiner sich an ihn klammernden Geliebten zurückhalten lassen. Mag die Einladung letztlich auch eine literarische sein – diese Frage kann hier nicht erörtert werden –,[14] ihre Atmosphäre, das Gefühlsmässige, wirkt echt. Diese Situation der Einladung darf bei der Interpretation nicht vernachlässigt werden; in sie ist die umstrittene Wendung eingebettet. Hier könnte gar eine Erklärung für deren Gewicht liegen: Ihre Feierlichkeit mag auf scherzhafte Weise das Drängende der Bitte unterstreichen. Caecilius soll doch endlich die Stadt und alles, was dazugehört, verlassen![15] Die eineinhalb Verse (*novi ... litus*) sagen nichts über eine grundsätzliche Haltung des Dichters zu der Gegend um Como aus. Er lobt weder die Reize der Heimat des Freundes – diese mögen für Caecilius sowieso vor allem bei der *puella candida* liegen – noch ist das überhöhte *Novi moenia Comi* allzu despektierlich gemeint, das verbietet der neutrale Nachtrag *Lariumque litus*. Como ist im Moment die „zähe" Konkurrentin Veronas, das schwere *novi relinquens / Comi moenia Lariumque litus* mag das beharrliche Festgehaltenwerden des Freundes durch die Heimat auf scherzhafte Weise dichterisch umsetzen. Das alles unter der Voraussetzung, dass die Zeilen als einer Interpretation für würdig erachtet werden. Catull zeigt nämlich eine Vorliebe für Alliterationen und Klangspielereien (*la - ri - li*),[16] Pleonasmen,[17]

---

13 Syndikus, Catull, I, 200. Die entsprechende Deutung ist eingebunden in eine Partie, in der sich Syndikus neben dem Stil vor allem mit der Deutung des Sinngehaltes des gesamten Gedichts auseinandersetzt.
14 Vgl. Syndikus, Catull, I, 200. Zum Thema „Erlebnis und Dichtung" bei Catull im allgemeinen vgl. Schäfer, E., Das Verhältnis von Erlebnis und Kunstgestalt bei Catull, Wiesbaden 1966, passim; zu c. 35 vgl. die knappe Bemerkung über die „fehlende Bereitschaft" eines Freundes (ebd. p. 40).
15 Vgl. 31,5f. in einer ähnlichen Situation des endlichen Abschiednehmens *vix mi ipse credens Thuniam atque Bithunos / liquisse campos ...* (zu Thunia und Bithynia vgl. Anm. 11a).
16 Ähnliches an Versenden, die zugleich Satzenden sind: 4,24 *limpidum lacum* (See als Ziel der Fahrt hervorgehoben?); 6,17 *vocare versu* (Sinn?); 7,2 *sint satis superque* (Betonung der Emotion?); 14,23 *pessimi poetae* (kraftvoller, zorniger Schlusspunkt?); 16,4 *parum pudicum* (Hervorheben der Anklage?); 23,15 *bene ac beate?* (Sinn?) u.a.
17 Vgl. Tränkle, H., Ausdrucksfülle bei Catull, Philologus 111, 1967, 198-211, passim.

IV Catull und die Transpadana

Hyperbata in Enjambements (*novi relinquens / Comi moenia*),[18] und überhöhte Wendungen lassen sich auch anderorts finden.[19] Meist stehen die Figuren im Dienste des Gedichtsinnes, zuweilen mögen sie aber auch nur Spielerei sein.[20]

Gedicht 35 wirft also nur ein bescheidenes Licht auf das Verhältnis des Dichters zu seiner Heimat. Die Transpadana ist Lebensumfeld und Herkunftsland eines durch dasselbe Kunstideal verbundenen Dichterkreises.[21] Wir sehen, dass eine Beziehung des Dichters zur Transpadana bestanden hat. Über ihre Qualität lässt sich nichts Näheres sagen.

Erschwert werden verbindliche Aussagen durch unsere geringe Kenntnis der Biographie Catulls. Wo und wann schrieb er seine Gedichte? Welche enthalten „Veronenser Stoffe"? Fragen von essentieller Bedeutung für unser Thema, die sich nur mit Wahrscheinlichkeiten beantworten lassen: Vermutlich ist die Aufillena aus c. 100 dieselbe wie in c. 110 und 111.[22] Offenbar waren die Aufilleni Norditaliener.[23] Nimmt man deshalb an – schwerwiegende Einwände können kaum geltend gemacht werden –,[24] die Szene der Trilogie (c. 100;110;111) sei Verona, so böte sich über all diesen Vermutungen, Rückschlüssen und Überlegungen ein zwar eher unerwartetes Sittengemälde der Provinzstadt,[25] aber weiterhin nichts, was über Catulls persönliches Verhältnis zur Vaterstadt Auskunft geben könnte.

Ähnliches gilt für folgende Gedichte und Stellen, deren Bezug zur Transpadana immerhin durch Ortsnennung gesichert ist:

17   Das Gedicht zeugt von intimer Kenntnis einer Veronenser Bettgeschichte (17,8 *quendam municipem meum* ...) und nebenbei von

---

18 Häufig: 5,1f.; 8,4f.; 35,16f.; 42,1f.; 56,5f. u.a.
19 Vgl. etwa Tränkle, Ausdrucksfülle, 202f.
20 Vgl. die Beispiele Anm. 18. Tränkle, Ausdrucksfülle, 204: „... Wiederholung der Klangwirkung zuliebe, um den Abschluss zu markieren."
21 Vgl. die Literaturgeschichten u. Mratschek, S., Est enim ille flos Italiae, Literatur und Gesellschaft in der Transpadana, Athenaeum 72, 1984, 154-89.
22 So Kroll, Fordyce, Quinn, Merrill, comm. ad loc. Dagegen mit kaum nachvollziehbarer Argumentation: Syndikus, Catull, III, 127.
23 Vgl. Kommentare. Diese gestützt auf Schulze, W., Zur Geschichte der lateinischen Eigennamen, Berlin 1933, 114.
24 *Flos Veronensum iuvenum* (100,2) verlegt die Szene nicht zwingend nach Verona, könnte es sich doch theoretisch auch um Amouren zweier Veronenser in Rom handeln. Dezidiert für Rom als Schauplatz äussert sich Riese, 266 u. 273. Dass sich dies, wie er meint, aus 100,5-7 – Caelius stand dem Dichter in Liebesnöten freundschaftlich zur Seite – direkt erweisen lässt, ist so nicht zu halten, da Catull ja nur allzu gut auch über intimste Dinge in seiner Heimat Bescheid wusste (vgl. c. 17; 43,6; 67).
25 Kroll, 282: „Hält man das Gedicht mit c. 100 und 111 zusammen, so wirft es ein schlimmes Licht auf die sittlichen Zustände in Verona, die gewiss die in Rom in verkleinertem Massstabe widerspiegeln."

	Vertrautheit mit lokalen Anliegen: *Colonia* braucht eine neue Brücke.[26]
39,13	Mit *aut Transpadanus, ut meos quoque attingam* bezeichnet sich Catull selbst als Transpadaner.
43,6	Falls mit *provincia* die Gallia Cisalpina gemeint ist,[27] so wäre zu überlegen, was es bedeuten könnte, wenn Catull seine Heimat als *provincia* bezeichnet. Entgegenzutreten ist der Meinung, dass im Wort *provincia* an sich etwas Despektierliches liege.[28] Den Lexika ist zu entnehmen, dass *provincia* und *provincialis*, ähnlich wie das als Schimpfwort bereits etablierte *rusticus*,[29] ihren pejorativen Sinn erst im Zusammenhang erhalten,[30] so auch in 43,6: Nichts würde uns daran hindern, *ten provincia narrat esse bellam?* als Ausdruck reiner Verwunderung über das Urteil der Landsleute zu werten, würde nicht das empörte *o saeculum insapiens et infacetum!* (v. 8) nahelegen, diesen als Äusserung geschmackloser „Bauern" anzusehen – eine Beleidigung mehr für das Mädchen mit der nicht gerade winzigen Nase ...

Der auf Ameana gemünzte Spott, die Emotionalität des Gedichtes lassen es als zweifelhaft erscheinen, dass Catull hier ein allgemeingültiges Verdikt über den Geschmack seiner Heimat fällen wollte. Ja, er dürfte kaum ein tieferes Bewusstsein davon gehabt haben, „dass in Geschmacksfragen die Hauptstadt massgebend ist".[31] Verletzen und höhnen wollte er, die Bemerkungen über die Provinz dienen diesem Zweck, erwuchsen aus dem Augenblick und wollen keine verbindlichen Ansichten wiedergeben. Die Stossrichtung der

---

26 Zu der seit Jahrhunderten umstrittenen Identität von *Colonia* vgl. etwa Kroll (= Colognola ai Colli) und Fordyce (= Cologna Veneta). Die von einigen Kommentatoren (Lenchantin de Gubernatis, M., Il libro di Catullo, introduzione, testo e commento di M.L.d.G., Torino 1969 (zuerst 1928), Quinn, Della Corte) vertretene Gleichsetzung mit Verona ist sicher abzulehnen. So mit Recht Kroll und Syndikus I, 147, Anm. 1, unter Hinweis auf den Wortlaut von v. 8.
27 Nur Ellis spricht sich gestützt auf Caes. Gall. 1,13 u.a., für die Narbonensis aus. Mamurra, dessen Geliebte Ameana (Name? vgl. c. 41) war, hielt sich in beiden Gallien auf (in der Cisalpina vermutlich im Winterlager). Es ist eher unwahrscheinlich, dass Catulls Antipathie Mamurra gar jenseits der Alpen zu treffen sucht. Verständlich ist hingegen eine solche Invektive dort, wo sich die Lebenswege der beiden Männer kreuzten.
28 So Syndikus, Catull, I, 232.
29 Vgl. Opelt, I., Die lateinischen Schimpfwörter und verwandte sprachliche Erscheinungen, Heidelberg, 1965, 280, s.v. „rustica, rusticus".
30 Für *provincia, provincialis* vgl. OLD. Bsp.: Cic. ad Q. fr. 1,1,15 *non quin possint multi esse provinciales viri boni* ...
31 So Kroll, comm. ad loc. Vgl. Riese, VIII: „... lernte bald *rus* und *provincia* recht von oben herab anzusehen (... 43,6)." u. 83, comm. ad. loc.: „jedenfalls merkt man das hochmütige Herabsehen des zum Hauptstädter gewordenen C. auf die weniger elegante ‚Provinz'."; Thomson, D.F.S., Catullus, edited with a Textual and Interpretative Commentary by D.F.S.Th., Toronto u.a. 1997, 313: „... the girl, ..., was beautiful only by ‚provincial' standards – if at all."

IV Catull und die Transpadana 55

Beleidigung ist allerdings bezeichnend für die Mentalität eines Vertreters leichter, eleganter Lebensart. Die zweite, unpersönliche Frage (*tecum Lesbia nostra conparatur?*) spricht denn auch tendenziell jeden an, der eine solche Ungeheuerlichkeit wagt. *Infaceti* und *insapientes* („Provinzler") sind für Catull in Tat und Wahrheit letztlich alle, die seine Ideale nicht teilen.

67,32-34 Im Possessivpronomen (*Brixia Veronae mater amata meae*) will Bonjour einen Erweis der Verbundenheit mit der Heimat[32] sehen. Will man schon nicht darauf eingehen, wieviel an freundlichen Gefühlen in einem Possessivpronomen liegen kann[33], so muss man sich zumindest wundern, dass die Interpretin mit keinem Wort erwähnt, dass die Verse 32-34 eher Brixia als Verona betreffen und nach gängiger Auffassung zum Part der sprechenden Haustüre gehören.[34] Besonders letzteres dürfte nämlich eine Auslegung in Bonjours Sinne erheblich erschweren.

Die Schilderung der Lage Brixias über drei Verse hinweg ist aber tatsächlich auffällig bei einem Dichter, der Ortsnamen meist nicht mehr als ein charakterisierendes Attribut folgen lässt.[35] Kroll vermutete denn auch eine persönliche „Vorliebe Catulls für das anmutig gelegene Städtchen".[36] Also doch eine Hymne an die landschaftlichen Reize der oberitalischen Heimat durch die Stimme der Haustür? Ganz abwegig ist der Gedanke nicht. Die Lagebeschreibung scheint nicht nur „entbehrlich",[37] sondern sprengt genau genommen auch den Rahmen des Gedichtes. Die Veronenser Haustür mag die Schandtaten der Herrin auf Flüsterwegen erfahren haben (v. 41-44), wie sie zu den Angaben über die ferne Mutterstadt kommt, lässt sich nicht erklären.[38] Also eine kompositorische Inkonsequenz als Indiz persönlichen Engagiertseins?

---

32 Bonjour, Terre, 186: „L'adjectif possessif *mea* traduit l'attachement qu'il (sc. ‚Catulle') garde à sa ville …". Ebenso Witek, F., Die Landschaft bei Catull, in: Symmicta Philologica Salisburgensia, edd. J. Dalfen, K. Forstner u.a., Rom 1980, 189-205, 198, Anm.: „Vielleicht darf man aber die Worte der Tür: *Brixia Veronae mater amata meae* in 67,34 als Ausdruck von Catulls freundlichen Gefühlen für seine Vaterstadt verstehen."
33 Zur Verbindlichkeit von *noster* vgl. S. 209.
34 Anders nur Friedrich, 430. Vgl. die überzeugende Argumentation Krolls, 216: *non solum* v. 31 und *sed* v. 35 gehören zusammen.
35 Beispiele: 4,6ff. *minacis Hadriatici litus*; *insulasve Cycladas* etc.; *Cytorio in iugo, ubi antea fuit comata silva* ist länger, steht aber (Holz fürs Schiff) im engsten Zusammenhang mit dem Inhalt; 7,4 *lasarpici feris Cyrenis*; 11,5 *Hyrcanos*; *Arabesve molles*; *sagittiferos Parthos*; *septemgeminus Nilus*; etc.; 29,3f. *comata Gallia*; *ultima Britannia*; etc. (Vgl. weitere Ortsnamen in den Gedichten 36, 37, 39, 45, 46, 64, 66, 68, 95, 105).
36 Kroll, 216: „Die an sich entbehrliche Schilderung der Lage Brixias erklärt sich wohl aus persönlicher Vorliebe Catulls für das anmutig gelegene Städtchen."
37 Vgl. Anm. 36.
38 Einige Interpreten verlegen deswegen Szene und Haus nach Brixia. Nur, was soll dann aus *Veronae meae* werden?

Die Verse setzen genaue Kenntnis der Lage der Stadt voraus. Andererseits ist nicht wie bei der Beschreibung griechischer Örtlichkeiten mit der prägenden Wirkung literarischer Vorbilder zu rechnen. Catull hat Brixia offenbar selber gekannt. Es bleibt abzuklären, ob man aus den Versen 32-34 auf eine persönliche Vorliebe schliessen darf.

Indessen ist es ebenso schwierig, sich vorzustellen, dass ein Dichter wie Catull, dessen Kunst das perfekte literarische Gestalten persönlicher Empfindung ist, sich an unpassendster Stelle – mitten in handfesten, deftigen Skandalen – von der Schönheit Brixias zu lyrischer Stimmung verführen lässt.

Die Situation einer sprechenden Tür ist an sich unwirklich. Würde ihr Catull nicht in den Versen 37-44 (*dixerit hic aliquis: quid? tu istaec, ianua, nosti* etc.) eine Art künstliche Realität verschaffen, würde sich kaum jemand an der „kompositorischen Inkonsequenz" stossen. Wie relevant ist überhaupt ein Verstoss gegen einen erst viel später eingeführten Hintergrund?

Bleibt das Argument der „Entbehrlichkeit"[39] der Verse 32-34: Die Tür, der zwar in der Anrede eine gewisse Hoheit zugestanden wird, erweist sich im weiteren als von geradezu serviler Geschwätzigkeit[40] und übt sich in langen Unschuldsbeteuerungen, bevor sie den ersten Teil ihrer Geschichte preisgibt. In diesen Zusammenhang erhält der hehre Exkurs über Brixia eine komische Note.[41] Kurz davor hat sich die Tür noch in breiter Behaglichkeit in Einzelheiten der Niederungen eines handfesten Skandals ergangen, jetzt schwingt sie sich in gesuchtem Ton zu lyrischer Höhe auf und hält den gewiss schon ungeduldig wartenden Gesprächspartner – und mit ihm den ebenso erwartungsvollen Leser – hin. Die diskutierte Passage weist in karikierender Art auf die schwerfällige Würde hin, die der Haustür als Hüterin des Hauses neben der Servilität als Wesenszug eigen ist.[42] So sind die Verse 32-34 Zeugnis bewusster dichterischer Gestaltung, aber kein von persönlicher Vorliebe eingegebener Exkurs.

---

39 Bezeichnenderweise wurden die Verse 33f. von Scipione Maffei als Interpolation angesehen. Bährens, 488. Vgl. Anm. 41.
40 Quinn, 369: „C. turns the door into a garrulous, gossip-loving slave."
41 Vgl. Bährens, 488: „... cur Brixia ... in eis quae sequuntur tanto cum verborum honore describatur a ianua, nemo dum explicavit. quae descriptio superioris saeculi doctis nonnullis adeo videbatur aliena, ut Maffeius ... vv. 33 et 34 insiticios esse censeret. ineptum esset, de degressione more Alexandrinorum facta in hoc carmine sine arte iacto ... cogitare ...". Meinung Bährens zur Stelle: „Equidem in vv. 31-34 irrisionem agnosco lepidissimam nescio cuius docti Brixani, qui nimio patriae amore ductus satis ridicule huius originem et situm explicaverat cum detractione Veronae ...". Bährens hat das Witzige der Stelle erkannt, doch entfernt er sich mit seiner Vermutung zu weit vom Sinngehalt des Gedichtes.
42 Vgl. auch Syndikus, Catull, II, 236: „Diese feierlichen Töne scheinen zunächst wenig zu den Skandalgeschichten zu passen, die die Tür vorbringt. Aber je ehrwürdiger und vertrauenserweckender ein Zeuge war, um so weniger Zweifel waren an dem, was er bezeugte, möglich."

IV Catull und die Transpadana 57

Das 67. Gedicht ist so zwar gewiss Zeuge der Vertrautheit Catulls
mit lokalen Skandalen und der Lage Brixias, gibt aber keineswegs
Aufschluss über eine tiefere, innere Beziehung des Dichters zur
Heimat, etwa im Sinne der von Kroll angenommenen „Vorliebe" für
Brixia.[43]

95 Die *Zmyrna* des Cinna wird einen Siegeszug bis zu den Fluten des
Satrachus (d.h. „um die Welt") antreten, während es die *cacata
charta* (36,1) des Volusius nicht über dessen engere Heimat, festgelegt durch den Poarm *Padua*, hinausbringen wird. Catull kannte die
literarischen Kreise seiner Heimat, auch deren weniger berühmte
Vertreter[44] – im übrigen ein stiller Hinweis, dass für ihn der Beifall
der Heimat nicht das letzte Ziel wahrer Dichtung sein kann.[45]

100 Der Klatsch über ein Brüderpaar der „jeunesse dorée" Veronas (*flos
Veronensum iuvenum*) bezeugt Wissen um intimste Angelegenheiten
von Landsleuten.[46]

Die bisher diskutierten Stellen lassen weder positive noch negative Gefühle des
Dichters gegenüber seiner Geburtsstadt erkennen. Verona und die Transpadana
sind als „Bühne" eines Teils seines Lebens dargestellt.

Als Catull wegen des Todes seines innigst geliebten Bruders wieder einmal in
seiner Vaterstadt weilt, spricht er von Rom.[47] Die Hauptstadt ist ihm Wohnsitz
(*domus, sedes*) und neues Lebensumfeld (*illic mea carpitur aetas*) geworden, sein
Vorrat an Dichtungen (*scripta*) blieb deswegen dort. Dem Vorwurf, es sei eine
Schande, dass ein junger Mann wie er im öden Verona weile – wo jeder, der zur
dortigen besseren Gesellschaft gerechnet werden wolle, aus spiessiger Wohlanständigkeit sich allein im kalten Bett die Glieder wärmen müsse –,[48] tritt Catull, der

---

43 Vgl. Anm. 36.
44 Vgl. c. 35 *Caecilius*.
45 Dass der Beifall der Heimat nicht das letzte Ziel eines Dichters sein kann, zeigt augenfällig
   Stat. 5,3,141 *sin pronum vicisse domi* ... (der ältere Statius war eben nicht nur in seiner näheren Heimat erfolgreich, sondern auch in den Städten Griechenlands. Vgl. S. 123).
46 Wie c. 17. Vgl. oben, S. 53f.
47 68,33-35 *nam, quod scriptorum non magnast copia apud me, / hoc fit, quod Romae vivimus:
   illa domus, / illa mihi sedes, illic mea carpitur aetas*.
48 Meine Interpretation beruht auf *hic* (68,28) = „Veronae". Die Vertreter von *hic* = „Romae"
   müssten, um dem Leser nicht ungemein scharfsinnige Überlegungen zuzumuten
   (Ortswechsel: v. 27 „Veronae", v. 28 *hic* = „Romae"), alle konsequent direkte Rede annehmen (Quinn, Text, 67: *Catulle, tepefactat*) also ein direktes Zitat aus dem Brief eines Freundes. Das ist wenig wahrscheinlich. Dass die Lösung *Veronae* zu Problemen mit *deserto* (v. 29) führen soll (Quinn, comm., 379), ist nicht einzusehen. *Desertus* kann nämlich nicht nur im strengen Sinne „verlassen" als Partizip mit voller verbaler Kraft meinen, sondern auch eher rein adjektivisch „leer" (Cf. ThlL V,1, „desertus", 684-686: ... Cat. 68,29 (685,66) ...;
   vgl. OLD, „desertus", 524, 1). *Desertus* kann somit von Dingen gesagt werden, die schon immer „leer" waren und nie „verlassen werden" mussten (Beispiel: *deserta* (sc. *loca*) = Wüste,
   Einöde). Ernster zu nehmen ist hingegen der Einwand von Ellis, 407: Wieso sollten Liebe-

das Vorurteil des hauptstädtischen Freundes mit Leichtigkeit hätte zerschlagen können (vgl. etwa c. 17), nicht entgegen. Dem tief Trauernden stand der Sinn nicht nach amourösen Abenteuern.

Die Hauptstadt hat dem Lebensstil eines Catull mit Sicherheit besser entsprochen als das heimatliche Verona. In c. 68 steht allerdings die Intensität, mit der Rom als Heimat dargestellt wird (*domus / sedes*; *carpitur aetas*), so sehr im Dienste der Entschuldigung für das Ausbleiben der *munera* (68,34 *hoc fit, quod* ...), dass sie nicht als allgemein gültiges Zeugnis eines überzeugten Hauptstädters gesehen werden darf. Im übrigen spricht Catull ohne Anteilnahme von seiner zweiten Heimat,[49] und bei der Erwähnung seines Landgutes in c. 44 vermisst man die warme, herzliche Begeisterung eines Horaz.[50] Catull scheint sich ausschliesslich für das gesellschaftliche Leben, die Literatur und seine Leidenschaften interessiert zu haben. Die gefühlige Wärme, das Traditionsbewusstsein und die Nostalgie eines Cicero gehen dem heissblütigen, feinnervigen Intellektuellen ab – suchen wir bei ihm deswegen vergeblich nach einem „Heimatgefühl"?

Ganz unerwartet tritt uns Catull in c. 31 entgegen: Mit einer grossartigen dreizeiligen Anrede (v. 1-3) preist er das „Juwel" (*ocelle*)[51] Sirmio, das er nach dem Aufenthalt in Bithynien so gerne und froh (v. 4) wiedersieht, gleichsam in sich aufnimmt (*te inviso, videre te*). Kaum kann er das Wiedersehen mit der Halbinsel im Gardasee fassen (v. 5f. *vix mi ipse credens Thuniam atque Bithunos / liquisse campos* ...). Hier fühlt er sich sicher (v. 6 ... *videre te in tuto*), sorgenfrei (v. 7), daheim (v. 9f. *venimus larem ad nostrum*) Hier kann er sich ausruhen (v. 8-10). Die Heimkehr ist der Lohn aller Mühen (v. 11) – die Reise hat ihn ermüdet, und der Aufenthalt in der Fremde brachte den erhofften Gewinn nicht (c. 10; 28,9f.). Schliesslich begrüsst der Dichter das anmutige (*venusta*) Sirmio und fordert es auf, nachdem er es bereits in den Versen 4 und 6 vertraulich als Person angesprochen hat (*te*), in die Freude des Herrn einzustimmen (v. 12f. *ero gaude gaudente*),[52] während die plätschernden Wellen von Herzen lachen mögen (v. 13f.).

---

leien in Verona verboten sein? Die Gedichte 17; 67; (100) sprechen da eine andere Sprache. Nur: Diese Tatsachen mochten dem in Vorurteilen befangenen stadtrömischen Freund weniger gegenwärtig gewesen sein.

49 Namentlich erwähnt wird Rom nirgends sonst. Wie Oberitalien muss es sich mit der Rolle als „Bühne" begnügen. Örtlichkeiten der Hauptstadt sind vermutlich in c. 10 (Szene auf dem Forum?), sicher aber in c. 55,6 (*in Magni ... ambulatione* ...) zu finden, wo Catull den verschwundenen Freund an den einschlägigen Treffpunkten der Lebejugend sucht.

50 Vgl. e.g. Hor. carm. 1,17.

51 *Ocelle* drückt Zärtlichkeit aus. ThlL IX,2, „ocellus", 410f.: ocellus ab oculus deminutive i. q. oculus. B. per synectochen blandiendo 2. de locis: ... Cat. 31,2 (411,19) ...; vgl. Cic. Att. 16,6,2.

52 *Gaude gaudente* nach der plausiblen Konjektur Bergks. Vgl. Fordyce, 169. Lehnt man die Version Bergks ab, so wird in *ero gaude* zusammen mit v. 14 (*ridete quidquid est domi cachinnorum*) trotzdem eine Wechselbeziehung Mensch-Landschaft sichtbar. So auch Putnam,

IV Catull und die Transpadana

Heben ältere Interpreten das Spontane, Ungekünstelte des Gedichtes hervor,[53] verweisen moderne auf das bewusst Gestaltete, Gesuchte.[54] Die Authentizität des Gefühlserlebnisses bleibt allerdings für die meisten unbestritten: Catull lässt den Leser durch seine Kunst an seiner Freude, seinem inneren Erleben teilhaben. Es ist ja nicht so, dass eine durchdachte Gestaltung des Stoffes gefühllos-rational sein muss. Eben durch das Ringen mit der Form, durch die Absicht, das innere Erleben mittels sprachlicher Gestaltung nachvollziehbar zu machen, können im intensiven Hin und Her des Überdenkens die Gefühle im Dichter erst richtig ausreifen.[55]

So scheint es unglücklich, hinter c. 31 wegen seiner Kunstfertigkeit und unter Berufung auf das choljambische Metrum eine Art feiner Humoreske sehen zu wollen,[56] so wie etwa Moore-Blunt, die das Gedicht als nach der Epibaterion-Theorie (wie sie etwa bei Menander Rhetor vorliegt) geformt versteht und dann, gestützt auf

---

M.C.J., Catullus' Journey, (Poems 4, 31, 46, 110), CPh 57, 1962, 10-19, 13: „The power of the poet's emotions finds its ultimate expression in the request he makes of Sirmio to share his feelings of joy."

[53] Merrill, 57: „The poem is a most unartificial and joyous pouring out of the poet's warmth of feeling at reaching Sirmio after his year of absence ..."; Kroll, 58: „Nur die einfachsten und natürlichsten Gedanken, die die Heimkehr in einem unverdorbenen Menschen auslöst, werden schlicht ausgesprochen."

[54] Quinn, 183: „... the simple emotions of joy and relief are counterbalanced by a sophisticated, consciously complex formulation."; Hezel, O., Catull und das griechische Epigramm, Stuttgart 1932, 27: „Für den Ausdruck ist das ‚schlicht' der Krollschen Einleitung zu bezweifeln. Die Häufung polarer Wendungen wie: *uterque Neptunus ..., paene insularum insularumque, in liquentis stagnis marique vasto*; *Thuniam atque Bithunos campos* (fast *utraque Tunia*) und der κτίσις-Gedanke in *Lydiae lacus undae, ...,* sehen nicht so aus."; Cairns, F., Venusta Sirmio, Catullus 31, in: Quality and Pleasure in Latin Poetry, edited by T. Woodman, D. West, Cambridge 1974, 1-17, passim. Darstellung des ganzen Problemkreises und Vorbehalte gegenüber gewissen Tendenzen bei Citroni, M., Funzione communicativa occasionale e modalità di atteggiamenti espressivi nella poesia di Catullo, SIFC 50, 1978, 90-115, insbes. 102: „... si tende spesso ad attribuire all'ingeniosità del poeta corrispondenze ed effeti probabilmente casuali, ..., mentre per la parte in cui queste analisi si possono condividere mi pare che esse per lo più non portino al di là di un riconoscimento del fatto, spesso dimenticato nel passato, ma in realtà ovvio, che l'espressione di Catullo, anche nella sua poesia più ‚immediata', non è banale e incolore, che anche in questa poesia ‚immediata' parla la voce di un poeta colto e consapevole delle sottigliezze di cui è fatta l'arte della parola poetica."

[55] Citroni, Funzione, 103: „... ed è questo ciò che dal mio punto di vista più conta: non l'impossibile misurazione del grado di spontaneità o, rispettivamente, di elaborazione artistica consapevole, ma l'intenzione di offrire al lettore qualcosa che si presenti come lirica immediata ...". Aus Prinzip skeptisch gegenüber jeder Schlussfolgerung über Catulls Gefühle gibt sich Cairns, Venusta Sirmio, 2: „We can well believe – although we cannot know – that Catullus felt warmly towards his home at Sirmio.". Vgl. aber die witzige Bemerkung von Wiseman: "I suspect there is more sentimentality in Catullus than Professor Cairns allows ..." (Wiseman, T.P., The Masters of Sirmio, in: Roman Studies, Literary and Historical, ed. T.P.W., Liverpool 1987, 311-70, 313).

[56] Vgl. Gerhard, G.A., RE IX, „Iambographen", 672: „... Catull, der sich u.a. in Iamben und besonders Skazonten scharfe Instrumente seiner Invektive und seiner lyrisch subjektiven Empfindung schafft." Vgl. ebenso die Einwände von Syndikus, Catull, I, 189.

das Metrum, besonders die letzten Zeilen als humorvoll empfindet, etwa *ero gaude*, das den Dichter als Herrn und Meister des „Sklaven" Sirmio zeige.[57] Die Schlusszeilen mit der starken Personifikation des Ortes bringen aber doch eher eine heiter gelöste Note, die der Stimmung des Heimkehrers entspricht, in den lyrischen Grundton des Gedichtes, als dass sie eine besonders witzige Pointe einer Humoreske wären – wieso sollte sich Catull überhaupt über seine Heimkehr lustig machen? C. 31 steht im übrigen in engster Verbindung mit den lyrischen Gedichten 46 und 4, in dem das Humorvolle der Situation – ein Cicerone dolmetscht die „Rede" des selbstbewussten Schiffleins – den ernsten Hintergrund der Zufriedenheit Catulls über die glückliche Heimkehr durch bedrohliche Fluten fremder Gewässer (4,6f. *minacis Hadriatici litus*; 9 *trucem Ponticum sinum*) und Gebiete zum klaren Gewässer der Heimat (4,24 *ad usque limpidum lacum*) nicht verdeckt.

Die Heimat, wie sie uns hier begegnet, hat etwas sehr Privates, Intimes. Sie ist „Daheim", nicht *germana patria*; kein Wort von „Land der Väter", „Familienbesitz" und tief in der Seele liegender, ciceronischer Nostalgie. Das Gedicht hält als Momentaufnahme nur diejenigen Aspekte des Heimatgedankens fest, die unmittelbar mit der Heimkehrthematik zusammenhängen: Ruhe und Geborgenheit und die Freude, eine vertraute Landschaft wiederzusehen.

Letztere ist nicht in praller Gegenständlichkeit, sondern – wie das ganze Gedicht eine wohlabgestimmte Symphonie von Empfindungen ist – in Gefühlsmomenten wiedergegeben (v. 1-3 *ocelle*; 12 *venusta*). Das plätschernde Lachen der Wellen als einziges gegenständliches Element ist seinerseits in den Dienst des Gefühls getreten, Mensch und Landschaft stehen in einer gefühlsmässigen Wechselbeziehung: Herr und Landschaft freuen sich gleichermassen.[58] Die Verlebendigung der Natur ist mehr als die Übernahme einer herkömmlichen Metapher.[59] Catull betrachtet die Residenz am Gardasee bei seiner Rückkehr als sein Zuhause.

---

57 Moore-Blunt, J., Catullus 31 and Ancient Generic Composition, Eranos 82, 1974, 106-18. Kritik: Citroni, Funzione, 104, Anm. 1. Sirmio als Sklave auch Quinn, 187. Cairns, Venusta Sirmio, 11, wendet sich mit Recht entschieden gegen die Idee, Sirmio begrüsse seinen Herrn als Sklave, reiht c. 31 indes ebenfalls unter dem genos „epibaterion" ein, wenn er auch eingesteht, dass eine feste Zuweisung dem Gedicht keinesfalls gerecht wird: „It's a personal, not a public epibaterion." (nach längerer Ausführung, ebd. 13f.).
58 Schäfer, Verhältnis, 36: „... Die Form offenbart das Wesen dieser Begegnung von Mensch und Heimat: der *mutuus animus*, in dem der eine den anderen froh macht."; Witek, Landschaft, 189, spricht in Anlehnung an Biese von „sympathetischem Naturgefühl". (Die Landschaft steht nicht als dichterischer Eigenwert, sondern als Hintergrund menschlichen Lebens, fast in Einheit mit diesem stehend).
59 Schön ausgeführt bei Syndikus, Catull, I, 188.

IV.2 SCHLUSSBEMERKUNGEN ZU „CATULL UND DIE TRANSPADANA"

Die transpadanische Herkunft Catulls ist in seinem Werk allenthalben gegenwärtig: Wir finden mannigfache Hinweise auf lokale Ereignisse, und immer wieder spielen Landsleute eine bedeutende Rolle. Aber gerade deswegen, weil die Heimat ganz ungezwungen als Teil des persönlichen Umfelds erscheint, ist es nicht einfach, eine Art „Nescio-Quid" zu finden. Horaz etwa sprach auch öfters von seiner Heimat. Sein Erwähnen trägt aber den Stempel der Erinnerung, Venusia und der apulische Aufidus (Ofanto) sind bei ihm nicht Umfeld unmittelbaren Erlebens. Catull hingegen nennt immer diejenigen Orte, wo er gerade lebte, und diese werden nicht literarisches Thema, sondern bleiben Handlungsraum. Der Vergleich mit Horaz zeigt, dass Örtlichkeiten für ihn allgemein weniger von Bedeutung waren: Da gibt es kein geliebtes Sabinum, kein gepriesenes Tibur oder Tarent. Was für Catull zählte, war das sich an griechischer Kultur orientierende, ungebundene Lebensgefühl, das ihn mit Gleichgesinnten verbunden hatte. Dieses Kunst- und Lebensideal fand in der Weite der Weltstadt Rom ein geeignetes Umfeld, wenn es interessanterweise mit der Ausnahme des Stadtrömers Licinius Calvus auch gänzlich von Transpadanern getragen wurde.[60] Es ist an der Stelle vielleicht auch hervorzuheben, dass Catull sein Werk dem Transpadaner Cornelius Nepos zueignete (c. 1).[61]

Es gibt verschiedene Gründe, wieso die Heimat, zu der doch so vielfältige Beziehungen bestanden, doch kaum literarisches Thema wurde: Zunächst ist da das Lebensgefühl des neoterischen Dichterkreises, das Werte, aus denen Verbundenheit mit der persönlichen Herkunft fliessen kann, etwa Liebe „zur guten alten Zeit", zum „einfachen Leben der Vorfahren", nicht kannte, sondern sich am Hier und Jetzt orientierte. Zum anderen war für Catull und seine Generation, im Gegensatz zu den Augusteern Vergil, Horaz oder Properz, „Heimat" eine kaum bedrohte Selbstverständlichkeit. Wieso also grosse Worte darüber verlieren? Es ist kaum ein Zufall, dass „Heimat" für Catull nach dem wenig erfreulichen Aufenthalt in Bithynien zum Thema wurde. Jetzt war sie keine Selbstverständlichkeit mehr und wurde von Catull bewusst als Wert wahrgenommen. In c. 31 begrüsst der Dichter die vertraute Gegend am Gardasee als sein Zuhause (31,9 *venimus larem ad nostrum*; 14 *ridete quidquid est domi cachinnorum*). Catull hatte also durchaus eine Beziehung zu gewissen Örtlichkeiten, zu seinem „Daheim" – nur spricht er selten davon. Das Landgut auf Sirmio zeigt sich zudem nicht als Teil der *germana patria*, nicht als Besitzung im Lande der Vorväter, sondern als schlichtes „Zuhause".

---

60 Es ist schwierig, Gründe für das Bestehen eines derart regen Literaturkreises in der Transpadana zu finden. Mit den kulturellen Voraussetzungen beschäftigt sich Mratschek, Est enim ille flos, 168-78.
61 Hinweise auf ein Patrocinium gibt es nicht (Syndikus, Catull, I, 71). Zu Nepos vgl. S. 192.

V   VERGIL UND MANTUA *ET QUALEM INFELIX AMISIT MANTUA CAMPUM PASCENTEM NIVEOS HERBOSO FLUMINE CYCNOS ...* (georg. 2,198f.)

V.1   DARSTELLUNG

Wenn der Mantuaner Vergil auf seine Vaterstadt zu sprechen kommt, scheinen ihm grundsätzlich zwei Dinge erwähnenswert: Die Landenteignungen und der träg mäandrierende heimatliche Mincius (Mincio) mit seinem Grün. Die Flusslandschaft ist ähnlich selbstverständlich mit der engeren Heimat Vergils verbunden wie ἀμφίαλος, κραναός oder τραχύς mit der des Odysseus.[1]

Sollen wir das eindringliche Wiederholen der Flussidylle als Zeichen erlebter Landschaft werten und uns in romantischer Begeisterung „die Spaziergänge des jungen Dichters entlang des Mincio mit seinen Schwänen"[2] ausmalen? Oder müssen wir Fluss, Schilf und Schwäne nüchtern mit Epitheta wie *undans ruptis*

---

*   Für genaue bibliographische Angaben zu den im Folgenden nur gekürzt aufgeführten hauptsächlich verwendeten Textausgaben, Kommentaren und Übersetzungen vgl. Kap. XIV.2 (betrifft: Conington-Nettleship, Ladewig-Schaper, Richter, Thomas, Mynors („Georgics"), Harrison, Clausen).

1   a) Ecl. 7,12f. *hic viridis tenera praetexit harundine ripas / Mincius, eque sacra resonant examina quercu.* b) georg. 2,198f. *et qualem infelix amisit Mantua campum / pascentem niveos herboso flumine cycnos.* c) georg. 3,12-15 *primus Idumaeas referam tibi, Mantua, palmas / et viridi in campo templum de marmore ponam / propter aquam, tardis ingens ubi flexibus errat / Mincius et tenera praetexit harundine ripas.* d) Aen. 10,198-206 *Ille etiam patriis agmen ciet Ocnus ab oris, / fatidicae Mantus et Tusci filius amnis, / qui muros matrisque dedit tibi, Mantua, nomen, / Mantua dives avis, sed non genus omnibus unum: / gens illi triplex, populi sub gente quaterni, / ipsa caput populis, Tusco de sanguine vires. / hinc quoque quingentos in se Mezentius armat; / quos pater Benaco velatus harundine glauca / Mincius infesta ducebat in aequora pinu.* e) Weggelassen ist das Bild in ecl. 9,27-29 *Vare, tuum nomen, superet modo Mantua nobis, / Mantua vae miserae nimium vicina Cremonae, / cantantes sublime ferent ad sidera cycni* (Dass mit *cycni* die Schwäne des Mincio gemeint seien, wie die Kommentare, gestützt auf georg. 2,198f., behaupten, kann nicht mit ausreichender Sicherheit gesagt werden. Die Schwäne sind hier nämlich in erster Linie Symbol des Dichters, und ob Vergil beim Schreiben dieser Verse bewusst an die Tiere seiner Heimat gedacht hat, ist fraglich. Er hätte doch dann annehmen müssen, dass dem Angeredeten die Assoziation von Mantua mit Schwänen geläufig sei. (Mantua und „Schwäne" vgl. S. 68 mit Anm. 38)).

2   Bonjour, Terre, 192: „À relire les Bucoliques, on peut ainsi imaginer les promenades de l'enfant ou du jeune poète sur les bords du Mincio où vivent des cygnes, dans la campagne mantouane, où il admire les champs plantureux, coupés par des haies vives et ...". Man wird sich überhaupt fragen müssen, wie oft der junge Vergil wohl Gelegenheit gehabt haben mag, am Mincio entlangzuspazieren, da er ja nach Don. vita Verg. 6 in Cremona aufwuchs, also gut 60 km entfernt.

V Vergil und Mantua   63

fornacibus (Aetna)[3] oder *turbidus et torquens flaventis harenas* (Hister)[4] in eine Reihe stellen?

Vergil verbindet trotz typologisch gestalteter Landschaft selten Ortsnamen stereotyp mit derselben Vorstellung.[5] Po[6] und Tiber[7], Rom[8] und Tarent[9] zeigen bei jeder Erwähnung andere Aspekte. Da Vergil die Landschaft als stimmungstragendes Element einsetzt,[10] sucht man topische Beiordnungen aus naheliegenden Gründen vergebens. Es ist bemerkenswert, dass er im Falle Mantuas von seinen „Gepflogenheiten" abweicht. Das allein kann aber nicht zu verbindlichen Schlüssen führen: Mit Landschaftsschilderungen verbundene Mehrfachnennungen desselben

---

3   Georg. 1,472 (Akk.).
4   Georg. 3,350.
5   Vergleichsmaterial in: Fasciano, D., Virgile, Concordance I, Églogues, Géorgique, Énéide, Roma 1982. Gleiches Bild, ausser für eigentliche „Naturwunder" (Aetna) nur: georg. 3,219-223 *pascitur in magna Sila formosa iuvenca: / illi (sc. ‚tauri') alternantes multa vi proelia miscent / vulneribus crebris; lavit ater corpora sanguis, / versaque in obnixos urgentur cornua vasto / cum gemitu; reboant silvaeque et longus Olympus.* Dieselbe Kampfszene auf dem Hochplateau Sila wiederholt, um den Kampf des Aeneas gegen Daunius darzustellen: Aen. 12,715-722 *ac velut ingenti Sila summove Taburno / cum duo conversis inimica in proelia tauri / frontibus incurrunt, pavidi cessere magistri, / stat pecus omne metu mutum, mussantque iuvencae, / quis nemori imperitet, quem tota armenta sequantur; / illi inter sese multa vi vulnera miscent / cornuaque obnixi infigunt et sanguine largo / colla armosque lavant, gemitu nemus omne remugit.*
6   Padus, Eridanus: a) Eichen an den Ufern, klar (Aen. 9,680). b) König der Flüsse, reissend (bei Hochwasser) (georg. 1,481-483). c) reissende Flut (bei Normalpegel) (georg. 2,451f.). d) Aen. 6,659 u. georg. 4,372 zeigen den mythologischen Strom der Unterwelt.
7   Thybris, Tiberis, Tiberinsel: a) Etruskisch (georg. 1,499). b) Lydisch, durchfliesst in trägem Strom die fruchtbaren Gefilde (Aen. 2,781f.). c) Laurentisch (Aen. 5,797). d) Wallend von Blut wie Simois und Xanthus (Aen. 6,87). e) (Tibermündung) Entströmt mit lieblicher Flut unter zahlreichen Wirbeln, gelb vom vielen Sand, stürmt ins Meer, bunte Vögel in den Böschungen (Aen. 7,30-36). f) Heimat der Latiner (Aen. 7,151). g) Personifizierter Flussgott erscheint zwischen Pappeln aus lieblicher Strömung, bläuliche Kleidung, Schilfkranz (Aen. 8,31-34). h) Streift mit üppigen Wellen die Gestade, durchmisst fruchtbare Felder, bläulich, Lieblingsstrom des Olympus (Aen. 8,62-64). i) (Gebet des Aeneas): Heilige Fluten, herrliche Quelle, gehörnter Beherrscher hesperischer Flur (Aen. 8,72). j) Ohne Ornantia: Aen. 1,13; 3,500; 5,83; 6,873; 7,303, 436, 715, 797; 8,86; 9,125; 10,421, 833; 11,393, 449; 12,35. In der Aeneis spielt der Tiber oft die Rolle der trojanischen Flüsse in der Ilias: Schilde und Gebeine wälzen, von Blut anschwellen ...
8   Rom wird zwar oft „hochragend, erhaben, glänzend, mächtig" genannt, dahin gehört auch das Bild in der ersten Ekloge (ecl. 1,19-25). Die Worte wechseln aber, und eine eigentliche Ortsbeschreibung findet sich nur in georg. 2,534f.
9   Georg. 2,195f.: Weiden; georg. 4,125-146: Türme der oebalischen Burg, dunkler Galaesus, Getreideanbau, Gartenbau; Aen. 3,551: Tarent von Herkules erbaut.
10 In den ländlichen Dichtungen offensichtlich. Für die Aeneis bestätigt durch Reeker, H.-D., Die Landschaft in der Aeneis, Hildesheim, New York 1971.

Ortes finden sich doch zu selten, als dass sich Regeln über die Handhabung der Epitheta zuverlässig ableiten liessen.[11]

Zum ersten Mal begegnet uns die Flussidylle in der siebten Ekloge. Ein Aspekt der heimatlichen Reallandschaft wird Teil der idealen Hirtenwelt: Von selbst lässt der schilfbestandene Mincio das Vieh zur Tränke kommen. Dort, unter einer Eiche, findet sich die ideale Stätte für Wettgesang und Lager.[12] Die Wahl des Aspekts hängt von den Erfordernissen der Hirtendichtung ab. Das Mincioufer wird zum „klassischen" Lagerplatz; es bietet Schatten, Wasser und Ruhe. Dieses von der Bukolik geformte Bild seiner Heimat gibt Vergil weiter: In den Georgika[13] und vor allem in der Aeneis, wo es neben einer der für das Epos charakteristischen Gründungssagen erscheint,[14] verliert es sozusagen seine Berechtigung und besitzt nunmehr rein ornamentalen Charakter.

Was hat Vergil dazu bewogen, seine „arkadischen"[15] Hirten am heimatlichen Mincio ruhen zu lassen?

Die zahllosen Versuche, die Szenerie einiger Eklogen (ecl. 1; 7 u. 9) allzu konkret in der Gegend um Mantua zu lokalisieren,[16] scheitern letztlich alle daran,

---

11   Die Epitheta in der Aeneis sind – dem Genos entsprechend – äusserst sparsam verwendet, meist handelt es sich um ein einfaches Adjektiv: *dives, altus, montosus* ... Ein eigentliches Ausmalen der Szenerie ist selten. Vgl. Rehm, B., Das geographische Bild des Alten Italien in Vergils Aeneis, Leipzig 1932, 72.
12   Ecl. 7,8-13 ... ‚*ocius' inquit / ‚huc ades, o Meliboee; caper tibi salvus et haedi; / et, si quid cessare potes, requiesce sub umbra. / huc ipsi potum venient per prata iuvenci, / hic viridis tenera praetexit harundine ripas / Mincius, eque sacra resonant examina quercu.'*
13   Georg. 2,198f.; 3,12-15. Vgl. Anm. 1b u. c.
14   Aen. 10,198-206. Vgl. Anm. 1d.
15   Vgl. ecl. 7,4 (dazu S. 66).
16   a) Für einen „paesaggio mantovano" im engsten Sinne: Bonjour, Terre, 190-93; Coleiro, E., An Introduction to Vergil's Bucolics with a Critical Edition of the Text, Amsterdam 1979, 29f.; Della Corte, F., Il paesaggio mantovano in Vergilio, AVM 53, 1985, 41-56; Marxer, G., Über das Landschaftsempfinden bei den Römern, Neue Schweizer Rundschau 22, 1954, 101-09, 107; Rose, H.J., The Eclogues of Vergil, Berkeley, Los Angeles 1942, 45-68 (chapter III: „The Poet and His Home"; ganz entschieden); Wellesley, K., Virgil's Home, WS 79, 1966, 330-50; Flintoff, E., The Setting of Vergils Eclogues, Latomus 33, 1974, 814-46, insbes. 844f. (differenzierter als die übrigen); Kroll, W., Randbemerkungen, RhM 64, 1909, 50-56, 51. (Viele dieser Interpreten setzen auf die zweifelhafte Gleichsetzung der Hirten mit realen Personen, wie wir das – zusammen mit dem sich daraus ergebenden Festlegen der Orte – im Kommentar des Servius finden: Serv. ad ecl. 1,48 ‚*iunco': id est faeno vel fluvio Mincio*; 1,51 ‚*inter flumina': Padum et Mincium*; 7,4 ‚*Arcades ambo': non re vera Arcades – nam apud Mantuam res agitur – sed sic periti, ut eos Arcades putares* ... (vgl. ad 11); 9,9 ‚*usque ad aquam': Mincii fluminis scilicet*; 9,60 ‚*Bianoris': hic est, qui et Ocnus dictus est – de quo ait in decimo fatidicae Mantus et Tusci filius amnis –, conditor Mantuae. dictus autem Bianor est, quasi animo et corpore fortissimus, ἀπὸ τῆς βίας καὶ ἠνορέης.*).
b) Verschiedenste Vorbehalte gegen eine Reallandschaft äussern: Coleman, R., Vergil, Eclogues, ed. R.C., Cambridge u.a. 1977, 89 u. 209; Jachmann, G., Die dichterische Technik in Vergils Bukolika, NJA 25, 1922, 101-20, 113f.; Klingner, F., Virgil und die geschichtliche Welt, in: Römische Geisteswelt, Essays über Schrifttum und geistiges Leben im alten Rom,

dass Vergils Hirten, im Gegensatz etwa zu denen Theokrits,[17] ihren Lebensraum wenig eindeutig durch Ortsnennung charakterisieren.[18] Selbst in der ersten und neunten Ekloge, die vom Schicksal der mantuanischen Heimat künden, lässt sich der Landschaft kaum Eindeutiges, Real-Geographisches abgewinnen. *Undique totis / usque adeo turbatur agris* (ecl. 1,11f.), *impius haec tam culta novalia miles habebit* (ecl. 1,70), der enge Zusammenhang mit der neunten Ekloge, in der Mantua namentlich erwähnt wird (ecl. 9,27-29 ... *Mantua vae miserae nimium vicina Cremonae*, ...), und die Tatsache, dass Rom für Tityrus erreichbar ist, weisen auf Oberitalien und die Vaterstadt Vergils hin. Doch die konkrete Landschaft der ersten Ekloge zeigt „Heimat" nicht als geographisch festlegbare Wirklichkeit, sondern als das Vertraute, den Ort der Geborgenheit schlechthin, der im Gegensatz zu einer ebenfalls namenlosen feindlichen Fremde steht.[19] Wer nämlich, wie schon Servius,[20] den „Sumpf mit schlammiger Binse" (ecl. 1,48) und die „wohlvertrauten Wasserläufe" (ecl. 1,51) allzu direkt auf die nähere Umgebung des lagunenumgebenen Mantua bezieht, den werden die „Schatten der hohen Berge" (ecl. 1,83) irritieren. Mantua liegt in der Ebene, da gibt es kaum Hügel, geschweige denn „hohe Berge"; auch der auch der ecl. 1,78 erwähnte *cytisus* gedieh dort nicht.[21] Aussichtslos erscheint es, nach ecl. 9,7-9 das Gut des Dichters[22] oder nach ecl. 9,59f.

Leipzig 1943[1], 91-112, zit. nach: Römische Geisteswelt, Stuttgart 1979 (= München 1965[5]), 293-311, 298; Ladewig-Schaper, XXV; Leo, F., Vergils erste und neunte Ekloge, Hermes 38, 1903, 1-18, zit. nach: F. Leo, Ausgewählte kleine Schriften, ed. E. Fraenkel, Roma 1960, II, 11-28, 20; Conington-Nettleship, 79; Oppermann, H., Vergil und Octavian, Zur Deutung der ersten und neunten Ekloge, Hermes 67, 1932, 197-219, 201; Pietzcker, C., Die Landschaft in Vergils Bukolika, Diss. Freiburg i. Br. 1965, 171f.; Pöschl, V., Die Hirtendichtung Virgils, Heidelberg 1964, 99; Snell, B., Arkadien, die Entdeckung einer geistigen Landschaft, zuerst in: A&A 1, 1945, 26-41, jetzt in: Wege zu Vergil, ed. H. Oppermann, Darmstadt 1976[2], 338-67; Wilkinson, L.P., Vergil and the Evictions, Hermes 94, 1966, 320-24, 322f.; Reallandschaft nur für die siebte Ekloge: Büchner, K., „P. Vergilius Maro", RE VIII,1 u. 2 A, 1021-486, 1224f.

17 Beispiele zu Theokrit: a) 1,65 Θύρσις ὅδ᾽ ὡξ Αἴτνας... b) 1,68f. οὐ γαρ δὴ ποταμοῖο μέγαν ῥόον εἶχετ᾽ Ἀνάπω, / οὐδ᾽ Αἴτνας σκοπιάν, οὐδ᾽ Ἄκιδος ἱερὸν ὕδωρ. c) 1,117f. οὐκέτ᾽ ἀνὰ δρυμώς, οὐκ ἄλσεα. χαῖρ᾽, / Ἀρέθοισα, καὶ ποταμοὶ ... d) 1,124f. ἔνθ᾽ ἐπὶ νᾶσον, / τὰν Σικελάν. Obwohl Thyrsis in einer bukolischen (idealisierten) Welt lebt, Orte in Griechenland kennt (Peneios, Pindos, Tempe), wird klar, dass er in Sizilien zu Hause ist. Vgl. Theoc. 4: „Unteritalien" (Ufer des Aisaros, Höhen des Latymon, Neto); 5: „Unteritalien" (Sybaris, Krathis); 7: „Unteritalien" (Haleis); Pseudo-Theoc. 8: „Blick auf das siz. Meer" u.a.
18 Ortsnamen, die sich direkt auf den Handlungsraum beziehen bei Vergil nur: ecl. 1,19: Rom; 2,21 *Siculis in montibus*; 7,12f.: Mincius-Idylle.
19 Ecl. 1,46 *tua rura*; 49 *non insueta pabula*; 51 *flumina nota*; 53f. *hinc tibi, quae semper, ...*; 64-66: die unwirtliche Fremde.
20 Vgl. Anm. 16a.
21 a) Berge: vgl. e.g. Rose, Eclogues, 51-56. b) *cytisus*: vgl. Clausen, XXX mit Anm. 75.
22 Ecl. 9,7-9 *Certe equidem audieram, qua se subducere colles / incipiunt mollique iugum demittere clivo, / usque ad aquam et ...* Anhand dieser „Angaben" und dem bei Probus vermerk-

das Grabmal eines Mannes mit dem griechischen Namen „Bianor"[23] zu suchen, obwohl ecl. 9,27-29 ganz direkt auf Mantua hinweist.[24] Mit *aequor* (ecl. 9,57) ist wegen der Beifügung *stratum* wohl eine Wasserfläche gemeint.[25] Es dürfte sich aber nicht um die Lagunen Mantuas handeln, da diese sich ja kaum je durch Aufgewühltsein und Rauschen (ecl. 9,57 *silet aequor*) bemerkbar gemacht haben dürften. Vielmehr ist hier, wie im Falle des Grabmals von Bianor,[26] mit dem Vorbild Theokrits (2,38 ἠνίδε σιγῇ μὲν πόντος, σιγῶντι δ'ἆῆται) zu rechnen.

Vergil zeichnet also auch dort, wo er an seine Heimat denkt, eine geographisch letztlich nicht bestimmbare, unverbindliche „verlorene Heimat", und nicht die Felder Mantuas. „Der Sumpf mit schlammiger Binse" klärt uns denn auch nicht über die Lage der Ländereien des Titirus in den sumpfigen Niederungen eines mäandrierenden Mincio auf, sondern weist im Sinnzusammenhang darauf hin, dass auch noch so schlechtes Land, Sumpf und nackter Stein, beglückt – ist es nur die gewohnte, heimatliche Umgebung. Wenn Vergil Züge der heimatlichen Reallandschaft verarbeitet haben sollte, zerfliessen sie im Bukolischen und Allgemeingültigen und sind wegen der fehlenden Ortsangaben nicht mehr auszumachen.

Die Flusslandschaft in der siebten Ekloge bliebe ein anonymer „Ort der Erholung", wenn sie nicht durch den Flussnamen Mincius lokalisiert würde. Schwierigkeiten finden sich für die Vertreter eines wirklichen „paesaggio mantovano" aber auch hier: Mag man *Arcades ambo* (7,4) noch auf die Sangeskunst der Hirten beziehen,[27] es bleiben die „Nymphen vom Libethra" (7,21), die Bekanntschaft mit „hybläischem Thymian" (7,37) und „sardischem Kraut" (7,41), die Nereus-Tochter Galatea (7,37) und schliesslich die Tatsache, dass der für Alexis entbrannte Corydon (7,55; 2,1) in der zweiten Ekloge Lämmer in Sizilien weiden lässt (2,21) und nun in der siebten Ekloge plötzlich am Ufer des Mincio auf Berge hinweist (7,56 *montibus his*), die eigentlich viel eher zu Sizilien als zu Mantua passen. Es ist ja durchaus nicht so, dass die „couplets" (7,21-68) als Lieder nach dem Vorbild

---

ten Abstand von XXX (III?) Meilen wurde eifrig, aber ohne befriedigenden Erfolg in der Nähe von Mantua entweder nach „Andes" oder einem Familiengut gesucht. Letzteres möchten verschiedene nach Brescia oder an den Alpenrand verlegen. (Übersicht über die Forschungslage: Coleiro, Introduction, 29f.).

23 Viele Interpreten nehmen an, dass die Gleichung des Servius Bianor = Ocnus (Text o. Anm. 16a) falsch ist und sich Vergil an Theoc. 7,10f. ... οὐδὲ τὸ σᾶμα / ἁμῖν τὸ Βρασίλα κατεφαίνετο, ... anlehnt.

24 Ecl. 9,27-29 ‚*Vare, tuum nomen, superet modo Mantua nobis, / Mantua vae miserae nimium vicina Cremonae, / cantantes sublime ferent ad sidera cycni.*'

25 Servius ad loc. fasst *aequor* als *spatium campi* auf, *stratum* (geglättet) wäre dann aber müssig. Vgl. auch Clausen, comm. ad loc.

26 Ecl. 9,59f. ... *namque sepulcrum / incipit apparere Bianoris* ... Vgl. Anm. 23.

27 Büchner, „Vergilius Maro", 1224: „... beide Arkader, d.h. hier: gute Sänger, bereit zum Wettgesang (1-5)." So schon Servius (vgl. Anm. 16a) – nach 10,32 *soli cantare periti Arcades*?.

V Vergil und Mantua

Theokrits nichts mit der Lebenswelt der Hirten zu schaffen hätten, quasi rein literarischen Liedstoff beinhalteten. Selbst die Nereus-Tochter scheint Corydon persönlich bekannt zu sein (7,37 *thymo mihi dulcior Hyblae*); Tityrus ist es, der einen Priap im Garten aufgestellt hat (7,33-36), ihm gehört Phyllis (7,59 *Phyllidis nostrae*). Die beiden Hirten wetteifern nicht in der Kunst anonymer Lieder, sondern stellen mit der Sangeskunst auch ihre persönliche Lebensweise zur Konkurrenz: Ihre Schutzgötter (7,29, 33), ihre Orte der Geborgenheit (7,45-48, 49-52), ihre Liebschaften (7,55, 59, 67). So vermischt sich in den Landschaften der drei besprochenen Eklogen Imaginiertes mit Realem, Arkadisches und Sizilisches mit Italischem zum Traumland der vergilischen Hirten.[28]

Das namentliche Einbeziehen des Mincio in die Hirtenwelt der siebten Ekloge darf unter diesen Umständen wohl als Zeichen persönlicher Verbundenheit mit dem Fluss der Heimat gewertet werden. Viktor Pöschl weist nachdrücklich darauf hin, dass der Name des Flusses in ecl. 7,13 feierlich durch Enjambement herausgehoben ist und die Passage überdies durch ihre liebevolle Anschaulichkeit und die kunstvolle Doppelsperrung (ab/AB) die Aufmerksamkeit auf sich zieht (*hic viridis^a tenera^b praetexit harundine^B ripas^A / Mincius ...*).[29] Ein guter Teil der „liebevollen Anschaulichkeit" ist gewiss dem an sich Idyllischen solcher Lagerungsszenen zu verdanken. Die bemerkenswerte Wiederholung der Flussidylle in georg. 2,199, georg. 3,14f. und Aen. 10,205f. spricht aber doch zu Gunsten einer persönlichen Beziehung des Dichters zum heimatlichen Gewässer:[30] ein *velatus harundine glauca Mincius* (Aen. 10,205) mag ihm doch mehr bedeutet haben als ein *turbidus et torquens flaventis Hister harenas* (georg. 3,350).

Allzu konkret, etwa im Sinne der „romantischen Uferspaziergänge" Bonjours,[31] dürfen wir uns diese Beziehung aber nicht ausmalen, zumal der Dichter nur die frühe Kindheit in der Nähe des heimatlichen Mantua verlebt haben dürfte. Der Mincio mag im Altertum stark mäandriert haben, und träges Fliessen begünstigt tatsächlich das Wachstum von Schilf und die Gegenwart von Schwänen. Einmal mehr wählt Vergil sein Bild überlegt und sachlich gerechtfertigt.[32] Sieht man je-

---

28 So Pöschl, Hirtendichtung, 99. Klingner, Geschichtl. Welt, 298: „Es sind Hirtenlieder in einem traumhaften Wunschland Arkadien ... Etwas von der ländlichen Heimat Virgils ist dabei, aber auch etwas Paradiesisches, aller banalen Wirklichkeit Entrücktes."
29 Nach Pöschl, Hirtendichtung, 99f.
30 Thomas, comm. ad georg. 3,15: „This tributary of the Po, ..., was dear to his heart."; Wellesley, Vergil's Home, 332: „His affectionate references to the River Mincius ..." u.a. (Stellen: vgl. Anm. 1).
31 Vgl. Anm. 2.
32 Rehm, geogr. Bild, 72f. kommt selbst für die Aeneis zum Schluss: „... dass alle Epitheta überlegt gewählt und sachlich wohl gerechtfertigt sind, wenn sie auch, zuweilen ... mehr Buchgelehrsamkeit als unmittelbare Anschauung verraten. Nur weniges ist konventionell idealisierend, ...".

doch von der stilistischen Gestaltung und der nachdrücklichen Wiederholung ab, so weist es durch sein Gefangensein in der Welt der Bukolik doch nicht jene Individualität auf, die nähere Rückschlüsse auf ein persönliches, reales Verhältnis zu dieser Landschaft zuliessen.

„Schilf" beispielsweise ist nämlich ein ebenso konventionell-unverbindliches Attribut eines Flusses wie „träg" oder „wild", „kalt" oder „sandwälzend",[33] man denke nur an die gängige Darstellung von Flussgöttern mit Schilfszeptern und -kronen. Dasselbe gilt für *herbosus* (reich an Grün).[34] So lässt sich letztlich doch nur mit der nötigen Vorsicht behaupten, dass hinter einem *viridis tenera praetexit harundine ripas / Mincius* mehr persönliches Empfinden steht als hinter einem *amnis sulpurea Nar albus aqua*.[35] Ähnlich steht es mit den Schwänen, „deren es in Vergils Heimat viele gab."[36] Wer kennt den Grund für ihre Erwähnung in georg. 2,198? Ist es tatsächlich Erinnerung,[37] oder eben eher das Suchen nach einem möglichst ansprechenden lyrischen Bild, die Tatsache, dass diese majestätischen Vögel dem Apoll und den Dichtern teuer und zudem durch die Cycnus-Sage eng mit Oberitalien verbunden waren?[38] – Oder gilt das alles zusammen?

Von den Landenteignungen in seiner oberitalischen Heimat war Vergil persönlich betroffen. Die erste und die neunte Ekloge sowie die kurze Bemerkung in georg. 2,198f. bezeugen dies, wenn auch die biographische Ausdeutung der beiden Eklogen im einzelnen sehr umstritten ist.[39] Gewiss dürfen wir aber davon ausgehen, dass sich das Denken und Fühlen des Dichters in der Gefühlswelt der Hirten spiegelt. „Heimat" ist für die Hirten das Vertraute, eine heile, paradiesische Welt,[40]

---

33 Epitheta von Flüssen: träg: Aen. 2,782; 8,726; 9,31. lieblich: Aen. 8,31; 9,680. schön: georg. 2,137. wild: georg. 2,137; 3,350; Aen. 1,244-246; georg. 3,269f. (rauschend); georg. 4,370 (rauschend). kalt: ecl. 10,47; Aen. 7,683, 801f.; 8,597; 12,331. sandwälzend: georg. 3,350; 4,291; Aen. 7,30f. Die Epitheta sind stets angebracht.
34 Vgl. Waser, O., RE VI, „Flussgötter", 2786ff. Fluss und Schilf bei Vergil: georg. 2,414: *harundo fluvialis*; 4,478: *Cocytos*; Aen. 8,34: Tiber; daneben die Bilder des Mincius. Zu *herbosus* vgl. Mynors, Georgics, ad loc.: Das Epitheton bezieht sich entweder auf das Röhricht und die Wasserpflanzen des Flusses oder auf die grasbewachsenen Ufer. Das erstere scheint von der Sache her am natürlichsten (vgl. ecl. 7,12 u. georg. 3,15), für die zweite Version gibt es dafür Parallelen (Hom. Il. 4,383 u. insbes. Prop. 1,3,6).
35 Aen. 7,516f.
36 Ladewig-Schaper, comm. ad ecl. 9,29, mit Verweis auf 2,198f. (In ecl. 9,29 geht es um Dichtung. Vgl. Anm. 38).
37 Bonjour, Terre, 192f. Vgl. Anm. 2.
38 Über die Vorliebe der Antike für diese Vögel vgl. Gossen, H., RE II A, „Schwan", 782-92. „Schwäne" bei Vergil: als Vögel der Dichtung: ecl. 8,55; 9,29, 36. Cycnus-Sage: Aen. 10,189. Mantik: Aen. 1,393; 12,250. „lyrisch": ecl. 7,38; (georg. 2,198?); Aen. 9,563; 11,457f. (Schwäne des Po).
39 Vgl. e.g. Klingner, F., Virgil, Bucolica, Georgica, Aeneis, Zürich, Stuttgart 1967, 27.
40 Vgl. S. 65 mit Anm. 19.

V Vergil und Mantua

aus der die Unbill der Zeit weniger Glückliche als Tityrus unbarmherzig vertreibt. Trotz einiger deutlicher und harter Worte[41] findet Bitterkeit keinen Platz, die Realität ist aufgefangen im Bukolischen,[42] und – Vergil gehörte zu den Glücklichen ...

Heimat als Paradies – Mantua als Paradies? Diese Konkretisierung drängt sich nicht auf, denn wie bei der Darstellung der Landschaft ist mit dem Allgemeingültigen von Vergils Bukolik zu rechnen. Das „Paradiesische" ist eine feste Komponente der Heimat in der Literatur. Heimat ist immer Paradies, Fremde hingegen, und wäre es das Ogygia einer liebevoll sorgenden Kalypso, stets Elend. Hinter dem klassischen Gewand der beiden Eklogen steht aber, wie die Wiederaufnahme des Problems in den Georgika zeigt,[43] nicht das teilnahmslose Kokettieren eines satten Literaten mit dem malerischen Elend der Heimatvertriebenen, sondern tiefstes eigenes Betroffensein und eine stille Anteilnahme am Schicksal der Geburtsheimat.

Nach der Diskussion der beiden signifikanten Komponenten in Vergils Heimatbild mag schliesslich die Stellung der Vaterstadt im Gesamtwerk, insbesondere in den Georgika und der Aeneis, interessieren.

Vergil hat Dinge, an denen ihm etwas lag, oft durch dichterische Mittel besonders hervorgehoben. Die Verse über den *portus Iulius* (georg. 2,160-164) wecken unsere Aufmerksamkeit ebensosehr durch ihre Bewegtheit und kunstvolle Gestaltung wie durch ihre Breite innerhalb der *laudes Italiae*; sie sind eine Hommage des Dichters an die Baukunst seiner Zeit. Die neun Verse über Kampanien in georg. 2,217-225 schliessen die Übersicht über die Bodenarten Italiens; sie zeigen Kampanien (*dives Capua*; *vicina ora Vesaevo iugo*; *Clanius non aequus vacuis Acerris*) als das Bauernland schlechthin, gleichermassen geeignet für Ackerbau wie für die Viehzucht. Ob sie auch als Huldigung an die Wahlheimat des Dichters verstanden werden dürfen, ist eine andere Frage.[44] Die für den Etruskerkatalog ungewöhnliche

---

41 a) Ecl. 1,11f. ... *undique totis / usque adeo turbatur agris.* b) 1,70f. *impius haec tam culta novalia miles habebit, / barbarus has segetes.* c) 9,2-6 *O Lycida, vivi pervenimus, advena nostri / (quod numquam veriti sumus) ut possessor agelli / diceret: ‚haec mea sunt; veteres migrate coloni.' / nunc victi, tristes, quoniam fors omnia versat, / hos illi (quod nec vertat bene) mittimus haedos.'*
42 Klingner, Virgil, 15: „Leid wird schöne Klage, wird ‚aufgefangen' in ‚Arkadien', Gegeneinander wandelt sich zum Miteinander."
43 Richter, comm. ad georg. 2,198f., in blumiger Sprache: „Mantuas Erwähnung hat rein persönlichen Charakter: *et qualem infelix amisit Mantua campum* rührt an die ewig schwärende Wunde im Herzen des Dichters."
44 Klingner, Virgil, 245: „Die Liebe Virgils zu dem Land um den Golf von Neapel lebt in diesen Versen." Klingner glaubt, Vergil habe im Abschnitt über die Fruchtbarkeit der Böden nur Orte genannt, zu denen er eine persönliche Beziehung hatte: Mantua als Geburts-, Kampanien als Wahlheimat und Tarent, das er persönlich gekannt habe (vgl. georg. 4,125-148 „der korykische Greis": *namque ... memini ... me ... vidisse*). Diese Interpretation erscheint mir richtig, obwohl sie auch angefochten werden könnte: Tarent war tatsächlich berühmt für seine

Breite der Verse über Mantua, die doppelte direkte Anrede (*... qui muros matrisque dedit tibi, Mantua, nomen, / Mantua ...*)[45] und ihre exponierte Stellung am Schluss des Katalogs[46] geben den Interpreten guten Grund zur Annahme, Vergil spreche in Aen. 10,198-206 „ex sua persona" zum Ruhme seiner Heimat.[47] Die Schilderungen der Städte im Italikerkatalog (Aen. 7,641-817) sind allgemein ausführlicher gehalten als diejenigen im Etruskerkatalog. Keine der dort genannten Städte ist jedoch stilistisch so hervorgehoben wie das eigentlich unscheinbare Mantua im Etruskerkatalog. Interessanterweise findet sich die Schilderung der Heimat der beiden italischen Haupthelden Turnus und Camilla im Italikerkatalog ebenfalls in der signifikanten Schlussposition. So lässt sich in diesem Falle das auf sachlichen Kriterien beruhende *putatur poeta in favorem patriae suae hoc locutus* im Kommentar des Servius[48] durch stilistische Überlegungen stützen. Ob Vergil für seine Darstellung der frühesten Geschichte seiner Vaterstadt auf Quellen zurückgreifen konnte, wissen wir nicht. Wunderlich ist es jedenfalls, dass der Sohn Mantuas Ocnus als Stadtgründer nennt, der doch nach gängiger Auffassung eigentlich nach Felsina (Bologna) gehört.[49] Ein möglicher Irrtum bei den „Realien" ändert aber nichts an der Tatsache, dass Vergil der Heimatstadt im Etruskerkatalog einen hervorragenden Platz eingeräumt hat.

Ebenso können die Verse georg. 2,198ff. als Ehrung der Vaterstadt verstanden werden. Vergil gedenkt des Unglücks seiner Heimat und preist sie, ohne dem Leser die Idylle mit Fluss und Schwänen vorzuenthalten, zusammen mit der Gegend um Tarent als bestes Weideland für Ziegen und Schafe. Tarent war weithin berühmt für die Qualität seiner Wolle (Varr. rust. 2,2,18), von Mantua hingegen wissen wir nichts Derartiges, wenn auch die Transpadana insgesamt neben dem Flachs- und

---

Wolle (Varr. rust. 2,2,18), und Kampanien galt als die fruchtbare Region Italiens schlechthin. Die Nennung dieser Örtlichkeiten könnte an dieser Stelle rein sachlich begründet werden. Etwas anders steht es mit Mantua: Die besondere Eignung als Weideland lässt sich nirgendwo ausdrücklich bestätigen. Vgl. Richter, comm. ad loc.: „Campanien ... war nicht nur ein reiches Fruchtland, sondern auch die zweite Heimat des Dichters, der ihr hier ein Denkmal setzt." Zu den Wahlheimaten vgl. S. 72f.

45 Vgl. die Gestaltung der ersten Landung auf italischem Boden: Aen. 3,523f. ... *Italiam primus conclamat Achates / Italiam laeto socii clamore salutant.*
46 Ich folge der Darstellung bei Reeker, Landschaft, 115.
47 So Reeker, Landschaft, 115. Williams, 333. Bonjour, Terre, 248. Rehm, Geogr. Bild, 5f., Harrison ad Aen. 10,200.
48 Serv. auct., comm. ad Aen. 10,202: *... ergo Vergilius miscet novam et veterem Etruriam, ut utriusque principatum patriae suae adsignet, cum alioquin Mantua ad haec auxilia pertinere non debeat, quia Aeneas nulla a Transpadanis auxilia postulaverit, cum omnis exercitus adversum Mezentium uno loco consederit; et propterea putatur poeta in favorem patriae suae hoc locutus, ut de hac sola trans Padum pro Aenea adversum Mezentium auxilia faciat venisse, quod nec populorum nomina nec lucumonum rettulerit.*
49 Für Einzelheiten betreffs Quellenlage und Realien vgl. Rehm, Geogr. Bild, 5-10.

V Vergil und Mantua

Hirseanbau auch für Schweine- und Schafzucht bekannt war.[50] Das enge Anschliessen der „namenlosen" Weiden Mantuas an die berühmten Tarents (georg. 2,197f. *saltus et saturi petito longinqua Tarenti / et qualem infelix amisit Mantua campum,* ...), die Erinnerung an das Unglück der Heimat und das liebevolle Anführen von Fluss und Schwänen lassen auf eine persönliche Motivation der Verse schliessen.[51]

Weniger Aussagekraft für unser Thema besitzt hingegen georg. 3,12-15. Dass Vergil die Siegespalme nicht nach Rom, sondern in die Heimat trägt, braucht nicht auf eine persönliche Verbundenheit mit Mantua hinzuweisen.[52] Vielmehr zeigen zahlreiche Parallelen, dass es sich hier um einen Topos handelt: Der Sieger kehrt in seine Vaterstadt zurück und bringt ihr Ehre.[53] Die Flusslandschaft (*tardis ingens ubi flexibus errat Mincius et tenera / praetexit harundine ripas*) stützt als monumentale Ortsangabe die Erhabenheit der Szene, und es ist schwer zu entscheiden, inwieweit der Fluss nur wegen dieses Effekts erwähnt wird, ob die beinahe wörtliche Anlehnung an ecl. 7,12f. (*hic viridis tenera praetexit harundine ripas / Mincius*) gar auf die Eklogen als früheres Werk verweisen soll[54] und ob hinter dem starren Bild letztlich doch ein lebendiges Sich-Erinnern an eine vertraute Gegend steht.

---

50 Vgl. Nissen, H., Italische Landeskunde, Bde. I/II,1,2, Berlin, 1883 u. 1902, II,1,162: Angaben bei Varr. rust. 2,4; Pol. 2,15; Strab. 5,218; Col. 7,2,3.
51 Richter, comm. ad loc. Vgl. Anm. 43.
52 Anders aber Buchheit V., Der Anspruch des Dichters in Vergils Georgica, Dichtertum und Heilsweg, Darmstadt 1972, 103-11. Buchheit misst der Tatsache, dass Vergil das Bild des Dichters als römischer Triumphator durchbricht und die palma seines Sieges nicht in den Jupitertempel nach Rom, sondern zum Tempel Oktavians trägt, den er in seiner Heimat Mantua, der vorgeprägten Heilslandschaft der Eklogen, errichten wird, grösste Bedeutung zu. Ähnlich auch Mratschek, Est enim ille flos, 178.
53 Man erinnere sich an die Heimat der hochgeehrten Sieger griechischer Agone. (Parallelen des vergilischen Siegesliedes mit Pindar bei Buchheit, Anspruch, 148-58). Dichterehre und Stolz der eigenen Heimat bei römischen Dichtern: Hor. carm. 3,30,10-14; 4,9,1-4; Prop. 4,1,62-64; Ov. am. 3,15,7f. u. 11-14; Mart. 1,61,10 u. (ganz direkt ...) 10,103,4-6 *nam decus et nomen famaque vestra sumus, / nec sua plus debet tenui Verona Catullo / meque velit dici non minus illa suum.*
54 Dafür setzt sich Buchheit (Anspruch, 104ff.) ein. Ich mag aber nicht daran glauben, zumal solch wörtliche Übereinstimmungen bei Vergil nicht gerade selten vorkommen. Zwar gestehe ich den literaturbegeisterten Zeitgenossen Vergils gerne ein ungleich besseres Gedächtnis für Dichterstellen zu als den meinen – das Memorieren stand allgemein höher im Kurs als heutzutage –, trotzdem bezweifle ich, dass dieses wörtliche Wiederholen gemeinhin als solches erkannt wurde. Falls ja, ist es doch noch ziemlich weit bis zur Folgerung von Buchheit.

V.2 SCHLUSSBEMERKUNGEN ZU „VERGIL UND MANTUA"

Auf der Suche nach Vergils innerer Beziehung zu seiner Geburtsheimat stösst man sehr schnell auf das Problem jeder biographisch ausgerichteten Vergil-Interpretation: Auf das weitgehende Fehlen direkter Selbstzeugnisse,[55] auf das in hohem Masse über das Persönliche Herausgehobene vergilischer Dichtung. Horaz plaudert munter über sich und seine Verhältnisse, unmittelbar und stellenweise unbekümmert lässt er den Leser teilhaben an seinem Ich. Properz erleidet in seinen Gedichten seine persönliche Liebe, offen zeigt er den Schmerz, der ihn beim Gedanken an seine umbrische Heimat sogleich ergreift.[56] Und Vergil? Selbst das Schicksal seiner Heimat ist in das Gewand der Bukolik gehüllt, und wenn jemand konkret nachfragt – etwa nach der geographischen Lage des Familiengutes –, erhält er keine befriedigende Antwort: Da gibt es hohe Berge wie in Sizilien und ein Meer, wo keines zu sein hat ...[57] Das Gefühlsmässige hingegen wird durch diese „allgemeingültige", über das Persönliche hinausgehende Form besser erfasst als durch jede direkte Erwähnung der Ereignisse. Gibt es einen unglücklicheren Menschen als den heimatvertriebenen Meliboeus – gibt es ein jubelnderes Glück als das des Tityrus, dem der göttliche Jüngling in Rom die Heimat wundersam erhielt?

Dass die Heimat Vergil nicht gleichgültig war, lässt sich aus der ersten und neunten Ekloge direkt und aus georg. 2,198f. und Aen. 10,198-206 über den Umweg stilistischer Überlegungen nachweisen. Hingegen lässt es sich kaum bestimmen, was sie ihm konkret bedeutete. Die beiden Eklogen sprechen von Vergils oberitalischer Heimat, von seiner Errettung – und trotzdem ist die „Heimat" in ihren Versen so überpersönlich dargestellt, dass Heimatvertriebene aller Zeiten in ihnen ihre persönliche Heimat wiederfinden werden: Heimat ist das „Vertraute" im Gegensatz zur feindlichen „Fremde".

Eine persönliche Note im Heimatbild Vergils setzt die Flusslandschaft des sich träge windenden Mincius mit seinem Grün. Das auffällige Wiederholen der Flussidylle bis hin zur Aeneis lässt eine persönliche Beziehung des Dichters zu diesem Bild, das er zu einer Art Symbol seiner Heimat erhoben hatte, vermuten. Aber gerade das symbolhaft Erstarrte hindert uns andererseits daran, diese Landschaft im selben Masse als durch persönliches Erleben vertraute Heimat zu empfinden wie etwa das Sirmio des Catull. Zu Recht? Wenn wir daran denken, dass wir zwar von verschiedenen Aufenthalten in den Wahlheimaten hören – Donat nennt Kampanien

---

55 Ausnahme: Die Sphragis georg. 4,559-566.
56 Vgl. Kap. VII, S. 95f.
57 Vgl. S. 65f.

V Vergil und Mantua

und Sizilien, Properz spricht von Tarent –,[58] aber von keinem mehr in der Heimat, sind wir geneigt, die Frage eher zu bejahen: Der Blick auf die Heimat scheint noch „ferner" als derjenige des Horaz.[59] Andererseits hat der grosse römische Dichter Mantua mit Aen. 10,198-206 auch ein spätes Denkmal gesetzt – und zwar innerhalb der Konventionen epischer Dichtung kein unbedeutendes.

---

58 Don. vita Verg. 11 ... *ut Neapoli Parthenias vulgo appellatus sit ac, si quando Romae, quo rarissime commeabat, viseretur* ...; 13 ... *habuitque domum Romae ...; quamquam secessu Campaniae Siciliaeque plurimum uteretur* (beim Aufenthalt in Sizilien könnte man sich allenfalls fragen, ob dieser nicht aus den Eklogen erschlossen wurde; Kampanien: vgl. georg. 4,563f. u. S. 69f. mit Anm. 44); Prop. 2,34,67f. *tu* (sc. Vergilius) *canis umbrosi subter pineta Galaesi / Thyrsin et attritis Daphnin harundinibus* (Tarent: vgl. Verg. georg. 4,125ff.).
59 Vgl. die Bemerkung von W. Wili, S. 88 mit Anm. 95.

VI   HORAZ, UNTERITALIEN UND VENUSIA ... *SEQUOR HUNC, LUCA-*
       NUS AN APULUS ANCEPS: NAM VENUSINUS ARAT SUB FINEM UTRUM-
       QUE COLONUS ... (sat. 2,1,34f.)

VI.1   DARSTELLUNG

Seiner Liebe zum Gut in den Sabinerbergen, zur schön gelegenen Villenstadt Tibur und zu dem vom Klima verwöhnten Tarent verlieh Horaz unmittelbar deutlich Ausdruck[1] – man braucht nur etwa an *ille terrarum mihi praeter omnis angulus ridet* (carm. 2,6,13f.) zu denken.[2] Weniger augenfällig, weil nicht an den wohlgesetzten Worten einzelner prägnanter Stellen, sondern an der breiten Streuung der Zeugnisse abzulesen, ist der Vorrang des südlichen Italien im Leben und Fühlen des Dichters. Allerorten und oft unerwartet, etwa in Vergleichen (carm. 4,14,25 *sic tauriformis volvitur Aufidus*),[3] stösst der Leser auf süditalische Orte,[4] auf „Daunien", das (nord-)apulische Reich des sagenumwobenen illyrischen Königs.[5] Etrurien, Umbrien, Picenum oder gar die nördliche Heimat der zeitgenössischen Dichterkollegen erwähnt Horaz selten[6] und meist nur aus gegebenem Anlass. Von Etrurien etwa werden lediglich seine Bronzen (epist. 2,2,180) und die Leichtlebigkeit seiner Bewohner (carm. 3,10,11f.) im Sinne eines Charakteristikums hervorgehoben, an Örtlichkeiten werden Clusium und das in unmittelbarer Nähe Roms gelegene Veii genannt.[7] Ansonsten leiht die Landschaft im Norden Latiums vor allem dem „Tyrrhenischen" Meer und dem Tiber ihren Namen[8] oder findet als Heimat des

---

* Für genaue bibliographische Angaben zu den im Folgenden nur gekürzt aufgeführten hauptsächlich verwendeten Textausgaben, Kommentaren und Übersetzungen vgl. Kap. XIV.2 (betrifft: Orelli-Baiter, Kiessling-Heinze, Klingner, Arnaldi, Williams, Shackleton Bailey, Brown).
1   Herausgearbeitet bei Troxler-Keller, I., Die Dichterlandschaft des Horaz, Heidelberg 1964. Sabinum: 108-18; Tarent: 119-26; Tibur: 133-58.
2   Gemeint ist Tarent, das im selben Gedicht aber als zweite Wahl hinter Tibur zurückbleibt.
3   Weitere Vergleiche und Bilder vgl. S. 77-79.
4   Fraenkel, E., Horace, Oxford, 1957, 3: „Memories of his home country and visions of the characteristic features of its landscape accompany the poet throughout his life; his mind is so full of them that there always seems to be an overflow, ready to promeate his verse, ...".
5   Apulien und Lukanien* bei Horaz, Stellenverzeichnis: carm. 1,22,13f.; 1,28,2f.; 1,28,26f.; 1,33,7f.; 2,1,34f.; 2,9,7; 3,4,9-20; 3,5,9f.; 3,15,13f.; 3,16,26f.; 3,30,11f.; 4,2,27; 4,6,27; 4,9,1-4; 4,14,25-28; epod. 1,27f.; 2,41f.; 3,15f. 16,28; sat. 1,1,56-58; 1,5,77f.; 1,5,79-105 passim; 1,10,30; 2,1,34-39; 2,2 (div. Stellen, „Ofellus": vgl. S. 79-81); 2,3,234; 2,8,6*; epist. 1,15,1 u. 21*; 2,1,202; 2,2,177f.*
6   Zur Verteilung der einzelnen Regionen Italiens im Werk des Horaz vgl. Gemoll, W., Realien bei Horaz, Heft 3, Berlin 1894, 140-52.
7   Clusium: epist. 1,15,9. Veii: sat. 2,3,143 (Wein); epist. 2,2,167.
8   Tyrrhenisches Meer: carm. 1,11,6; 3,29,35f.; 4,4,54; 4,15,3; c.s. 38; epod. 16,40; epist. 2,1,202. Tiber: carm. 1,2,14; 3,7,28; sat. 2,2,33.

VI Horaz, Unteritalien und Venusia

Maecenas, Porsenna oder des Dichterlings Cassius Eingang ins Werk des Dichters.[9] Das Italien des Horaz erstreckt sich von Rom südwärts: Es umfasst hauptsächlich Latium und die Hauptstadt, Tibur und die geliebten Sabinerberge, die Villenorte Kampaniens, Apulien und Kalabrien,[10] gelegentlich finden auch Samnium oder das nördliche Lukanien Erwähnung.[11] Welche Rolle spielt die apulisch-lukanische[12] Heimat in der Dichtung des Horaz?

Da sind einmal die Bilder und Vergleiche zu nennen: Horaz will sich mit dem Seinen begnügen und weder als reicher Herr die Früchte der Arbeit des emsigen, beharrlichen[13] Apulers ernten[14] noch Herden vor der Sommerhitze von kalabrischen auf lukanische Triften treiben lassen.[15] Ein Knoblauchgericht brennt in den Eingeweiden des geplagten Dichters schlimmer als die Sommerglut über Apulien.[16] Horaz arbeitet emsig wie die Biene am Matinus.[17] Claudius wütet in den Reihen der Feinde wie der entfesselte Aufidus in den Feldern Dauniens.[18] Sozusagen fortgerissen von den Fluten des wilden apulischen Stromes wird auch der Habgierige, der in seiner Torheit statt an bescheidener Quelle am reissenden Strom Wasser schöpft.[19] Das Getöse in römischen Theatern erinnert an das Ächzen der Haine am windgepeitschten[20] Garganus.[21] Die griechisch-lateinische Zweisprachigkeit illustriert nicht etwa ein Kampaner, sondern der apulische Canusier.[22] Im Adynaton paaren sich Rehe mit apulischen Wölfen,[23] bespült der Po die Gipfel des Matinus.[24] In einer Synekdoche vertritt der Apuler aus dem kriegerischen Daunien, wo

---

9   Maecenas: carm. 3,29,1; sat. 1,6,1f. Porsenna: epod. 16,4. Cassius: sat. 1,10,61.
10 Die Begriffe „Apulien" und „Kalabrien" werden im folgenden für diejenigen Gebiete verwendet, die sie im Altertum bezeichneten.
11 Vgl. Gemoll, Realien, 140-52.
12 Sat. 2,1,34f. ... *Lucanus an Apulus anceps; / nam Venusinus arat sub finem utrumque colonus* ...
13 *Impiger Apulus*: (vgl. Anm. 14); *pernix Apulus*: epod. 2,41f. *Sabina qualis aut perusta solibus / pernicis uxor Apuli* ...
14 Carm. 3,16,26f. ... *quam si quidquid arat impiger Apulus / occultare meis dicerer horreis*, ...
15 Epod. 1,27f. *pecusve Calabris ante sidus fervidum / Lucana mutet pascuis.*
16 Epod. 3,15f. *nec tantus umquam siderum insedit vapor / siticulosae Apuliae.*
17 Carm. 4,2,27-31 *ego apis Matinae / more modoque, / grata carpentis thyma per laborem / plurimum, ... operosa ... carmina fingo.*
18 Carm. 4,14,25f. *sic tauriformis volvitur Aufidus, / qui regna Dauni praefluit Apuli*, ...
19 Sat. 1,1,56-58 ... *eo fit / plenior ut siquos delectet copia iusto / cum ripa simul avolsos ferat Aufidus acer.*
20 Carm. 2,9,6f. ... *aut Aquilonibus / querqueta Gargani laborant* ...
21 Epist. 2,1,202 *Garganum mugire putes nemus aut mare Tuscum* ...
22 Sat. 1,10,30 ...*Canusini more bilinguis* ...
23 Carm. 1,33,7f. ... *sed prius Apulis / iungentur caprae lupis.*
24 Epod. 16,28 *Padus Matina laverit cacumina.*

überdies der Sage nach ein grauses Untier gehaust haben soll,[25] zusammen mit dem ebenso wehrhaften Marser das italische Kriegsvolk.[26] Die Szenerie von carm. 1,28 verlegt Horaz in seine südliche Heimat: Dorthin führen die Fluten der Adria, die matinische Küste und die Wälder Venusias[27] – Erinnerung an ein „Grab des Archytas" an apulischer Küste oder freie Wahl einer heimatlichen Szenerie?

Horaz verwendet auch Örtlichkeiten anderer unteritalischer Gebiete in derselben Weise.[28] Es darf daher nicht ohne Einschränkung „von einer Gewohnheit, sich in Vergleichen und Bildern auf die apulische Heimat zu beziehen",[29] gesprochen werden. Richtig ist, dass italische Bilder mit wenigen Ausnahmen aus dem geographischen Lebensumfeld des Dichters stammen.[30] Das legt es nahe, persönliche Motive für die Wahl der Bilder anzuführen, und begünstigt eine auf das Biographische ausgerichtete Interpretation.

Schöpfte Horaz die Bilder der ziehenden Herden, des windgepeitschten Garganus oder der lastenden Sommerhitze tatsächlich aus einem Fundus persönlicher Eindrücke, sind die apulischen Bilder letztlich Ausdruck einer persönlichen Beziehung zu dieser Landschaft?[31] Überspitzt ausgedrückt: Liegt dem Dichter die Biene am Matinus wirklich näher als jene am Hymettos,[32] klingt ihm der Sturm am Garganus vertrauter als jener auf dem fernen Kaspischen Meer?[33] Solche an sich berechtigten Fragen pflegen im einzelnen auf sicherem Weg in das dornige Reich der „zu vermutenden Assoziationen des Dichters", zum kaum entscheidbaren Zwist „Topos oder Erlebnis?" im allgemeinen und zu der Frage der lautmalerischen und

---

25   Carm. 1,22,13-15 *quale portentum neque militaris / Daunias latis alit aesculetis / nec Iubae tellus* ...
26   Carm. 3,5,9-11 *sub rege Marsus et Apulus, / anciliorum et nominis et togae / oblitus* ...
27   Carm. 1,28,3 *prope litus ... Matinum*; v. 25-27 ... *quodcumque minabitur Eurus / fluctibus Hesperiis, Venusinae / plectantur silvae te sospite,* ...
28   Einige Beispiele: a) carm. 1,31,3-8, der Dichter wünscht nicht: *opimae Sardiniae segetes feracis; aestuosae grata Calabriae armenta; (aurum et ebur Indicum); rura, quae Liris quieta mordet aqua taciturnus amnis.* b) carm. 1,33,15f. (Vergleich) *fretis acrior Hadriae / curvantis Calabros sinus.* c) epist. 1,11,7f. (Vergleich) *Gabiis desertior atque Fidenis vicus.* d) sat. 2,8,56 (Vergleich) *quantum non Aquilo Campanis excitat agris.* e) carm. 3,5,56 (Vergleich, Tarent). f) carm. 3,29,33-41 (Vergleich, Tiber). g) carm. 2,18,20 (Baiae als Inbegriff des Luxus). h) carm. 3,5,9-12 (vgl. Anm. 26). i) epod. 1,27f. (vgl. Anm. 15). j) epod. 2,41 (vgl. Anm. 13).
29   Bonjour, Terre, 241: „Chez Horace, c'est une véritable habitude de prendre comme éléments de référence et de comparaison les réalités de son pays natal."
30   So auch Troxler-Keller, Dichterlandschaft, 75: „Horaz spricht nur von Gegenden, die zu ihm und seinem Leben in einer inneren Beziehung stehen, ...".
31   Fraenkel, Horace, 3 (vgl. Anm. 4); Bonjour, Terre, 241: „Tout autant que dans la mythologie ou dans les ‚exempla' bien connus de la rhétorique, il puise dans un trésor d'images vivant dès l'infance dans son souvenir." (Zu ähnlichen Problemen bei Martial vgl. S. 181 mit Anm. 147).
32   Honig vom Hymettos: carm. 2,6,14f.
33   Carm. 2,9,2-4; vgl. epist. 2,1,202.

VI Horaz, Unteritalien und Venusia 77

metrischen Opportunität eines windgepeitschten „Garganus" im besonderen zu führen.

Für zwei unserer apulischen Bilder zeichnet sich dank weiterer Zeugnisse eine Lösung ab, und bei einem dritten liefert die Struktur des Gedichtes einen Hinweis:

Aufidus
Das Bild des reissenden Wassers für verheerende Gewalt hat Tradition.[34] Zweimal lässt Horaz die an sich namenlose[35] Flut zum reissenden Bergstrom seiner Heimat werden[36] – die Kommentatoren wissen das zu würdigen.[37] Einmal zieht er den Hochwasser führenden Tiber vor – die Interpreten schweigen sich aus. Die Willkür ist nur scheinbar: Einerseits erlaubt der zuweilen träge dahinfliessende Tiber dem Dichter, in carm. 3,29 das Schwanken des Schicksals in einem einzigen Bild darzustellen – Tiber bei Hoch- und Niedrigwasser –, andererseits erweist er dem stets wild tosenden Aufidus auch in zwei σφραγίς-artigen Selbstäusserungen (carm. 3,30,10; 4,9,1-4) seine Referenz und erhebt ihn zum eigentlichen Wahrzeichen der Heimat. Letzteres bestärkt die Vermutung, dass es im Grunde doch eine Art Verbundenheit mit der Heimat[38] war, die Horaz das Bild des reissenden Wassers zweimal durch den Namen des heimatlichen Gewässers individualisieren liess – dem Venusiner lag in diesen Fällen der heimatliche Aufidus wohl einfach näher als etwa ein transpadanischer „Ollius" oder ein etrurischer „Caecina".[39]

---

34 Für Belegstellen vgl. Syndikus, H.P., Die Lyrik des Horaz, Eine Interpretation der Oden, Bd. II, drittes und viertes Buch, Darmstadt 1973, 416.
35 Flut ohne Namen: carm. 4,2,5-8 *monte decurrens velut amnis, imbres / quem super notas adluere ripas, / fervet inmensusque ruit profundo / Pindarus ore, / ...*
36 Carm. 4,14,25-28 *sic tauriformis volvitur Aufidus / qui regna Dauni praefluit Apuli, / cum saevit horrendamque cultis / diluviem meditatur agris.*; sat. 1,1,56-58 (vgl. Anm. 19).
37 Arnaldi ad carm. 4,14,25-28: „... ricordo personale e paesano, di gusto schiettamente oraziano, che sembra attenuare l'audacia dell'immagine omerica (Il. 5,87-92) e avvertirci che quella era nella vita di Tiberio, come per l'Aufido della sua fanciulenza lontana, un momento di piena." Orelli ad sat. 1,1,54-59: „Aufidum violentem (Od. 3,30,10), longe sonantem (Od. 4,9,2), patrium flumen, libenter commemorat." Brown ad sat. 1,1,58: „a characteristically personal touch: the example chosen is a swift river which flows near Venusia, Horace's birthplace ...".
38 Carm. 3,30,10 *dicar, qua violens obstrepit Aufidus*; carm. 4,9,1-4 *Ne forte credas interitura quae / longe sonantem natus ad Aufidum / non ante volgatas per artis / verba loquor socianda chordis: / ...*
39 Ein solch naheliegendes Beispiel ist für Kiessling-Heinze auch carm. 3,16,26 (vgl. Anm. 14): „Apulien ist genannt keineswegs als besonders kornreiches Land – der Getreidebau spielte dort keine grosse Rolle und konnte sich z.B. mit dem etrurischen oder kampanischen an Ertrag nicht entfernt messen –, sondern weil es dem Apuler Horaz am nächsten liegt, sich, wenn er schon reich wäre, als Alleinbesitzer des Heimatbodens zu denken, von dem ein winziges Stück sein Eigentum einst gewesen ist." Williams, comm. ad loc., schliesst sich ihm an: „... chosen not because Apulia was famous for corn but because it was the poet's own homeland and its inhabitants were proverbial as hard workers." M.E. gehen Kiessling-Heinze und Williams in ihrer Interpretation zu weit. Carm. 3,16,26 spricht weniger von „Korn- und Getreidebau" als von Grossgrundbesitz. Dieser war in Apulien sehr verbreitet (Nissen, Ital. Landeskunde, I, 546: „Nach den hannibalischen Kriegen schlägt die Sklaven- und Weidewirt-

impiger, pernix Apulus / Daunias militaris

Das Bild des zähen, tüchtigen Apulers findet eine weitere Darstellung, wenn nicht gar Konkretisierung im „Bauernphilosophen" Ofellus, den Horaz als Knabe kennengelernt haben will.[40] Es erstaunt nicht, dass er dem zähen Bauerngeschlecht der Apuler besondere Kriegstüchtigkeit zugesteht.[41] Dass das Bild des „kriegerischen Daunien" nicht nur geschichtlichen Tatsachen – die Städte Apuliens richteten sich bis hin zum Bundesgenossenkrieg gerne gegen die römische Zentralmacht, wenn auch nicht mit derselben Hartnäckigkeit wie die Samniten –, sondern ebenso persönlichem Denken und Fühlen entspringt, zeigt sich in sat. 2,1,34-39.[42] Dort schreibt der Dichter sein angriffslustiges Temperament indirekt seiner Volkszugehörigkeit zu.[43] Der zähe, kriegerische apulische Bauer, wie ihn Horaz darstellt, kann geradezu als Muster altrömischer Tugend gelten. Es ist kein Zufall, dass in epod. 2,41 die Frau des tüchtigen Apulers nach der Sabinerin genannt wird. Die Sabinerberge waren Horaz zur zweiten Heimat geworden.[44] Der tüchtige, kriegerische Apuler musste fortan seinen Ruhm mit dem ebenso charakterisierten Sabiner[45] teilen. Während aber die Sittenstrenge der Sabiner allgemein, nicht zuletzt von den anderen Augusteern, stark hervorgehoben wird,[46] gesteht Horaz interessanterweise den Apulern als einziger in besonderem Masse Tüchtigkeit in Krieg und Frieden zu. Wie Cicero oder Plinius liegt ihm also daran, die moralische Integrität seiner Landsleute zu betonen,[47] wenn das aus naheliegenden Gründen auch nicht so di-

---

schaft des römischen Adels in Apulien ihren Sitz auf."). Diese unverbindlichere Interpretation wird durch den weiteren Verlauf des Gedichtes gestützt: Horaz wünscht auch nicht die Herrschaft über das fruchtbare Africa (v. 31), er besitzt keine Bienen in Kalabrien (v. 33), keine Weinberge in Formiae (v. 34) etc. (Leicht persönlich gestaltet ist aber die ähnliche Vergleichsreihe Mart. 7,88,5-8 *hoc ego maluerim, quam si mea carmina cantent / qui Nilum ex ipso protinus ore bibunt; / quam meus Hispano si me Tagus impleat auro, / pascat et Hybla meas, pascat Hymettos apes.*).

40   Sat. 2,2. Vgl. die Ausführungen S. 79-81.
41   a) Carm. 1,22,13f. *Daunias / militaris.* b) carm. 2,1,34f.: *... quod mare Dauniae / non decolavere caedes?* (Apuler in Synekdoche für die gesamte italische Kriegsmannschaft). c) carm. 3,5,9f. (vgl. Anm. 26). d) sat. 2,1,34-39 (vgl. Anm. 42 u. die Ausführungen S. 86f.). Das kriegerische Wesen seiner Landsleute wurde von Horaz eher überschätzt. Venusia e.g. sollte wohl eher die Samniten abhalten als Apuler und Lukaner (sat. 2,1,38f.). (So auch Nissen, Ital. Landeskunde, II,2, 828).
42   Sat. 2,1,34-40 *... sequor hunc, Lucanus an Apulus anceps; / nam Venusinus arat finem sub utrumque colonus, / missus ad hoc pulsis, vetus est ut fama, Sabellis, / quo ne per vacuum Romano incurreret hostis, / sive quod Apula gens seu quod Lucania bellum / incuteret violenta. sed hic stilus haud petet ultro / quemquam animantem et ...*
43   Vgl. die Ausführungen S. 86f.
44   Epist. 1,16,49 bezeichnet sich Horaz als *Sabellus.*
45   a) Carm. 3,6,37-39 *sed rusticorum mascula militum / proles, Sabellis docta ligonibus / versare glaebas et ...* b) epod. 2,41 *(pudica mulier) qualis Sabina, ...* c) carm. 3,4,21f. *arduos ... Sabinos.* d) epist. 2,1,25 *rigidis ... Sabinis.*
46   Vgl. Philipp, H., RE I A, „Sabini", 1583f.: Cic. rep. 3,40,46 *severissimi;* Vat. 36 *fortissimi;* Liv. 1,18,4 *disciplina tetrica et tristis;* Verg. Aen. 8,638 *Cures severi;* Prop. 2,32,47 *Sabini duri;* Ov. am. 2,4,15 *Sabina aspera, dura;* Iuv. 3,85,169; 6,164; 10,299; Stat. silv. 5,1,123, u.a.
47   Vgl. S. 42 u. 44 (Cicero); 212 (Plinius).

rekt zum Vorschein kommt wie in einer ciceronischen Gerichtsrede oder einem Empfehlungsschreiben des Comensers, ja dem Dichter selbst möglicherweise gar nicht so bewusst war.

apis Matina
In carm. 4,2,25-32 stellt Horaz in den Bildern von Schwan und Biene die mühelose Genialität der Dichtung Pindars, des *Dircaeus cycnus*, dem eigenen mühevollen und fleissigen Schaffen nach Art einer Matinerbiene (... *ego apis Matinae / more modoque* ...) entgegen. Die thebanische Heimat des „Schwans" wird durch das Adjektiv *Dircaeus* nach dem Flüsschen Δίρκη angedeutet. Das entsprechende Attribut der fleissigen Biene, *Matina*, steht parallel zu *Dircaeus* als Angabe der ungefähren Herkunft[48] des Horaz. Die Wahl einer Biene vom Matinus ist also kein Zufall.[49]

Neben den Bildern und Vergleichen finden wir eigentliche Erinnerungen an die Heimat oder zumindest das, was der Dichter als solche darstellt: die Schule in Venusia, wo Lehrer Flavius den grossmäuligen Söhnen (*magni pueri*) der damaligen Ortsnotabeln, der Zenturionen (*magnis e centurionibus orti*), um monatlich acht As Rechnen, Schreiben und Lesen beibrachte,[50] oder den Bauern Ofellus, der ohne Bitterkeit über den Verlust seiner Ländereien lebt, fleissig und mit wenigem zufrieden.[51]

Den Unterricht des Flavius lernte Horaz nie kennen. Die Ortsschule findet allein deswegen Erwähnung, weil er darstellt, wie liebevoll sein Vater (sat. 1,6,71 *macro pauper agello)* für ihn gesorgt hatte – und ihm eben eine bessere Ausbildung hatte zukommen lassen. Realistisch an dieser „Erinnerung" dürften sowohl der Name des Schulmeisters und das Schulgeld als auch die Schilderung der Machtverhältnisse in der Landstadt sein.

Die Erwähnung des Ofellus kann tatsächlich als eine Art „Hommage" an die Heimat gesehen werden. Horaz wählt keinen „quidam" zum Sprachrohr seiner Belehrung über wahren Reichtum, sondern allem Anschein nach einen Venusiner.[52]

---

48 Troxler-Keller, Dichterlandschaft, 154f.: „... im Namen ‚Matinae', der syntaktisch zwar zur Biene gehört, als Bezeichnung der Heimat des Horaz sich aber auf diesen bezieht, sind Dichter und Biene vereint."; Wili, W., Horaz und die augusteische Kultur, Basel 1948, 257: „Dort der dirkäische Schwan, hier die süditalische Biene."
49 Vgl. die S. 76 aufgeworfene Frage.
50 Sat. 1,6,71-75 ... *causa fuit pater his; qui macro pauper agello / noluit in Flavi ludum me mittere, magni / quo pueri magnis e centurionibus orti / laevo suspensi loculos tabulamque lacerto / ibant octonos referentes idibus aeris,* ...
51 Sat. 2,2.
52 Obwohl in sat. 2,2 nirgends die Rede davon ist, dass Ofellus aus Venusia stammte, wird das meist selbstverständlich angenommen, vgl.: Kiessling-Heinze, comm. ad sat. 2,2,112; Rudd, N., The Satires of Horace, Cambridge 1966, 171: „Venusian peasant"; Münzer, F., RE XVII, „Ofellus", 2043; Canter, H.V., Venusia and the Native Country of Horace, CJ 26,

Ob hinter dem Bauern eine authentische, eventuell mit einem sprechenden Pseudonym (*ofella*: Bisschen) versehene Person steht oder ob Horaz die Figur des „Ofellus" erfunden hat, lässt sich nicht mit letzter Sicherheit entscheiden. Die präzisen Angaben über die Lebensumstände des Bauernphilosophen (sat. 2,2,113f.;130-134) lassen es letztlich nicht als unmöglich erscheinen, dass bei aller dichterischen Gestaltung der Figur – wie hätte ein einfacher Bauer über die Verhältnisse in der römischen Lebegesellschaft so gut Bescheid wissen sollen (sat. 2,2,29ff.)? – doch mit der Erinnerung an eine Persönlichkeit zu rechnen ist, dass Horaz einen „Ofellus" gekannt hat (sat. 2,2,112f. *puer hunc ego parvus Ofellum ... novi ...*).[53] Es wäre wohl doch zu skeptisch anzunehmen, dass Horaz aus reiner Opportunität, ohne einen Gedanken an die Heimat zu verlieren, einen „ominösen" Bekannten aus Kindertagen anführt, um dem Leser seine Diatribe durch den Anschein des persönlich Erlebten näherzubringen. *Quo magis his credas, puer hunc ego parvus Ofellum ... novi ...* könnte ohne den Hinweis auf die Landenteignung[54] zwar geradezu als klassisches Beispiel entsprechender Bemühungen gelten. Horaz verliert nicht viele Worte über den Verlust des väterlichen Besitzes in Venusia.[55] Trotzdem lässt es sich nur schwer vorstellen, dass ein von den Enteignungen persönlich Betroffener ohne einen entsprechenden Anstoss aus der Realität eine Figur schafft, die ein solches Schicksal ohne die geringste Klage, und wäre es die „schöne" eines Meliboeus oder Moeris,[56] stoisch hinnimmt. Die Person ist meiner Ansicht nach entweder authentisch oder, wenn schon fiktiv, dann auf Grund persönlicher Erinnerung an das konkrete Schicksal einzelner Landsleute, an die Mentalität des *impiger Apulus* gestaltet. Gesteht man der Figur des Ofellus aber volle

---

1931, 439-56, 444; Wili, Horaz, 16. Zu begründen ist die Annahme durch sat. 2,2,112-114 ... *puer hunc ego parvus Ofellum / integris opibus novi non latius usum / quam nunc accisis*. Horaz will Ofellus als kleiner Junge gekannt haben (*puer parvus*) und spricht im übrigen von Ereignissen (*opibus accisis*; vgl. v. 130 u. 133f.: *... nos expulit ille ..., nunc ager Umbreni sub nomine, nuper Ofelli dictus*), wie sie nachweislich in Venusia geschahen (Zur Landenteignung in Venusia: epist. 2,2,50f. (vgl. Anm. 55) u. App. BC 4,3).

53 Rudd, Satires, 144: „At first sight it seems a suspiciously neat paradox that the virtues of frugality should be expounded by a man called Mr Titbit („ofella'), but when Horace steps forward in v. 112 with the words ‚puer hunc ego parvus Ofellum integris opibus novi non latius usum quam nunc accisis' and when we hear that Ofellus' farm has now been assigned to a veteran with the very specific name of Umbrenus, we begin to believe that we are dealing with a real person after all."

54 Sat. 2,2,112-114 ... *puer hunc ego parvus Ofellum / integris opibus novi non latius usum / quam nunc accisis.* (Vgl. Anm. 52, Schluss).

55 Nur eine kurze Notiz: epist. 2,2,50f. ... *inopem paterni et laris et fundi ...* Mit *fundus* dürfte (auch) der Besitz in Venusia gemeint sein. Fraenkel, Horace, 13: „The most probable, ..., meaning of these words is that he lost his father's town-house and farm during the expropriations of land to which Venusia with its territory was subject either in 43 B.C. or a few months after Philippi."

56 Vgl. Verg. ecl. 1 u. 9.

VI Horaz, Unteritalien und Venusia

Authentizität zu oder sieht sie als Träger konkreter Erinnerung an Venusiner Schicksale, so dürfte man aus *puer hunc ego parvus Ofellum / integris opibus novi non latius usum / quam nunc accisis* (sat. 2,2,112-114) darauf schliessen, dass Horaz den Kontakt zu seiner Geburtsheimat bis nach den Enteignungen nicht verloren hatte.[57]

Auf der Reise nach Brindisi (sat. 1,5) erblickt der Dichter kurz nach Benevent die vertrauten, vom Scirocco ausgedörrten Berge Apuliens:

> *incipit ex illo montis Apulia notos*
> *ostentare mihi, quos torret Atabulus et quos*
> *nunquam erepsemus, nisi ...*   (sat. 1,5,77-79)

Während diese Verse für die einen in wenigen Worten tiefstes Fühlen ohne einen Hauch von Sentimentalität zum Ausdruck bringen,[58] können andere ihre Enttäuschung über deren Knappheit nicht verbergen: „Noti monti, senza una nostalgica commozione, senza il sospiro di riverderli, senza un pensiero ... passano senzo un motivo dell'io, ...".[59] Für einmal kann den Enttäuschten geholfen werden: Horaz tadelt liebevolle Kleinmalerei am falschen Ort.[60] Das *iter Brundisinum* will nicht von landschaftlichen Reizen und kulturellen Sehenswürdigkeiten berichten, sondern zeigt den Maecenaskreis auf Reisen, schildert die Atmosphäre unter den Freunden, verweilt bei den alltäglichen Zwischenfällen einer solchen Reise.[61] Nostalgisches Schwelgen in Kindheitserlebnissen, ausladende Landschaftsbeschreibungen oder gar „sospiri"? *Non erat his locus ...*[62] Inhaltlich konsequent setzt Horaz den Akzent der Stelle auf das *nunquam erepsemus*, das Gefühl des scheinbar endlosen Dahinkriechens in der Weite der ausgedörrten Berge. Unter diesem Gesichtspunkt ist die Personifizierung der heimatlichen Region (*Apulia incipit*

---

57 So e.g. auch Kiessling-Heinze, comm. ad sat. 2,2,112: „... Horaz hat ihn (sc. ‚Ofellus') bei einem späteren Besuch der Heimat, der wohl nicht allzu lange vor Abfassung dieser Satire fällt, in den neuen Verhältnissen wiedergesehen." Wie lange nach den Enteignungen (vgl. Anm. 55) das *nunc* anzusetzen wäre, kann man nicht sagen; dieses liegt eben nicht zwingend so nahe am Entstehungsdatum von sat. 2,2, wie Kiessling-Heinze wollen.
58 Fraenkel, Horace, 109: „Intense feeling, without the slightest touch of sentimentality, is compressed into the apparent matter-of-fact statement ‚incipit ex illo montis Apulia notos ostentare mihi, quos torret Atabulus'. Carried away by the memories of his childhood, he does not mind calling the Scirocco by its local name."; Brown, comm. ad loc.: „familiar mountains ... Atabulus: both personal touches, indicating that Horace is now returning to the area of his birth."
59 De Grazia, P., Orazio Flacco, La sua terra natale, la sua famiglia, Archivio Storico per la Calabria e la Lucania 5, 1935, 1-20, 6. Ähnlich Wili, Horaz, 15: „Selbst im Brundusinischen Reisebrief meidet er, was mehr als Andeutung ist. Die Landschaft und ihre Schönheit verschweigt er."
60 Ars 14-23.
61 Vgl. Rudd, Satires, 61f.
62 Zu unpassender Kleinmalerei vgl. ars 19.

ostentare mihi) und das schlichte *montis notos* („wohlvertraute Berge") Zeichen persönlicher Verbindung genug. Die Schilderung der Örtlichkeit ist merklich persönlicher gehalten als die der übrigen Städte und Landschaften in sat. 1,5[63] – vorausgesetzt wir hindern uns nicht daran, dies wahrzunehmen, indem wir das durch seine Stellung am Versende und durch das Hyperbaton emphatisch herausgehobene *notus* mit einem farblosen „bekannt" (De Grazia: „noti monti") wiedergeben ...[64]

Betrachten wir schliesslich noch drei Strophen aus dem Musengedicht (carm. 3,4,9-20): Der kleine Horaz ist (seiner Amme Pullia?)[65] ausgerissen. Müde vom Spiel schlummert er, vom Schlaf übermannt, auf dem heimatlichen Voltur (*Volture in Apulo*) ein. Tauben bedecken ihn mit jungem Laub, Myrte und Lorbeer. Die Musen bewahren den Schlafenden vor den Gefahren der Wildnis (*ut tuto ab atris corpore viperis / dormirem et ursis, ...*); ein Wunder, das sich in der Nachbarschaft bis nach Forentum, Bantia und Aceruntia herumspricht.

Wieviel an Erleben steht hinter dieser mythischen Kindheitserzählung? Die Tatsache, dass Horaz in den Versen 25-28 tatsächlich durchlebte Gefahren (Schlacht von Philippi, ein stürzender Baum, Seenot) aufzählt, lässt hinter all dem Legendenhaften einen Kern wahren Erlebens vermuten. Wer das Biographische der Begebenheit nicht verlieren will, muss wohl mit Porphyrio vermuten, dass sich die *limina* (*Pulliae* (?)) in der Nähe des Voltur und nicht im ca. 23 Kilometer entfernten Venusia befanden.[66] Macht man diese Annahme nicht, so muss man mit Knoche sagen: „So weit wird das Kindchen wohl nicht ... fortgelaufen sein."[67] Betrachtet

---

63 Ein wenig bildlich ausgemalt ist lediglich die Lage Anxurs: sat. 1,5,25f. ... *subimus / inpositum saxis late candentibus Anxur*. Persönlich ist diese Schilderung aber nicht.

64 *notus* ist an dieser Stelle mit „vertraut" zu übersetzen. (Vgl. OLD, „notus" (5): „long known, accustomed, familiar").

65 Der Text von carm. 3,4,9 bietet Probleme (vgl. die Apparate v. Klingner, Shackleton Bailey): Das nahezu einhellig überlieferte *nutricis* sollte wohl gehalten werden. Schwieriger steht es mit dem Versende, wo die Hss. zwischen *limen Apuliae* und *limina Pulliae* gleichwertig auseinandergehen. Ersteres ist sicher falsch, da *Apuliae* nirgends mit kurzer Anfangssilbe überliefert ist und sich kaum mit dem fast gleichlautenden Versschluss in v. 8, *Apulo*, verträgt. Die Frage ist dann, ob *Pulliae* die Lösung bringt. Manchen Kennern schien im Gegensatz zu Kiessling-Heinze die namentliche Nennung einer „Amme" dem hohen Ton der Ode unangemessen. Shackleton Bailey ist in seiner Ausgabe bei *Pulliae* geblieben.

66 Porph. Hor. carm. 3,4,9*Vultur mons est in Apulia, ubi dicit se poeta educatum a nutric[ta]e nomine Apuliae, ...* Kiessling-Heinze, comm. ad loc.: „Das Kind ist, wie es scheint, zu einer Nährmutter aufs Land in Pflege getan worden"; Syndikus, Horaz, II, 56f., recht unbestimmt: „Natürlich wird die Gestalt der Amme Pullia und ein Jugendaufenthalt am Berge Voltur nicht gerade erfunden sein, ...".

67 Knoche, U., Erlebnis und dichterischer Ausdruck in der lateinischen Poesie, Gymnasium 65, 1958, 146-65, 161: „Wenn überhaupt, dann muss sich die Begebenheit ja bei Venusia zugetragen haben. ... Aber der Voltur ... ist etwa 25 km von Venusia entfernt: so weit wird das Kindchen wohl nicht von der Amme fortgelaufen sein."

VI Horaz, Unteritalien und Venusia

man auf einer Karte die Distanz der Landstädte, die vom Wunder erfahren haben wollen (v. 13-16), breitet sich vollends Ratlosigkeit aus:[68] Diese Städte werden offensichtlich nicht in Erinnerung an eine wahre Begebenheit, sondern als „Symbol" für die engere Heimat genannt. Und der Voltur? Ist er Schauplatz eines tatsächlichen Geschehens, oder steht er eben doch dreiundzwanzig Kilometer westlich vom Vaterhaus und ist, ebenso wie Forentum, Bantia und Aceruntia, Mittel, um die „poetische Wirklichkeit ‚Heimat'"[69] zu umreissen? Als zuverlässiger Zeuge einer biographischen Erinnerung bleibt schliesslich, insbesondere wenn man auch die Nennung der „Amme Pullia" bezweifen wollte, eigentlich – nichts. Ein der Erzählung vielleicht zu Grunde liegendes Kindheitserlebnis wird „gänzlich zerspielt" und bekommt eine „neue, poetische Identität".[70]

Letztlich ist es nicht „Heimatliebe" oder „romantische Erinnerung", die Horaz die Welt seiner Kindheit schildern lässt, sondern das Motiv, das er der Ode unterlegt hat: In einem ersten Teil (v. 9-36) kündet carm. 3,4 vom segenbringenden Wirken der Musen im Leben des Dichters. Die Kindheitslegende erzählt in Anlehnung an griechische Vorbilder vom Auserwähltsein des Dichters von Anfang an. Es ist daher gut möglich, wenn nicht gar wahrscheinlich, dass zumindest die drei Landstädtchen, vermutlich aber auch der Voltur, nicht als Schauplätze einer realen Begebenheit genannt werden, sondern „Heimat" durch ein Bild umschreiben. Die unscheinbaren Städtchen, die in offenem Gegensatz zu den illustren weiteren Lebensstationen (v. 21-24: (Sabinum), Praeneste, Tibur, Baiae) stehen, verleihen der Darstellung eine nostalgische Note.[71] Ist der Voltur aber nicht konkreter Schauplatz, so erhebt Horaz den malerischen erloschenen Vulkan hier zum zweiten Wahrzeichen der Heimat neben dem tosenden Aufidus.

---

68 Ungefähre Entfernung von Venusia (Luftlinie; nach Kiepert, H., Atlas antiquus, Zehn Karten zur Alten Geschichte, Berlin 1861, Karte 7): Voltur: 19 km; Bantia: 19,5 km; Aceruntia: 22,5 km; Forentum: 13 km. Die Bedenken gegenüber den geographischen Verhältnissen wurden vor allem von Wili, Horaz, 17, geäussert. Ihm folgte Knoche, Erlebnis.
69 Knoche, Erlebnis, 161: „Aber all das, was in der Wirklichkeit unserer Alltagswelt überhaupt nicht möglich ist, das packt hier der Dichter zusammen, um die poetische Wirklichkeit ‚Heimat' darzustellen: die tatsächlichen geographischen Dimensionen werden dem gegenüber ganz gleichgültig."
70 So Knoche, Erlebnis, 161.
71 Den Gegensatz zwischen der kleinen Welt der Heimat und den weiteren Lebensstationen des Dichters hat F. Klingner erfasst und herausgearbeitet. Klingner, F., Horazische Oden: Das Musengedicht (3,4), Antike 13, 1937, 1-19, zit. nach: Römische Geisteswelt, Stuttgart 1979 (= München 1965[5]), 376-94, 384: „Und es ist nun nicht mehr die unberühmte Kleinwelt hinter den Bergen, worin sich sein Leben bewegt, sondern es ist eigenes Haus und Land in den Sabinerbergen, und es sind Orte, die als Kostbarkeiten Italiens auch dem grossen Herrn begehrenswert vorschweben, ...". Über die Reihenfolge „Sabinum, Praeneste, Tibur, Baiae" vgl. ebd.

Eine weitere Möglichkeit, von der Heimat zu sprechen, ergab sich für Horaz in seinen Selbstdarstellungen. Die Antike hat den Namen des Dichters gerne mit dem seines Geburtsortes verbunden.[72] In dieser Tradition umschreibt Horaz die Dichtung des Simonides mit *Ceae Camenae* oder *Ceae munera neniae*[73], die des Ennius mit *Calabrae Pierides*[74], seine eigene Muse empfiehlt er dem Phoebus folglich als *Daunia Camena*[75]. Nennt er den Thebaner Pindar den „Schwan vom Fluss Δίρκη", so vergleicht er sich selbst mit der „Biene vom Matinus"[76]. In carm. 4,9 äussert er die Ansicht, dass das Lied des am fernhin brausenden Aufidus Geborenen[77] ebensowenig verblassen werde wie das der griechischen Lyriker vor dem Ruhm des Homer.

An diesen Stellen greift Horaz mit der Verbindung Dichter-Herkunft einen Topos auf, und wie immer in solchen Fällen – zumal wenn es sich nur um wenige Worte handelt – ist kaum zu erkennen, wieviel persönliches Engagement hinter derartigen Wendungen steht. An sich bemerkenswert ist vielleicht die Häufigkeit, mit der Horaz diese literarische Konvention aufgreift. Tibull schweigt über seine Heimat, und Catull erwähnt seine Geburtsheimat nie auf diese Weise, wohl aber Properz oder Ovid.[78]

In eine literarische Tradition eingebunden ist insbesondere die Selbstdarstellung des Dichters am Schluss oder zu Beginn eines Werkes, wozu manchmal die Erwähnung der familiären Herkunft gehört.[79] Da in solche umfangreicheren Darstellungen gewiss Eigenes, über das Topische Hinausgehendes einfliessen kann, verdienen diese Selbstdarstellungen unsere Aufmerksamkeit. Im Epilog zum dritten Buch der Oden preist Horaz seinen zu erwartenden ewigwährenden Ruhm und stellt sich als Sohn des wasserarmen Reiches des Daunus vor:

dicar, qua violens obstrepit Aufidus
et qua pauper aquae Daunus agrestium
regnavit populorum, ex humili potens

---

72 Vgl. dazu Kranz, W., Sphragis, Ichform und Namenssiegel als Eingangs- und Schlussmotiv antiker Dichtung, RhM 104, 1961, Heft 1: 3-46 (insbes. 25, 34f., 44), Heft 2: 97-124. Zur Typologie des Epilogs: Garbarino, G., Epiloghi properziani: le elegie di chiusura dei primi tre libri, in: Colloquium Propertianum tertium, Atti, Assisi 1983, 117-48 (insbes. 119f.).
73 Carm. 2,1,38; 4,9,7f. *Ceaeque ... Camenae*.
74 Carm. 4,8,20.
75 Carm. 4,6,26f. *Phoebe ... / Dauniae defende decus Camenae, ...*
76 Carm. 4,2,25-32. Vgl. S. 79.
77 Carm. 4,9,1-4 *Ne forte credas interitura quae / longe sonantem natus ad Aufidum / non ante volgatas per artis / verba loquor sociando chordis ...*
78 Vgl. Kapitel VII u. VIII.
79 Vgl. Anm. 72. Das Setzen eines Schlussiegels in einem Werk, das mehrere kleinere Gedichte enthält, ist ein Charakteristikum augusteischer Dichtung. (Zu möglichen hellenistischen Vorbildern vgl. von Wilamowitz-Moellendorff, U., Sappho und Simonides, Untersuchungen über griechische Lyriker, Berlin 1913, 298-301, u. Kranz, Sphragis, 101).

VI Horaz, Unteritalien und Venusia

princeps Aeolium carmen ad Italos
deduxisse modos ... (carm. 3,30,10-14)

Das hier entworfenen Bild der Heimat scheint auf den ersten Blick wenig Individualität zu besitzen. Es präsentiert sich uns nicht als die „entzückende Idylle", aus der jedermann mühelos „Liebe zur Heimat" und „Verbundenheit mit der Landschaft" herausliest. Mit dem Fluss und dem sagenhaften König wählt Horaz die wenig intime epische Art der Landschaftsbeschreibung und führt den gehobenen Ton der Ode (carm. 3,30,1f. *Exegi monumentum aere perennius / regalique situ Pyramidum altius, / quod non imber edax, non ...*) weiter. Das persönliche Moment fliesst fast unmerklich durch das Spannungsverhältnis zwischen der Sphäre der feierlichen Prozessionen zum Kapitol (v. 8f.), dem hehren Namen „Daunus" und der Bescheidenheit der Heimat ein. Obwohl *qua pauper aquae Daunus agrestium / regnavit populorum* als mythologischer Einschub gestaltet ist, wird deutlich, dass hier mit der „Wasserarmut" und „ländlicher Bevölkerung" nicht Grössen einer längst vergangenen Zeit, sondern stehende Attribute der apulischen Heimat genannt werden. Die bescheidene Heimat ist einerseits das, was Horaz durch seine Kunst überwunden hat – *ex humili potens* weist, obwohl es sich wohl konkret auf die familiäre Herkunft bezieht,[80] durch seine schillernde Zwischenstellung gewissermassen als „Echo" auf die vorher betonte Einfachheit der Heimat zurück – andererseits wird das ärmliche Daunien durch den Ruhm seines grossen Dichtersohnes eingereiht in die grosse Welt der Pyramiden und Roms.[81] Hinter dem getragenen Ton der Verse verspüren wir etwas von einem persönlichen Verhältnis zur Heimat – etwas, was wir beim durchaus vergleichbaren Dichterlob des Vergil (georg. 3,12-15) vermisst haben.[82]

Der Eindruck des Persönlichen, Intimen verstärkt sich noch, falls man die Relativsätze (*qua violens ... / et qua ...*) auf *dicar* bezieht und die Heimat wie etwa Fraenkel oder Williams zur besonderen Künderin des Ruhms werden lässt.[83] Dass

---

80 Anders sehen es Kiessling-Heinze, die die Relativsätze auf *ex humili potens* beziehen. M.E. meint Horaz mit *ex humili potens* in erster Linie die familiäre Herkunft, die er sonst so gerne hervorhebt (vgl. insbes. carm. 2,20,5f.; epist. 1,20,20; zur Familie vgl. auch Kap. II, Anm. 73).
81 Pöschl, V., Horazische Lyrik, Interpretationen, Heidelberg 1970, 261f.: „Dass unter den heiligen, grossen, feierlichen Namen der Ode auch der Aufidus stehen darf und der wasserarme Daunus, ..., das eben ist das Verdienst des Sängers Horaz, der auf seine Heimat solchen Glanz gesammelt hat."
82 Vgl. S. 71.
83 Fraenkel, Horace, 302, wandte sich vehement gegen Pseudo-Acrons *ordo est: ego potens ex humili princeps dicar deduxisse Aeolium carmen ad Italos modos, qua obstrepit violens Aufidus et qua ...* Vgl. Williams, comm. ad loc.: „... once again the poet returns to his own individuality in a striking way: the people of the obscure little town in which he was born will speak of his poetic achievement."

Horaz in einem Anflug von Rührung, die „arme daunische" Heimat zur besonderen Künderin seines Ruhmes erhebt, könnte man kulturhistorisch erklären,[84] es bleibt aber zumindest für seine Zeit einzigartig: Vergil, Properz, und Ovid beschränken sich darauf, die Heimat „passiv" als Empfängerin des Ruhms darzustellen und nicht „aktiv" als Künderin.[85] Erst in einem ganz bestimmten Epigramm Martials (1,61) scheint die Sache zu kippen, eindeutig bezeichnenderweise erst im Schlussvers: *nec me tacebit Bilbilis.* Nur lässt sich Mart. 1,61 – mag Martial Horaz noch so viel zu verdanken haben – eben nicht mit der Ode des Horaz vergleichen: Der „Kirchturmstandpunkt" ist bei Martial sozusagen im Gedicht angelegt, das Ziel des Epigramms, das für einen Landsmann verfasst wurde, ist die *germana patria*, ist Bilbilis; so ist der letzte Vers denn auch nur mit dem vorausgehenden zusammen in seinem Sinn zu erfassen: *te, Liciniane, gloriabitur nostra / nec me tacebit Bilbilis.* Im Sphragis-Gedicht des Horaz hingegen hat so etwas kaum Platz, zumal den Alten der Erfolg in der Heimat – da gewiss – nicht eigens erstrebenswert erschien (vgl. Cat. 95; Stat. silv. 5,3,141 *sin pronum vicisse domi* ...).[86] Der Einspruch gegen die Deutung Fraenkels – wie passt das „Intime" zum „Hehren" der gesamten Ode – der vor allem aufgrund kompositorischer Überlegungen und unter sprachlichem Gesichtspunkt erhoben wurde,[87] lässt sich wohl auch von da her stützen. Carm. 3,30,10-14 ist somit in die unmittelbare Nähe von carm. 4,9,1-4 zu rücken ... (*ne forte credas interitura quae / longe sonantem natus ad Aufidum / non ante volgatas per artis / verba loquor socianda chordis*).

In sat. 2,1,34-39 stellt sich Horaz als Apuler oder Lukaner vor und erzählt ein Stück Geschichte seiner Vaterstadt.[88] Diesmal handelt es sich um ein assoziatives Anführen der Geburtsheimat, weniger um eine eigentliche σφραγίς-artige Selbstdarstellung, obwohl der Gedanke des Selbstporträts in dieser ersten Satire des zweiten Buches sehr wohl fassbar ist.[89] Als einem Abkömmling kriegerischer Apuler oder Lukaner liegt Horaz, der als Satiriker aber höchstens mit dem Griffel

---

84   Syndikus, Horaz, II, 279: „Wenn Horaz in seiner Heimat einen besonderen Nachruhm erwartet, so erklärt sich das leicht daraus, dass man in der Antike gerade in kleinen Städten das Ansehen berühmter Mitbürger hochhielt."
85   Verg. georg. 3,12; Prop. 4,1,63f.; Ov. am. 3,15,7f.; Mart. 10,103: Die Heimat als „passive Empfängerin". Mart. 1,61: die Städte freuen sich ihrer berühmten Söhne und bewahren deren Andenken.
86   Vgl. S. 57 u. 123.
87   Etwa von Abel, K., Zu Horaz c. 3,30, RhM 105, 1962, 92f. Er weist insbesondere auch nach, dass „der römische Leser eher ein absolut gebrauchtes ‚dicar' erwartete als eines, das durch Agens, Objekt- oder Adverbialausdrücke ergänzt war" (Ortsergänzung nur Prop. 4,11,36).
88   Vgl. Anm. 42.
89   In diesem Zusammenhang ist darauf hinzuweisen, dass die Sphragis in älterer Zeit nicht selten am Anfang stand (dazu und zum bekanntesten Beispiel, der σφρηγίς des Theognis, vgl. Kranz, Sphragis, 23-26), vgl. etwa auch Prop. 4,1, Ov. am. 2,1.

zum Kampfe antreten mag (v. 39f.), das Kriegerische im Blut. Die Stelle erzählt weitaus mehr, als für die Begründung eines kämpferischen Naturells nötig ist, sie enthält eine richtige kleine Ortsgeschichte: Die Römer haben die in Venusia ursprünglich ansässigen Sabeller vertrieben und eine Kolonie errichtet, um vor Übergriffen der Apuler und Lukaner gefeit zu sein. Sat. 2,1 bestätigt, dass Horaz ganz gerne auf seine Heimat zu sprechen kommt, sobald es das Thema zulässt. Es ist darum kein Zufall, dass sich „Topoi" wie *Dauniae decus Camenae* gerade bei ihm häufen.[90] Dass der Dichter, der sich ansonsten immer mit Apulien in Verbindung bringt, nicht wissen will, ob er Apuler oder Lukaner ist, befremdet wenig. Mit dem „Lucanus" möchte er sich wohl nicht, wie Fraenkel meint, auf freundliche Art als Landsmann des Trebatius bekunden.[91] Eher wird hier eine echte Verlegenheit sichtbar. Herkunft und Volkszugehörigkeit verlieren sich für den Sohn eines Freigelassenen im Dunkeln. Da das auf apulischem Gebiet liegende Venusia seine Geburtsheimat war, bezeichnet er sich als Sohn Apuliens, obgleich die Nähe der Stadt zu Lukanien eine ursprünglich lukanische Stammeszugehörigkeit nicht ausschliesst.

VI. 2 SCHLUSSBEMERKUNGEN ZU „HORAZ, UNTERITALIEN UND VENUSIA"

In ihrer Untersuchung zur Dichterlandschaft des Horaz kommt Troxler-Keller zum ernüchternden Schluss, dass die Heimat bei ihm „nicht als Landschaft, sondern als Sinnbild seiner niederen, unbedeutenden Stellung" erscheine.[92] Diese Aussage scheint berechtigt, wenn wir uns insbesondere carm. 3,30 und carm. 3,4 vor Augen halten, in denen die bescheidene Herkunft, die relative Bedeutungslo-

---

90 Vgl. S. 84-86.
91 So Fraenkel, 146: „The birthplace of Trebatius was in all probability Velia in Lucania. ..., it seems not unlikely that one of his (sc. ‚Horace's') motives for stressing this point was his wish to suggest to Trebatius that he, Horace, considered himself his friend's ‚conterraneus'." (Idee kritiklos aufgenommen von Muecke, F., Horace, Satires II, with an Introduction, Translation and Commentary by F.M., Warminster 1993, comm. ad sat. 2,1,34).
92 Troxler-Keller, Dichterlandschaft, 75, Anm. 16: „Die Heimat erscheint in der Dichtung des Horaz nicht als Landschaft, sondern als Sinnbild seiner niederen, unbedeutenden Stellung." Ähnlich, aber weniger explizit: Wili, Horaz, 16: „Mit der Erinnerung vereinigt sich das Schicksal seiner eigenen Wandlung, aus einem Niedrigen ein Mächtiger geworden zu sein, ‚ex humili potens' (c. 3,30,12). Im seltenen Anspielen der Heimat verbindet sich also die weite Geste gültigen Sprechens mit eigenstem Persönlichem und mit stolzer Rückschau, die Heimat ist weniger schöpferische Kraft eines Werdenden, als Instrument eines Vollendeten ...".

sigkeit der apulischen Heimat eine gewisse Rolle spielt,[93] und zugleich das betrachten, was der Dichter in unvergesslichen, begeisterten Versen über sein Sabinergut, über Tibur und Tarent zu sagen hat. Denken wir aber eher an die Erinnerungen, an die Bilder und Vergleiche aus der Heimat – nicht mit grossen Worten umschrieben, dafür zahlreich – so verstehen wir auch, wie Eduard Fraenkel in seinem Horaz-Buch schreiben konnte: „Like many eminent Italians in all ages, Horace, in the midst of his success in Rome and the world at large, remains the devoted son of his native region."[94] Die Frage nach der Tiefe der Bindung des Dichters an seine Heimat entscheidet sich im Falle von Horaz an den Massstäben, die wir setzen wollen: Was ist letztlich stärker zu bewerten, das Fehlen einer „Ode an die Heimat" oder die zahlreichen, aber knappen Hinweise auf die Geburtsheimat?

Neben den begeisterten Versen über die landschaftlichen Reize des Sabinums, Tiburs oder Tarents weist das Fehlen ähnlich gearteter Äusserungen über seine Geburtsheimat unmissverständlich darauf hin, dass Venusia und „Daunien" für den reifen Horaz nicht mehr zu den Lebenswirklichkeiten gehörten, dass es ein „ferner Blick"[95] war, mit dem er auf sie sah. Andererseits zeigen die zahlreichen Bilder und Vergleiche aus der dortigen Region deutlich, dass ihm seine südliche Heimat stets gegenwärtig war – wobei er sich dessen möglicherweise gar nicht so sehr bewusst war, wenn er etwa einen reissenden Strom unwillkürlich zum „Aufidus" werden liess. Neben dem Bild des heimatlichen Flusses lag ihm insbesondere das des fleissigen, zähen Apulers nahe: Sie wurden ihm gleichsam zu festen Symbolen der Geburtsheimat. Wili weist deshalb mit Recht auf das im Grunde wenig Bewegte, symbolhaft Erstarrte der Bilder hin.[96]

Gewiss, in den Dichtungen des Horaz finden sich ebenso häufig Bilder seines übrigen Lebensumfeldes. Die Beharrlichkeit, mit der er auf seine daunische Herkunft zu sprechen kommt, das an Cicero gemahnende Hervorheben der *virtus* des

---

93 Vgl. S. 84f. Ob in diesem Zusammenhang, wie Wili, Horaz, 16, meint, auch carm. 4,9,1-4 *ne forte credas interitura quae / longe sonantem natus ad Aufidum / non ante volgatas per artis / verba loquor socianda chordis* zu nennen ist, scheint mir zweifelhaft. Es geht da, wie v. 5-12 zeigen, nicht um die Bescheidenheit der Heimat, die den Erfolg nicht schmälern wird, sondern um den Charakter der Dichtung: Auch die lyrische hat ihren Teil an der Unvergänglichkeit.

94 Fraenkel, Horace, 3. Ähnlich bereits Festa, N., Recordi lucani in Orazio, Il paesaggio e la vita esteriore, (presentazione di P. Fedeli), Venosa 1991² (zuerst 1920), 41f.: „... egli (sc. ‚Orazio') segue il vezzo comune dei poeti del tempo suo, che amano intrecciare nei loro canti, talvolta per accenni enimmatici, il nome della patria lontana. Ma in Orazio questi acenni sono più frequenti e meno fugaci, e sembrano attestare un affetto sincero, per quanto calmo, una devozione incancellabile, alla terra madre, ...".

95 Wili, Horaz, 18: „Ein ferner Blick ist es also, mit dem der reife Horaz die eigene Heimat sieht; ein fernes Wollen, das sich der Heimat wie eines Symbols bemächtigt – so wie die ‚Matinische Biene' Symbol werden sollte."

96 Vgl. Anm. 95.

heimatlichen Menschenschlages und nicht zuletzt die „kleine Stadtgeschichte" in sat. 2,1,34-39 zeigen aber doch deutlich, dass Horaz gerne und nicht ohne Stolz von seiner Heimat sprach.

In einem gewissen Sinne mochte ihm die Heimat, wie insbesondere carm. 3,30 zeigt, tatsächlich auch „Sinnbild der niederen Herkunft" gewesen sein.[97] Insgesamt scheint mir jedoch diese Art der Betrachtung keine beherrschende Stellung einzunehmen. Die Assoziation „Heimat – bescheidene Herkunft" ist in carm. 3,30 sehr dezent angetönt. Darüber hinaus wirft Horaz keineswegs einen Blick in verachtendem Zorn zurück – etwa in dem Sinne, dass er es den grossmäuligen Söhnen der Zenturionen schliesslich doch „bewiesen" habe. Vielmehr scheint ihn der Gedanke an die bescheidene örtliche Herkunft mit einem ebenso mit Zärtlichkeit vermischten Stolz erfüllt zu haben wie der an die familiäre. Einige Jahre später wird Ovid aus einer ähnlichen Stimmung heraus die räumliche Kleinheit seiner Vaterstadt betonen.[98]

---

97 Vgl. Anm. 92.
98 Ov. am. 3,15,11-14 *atque aliquis spectans hospes Sulmonis aquosi / moenia, quae campi iugera pauca tenent, / ‚quae tantum' dicet ‚potuistis ferre poetam, / quantulacumque estis, vos ego magna voco.'*

VII PROPERZ UND ASSISI *SI PERUSINA TIBI PATRIAE SUNT NOTA SEPULCRA ... PROXIMA SUPPOSITO CONTINGENS UMBRIA CAMPO ME GENUIT TERRIS FERTILIS UBERIBUS* (1,22,3 u. 9f.)

VII.1 DARSTELLUNG

Zum ersten Mal erwähnt Properz seine nähere Heimat in der σφραγίς des ersten Buches seiner Elegien. Auf die Frage nach seiner familiären Herkunft (1,22,1 *Qualis et unde genus, qui sint mihi, Tulle, Penates, ...*) antwortet er seltsam umständlich und scheinbar langatmig. Bereits im dritten Vers hebt er mit *si Perusina tibi patriae sunt nota sepulcra ...* zu einer Beantwortung an – aber erst im Schlussdistichon erfahren wir:

> *proxima supposito contingens Umbria campo*
> *me genuit terris fertilis uberibus.* (1,22,9f.)

Der Schlüssel zum Problem der Qualität der inneren Beziehung des Dichters zu seiner Geburtsheimat scheint in der eigenartig ausweichenden Beantwortung der schlichten Frage zu liegen. Wenden wir uns aber vorerst dem Schlussdistichon zu und versuchen herauszufinden, was Properz mit den umstrittenen Versen meint. Bei allem eifrigen Suchen nach einer inneren Verbundenheit mit der Heimat kann es letztlich nicht gleichgültig sein, worauf sich dieses Gefühl konkret bezieht, was Properz mit 1,22,9f. als „Heimat" anspricht. Aus diesem Grunde sei mir ein Exkurs zu den Problemen der Stelle gestattet:

Exkurs zu 1,22,9f.
Bezeichnet Properz in diesen Versen einfach das umbrische Gebiet in der Nachbarschaft von Perusia (Perugia) als Heimat, oder meint er ausschliesslich die weite umbrische Ebene, begrenzt durch das auf einer steil aufragenden Anhöhe gelegene Perusia im Nordwesten und die Abhänge des umbrischen Berglandes im Osten? Über die Genauigkeit der Ortsangabe herrschen Meinungsverschiedenheiten. Je nach Auffassung der Syntax des Verses 9 variiert die Angabe:

proxima:	a) partitiv. b) adverbial zu *contingens*. c) attributiv (≈ *quae finitima est*). d) sc. *supposito campo*.
supposito campo:[1]	E) Dativ zu *contingens*. F) adnominal. Abl. qual. zu *Umbria*.

---

* Für genaue bibliographische Angaben zu den im Folgenden nur gekürzt aufgeführten hauptsächlich verwendeten Textausgaben, Kommentaren und Übersetzungen vgl. Kap. XIV.2 (betrifft: Rothstein, Butler-Barber, Enk, Barber, Camps, D'Arbela, Helm, Butler, Richardson, Fedeli, Goold).

1 Postgate hat in seinem Apparat die Konjektur *suppositos campos* aufgeführt – und zwar offensichtlich nicht ohne Bedenken (Postgate, I.P., Corpus poetarum Latinorum, a se aliisque

G) Abl. instr. H) *supposito campo* (sc. ‚Perusiae'). I) *supposito campo* (sc. ‚montibus suis').

Interpret[2]	Syntax	Bedeutung, Eindruck
D'Arbela	. . c . . F . . I	Umbrien mit seiner Ebene
Boucher	. . c . E . . H .	Umbrien, das an die tieferliegenden Felder Perusias anstösst
Butler-Barber	. . . d E . . H .	Dort, wo Umbrien die unter Perusia liegende Ebene berührt („in a hill town", vgl. Anm. 6)
Camps	? ? ? ? ? . G . .	spricht von einem „Familiengut in der Ebene" (a?)
Elisei	a . . . . . G . .	Das nächstliegende Gebiet Umbriens, das mit seiner tieferliegenden Ebene an Perusia anstösst
Enk	. b . . . . G H .	Umbrien, das mit seiner tiefergelegenen Ebene anstösst

---

denuo recognitorum et brevi lectionum varietate instructorum edidit I.P.P., t. I., London 1905[2], 293, app. crit. ad loc. „an *suppositos – campos* ?"). Der Vorschlag wurde einzig von Goold übernommen. Er kann die Probleme der Stelle nicht beheben. Vgl. S. 93f. mit Anm. 8.

2 Rothstein, Butler-Barber, Enk, Barber, Camps, D'Arbela, Helm, Butler, Richardson, Fedeli: vgl. Bibliographie, Kap. XIV.2; Boucher, J.-P., Études sur Properce, Problèmes d'inspiration et d'art, Paris 1965, 108: „... tout près de là l'Ombrie qui touche à la plaine située au-dessous d'elle (sc. ‚de Pérouse') m'a donné le jour, l'Ombrie fertile avec ses terres fécondes."; Butler: „... where Umbria, rich in fertile lands, joins the wide plain that lies below, there was I born."; Elisei, R., La patria di Properzio, MC 8, 1938, 148-58, 154: „Dell'Umbria il vicin tratto, che col pian sottoposto li tocca, mi diè alla luce, fertile per ubertose terre."; Fedeli, comm. ad loc.: „... l'Umbria che, nei pressi di Perugia, la lambisce con le sue campagne poste sotto i monti ..."; Helm: „Umbrien, wo es zunächst mit seiner Niederung angrenzt, hat mich erzeugt, ein Land, reich durch sein fruchtbar Gefild."; Hertzberg, W.A.B., Sextus Aurelius Propertius, Elegien, im Versmass der Urschrift übertragen und durch Anmerkungen erläutert, Stuttgart 1838: „Umbrien, wo es zunächst an der niedrigen Flur sich erhebet, prangend mit fruchtbarer Au ..." (spricht sich 84 u. 400f. für Hispellum aus); Hodge, R.I.V., Buttimore, R.A., The Monobiblos of Propertius, An Account of the First Book of Propertius, consisting of a text, translation and a critical essay on each poem, Cambridge 1977: „Umbria's sheltered plain just bordering those hills bore me, a rich place with fertile ground."; Hubbard, M., Propertius, London 1974, 97: „Umbria bore me where it touches it at its nearest point in the plain below, a land rich in fertile fields."; Jakob, F., Binder, W., Sextus Aurelius Propertius, Elegien, deutsch im Versmasse der Urschrift, Berlin 1854[3]: „Umbrien, wo es zunächst auf ebene Fluren hinabschaut, hat mich geboren, das Land reich an ernährender Frucht." (165: Hispellum ...); Leo, F., Das Schlussgedicht des ersten Buches des Properz, Aus den Nachrichten der K. Gesellschaft der Wissenschaften zu Göttingen, phil.-hist. Klasse, 1898, 469-78, zit. nach: F. Leo, Ausgewählte kleine Schriften, ed. E. Fraenkel, Roma 1960, II, 169-78, 173); Luck, G., Properz und Tibull, Liebeselegien, lateinisch und deutsch, Zürich, Stuttgart 1969: „Dort, wo Umbriens reiches, fruchtbares Land an die tieferliegende Ebene anstösst, bin ich geboren."; Mahn, P., Die Gedichte des Properz mit einer Einleitung, deutsche Nachdichtung, Berlin 1918: „Das nahe Umbrien, mit tiefem Flusstal, an üppigen Auen reich, liess mich erstehn."; Putnam, M., Propertius 1,22, A Poet's Self-Definition, QUCC 23, 1976, 93-123 (schliesst sich Butler-Barber an); Stahl, H.-P., Propertius, ‚Love' and ‚War', Individual and State under Augustus, Berkeley, Los Angeles, London 1985, 99: „The land that borders (on Perusia) with its underlying plain, Umbria in closest neighbourhood, rich in fertile fields, has brought forth me."

Fedeli	. . c . . . G . I	Umbrien, das in der Nachbarschaft Perusias dieses mit seinen unter seinen Bergen gelegenen Feldern berührt
Helm	. b . . . . G . .	Umbrien, wo es zunächst mit seiner Niederung angrenzt ...
Hertzberg	. . . d	Umbrien, wo es zunächst mit seiner Niederung angrenzt ...
Hodge-Buttimore	Konstruktion unklar	Umbrien, wo es sich zunächst an der niedrigen Flur Perusias erhebt ...
Hubbard	Konstruktion unklar	Ü: „Umbria ... where it touches it at its nearest point in the plain below"
Jakob-Binder	. b I	Umbrien, wo es zunächst auf seine Fluren herabschaut
Leo	Paraphrase	P: „Unter Perusia dehnt sich eine weite Ebene, dort ..."
Luck	Konstruktion unklar	Dort, wo Umbrien an die tieferliegende Ebene anstösst
Mahn	. . c . . F . . .	Das nahe Umbrien, mit tiefem Flusstal ...
Putnam	. . c . E	= Butler-Barber
Richardson	? ? ? ? . . G . . (a?)	Familiengut in Assisis Feldmark
Rothstein	. b . . . F . . .	Umbrien mit seiner Ebene, das unmittelbar an Perusia anstösst
Stahl	. . c . . . G . .	Umbrien mit seiner Ebene, in unmittelbarer Nachbarschaft Perusias

Wird die Grenze zwischen Etrurien und Umbrien also mit geographischer Akribie gezogen oder gar die Lage der Vaterstadt Assisi[3] als Nahtstelle zwischen Ebene und Bergland beschrieben? Die zuletzt genannten Varianten gehen beide auf Übersetzungen wie „know then that where Umbria, rich in fertile lands, joins the wide plain that lies below (sc. ‚Perusia'), there was I born"[4] zurück. Nehmen wir nämlich an, mit „the wide plain" sei die gesamte Ebene gemeint, so würde die Lage Assisis am Abhang des umbrischen Berglandes vis-à-vis von Perusia beschrieben. Da der Grossteil der Ebene aber zu Umbrien gehört,[5] liegt die Auslegung der Übersetzung mit „dort, wo Umbrien an seine (eigene ...) tiefer als Perusia gelegene Ebene anstösst" kaum im Sinne der Interpreten, welche aber keine Vorkehrungen treffen, um diesem Missverständnis vorzubeugen – im Gegenteil![6]

---

3   Die Diskussion, ob Assisi wirklich die Vaterstadt des Properz sei, wird hier nicht nochmals aufgerollt, hat sich die Ansicht doch zu Recht allgemein durchgesetzt (vgl. insbes. Plin epist. 6,15,1 mit CIL XI, 5404 = ILS 2925): In 4,1,125 ist doch wohl mit Lachmann *Asisi* zu lesen (*Asis* Codd.), obwohl die Betonung des ital. „Assisi" für Länge des ersten i in *Asisium* spricht. Für eine eingehendere Darstellung verweise ich e.g auf Butler-Barber, XVIIIf. oder Schanz-Hosius, II, 149. Zur epigraphischen Bezeugung von *Propertii* vgl. S. 29, Anm. 68.

4   Nach Butler, Propertius 59; ähnlich Boucher, Hodge-Buttimore, Luck. Vgl. Anm. 2.

5   Die Grenze zwischen Etrurien und Umbrien verlief entlang dem Tiber. Wären hier nur die jenseits des Tibers gelegenen Felder als zu Perusia gehörig gedacht, wäre *supposito campo* zumindest nicht mit „the wide plain that ..." zu übersetzen. Es ist aber nicht auszuschliessen, dass Perusias Feldmark nicht auf das Gebiet am rechten Tiberufer beschränkt war. Vgl. Nissen, Landeskunde, II,1, 321: „Die hochragende Stadt ist in umbrischen Gauen weithin sichtbar. Dass der Tiber sie von diesen ausschliessen soll, beruht auf Willkür."

6   Butler, Propertius, 59, übersetzt „the wide plain", was eher nach der Ebene in ihrer Gesamtheit klingt als nach einem Teilstück, zudem wird in der Einleitung zum Kommentar von Butler-Barber, XVIII, der Geburtsort folgendermassen umrissen: „He was born in Umbria on

Wenn aber mit *supposito campo* nur der zur Feldmark Perusias gehörige Teil der Ebene gemeint ist,[5] müsste Properz bei seinen Lesern sehr gute Ortskenntnisse voraussetzen können.[7] Zudem sprechen sprachliche Gründe gegen eine Wiedergabe in diesem Sinne: *supposito campo* kann nicht als Dativ von *contingens* abhängen, wird *contingere* doch bis auf wenige Ausnahmen mit Akkusativ verbunden.[8] *Proxima* wiederum steht signifikant am Versanfang und hilft wohl eher, die Brücke zu den *Perusina sepulcra* zu schlagen – *contingens* allein wäre nach dem langen Einschub wohl zu schwach –, als dass es mit *supposito campo* zusammen gelesen werden sollte, wenn das auch nicht mit Sicherheit ausgeschlossen werden kann.[8]

Werden *supposito campo* instrumental[9] und *proxima* prädikativ[10] als Adverbiale zu *contingens* gezogen („Umbrien, wo es zunächst mit seiner Niederung (an Perusia) angrenzt, hat mich erzeugt"),[11] kann – wollte man das „wo" punktuell auslegen –[12] der Eindruck entstehen, Properz spreche direkt von der Ebene oder gar von einem bestimmten Ort darin. Eindeutig auf die Ebene weist das Distichon, wenn man *Umbria proxima* partitiv (= *pars proxima Umbriae*)[13] auffasst und gleichzeitig gedanklich mit *campus suppositus* gleichsetzt („der am nächsten liegende Teil Umbriens, der mit tiefer gelegenem Gebiet (an Perusia) angrenzt"). Dafür, dass *campus* „Ebene" bedeutet, spricht einiges: Zum einen grenzt ja tatsächlich die Ebene „unmittelbar" an Perusia, auf sie trifft *terris fertilis uberibus* im besonderen zu. Darüber hinaus wird die Ebene auch in 4,1 deutlich hervorge-

---

the verge of the plain lying beneath Perusia (I,XXII. 3-10: *si Perusina tibi patriae sunt nota sepulcra ... proxima supposito contingens Umbria campo / me genuit terris fertilis uberibus*) not far from Mevania and the Umbrian lake, in a hill town; ...". Dass die Verse zuweilen im genannten Sinne aufgefasst wurden, beweist die Übersetzung von Jakob-Binder (vgl. Anm. 2).

7 Das bereitet zumindest Hodge-Buttimore, Monobiblos, keine Probleme, nehmen sie doch an, Tullus stamme aus Perusia (ebd. 216). Letzteres ist ungewiss, und zudem stellt sich Properz ja nicht wirklich dem Tullus, sondern einer weiteren Leserschaft vor.

8 Der Gebrauch des Dativs ist nicht üblich, im ThlL IV, „contingo", 716,42-68 (Prop. 1,22,9: ebd. 1. 48f.) für die Bedeutung *finitimum esse* kaum nachzuweisen. (Zu greifen sind einzig Bibelstellen, wo es um das Berühren von Personen geht; vgl. ThlL IV, „contingo", 712,69). Butler-Barber, comm. ad loc, schreiben trotzdem ohne Zögern: „The dative, *supposito campo*, may equally well depend on *proxima* or *contingens*, either of which may serve to emphasize the other" (weitere Verfechter des Dativs: vgl. die Zusammenstellung oben im Text). Den sprachlichen – nicht aber den sachlichen – Problemen ist Goold durch die Aufnahme der Konjektur von Postgate (*suppositos campos*) ausgewichen (vgl. Anm. 2). Vgl. die Übersetzung von Goold: „... there neighbouring Umbria, bordering on the plains below, ...".

9 So doch ein Grossteil derer, die sich deutlicher zur Stelle äussern: Camps, Elisei, Enk, Fedeli, Helm, Richardson, Stahl (vgl. die Tabelle oben).

10 Hofmann-Szantyr, 172. So deutlich Enk, Helm, Jakob-Binder, Rothstein.

11 Übersetzung nach Helm. Vgl. Anm. 2.

12 Helm allerdings will sein „wo" keineswegs so eng ausgelegt wissen: Helm, Properz, 250 (Erläuterung zu 1,22): „Hier beschränkt sich der Dichter auf eine allgemeine Bestimmung seines Geburtslandes; IV 1,125 ist er genauer, wenn er Assisi nennt."

13 Hofmann-Szantyr, 161, § 95a. Eine partitive Auffassung lässt sich bei Hubbard, Propertius, 97, ausmachen: „Umbria bore me where it touches it at its nearest point in the plain below."

hoben: Da ist die Rede vom „in der Niederung neblig triefenden *Mevania* (Bevagna)",[14] vom „umbrischen See mit sommerlich lauem Wasser"[14] und vom „Stadthügel, der aus dem Tal ansteigt".[15] Es ist gut möglich, dass Properz das Licht der Welt nicht innerhalb der Mauern Assisis, sondern auf einem in der Ebene gelegenen Gut erblickt hatte – dort werden auch die in 4,1,29 erwähnten Stiere den Boden beackert haben.[16] Nur lässt sich das kaum so direkt aus 1,22,9 entnehmen, wie Camps[17] und Richardson[17] annehmen:[18] Gerade weil nur ein bestimmtes Verständnis des Distichons (s.o.) zum Ergebnis „Ebene" führt, darf bezweifelt werden, dass der Dichter hier seine Heimat wirklich so eng – nach Camps geradezu als „Geburtsort" („auf einem Familiengut in der Ebene")[19] – umreissen wollte. Die umbrische Ebene ist mit *supposito campo* direkt und mit *terris fertilis uberibus* von der Sache her unmissverständlich hervorgehoben. Trotzdem wird die Heimat in 1,22,9f. meines Erachtens nicht punktuell als „Geburtsort in der umbrischen Ebene" angegeben, sondern lediglich als „Umbrien, wo es zunächst mit seiner Niederung (an Perusia) angrenzt". Das Hauptgewicht der Aussage liegt auf „Umbrien" und der unmittelbaren Nachbarschaft zum unglücklichen Perusia, während *supposito campo* die Heimat wohl näher umschreibt, aber nicht unter ausdrücklichem Ausschluss des Abhanges des umbrischen Berglandes festschreibt.[20]

---

14 4,1,123f. *qua nebulosa cavo rorat Mevania campo, / et lacus aestivis intepet Umber aquis.*
15 4,1,65f. *scandentis quisquis cernit de vallibus arces, / ingenio muros aestimet ille meo!.* Die Frage, ob hier *arces* mit „Höhen", mit „Stadt" oder mit „Zinnen" wiederzugeben ist, lässt sich schwer entscheiden. Gegen die Übersetzung mit „Stadt" liesse sich einwenden, dass diese im Falle von Assisi nicht aus dem Tale ansteigt *(scandentis de vallibus arces)*. Die Stadt steigt zwar an (vgl. 4,1,125), aber nicht von der Talsohle. Sie bedeckt den oberen Teil des konischen Ausläufers des Monte Subasio gegen die Ebene hin, muss also von dort aus wie eine Art „Kappe" gewirkt haben (vgl. Anm. 34). Bezieht man, um dem Problem zu entgehen, *de vallibus* auf *cernit*, verkommt es zur überflüssigen Angabe, da der Anblick von der Ebene her der natürliche ist. Übersetzt man *arces* mit „Höhen", hat man in v. 66 plötzlich „Mauern" – was auch nicht befriedigt. Bei einer Übersetzung mit „Zinnen" oder „Burg" muss man sich fragen, wie man diese nach dem Talent des Dichters einschätzen soll *(ingenio muros aestimet ille meo)* ... Von der Sache her ist also im Grunde „Stadt" die angemessene Übersetzung (vgl. ThlL II, „arx", 739,63-740,30). Möglicherweise ist aber hier der Streit „Stadt" oder „Höhe" nicht zu entscheiden. Da *arx* beides heissen kann, ist auch die Vorstellung hinter *scandentis arces* möglicherweise eine doppelte: „Wer immer die Höhen (sc. ,mit der Stadt' ≈ ‚Stadthügel') erblickt ..." (vgl. Temperini, L., Assisi romana e medievale, Profilo storico-archeologico con 90 illustrazioni, Roma 1985, 19, zu einem Foto der Stadt aus dem Jahre 1858: „La città antica era raccolta nel centro e appariva come una poderosa fortezza.").
16 4,1,129 ... *tua cum multi versarent rura iuvenci.*
17 Camps, comm. ad loc.: „Propertius seems here to be saying that his birthplace was in the Umbrian plain, perhaps on a farm or estate."; Richardson, comm. ad loc.: „... but since Assisi was also a hill town, we must presume the familiy estates lay outside the town."
18 So auch Rothstein, comm. ad loc.: „... dass der Dichter selbst gerade in dem *campus suppositus* geboren ist, wird nirgends gesagt."
19 Vgl. Anm. 17.
20 So auch Helm. Vgl. Anm. 2.

Das unmittelbar Persönliche, das Eigene der σφραγίς findet sich, wie angedeutet, in dem zwischen den epigrammatischen[21] Anfangs- und Schlussversen stehenden Mittelstück (1,22,3-9). Nach Heimat und Herkunft befragt, verweist Properz auf das benachbarte Perusia, die düstere Grabstätte des mit einem schicksalhaften Hang zur Zwietracht (*Romana discordia*) behafteten „grossen" Vaterlandes (*Perusina patriae sepulcra, funera Italiae*),[22] um schliesslich sein eigenes, privates mit dieser Stadt verbundenes Leid in einer wie ein Stossseufzer wirkenden Parenthese zu beklagen: Ein lieber Verwandter, der – wie wir 1,21 entnehmen – auf dem Heimweg, nachdem er der unmittelbaren Kriegsgefahr bereits entronnen war, durch frevelhafte Hand gemeuchelt wurde,[23] liegt unbegraben, der „Staub" Etruriens (*pulvis Etrusca*) versagte ihm den letzten Dienst.[24] Die Todeslandschaft Perusias (*sepulcra, funera, pulvis*) hebt sich düster von der üppigen Fruchtbarkeit (*terris fertilis uberibus*) des heimatlichen Umbrien ab, drängt sich mit dumpf drohendem Gewicht in den Vordergrund des Gedichtes. Die Erinnerung an die fruchtbare Geburtsheimat ist fast gänzlich überschattet von der an das verhängnisvolle Schicksal Roms, das in Perusia einmal mehr seinen Blutzoll forderte, und untrennbar verbunden mit tiefem persönlichem Leid: Properz scheint nicht von seiner Heimat sprechen zu können, ohne über Perusia zu klagen. Die im Bürgerkrieg dem Erdboden gleichgemachte Nachbarstadt ist weit mehr als ein äusserer geographischer Orientierungspunkt für ortsunkundige Leser,[25] sie bestimmt das

---

21 Schön herausgearbeitet bei Schulz-Vanheyden, E., Properz und das griechische Epigramm, Diss. Münster 1969, 36. Er spricht von einem epigrammatischen „Rahmen", der mit persönlichem Inhalt gefüllt ist.
22 Hodge-Buttimore, Monobiblos, 216, meinen, hier sei mit *patria* die *germana patria* gemeint (ebenso Kirsopp-Lake, A., A Note on Propertius I,22, CPh 35, 1940, 297-300, zit. nach der dt. Übers. in: Properz, ed. W. Eisenhut, Darmstadt 1975, 36-40, 38; unentschieden Stahl, Propertius, ‚Love' and ‚War', 110 (Nach einer längeren Ausführung darüber, dass die „*funera rei publicae*" gemeint seien, versucht er die Synthese und trägt nach: „‚my country's graves at Perusia'; after all, the poet is supposed to answer about his own family's home district"). Die *germana patria* ist aber kaum gemeint, da es wenig sinnvoll wäre, von einer *patria* zu reden, die erst Verse später (v. 9f.) vorgestellt wird. Ebensowenig sehe ich in *funera Italiae* einen Hinweis auf „Italien", das durch die *Romana discordia* zugrunde gerichtet wurde. Ein Gegensatz „Italien – Rom" wäre zu einer Zeit, in der ganz Italien das römische Bürgerrecht besass, ein Anachronismus (so Tränkle, H., Properzio, Poeta dell'opposizione politica?, in: Colloquium Propertianum tertium, Atti, Assisi 1983, 149-62, 158f.).
23 1,21,7f. *Gallum per medios ereptum Caesaris ensis / effugere ignotas non potuisse manus.*
24 1,22,6-8 *(sic mihi praecipue, pulvis Etrusca dolor: / tu proiecta mei perpessa es membra propinqui, / tu nullo miseri contegis ossa solo).* Vgl. 1,21,9f.
25 Camps, 101: „Propertius brings it (sc. ‚Perusia') into the present poem simply because it was a famous place, as Asisium at that time was not, and so a reference to it would afford a generally intelligible way of indicating the area in which he was born."; Rothstein, 204f.: „Allgemein bekannt dagegen durch die traurigen Ereignisse, ..., war die Bergstadt Perusia, ..., die ... seiner Heimatstadt gegenüber liegt. Daher knüpft Properz die Schilderung seiner Heimat an Perusia an."

Verhältnis des Dichters auch auf einer inneren, seelischen Ebene: Seine Heimat, das ist das fruchtbare Umbrien, überschattet, ja beinahe „erdrückt" durch die unmittelbare Nachbarschaft der Grabstätte Perusia.

Die Dominanz der Ereignisse um Perusia in einem Gedicht, das von Heimat und Herkunft berichten soll, lässt manche Interpreten hinter 1,22 weniger das Kundtun persönlichen Schmerzes[26] als vielmehr eine Art politischen Zeugnisses sehen.[27] Dazu finde ich kaum Anlass: Weder vermag ich in *qualis* eine durch den Verweis auf Perusia beantwortete Frage nach der politischen Gesinnung erkennen,[28] noch glaube ich, dass Properz hier dem Freund Tullus das Schicksal einer Familie, die im Bürgerkrieg nicht wie die seine auf der richtigen Seite stand, mehr oder weniger taktvoll vor Augen führen will.[29] Für Interpretationen in diesem Sinne fehlen letztlich die Anhaltspunkte.[30]

---

26   Am deutlichsten bei Reitzenstein, E., Wirklichkeitsbild und Gefühlsentwicklung bei Properz, Leipzig 1936, 15: „Was enthält er (sc. ‚der Kern des Gedichtes')? Die in einem Crescendo gegebene Darstellung seines Seelenschmerzes beim Gedanken an die Heimat, also ein Gefühl, eine Empfindung in einer inneren Spannung und Bewegung, wie ich das als Aufgabe der Elegie für Properz aufstellte." Ebenso empfinden Schulz-Vanheyden, Properz und das griechische Epigramm, 36; Fedeli, 499; Rothstein, 206 (trotz der 204 geäusserten Ansicht … (vgl. Anm. 25)); Boucher, Études, 135: „Si l'on compare la mention de la guerre de Pérouse avec ce que Suétone nous dit de la littérature polémique anti-augustéenne (Aug. LV)…, il faut bien constater que la mention propertienne se présente comme personelle et non partisane."
27   Politische Auslegung u.a. bei: Putnam, Propertius 1,22, 99-123; Nethercut, W.R., The ΣΦΡΑΓΙΣ of the Monobiblos, AJPh 92, 1971, 464-72, 469: „We can not limit ourselves to the statement that the feelings behind the two elegies are purely personal and not in the least political."; Stahl, Propertius, ‚War' and ‚Love', 102-10 passim, 103: „… that the poem's notorious incongruity is due to an underlying but veiled political contrast, …"; Hodge-Buttimore, Monobiblos, 216-18; Birt, Th., Die Fünfzahl und die Properzchronologie, RhM 70, 1915, 253-314, 286: „… über das Leid, das ihm sein Fall (sc. ‚der Perusias') persönlich zugefügt hat, bekennt sich Properz als verkappter Gegner des Octavian; das ist seine Qualität." Zu Birt vgl. auch Anm. 28.
28   So Birt, Fünfzahl, 286: „*Qualis* bedeutet in diesem Falle … ‚von welcher Gesinnung.'" Gefragt wird wohl, wie mit dem folgenden *unde genus, qui sint mihi Penates*, nach der Herkunft im allgemeinen. Die Frage nach dem Namen wäre an dieser Stelle kaum sinnvoll. Ob mit *qualis genus* („Was für einer in bezug auf das Geschlecht?") jetzt nach der Nation, nach Rang und Ansehen der Familie gefragt wird, ist umstritten und letztlich kaum zu entscheiden. So auch Abel, W., Die Anredeform bei den römischen Elegikern, Untersuchungen zur literarischen Form, Berlin 1930, 32: „Die (noch dazu fingierte) Frage des Freundes Tullus, der den Dichter doch gut kennt, macht die Nennung von Properz' Namen unmöglich, und so blieb nur die Frage nach der Herkunft zu beantworten. Darum setzt auch Properz für das stereotype τίς ein ποῖος ein, dessen Beantwortung weder gewünscht noch beabsichtigt war."
29   So Hodge-Buttimore, Monobiblos, 215-18; Stahl, Propertius, ‚Love' and ‚War', 100-9, 109: „… elegy 1.22 may easily contain the message: ‚Tullus, my friend, do not press me to reveal family background to you. (In case you force me to answer, I would have to speak out that your and my families have fought on opposing sides and still today I cannot forget the harm done to us by your party …)".
30   Das muss sogar Stahl, Propertius, ‚Love' and ‚War', 108, eingestehen. Argumente gegen eine einseitig politische Interpretation von 1,22 bei Tränkle, Properzio, 158f.

VII Properz und Assisi

Ein weiteres Mal erwähnt der Dichter seine Heimat in 4,1. Die klagenden Töne sind gewichen: Umbrien, das Vaterland des römischen Kallimachos, soll stolz sein – und wer auch immer die aus den Tälern aufragenden Höhen erblickt, möge die Mauern einschätzen nach des Dichters Talent (v. 62-66).[31] Ruhm und Ehre will der Dichter der Heimat bringen und ihren Namen mit seinem Dichterruhm verbunden wissen. Gewiss, einige Verse weiter (v. 127ff.) ist die Rede vom frühen Tod des Vaters und der Einbusse eines Grossteils des Familiengutes durch die Äckerverteilung – das alles wird vom Astrologen Horos aber ohne tiefe Seelenregung, ohne spürbare Last drückender Erinnerung nach Art seines Berufsstandes eher sachlich mitgeteilt.

Von besonderem Interesse für unser Thema sind die Verse 121-126:

Umbria te notis antiqua Penatibus edit –
  mentior? an patriae tangitur ora tuae? –
qua nebulosa cavo rorat Mevania campo,
  et lacus aestivis intepet Umber aquis,
scandentisque Asisi consurgit vertice murus,
  murus ab ingenio notior ille tuo.

Wenige andere römische Autoren haben ihre Heimat so konkret-anschaulich geschildert.[32] Der Leser glaubt die Szenerie vor sich zu haben: in der Ebene das neblig-feuchte Mevania, einen lau in der Sommerhitze liegenden See[33] und schliesslich das auf einer Vornase des Monte Subasio thronende Assisi mit seinen treppenartig ansteigenden Häuserzeilen.[34] Die Schilderung ist äusserst bildhaft, spricht unmittelbar den Gesichtssinn an.

---

31 4,1,62-66 *mi folia ex hedera porrige Bacche, tua, / ut nostris tumefacta superbiat Umbria libris, / Umbria Romani patria Callimachi! / scandentis quisquis cernit de vallibus arces, / in- genio muros aestimet ille meo!*.
32 Zu nennen wäre Martial (vgl. S. 153f.) und für die Verhältnisse seines Arpinas auch Cicero (vgl. S. 34f.). Ov. am. 2,16 entbehrt zwar nicht der Anschaulichkeit, zeigt die Heimat aber auch als eine Art „Paradies" (das der Dichter freilich nicht geniessen kann ...). Vgl. Kap. VIII, passim, insbes. S. 103-9.
33 Der *lacus Umber* war schon unter Theoderich völlig entleert. Vgl. Nissen, Landeskunde I, 310; II,1, 395, mit Hinweis auf Cass. var. 2,21.
34 Die Stadt bedeckte den oberen Teil des konischen Ausläufers des Monte Subasio gegen die Ebene hin, muss also von dort wie eine Art „Kappe" gewirkt haben. Einerseits lag sie oben, auf einem Sporn (*vertex*), andererseits stieg sie in sich selber an (*scandens*: Die erhaltenen antiken Reste befinden sich zwischen ca. 370 und 470 m ü. M.). „Ansteigend" ist die Stadt noch heute, und da sie in der Antike weniger breit (Nord-Süd), dafür unter dem Gipfel in der Mitte zentriert war (Temperini, Assisi, 19 (vgl. Anm. 15)), muss dieser Eindruck damals eher noch stärker gewesen sein. Wenn D'Arbela 4,1,125 übersetzt „e sorgono sulla cima le mure dell'alta Assisi", so ist „alta" für *scandentis* eher farblos. Probleme bei der Übersetzung schafft evtl. auch *vertice*. Betrachtet man es als Abl. loc. (Camps: „on its hilltop"), so ergibt sich die Unannehmlichkeit, dass eigentlich keine Stadt auf einem *vertex* („höchster

Zeugt das anschaulich gestaltete Bild in seiner Art direkt von der Heimatverbundenheit des Dichters?[35] Detaillierte Schilderungen von Städten und oder gar Landschaften finden sich bei Properz recht selten. Neben die Verse über das heimatliche Umbrien treten als Ausnahme vor allem Schilderungen einzelner Örtlichkeiten der Wahlheimat Rom. In 4,1 etwa führt der Dichter einen Gastfreund durch die Stadt und verweist mit sachkundigem historischem Kommentar bald auf den Palatin, bald auf die casa Romuli oder Kurie. Obwohl er sich insbesondere im vierten Buch (etwa 4,2; 6; 9; 10) als stolzer Kenner der Hauptstadt ausweist, fehlt diesen Versen das anheimelnd Anschauliche. Palatin, Kurie, Tarpejischer Fels, Apollo-Tempel und Aventin erscheinen irgendwie lediglich als Anknüpfungspunkte für aitiologische Erzählungen. Letztlich lässt es sich aber schwerlich entscheiden, welche Beziehung Properz privat tatsächlich zu diesen Örtlichkeiten hatte.[36] Möglicherweise ergriff ihn beim Betrachten der gerade zu seiner Zeit neu aufstrahlenden Stadt tatsächlich eine Art frommen Schauers[37] – „wie gross doch heute ist, was früher so bescheiden und ärmlich war" ist der Grundtenor der Stadtführung in 4,1 – wenn wir dem Sänger der Liebe solche Töne auch weniger leicht zugestehen mögen als dem Nostalgiker Cicero.

Das Bild der Geburtsheimat in 4,1,121-126 präsentiert sich grundlegend anders als die historisierenden Ansichten Roms. Es zeigt eine Landschaft, beschrieben mit einem Hauch von Grandeur. Das Hehre, beinahe ein wenig Überhöhte der Beschreibung hat Rothstein insbesondere in der Darstellung der Vaterstadt (4,1,125 *scandentisque Asisi consurgit vertice murus*) wahrgenommen.[38] Es haf-

---

Punkt") liegen kann. Aus diesem Grund wird oft übersetzt: „... und aufsteigend zur Höh sich die Mauern Assisis erheben" (Helm). *Vertice* ist kaum Dativ der Richtung (Rothstein ad loc.), da ein Dativ auf *-e* bei Properz undenkbar ist. Möglich wäre bei ihm mitunter ein Abl. loc. in Verbindung mit einem Verbum der Bewegung (zu den sprachlichen Problemen: Tränkle, H., Die Sprachkunst des Properz und die Tradition der lateinischen Dichtersprache, Wiesbaden 1960, 41, Anm. 2). Persönlich plädiere ich aber für eine nicht allzu enge Auslegung des Begriffes *vertex* (*vertex* meint zuweilen einfach die ganze Anhöhe. Vgl. Georges, Haas-Kienzle: e.g. Cat. 64,1 *Peliaco quondam prognato vertice pinus*; Tib. 1,8,15; Verg. Aen. 5,759 u.a.) und würde eher übersetzen: „wo sich die Mauern Assisis treppenartig ansteigend auf einer Anhöhe erheben", zumal *scandens* und *vertex* zwei wichtige Merkmale der Stadttopographie ausdrücken: 1. die Stadt steigt nicht unmittelbar aus dem Tale auf, sondern liegt oben, an einem Sporn; 2. Assisi steigt in sich an.

35 Bonjour, Terre, 199: „Dans une oeuvre où ‚la campagne et le sentiment de la nature n'ont qu'une place bien secondaire', il consacre quelques vers au paysage ombrien, marque incontestable d'attachement à son pays, ..." (Bonjour folgt Boucher, 110f.).
36 Die Frage hängt mit der nach der Echtheit des Gefühls des Dichters in den patriotischen Aitia des vierten Buches zusammen.
37 So sagt er 4,1,57f.: *moenia namque pio coner disponere versu: / ei mihi, quod nostro est parvus in ore sonus!*.
38 Rothstein, comm. ad loc.: „Die malerische Beschreibung des Dichters gibt den Mauern der poetischen Wirkung zuliebe eine Höhe, die zu der Vorstellung der kleinen Stadt nicht recht passen will." (Vgl. ders., 204, comm. ad 1,22: „... die Worte *ingenio muros aestimet ille meo*

tet aber dem ganzen Bild an – man braucht nur an das „neblig-triefende Mevania" zu denken. Trotzdem bewahren die Verse wegen der getreuen, anschaulichen Schilderung landschaftlicher Einzelheiten den persönlichen Charakter und wirken zugleich als „idyllische Kleinmalerei". „Grandeur" einerseits, „Kleinmalerei" andererseits – eine in der Tat beunruhigend widersprüchliche Mischung ...

Indem Properz seinen bisherigen Lebenslauf Horos in den Mund legt, ist ihm dreierlei gelungen: Der Sterndeuter warnt den Dichter davor, die vom Schicksal bis anhin vorgezeichnete Bahn als Poet im Dienste der Venus zu verlassen, und formuliert so Bedenken, die Properz wohl selber im Stillen gegenüber seinen neuen dichterischen Plänen hegte. Die biographischen Angaben stützen zugleich die Glaubwürdigkeit des Astrologen und liefern überdies an prominenter Stelle (Buchanfang)[39] ein Porträt des Dichters. Sieht man hinter dem von Horos erzählten Lebenslauf einzig die Absicht der Selbstporträtierung, so ist man geneigt, die umbrische „Idylle" zum Nennwert zu nehmen und sie zum unmittelbaren Ausdruck der Heimatverbundenheit zu erklären. Erinnern wir uns hingegen daran, dass sich Horos durch sie Glaubwürdigkeit verschafft, dann müssen wir überlegen, ob nicht ein guter Teil der „Kleinmalerei" diesem Bedürfnis nach Legitimation zu verdanken ist und ob wir hier nicht eher die Stimme der Figur „Horos" vernehmen als unmittelbar die des Dichters. Da der Astrologe ein Freund grosser, wohlklingender Worte ist, wie etwa die Beschreibung seiner eigenen Herkunft zeigt,[40] würde auch der feine Hauch von „Grandeur" über den Versen 121-126 eine andere Erklärung als „Stolz auf die Heimat" finden.

Betrachten wir die Stellen 1,22,9f. und 4,1,65f., wo der Dichter unmittelbar selber spricht: Das Anschauliche geht auch diesen Versen nicht ab. Mühelos können wir uns anhand von 1,22,9f. die etwaige Lage der Heimat des Dichters vorstellen. Die typische Ansicht einer hoch über der Ebene thronenden Stadt am umbrischen Berghang entwirft der Dichter zunächst in 4,1,65f.,[41] bevor er sie

---

(IV 1,66) lassen ungefähr erkennen, wie er über die in Wirklichkeit nicht ganz unbedeutende Munizipalstadt dachte". Letzterer Deutung würde ich mich allerdings nicht anschliessen, vgl. Ov. am. 3,15,11-14, das von dieser Stelle abhängt (vgl. S. 110), und bestimmt nicht abschätzig gemeint ist.).

39 Vgl. e.g. Hor. sat. 2,1 (S. 86f. mit Anm. 89).
40 4,1,77f. *me creat Archytae suboles Babylonius Orops / Horon, et a proavo ducta Canone domus.*
41 Camps und Richardson nehmen an, Properz spreche hier nicht nur seine Vaterstadt, sondern ganz Umbrien mit seinen typischen Hügelstädten an (Camps, comm. ad loc.: „This describes the steep hills crowned by small towns or fortresses ... that are characteristic of the Umbrian landscape; it is to Umbria as a whole that Propertius here is hoping to bring honour, ..."). In der Tat liessen die Pluralia *arces* und *muros* auch diese Deutung zu, und da Properz den Namen seiner Vaterstadt verschweigt, gewinnt sie noch an Wahrscheinlichkeit. Es befriedigt nämlich wenig, zu behaupten, dieses Verschweigen geschehe nur um die Rede des Horos in 4,1,121-126 zu ermöglichen. Der signifikante Anklang der Stellen 4,1,65f. und 4,1,125f.

modifiziert und, durch den Namen Asisi lokalisiert, seiner Figur Horos zu eigen macht. So bildlich wie in 4,1,121-126 wirken die beiden Stellen aber nicht.

Es ist gewiss so, dass Properz die Bilder des vom Nebel verhangenen Mevania, des umbrischen Sees in der Sommerhitze und die Silhouette seiner Vaterstadt persönlich vertraut waren; das beweisen die anschaulichen Schilderungen zweifellos. Die Sprache, mit der diese Bilder der Heimat in 4,1,121-126 beschrieben werden, ist nach meinem Dafürhalten aber in einem gewissen Sinne die der Figur „Horos". Als Könner seiner Zunft beschwört der Astrologe zur Verwunderung seines Gegenübers die Bilder der umbrischen Heimat seltsam anschaulich und unheimlich wahrheitsgetreu herauf:

> „Das altehrwürdige Umbrien hat dich hervorgebracht, aus angesehenem Haus – lüg' ich, oder hab' ich heimatliches Gefild berührt? – dort, wo in der Niederung Mevania neblig taut, wo der umbrische See im Sommer lau daliegt und die Mauern Assisis sich treppenartig ansteigend auf einem Sporn erheben."[42]

Wie eine Vision steht das Bild der umbrischen Heimat jetzt vor dem geistigen Auge. Erst jetzt, nach dieser Einführung, ja „Einstimmung", blättert Horos die Lebensgeschichte des Properz verhältnismässig zügig Seite um Seite auf: den frühen Tod des Vaters, den Verlust des Familiengutes durch Landanweisungen, die frühe Berufung zum Dichter und die schicksalhafte Verfallenheit an Cynthia.

Die Verse über die umbrische Landschaft sind insofern Zeugen der Heimatverbundenheit, als Properz durch sie ihm wohlbekannte Bilder aufsteigen lässt. Ob man aus den Worten direkt auf die innersten Gefühle des Dichters schliessen darf, ist fraglich. Boucher und Bonjour sehen darin, dass Properz „in einem Werk, in dem die Landschaft und das Gefühl für die Natur nur eine recht zweitrangige Rolle spielen", der Landschaft der Heimat einige Verse widmet, den Erweis einer starken Gefühlsbindung.[43] Der maliziöse Einwand, dass sich am damaligen Assisi ausser den Reizen der Landschaft nicht viel hervorheben liess, liegt einem unmittelbar auf der Zunge, sollte aber trotz einer gewissen Berechtigung besser nicht zu sehr in den Vordergrund gerückt werden; immerhin

---

(4,1,65f. *scandentis quisquis cernit de vallibus arces / ingenio muros aestimet ille meo!*; 4,1,125f. *scandentis Asisi consurgit vertice murus, / murus ab ingenio notior ille tuo* und die Tatsache, dass in 4,1,65 das Anführen der Vaterstadt als besondere Trägerin des Ruhms am natürlichsten erscheint, lassen aber doch annehmen, dass Properz bereits in 4,1,65 die Vaterstadt vorschwebt. (So auch Helm, Rothstein, D'Arbela, Boucher, Bonjour).

42 Zur Übersetzung von 4,1,125 vgl. Anm. 34.
43 Vgl. Anm. 35.

mag es nicht nur Zufall sein, dass Properz als Jäger in 2,19,23-26 gerade am heimatlichen Clitumnus jagen will,[44] und möglicherweise haben eher persönliche Motive als die Nachfolge Vergils die Aufnahme des umbrischen Flusses in das „Lob Italiens" veranlasst (3,22,23f.).[45] Im Falle von 4,1,121-126 lässt sich allerdings dieses „sentiment de la nature"[46] doch nicht so deutlich erweisen, wie wir das gerne hätten: Das ungemein Anschauliche, Detaillierte und ein wenig Überhöhte der Schilderung sollten wir gar eher dem Talent des Dichters, sich in die Rolle des Wahrsagers zu versetzen, als seiner „Heimatliebe" als solcher zuschreiben.

---

44 2,19,23-26 *haec igitur mihi sit lepores audacia mollis / excipere et structo figere avem calamo, / qua formosa suo Clitumnus flumina luco / integit, et niveos abluit unda boves.*
45 3,22,23f. *hic Anio Tiburne fluis, Clitumnus ab Umbro / tramite, et aeternum Marcius umor opus.* Die auch bei Vergil (georg. 2,146-148) gepriesenen Quellen des Clitumnus galten im Altertum weithin als Naturwunder (Plin. epist. 8,8). Möglicherweise hatte Properz aber eine persönliche Beziehung zu diesem Fluss, der nicht weit entfernt von Assisi in den Tinia (Timia) mündet. Vgl. Richardson ad 2,19,25: „P. may be given a special fondness for the place, since it is not far from his birthplace." Rothstein ad 3,22,23: „Von den Flüssen nennt Properz neben dem durch seine Fälle berühmten Anio nur den Fluss seiner Heimat, ...".
46 Vgl. Anm. 35.

VII.2 Schlussbemerkungen zu „Properz und Assisi"

Fällt bei Horaz vor allem die Fülle unerwarteter Anspielungen auf seine Heimat auf, so beeindruckt Properz durch Dichte, die Intensität des Gefühls und der Vorstellung in seinen beiden Zeugnissen. Er erwähnt sein Umbrien dort, wo wir es am ehesten erwarten: in einem Schlussgedicht (1,22) und in einer Art Autobiographie zu Beginn eines Buches (4,1). Trotzdem wird niemand behaupten wollen, hier werde mehr oder weniger ohne innere Teilnahme eine literarische Konvention erfüllt. Die eindrücklich anschauliche Schilderung der heimatlichen Gegend lässt keinen Zweifel darüber aufkommen, dass Properz von Vertrautem spricht. Der Anblick der Ebene, die Silhouette der Vaterstadt hatten sich ihm tief eingeprägt. Die Schilderung der Landschaft in 4,1,121-126 verdanken wir aber, wie ich darzustellen versuchte, wohl nicht so eindeutig liebevoll romantisierender Erinnerung, wie wir das gerne hätten: Zu stark spricht der Dichter durch seine Figur Horos.

In 1,22 beeindruckt das Beklemmende, die Tatsache, dass Properz auch Jahre nach den schlimmen Ereignissen im benachbarten Perusia[47] nicht ohne grosse Betroffenheit an seine Heimat denken kann. Dass in 4,1 kaum eine Spur dieses Gefühls mehr wahrzunehmen ist, könnte erstaunen. Vielleicht vermochte die Zeit die Wunden doch zu heilen,[48] und wir sind Zeugen einer inneren Entwicklung. Denkbar sind aber auch kompositorische Gründe: Langes Wehklagen und das Bekunden unsäglichen Schmerzes über das Schicksal der Heimat würde nicht recht in den Mund des Astrologen passen, hätte den Rahmen von 4,1 gesprengt. Das kurze, unverbindliche ... *et in tenuis cogeris ipse lares: / nam tua cum multi versarent rura iuvenci, / abstulit excultas pertica tristis opes* (4,1,128-130) fügt sich hingegen problemlos ein. Der Schmerz kommt allenfalls ganz leise durch *tristis* zum Ausdruck.

Persönlich würde ich letztlich doch vor allem ein gewisses Mass an innerer Verarbeitung der Schrecknisse um Perusia annehmen: Das macht ein Sprechen wie in 4,1,128-130 erst möglich.

---

47 Properz war zur Zeit der Ereignisse in Perusia (41/40 v. Chr.) zwischen neun und vierzehn Jahre alt, sein erstes Buch wurde 29 oder 28 publiziert. Zwischen den Ereignissen und ihrer dichterischen Verarbeitung liegen also mehr als zehn Jahre.

48 Das vierte Buch wurde 15 v. Chr. publiziert, die Ereignisse um Perusia lagen mittlerweile beinahe fünfundzwanzig Jahre zurück, und die Zeit des Augusteischen Friedens hatte begonnen.

VIII   OVID UND SULMO *SULMO MIHI PATRIA EST, GELIDIS UBERRIMUS UNDIS ...* (trist. 4,10,3)

VIII.1   DARSTELLUNG

„Wasserreichtum" und „erfrischende Kühle" sind für Ovid die Charakteristika seiner paelignischen Heimat schlechthin[1] – sie gehören für ihn so selbstverständlich zum Paelignerland wie „Fluss und Grün" zum Mantua des Vergil.[2] Horaz nennt das von den Gipfeln des Hochappennins eingeschlossene Gebiet der Paeligner als Inbegriff grimmiger Kälte,[3] Ovid mag den strengen Winter seiner Geburtsheimat bestenfalls andeuten.[4] Lieber zeichnet er das Bild einer willkommenen Sommerfrische: Gesund ist es im heimatlichen Sulmo;[5] auch bei brütender Sommerhitze gibt es kühles Nass im Überfluss, üppiges Grün, und ein angenehm erfrischender Luftzug streicht durch das Laub der Bäume.[6] Wer erinnerte sich

---

*   Für genaue bibliographische Angaben zu den im Folgenden nur gekürzt aufgeführten hauptsächlich verwendeten Textausgaben, Kommentaren und Übersetzungen vgl. Kap. XIV.2 (betrifft: Brandt, Munari, Kenney, Lenz, Marg-Harder, Owen, Willige-Luck, Frazer, Bömer, Gerlach, Alton-Wormell-Courtney).

1   a) Am. 2,1,1 *Hoc quoque composui Paelignis natus aquosis / ille ego nequitiae Naso poeta meae.* b) am. 2,16: vgl. die Ausführungen S. 105-9. c) am. 3,15,11f. *... Sulmonis aquosis / moenia ...* d) fast. 4,81 *... Sulmonis gelidi ...* e) fast. 4,685f. *hac ego Paelignos, natalia rura petebam / parva, sed assiduis obvia semper aquis.* f) trist. 4,10,3 *Sulmo mihi patria est, gelidus uberrimus undis.* Weggelassen wurde das Bild lediglich in den Andeutungen: g) trist. 4,8,10 (vgl. Anm. 12). h) Pont. 1,8,41f. *non meus amissos animus desiderat agros, / ruraque Paeligno conspicienda solo.* i) Pont. 4,14,49f. *gens mea Paeligni regioque domestica Sulmo / non potuit nostris lenior esse malis.*

2   Vergil: Vgl. S. 62. Das Stereotype der Assoziation fiel auch Wilkinson, L.P., Ovid Recalled, Cambridge 1955, 1, Anm. 1, auf: „The unfailing water and greenness were what remained in Ovid's memory. He recalls them quite irrelevantly at F. IV, 686, for instance."

3   Hor. carm. 3,19,8 *Paelignis caream frigoribus*; vgl. Sil. 8,509f. *coniungitur acer ... / Paelignus, gelidoque rapit Sulmone cohortes.*

4   „Kalt" wird die Heimat nur in fast. 4,81 *Sulmonis gelidi* genannt. Sonst ist lediglich von „kalten Fluten" und „kühlendem Hauch" (am. 2,16,36 (in 2,16 wird eigentlich passim die positive „Kühle" der Heimat betont); trist. 4,10,3) die Rede, Formulierungen, die positive Vorstellungen wachrufen.

5   Am. 2,16,1f. *Pars me Sulmo tenet Paeligni tertia ruris, / parva, sed irriguis ora salubris aquis*; am. 2,16,37 *non ego Paelignos videor celebrare salubres.*

6   a) Am. 2,16,1-10 *Pars me Sulmo tenet Paeligni tertia ruris, / parva, sed irriguis ora salubris aquis. / sol licet admoto tellurem sidere findat / et micet Icarii stella proterva canis, / arva pererrantur Paeligna liquentibus undis, / et viret in tenero fertilis herba solo. / terra ferax Cereris multoque feracior uvis, / dat quoque baciferam Pallada rarus ager, / perque resurgentes rivis labentibus herbas / gramineus madidam caespes obumbrat humum.* b) am. 2,16,34-38 *me teneant, quamvis amnibus arva natent / et vocet in rivos currentem rusticus undam, / frigidaque arboreas mulceat aura comas, / non ego Paelignos videor celebrare salubres, / non ego natalem, rura paterna, locum.*

nicht an die kühlen Flüsse, die schlanken Pappeln und grünenden Ufer auf Ciceros Arpinas?[7] Ovid, der sich in seiner Verbannung am Schwarzen Meer bitter über die dortige Kälte beklagte, mag dem Klima seiner engeren Heimat offenbar nur Positives abgewinnen ...[8]

Falerii, die Vaterstadt seiner Frau, war dem Dichter nicht fremd,[9] und seine eigene Geburtsheimat besuchte er offenbar regelmässig.[10] Wie Cicero und später Plinius[11] riefen Ovid einerseits die Verpflichtungen als Gutsherr,[12] andererseits die Suche nach Erholung[13] auf die *rura paterna* zurück. Sulmo, das war für ihn, ebenso wie die Gärten am Rande Roms, *rus* (Land)[14] – im Gegensatz zur Stadt. Die neunzig Meilen Wegs,[15] gebirgig und gewunden,[16] waren dem Dichter vertraut: Regelmässig pflegte er in Carseoli bei demselben Gastfreund einzukehren.[17] Wir dürfen wohl annehmen, dass er die Reise mit Vorliebe im Hochsommer unternommen hat.[18]

---

7 Vgl. die Ausführungen S. 33f.
8 Offener berichtet Martial über die grimmigen Winter der Heimat, das „Eingeständnis" war in seinem Falle allerdings einfach. Vgl. dazu S. 154.
9 Am. 3,13,1f. *Cum mihi pomiferis coniunx foret orta Faliscis, / moenia contigimus victa, Camille, tibi.*
10 Fast. 4,685-687 *hac ego Paelignos, natalia rura petebam, / parva, sed assiduis obvia semper aquis. / hospitis antiqui solitas intravimus aedes.* (*solitas* lässt auf Gewohnheit schliessen).
11 Cicero: vgl. Kap. III, Anm. 96b. Plinius: vgl. S. 197f.
12 Ovid als Gutsherr: trist. 4,8,9f. *et parvam celebrare domum veteresque Penates / et quae nunc domino rura paterna carent*; Pont. 1,8,41f. *non meos amissos animus desiderat agros, / ruraque Paeligno conspicienda solo.*
13 Sulmo als Ort der Erholung: am. 2,16 u. Pont. 1,8,41f.
14 Besnier, M., Sulmo, Patrie d'Ovide, in: Mélanges Boissier, ed. A. Fontemoing, Paris 1903, 57-63, 61: „Le mot *rus* revient sans cesse dans les vers qu'Ovide a consacré au pays des Péligniens." (am. 2,16,1 u. 38, 3,15,3; fast. 4,685; Pont. 1,8,42).
15 Trist. 4,10,3f. *Sulmo mihi patria est gelidis uberrimus undis, / milia qui novies distat ab urbe decem.*
16 Nicht umsonst befiehlt Ovid dem Weg, auf dem er das Kommen der Geliebten erwartet: *at vos, qua veniet, tumidi subsidite montes / et faciles curvis vallibus este viae* (am. 2,16,51f.).
17 Fast. 4,685-687. Vgl. Anm. 10.
18 Marg-Harder, comm. ad am. 2,16: „Vom väterlichen Gut, zu dem Ovid oft im Sommer gefahren sein mag, ...". Wie Luck, comm. ad trist. 4,10,3 dazu kommt zu behaupten: „Es gab (sc. ‚in Sulmo') Heilbäder, Gelegenheiten zu Milchkuren, zum Spazierengehen, Jagen usw., und viele Stadtrömer scheinen dort die Sommerfrische gesucht zu haben", ist mir rätselhaft, da es dafür keinerlei Anhaltspunkte gibt (vgl. etwa die sorgfältige Thèse von Besnier (Besnier, M., De regione Paelignorum, Paris 1902). M. Hofmann, der in seinem RE-Artikel „Paeligni" (RE XVIII, 2261) ebenfalls von „Fremdenverkehr" spricht, führt als „Erweis" folgende Punkte an: 1. die Mode der Kaltwasserkuren unter Augustus. 2. die Tatsache, dass Ovid seine Heimat wegen der kalten Wasser rühmt und sie „gesund" nennt (am. 2,16,2 u. 37; fast. 4,81f.). 3. die bei Plin. nat. 24,28 empfohlenen Milchkuren. 4. die Thermen in Corfinium. Die Argumente halten einer näheren Prüfung nicht stand: Auch Cicero rühmte die Gesundheit der Heimat und ihre kalten Flüsse, Thermen gab es mancherorts, „Milch-" und „Kaltwasserkuren" im Paelignerland sind nirgends belegt (Plin. nat. 24,28 spricht von Milchkuren im allgemeinen, ohne Ortsangabe). Sein Neffe schickte seinen lungenkranken Freige-

In dieser Annahme bestärkt uns vor allem am. 2,16, wo Sulmo in besonderem Masse als paradiesische Sommerfrische beschrieben wird: Auch während der Hundstage durchfluten die Fluren klare Wasser, die der paelignische Landmann dann auf seine Felder leitet. Auf weichem Boden grünt üppiges Kraut, Korn und Reben gedeihen auf das prächtigste, daneben finden sich vereinzelt auch Ölbäume. Ein Rasenteppich beschattet die feuchte Erde, und ein kühler Luftzug streicht durch das Blattwerk der Bäume (am. 2,16,1-10; 33-36):[19] Ein stimmungsvolles, beschauliches Bild.

Ovid aber leidet und fühlt sich in der Heimat als Gefangener.[20] Sein „Feuer" oder das, was in ihm Gluten entfacht, seine Geliebte, weilt im fernen Rom und lässt den von Amor entflammten Dichter allein.[21] Ein scharfes *at* (v. 11) – Lenz spricht von einem „Fanfarenstoss" –[22] trennt die Idylle der Aussenwelt von der Innenwelt: da behagliche Kühle – dort verzehrende Glut. Ovid hat auf diesen Gegensatz hingearbeitet. In den Versen zwei bis sechs streicht er den Wasserreichtum der Heimat heraus und wendet sich dann (v. 7-10) der Fruchtbarkeit des Landes zu, wobei er im letzten Distichon unmittelbar vor dem „feurigen" at meus *ignis* abest – verbo peccavimus uno: quae movet *ardores* est procul; *ardor adest* die Rede nochmals geschickt auf Kühle und Schatten lenkt (v. 9f.). Die Landschaft scheint als kühles Paradies beschrieben, um die Hitze der Leidenschaft hervorzuheben. Wo bleibt neben so viel künstlerischem Wollen, ja beinahe rhetorischem Gespür für das rechte Wort am rechten Platz das wahre Empfinden für die Landschaft der Heimat? G. Highet meint, Ovid schreibe „freundlich, wenn nicht grosszügig" über die ländliche Heimat, habe sie aber nicht sonderlich gut gekannt.[23] Dieser Eindruck bestätigt sich, wenn wir am. 2,16 die geographischen Realitäten entgegenhalten: kein Wort über die wilde

---

lassenen nach Forum Iulii (Fréjus) (epist. 5,19,7)). Die Interpreten vertrauen dem RE-Artikel zu stark. (Auch Salmon, E.T., S. M. P. E., Sulmo mihi patria est, in: Ovidiana, Recherches sur Ovide, ed. I.N. Herescu, Paris 1958, 3-22, 19: „... by his day the town had become something of a tourist resort", führt kritiklos die Argumente Hofmanns an).

19   Vgl. Anm. 6.
20   Am. 2,16,1 *Pars me Sulmo tenet Paeligni tertia ruris.*
21   Am. 2,16,11f. *at meus ignis abest – verbo peccavimus uno: / quae movet ardores, est procul, ardor adest.*
22   Lenz, F.W., „Io ed il paese di Sulmona", Ovid, am. 2,16, in: Atti del convegno internazionale Ovidiano (Sulmona Maggio 1958), vol. II, Roma 1959, 59-68, 60: „Il quadro pieno di amore, pace e quasi tenerezza non continua: viene interrotto da una disarmonia. Suona come una fanfara, la frase: ‚At meus ignis abest'."
23   Highet, Poets, 190: „He wrote kindly of it, if not generously; but after we have seen the town, we observe how much he omitted. He knew his countryside far less well than Tibullus or Vergil. He cared very little for it."

106   VIII Ovid und Sulmo

Grossartigkeit der paelignischen Gebirgslandschaft,[24] den zähen, kriegserprobten Menschenschlag, über Bienenzucht und Flachsanbau.[25] Überschwenglich gelobt wird dafür eine Fruchtbarkeit, die sich nicht im entferntesten mit der anderer Gegenden messen kann;[26] Trauben werden gepriesen, deren Wein Martial als gerade gut genug für Freigelassene gilt, statt des Reichtums an Obst erwähnt Ovid lieber ein paar vereinzelte Ölbäume ...[27]

Bedenken wir, dass die Gegend um Sulmo nicht von einem Geographen und Landeskundler, sondern von einem Dichter vorgestellt wird, so fällt das Urteil anders aus: Das unverkennbare Lokalkolorit, das wir etwa bei Properz gefunden haben,[28] tritt bei Ovid zwar zugunsten einer Idealisierung in Richtung auf das „Paradiesische" zurück, geht aber keineswegs verloren. Kein Zweifel, das kühle, feucht-üppige Paradies, das Ovid durch das Fehlen seines Mädchens zur Wüstenei geworden ist (v. 13f. *Non ego ... in caeli sine te parte fuisse velim*) liegt in der paelignischen Heimat: Dort herrscht Kühle auch im brütenden Sommer, dort gibt es eisig kaltes Wasser, dort gedeihen Trauben[29] und eben, bezeichnenderweise, nur vereinzelt Ölbäume; im Paelignerland gibt es bewässerte Kulturen,[30] und schliesslich sind es die Berge und Täler um Sulmo, die dem

---

24 Highet, Poets, 190: „He says nothing of the splendid hills that enbosom the plain. He never describes the dramatic landscapes, the bold passes, the high peaks, ...".
25 a) Flachs: Plin. nat. 19,13. b) Bienen: Plin. nat. 11,33 (Wachs); Calp. ecl. 4,154f. (Honig). c) weitere Erzeugnisse des Landes: Stahl, Käse, Vieh (vgl. Hofmann, M., RE XVIII, „Paeligni", 2261). d) Kriegstüchtigkeit: vgl. die Ausführungen S. 112. (Belegstellen dafür: Cato frg. 53P; Enn. ann. 276 V.; Plin. nat. 3,106; Sall. Iug. 105,2; Sil. 8,509f.; Val. Max. 3,2,20; Veg. mil. 1,28; Strab. 5,241). Vgl. Besnier, De regione, 67. Meist werden die Paeligner jedoch nicht namentlich erwähnt, sondern gehen, etwa im Zusammenhang mit dem *bellum sociale*, im Namen anderer Bergvölker (Marser, Sabeller) auf.
26 Besnier, De regione, 25f.: „Paeligni revera sub meridiana declinatione mundi septentrionalium condicionem usurpant."(vgl. ebd. 25-33, passim). Die Fruchtbarkeit der Region beschränkt sich auf die Talsohle (genügend Wasser, Lössboden). Insgesamt aber galt das Paelignerland, ausser für Bienenzucht und Flachsanbau (vgl. Anm. 25), nicht als ergiebig.
27 Mart. 13,121 *Marsica Paeligni mittunt turbata coloni: / non tu, libertus sed bibat ille tuus*; Mart. 1,26,5 *non haec Paelignis agitur vindemia prelis*; Besnier, De regione, 32: „Alia autem poma et arbores quasdam septentrionalium peculiares, ut malos, piros, cerasos, planities producit." So reich an Früchten wie das Faliskerland mit seinem Überfluss an Wein und Obst (Ov. am. 3,13,1 *pomiferis Faliscis*) muss Ovid die Heimat allerdings nicht erschienen sein. Auf die Frage, wieso er ausgerechnet die wenigen Ölbäume anführt, gibt es wohl keine einfache Antwort: Zum einen wirkt *bacifera Pallas* in am. 2,16 ungleich poetischer als „Apfelbaum", zum anderen wurde der Ölbaum sehr geschätzt.
28 Vgl. S. 97-101; vgl. auch Martial, S. 153f.
29 Bezeugt durch Martial (vgl. Anm. 27) und Plin. nat. 17,250 *Asperiora vina rigari utique cupiunt in Sulmonense Italiae agro, pago Fabiano, ubi et arva rigant: mirumque herbae aqua illa necantur, fruges aluntur et riguus pro sarculo est. In eodem agro bruma, tanto magis si nives iaceant geletve, ne frigus vites adurat, circumfundunt riguis, quod ibi tepidare vocant: memorabili natura in amne solis, eodem aestate vix tolerandi rigoris*.
30 Zeugnis bei Plin. nat. 17,250. Vgl. Anm. 29.

Reisewagen der sehnsüchtig Erwarteten den Weg frei machen sollen.³¹ Da den Menschen des Altertums das Gefühl für das Wild-Romantische, Schauerlich-Schöne abging,³² könnte man ein wenig pointiert gar sagen, dass Ovid den Bergen der Heimat genug Aufmerksamkeit zukommen lässt, beschreibt er sie doch, im Gegensatz zu den furchteinflössenden Alpen (v. 19),³³ als das, was sie der Antike im besseren Falle galten, als Hindernis.³⁴

Nahe lag den Alten jedoch die Landschaft als Paradiesgarten. Daher und insbesondere durch Pont. 1,8,41-45, wo die Geburtsheimat gemeinsam mit den Gärten ausserhalb der Stadt genannt ist,³⁵ wird deutlich, dass die „lebhafte und farbenfrohe Beschreibung"³⁶ in am. 2,16 nicht allein kompositorischen Gründen zu verdanken ist, sondern dass sie „Heimat" als das erfasst, was sie für Ovid ganz wesentlich war: Ort der Erholung, Sommerfrische.

Darüber hinaus war sich der Dichter auch einer tieferen Verbundenheit mit Sulmo bewusst, finden wir doch in Vers 38 das Motiv der *germana patria*: Ohne die Geliebte werden sogar Geburtsheimat und ererbter Landbesitz (am. 2,16,38 *locus natalis, rura paterna*) eingereiht unter die geographischen Schrecknisse jeder römischen Seele, unter Skythien und Kilikien, Britannien und das Ende der Welt, den Kaukasus.³⁷ Die Liebe zur Geburtsheimat wird als selbstverständlich vorausgesetzt und äusserst effektvoll als Vergleichsgrösse gegen die Macht der Leidenschaft ausgespielt. Die Treffsicherheit, mit der Ovid nach der ausführlichen Schilderung der landschaftlichen Vorzüge Sulmos zu Beginn der Elegie (v. 2-10) und in einer Art Wiederholung (v. 33-37), die ihn elegant von den mythologischen Beispielen wegführt, an kompositorisch idealer Stelle – unmittelbar nach den Versen über die Schönheit der Landschaft erhält der Zusatz *non ego natalem, rura paterna, locum* (sc. *videor celebrare*) (v. 38) trotz seiner scheinbaren

---

31 Am. 2,16,51f. *at vos, qua veniet, tumidi subsidite montes / et faciles curvis vallibus este viae.*
32 Bernert, E., RE XVI, „Naturgefühl", 1859: „Es gibt bei den Römern ebensowenig wie bei den Griechen das Gefühl für das Schauerlich-Schöne, für das wild Romantische."
33 Am. 2,16,19f. *tum mihi, si premerem ventosas horridus Alpes, / dummodo cum domina, molle fuisset iter.*
34 Zum Verhältnis der Römer zum Gebirge vgl. Bernert, E., RE XVI, „Naturgefühl", 1859: „Geschätzt wurde allenfalls die Aussicht von niedrigeren Erhebungen, keinesfalls aber das Hochgebirge. Dieses steht vielmehr als Inbegriff von Schrecken und Grauen."
35 Pont. 1,8,41-45 *non meus amissos animus desiderat agros, / ruraque Paeligno conspicienda solo, / nec quos piniferis positos in collibus hortos / spectat Flaminiae Clodia iuncta viae, / quos ego nescio cui colui, ...*
36 Lenz, „Io ed il paese", 60: „... Segue in dettaglio una descrizione del paessaggio, vivida e piena di colori, che dimostra in modo espressivo quanto il poeta si senta attacato al paese del suo cuore."
37 Am. 2,16,37-40 *non ego Paelignos videor celebrare salubres, / non ego natalem, rura paterna, locum, / sed Scythiam Cilicasque feros viridisque Britannos / quaeque Prometheo saxa cruore rubent.*

Beiläufigkeit durch seine Schlussposition erhebliches Gewicht, wirkt als Steigerung –[38] das Motiv der *germana patria* aufnimmt, sieht eher nach dichterischem Raffinement (böse Zungen mögen von „Effekthascherei" sprechen …) als nach tiefer Verbundenheit mit dem Land seiner Väter aus. Es wäre aber falsch, Ovid an dieser Stelle die Eleganz seiner Dichtung als Gefühlsarmut auszulegen und ihm wahres Empfinden für die Heimat abzusprechen. Zum einen finden wir gerade in am. 2,16 trotz vieler traditioneller Motive eine der wenigen persönlich geprägten Elegien der *Amores*,[39] was aber nicht heissen soll, dass Ovid die Situation „ich in Sulmo – mein Mädchen in Rom" auch erlebt hat.[40] Zum anderen zeigt sich der Dichter trotz vorgegebener Zurückhaltung überaus stolz auf Familie und altererbten Stand (am. 3,15,5f. *siquid id est, usque a proavis vetus ordinis heres, non modo militiae turbine factus eques*).[41] Wir haben also guten Grund anzunehmen, dass Begriffe wie *rura paterna* (am. 2,16,38; fast. 4,8,10) und *locus natalis* (am. 2,16,38; fast. 4,685 *rura natalia*) für Ovid keine inhaltslosen Worthülsen waren.

---

38 So empfunden auch von Lenz, comm. ad am. 2,16,1: „Der Dichter sagt nur ‚Sulmo hält mich fest', aber noch nicht, dass Sulmo seine Heimat ist. Diese Ergänzung und Steigerung behält er sich noch vor."

39 Vielleicht zu pointiert bei Wilhelm, F., Zur Elegie, RhM 71, 1916, 136-43, 139, Anm. 5: „Alles in allem zusammen, gehört diese Elegie gewiss zu den wenigen Gedichten der Amores, die ‚von dem Goldschein der reinen Empfindung umwoben sind' (Schanz: Gesch. d. röm. Lit. II,1³, 274).".; Fränkel, H., Ovid, A Poet between Two Worlds, Berkeley, Los Angeles 1945, 185, Anm. 45: „The modern reader feels sometimes annoyed by the author's exclusive concentration on his main theme, and heaves a sigh of relief when once, …, he is permitted to visualize a concrete setting of rural scenery and to sympathize with the lover's deep affection to his paternal soil."

40 Das Motiv „Trennung von der Geliebten" ist alt und beliebt (Einzelheiten: vgl. Wilhelm, Elegie, 137f.). Das Einbringen der Geburtsheimat in die Thematik scheint neu. Es ist nicht unwahrscheinlich, dass wir das einem entsprechenden Erlebnis des Dichters verdanken. Lenz, „Io ed il paese", 67, rechnet doch eher mit einer freien Wahl der Umstände in am. 2,16: „Ovidio non si contenta di dire: ‚sono in campagna fuori di Roma', ma introduce una circostanza concreta e individuale …", bemerkt aber p. 64f. zu Recht, dass die Frage nicht lauten muss: „Hat Ovid so etwas erlebt?", sondern: „Findet sich hier wirkliches persönliches Fühlen für die Geburtsheimat?".

41 Stolz auf Familie und Herkunft auch: a) Am. 3,8,9f. *ecce recens dives parto per vulnera censu / praefertur nobis sanguine pastus eques.* b) trist. 2,109-114 *illa nostra die, qua me malus abstulit error, / parva quidem periit, sed sine labe domus: / sic quoque parva tamen, patrio dicatur ut aevo / clara nec ullius nobilitate minor, / et neque divitiis nec paupertate notanda / unde sit in neutrum conspiciendus eques.* c) trist. 4,10,7f. *si quid id est, usque a proavis vetus ordinis heres / non modo fortunae munere factus eques.* d) Pont. 4,8,17f. *… equites ab origine prima / usque per innumeros inveniemur avos.* (Dass in am. 1,3,7f. *si veterum non veterum commendant magna parentum / nomina, si nostri sanguinis auctor eques,* … der Stolz zurückgenommen wird, hat kompositorische Gründe: Der Dichter kann sich nicht wirklich mit Herkunft und Reichtum eines ganz Hochgeborenen messen, trotzdem – oder gerade deswegen – empfiehlt er sich als wahrer, aufrichtig Liebender (damit verwendet er einen Topos, vgl. e.g. Prop. 2,24B,36-38 u. 49; 2,34B,55f; (1,5,23f. in Umkehrung: *nec tibi nobilitas poterit succurrere amanti: / nescit Amor priscis cedere imaginibus*)).

VIII Ovid und Sulmo   109

Die spielerische Eleganz, mit der „Heimatliebe" und „Frauenliebe" in am. 2,16 einander entgegengesetzt werden, und die Tatsache, dass letztere als stärkere obsiegt, zeugen keineswegs von Gleichgültigkeit gegenüber der Geburtsheimat – im Gegenteil: Lenz spricht zu Recht von einem unauflöslichen Verschmolzensein der Liebe zu einem Mädchen mit der zur Heimat Sulmo.[42]

Am. 2,16 zeigt aber auch, dass die Gefühle Ovids für seine engere Heimat, trotz unverkennbarer Parallelen,[43] eine etwas andere Qualität aufweisen als diejenigen des Staatsmannes und Philosophen Cicero. Die Zuneigung zur *germana patria* ist für den Dichter der *Amores* kein Gefühl, dessen Ernsthaftigkeit eine Erwähnung im Zusammenhang mit den *nequitiae* der Liebe, einen spielerisch freien Umgang verböte. Das leicht „Altväterisch-Hehre", das dem Heimatbild Ciceros in *De legibus* anhaftet,[44] tritt zurück und macht einem unpathetisch natürlichen Verhältnis Platz: Die Liebe zur Geburtsheimat ist ein Gefühl – ein selbstverständliches –, die Leidenschaft für eine schöne Frau ein anderes, das im Moment überwiegt. Das Zusammenbringen dieser beiden Empfindungen und die Tatsache, dass Ovid die *nequitiae* einer Liebe den *rura paterna* vorzöge, mag jene *severi* stören, für die die *Amores* nicht bestimmt sind (*procul este ...*), für die anderen erweist sich die Heimatverbundenheit des Dichters nicht nur aus weiteren Zeugnissen,[45] sondern aus am. 2,16 selbst: Erhält die Elegie ihren besonderen Reiz doch gerade durch das provokative Nebeneinander der *nequitiae* und des sehr römischen, echten Fühlens für Familientradition. Ja, das Glück Ovids schiene beim ersehnten, allerdings kaum Wirklichkeit werdenden Besuch der Geliebten (v. 47-52) vollkommen.[46] Die Annehmlichkeiten Sulmos und die Liebe des Mädchens gleichzeitig, das wäre das Paradies.

Am. 2,16 hat sich als ergiebige Quelle erwiesen. Eine „Nachlese" der restlichen Zeugnisse soll das gewonnene Bild abrunden: Dreimal erwähnt Ovid die Heimat, literarischer Tradition entsprechend,[47] zu Beginn oder am Schluss eines Buches. Wer erinnert sich nicht des lapidaren[48] *Sulmo mihi patria est* in der bio-

---

42 Lenz, comm. ad am. 2,16, 203: „... formt er ... ein Gedicht, in der Liebe zu einem ... Mädchen mit der Liebe zur Heimat Sulmo zu einer unlöslichen Einheit verschmilzt, zu der es in den ‚Amores' nichts Vergleichbares gibt, ...".
43 Vgl. S. 103-7: die Heimat als Sommerfrische, als Gut.
44 Vgl. S. 41-45.
45 Vgl. unten, S. 109-14.
46 Am. 2,16,47-52 *si qua mei tamen est in te pia cura relicti, / incipe pollicitis addere facta tuis / parvaque quam primum rapientibus esseda mannis / ipsa per admissas concute lora iubas. / at vos, qua veniet, tumidi subsidite montes, / et faciles curvis vallibus este viae.*
47 Vgl. Kranz, Sphragis, passim, u. S. 84-87.
48 Rothstein rügt an trist. 4,10,3f. den „Ton trockener Mitteilung" und mag der im Vergleich mit Prop. 4,1 als „unpoetisch" empfundenen Elegie allgemein wenig abgewinnen (Rothstein,

graphischen Schlusselegie des vierten Tristienbuches (trist. 4,10,3)?[49] Zu nennen sind weiter der Beginn des zweiten und vor allem die σφραγίς des dritten Buches der *Amores* (am. 2,1; 3,15).[50] In am. 3,15 zeigt sich der Dichter stolz auf den altadeligen Ritterstand seiner Familie (v. 5f.)[51] und berichtet als erster vom allgemeinen Ansehen italischer Dichtersöhne in ihren Heimatstädten (v. 7f. *Mantua Vergilio, gaudet Verona Catullo; Paelignae dicar gloria gentis ego*). Die Verwandtschaft dieser Elegie mit Properz 4,1 ist augenfällig:[52]

> *atque aliquis spectans hospes Sulmonis aquosi*
> *moenia, quae campi iugera pauca tenent,*
> *„quae tantum" dicet, „potuistis ferre poetam,*
> *quantulacumque estis, vos ego magna voco."* (am. 3,15,11-14)

> *scandentis quisquis cernit de vallibus arces*
> *ingenio muros aestimet ille meo!* (Prop. 4,1,65f.)

Bemerkenswert sind für uns die Unterschiede. Während Properz das Künden des angesehenen Ranges seiner Familie dem Astrologen Horos überlässt (Prop. 4,1,121),[53] ergreift Ovid das Wort gleich selber. Das *si quid id est* (v. 5) ist weniger höfliche Selbstbescheidung als „understatement" – kein Zweifel, Ovid legt Wert auf seinen altererbten Stand, er ist kein Emporkömmling.[54] Neben dem selbstbewussten *spectans hospes dicet ...* (v. 11-14) nimmt sich der Wunsch des Properz (4,1,65f. ... *quisquis cernit, aestimet* ...) doch bescheidener aus: Properz zweifelt nicht am künftigen Ruhm seiner Vaterstadt, Ovid ist felsenfest davon überzeugt. Die Betonung der räumlichen Enge Sulmos (v. 12) stellt die Grösse des Dichterruhms ins rechte Licht, erinnert aber auch an Horaz, der in carm. 3,30 die Ärmlichkeit seines Daunien zugleich mit Stolz und einer Art zärtlicher Ergrif-

---

M., Die Elegien des Sextus Propertius, erklärt von M.R., 2 Bde., Berlin 1920-24² (Nachdruck der Ausg. 1898), 1. Bd., 3). Das Einsetzen der sachlichen Biographie in Vers drei mit dem lapidaren *Sulmo mihi patria est* wirkt aber eben durch seine Monumentalität, so sehr, dass noch die heutige Gemeinde Sulmona die Buchstabenfolge SMPE im Stadtwappen trägt. (Nach Kessler, E., Ein Besuch in der Heimat des Ovid, Gymnasium 54/55, 1943/44, 53-64, 57f.).

49 Trist. 4,10,3f. *Sulmo mihi patria est, gelidis uberrimus undis, / milia qui novies distat ab urbe decem.*
50 Am. 2,1 (vgl. Anm. 1); am. 3,15,3 *quos* (sc. ‚elegos') *ego composui, Paeligni ruris alumnus.*
51 Am. 3,15,5f. *siquid id est, usque a proavis vetus ordinis heres, / non modo militiae turbine factus eques.* Vgl. Anm. 41.
52 Vgl. die Kommentare u. Morgan, K., Ovid's Art of Imitation, Propertius in the Amores, Leiden 1977, 24-26.
53 Vgl. S. 97-101.
54 Vgl. Anm. 41 u. 49.

fenheit betont.⁵⁵ Hier wie dort stehen wir vor dem Wechselspiel der Gefühle, und es lässt sich kaum gültig entscheiden, ob die Kleinheit der Heimat im Spiegel der eigenen Grösse wahrgenommen wird oder doch eher umgekehrt.

Stolz zeigt sich Ovid in am. 3,15 jedenfalls über die Rolle der Paeligner im *bellum sociale* – ein gerechter Krieg, diktiert von der Liebe zur Freiheit.⁵⁶ Die Ansicht, er habe „die Anregung, über sich und seine Heimat in der Weise Auskunft zu geben, dass er die politische und geschichtliche Bedeutung eines Krieges hervorhebt",⁵⁷ aus Properz 1,22 empfangen, mag richtig sein, bedarf aber der Relativierung: Wo sich bei Properz Ereignisse, von denen er zutiefst persönlich betroffen war, in den Vordergrund der Elegie drängen,⁵⁸ bleibt Ovids Erwähnung der Rolle der Heimat während des Bundesgenossenkrieges eine historische Reminiszenz, ohne tieferen Bezug zu seinem Leben. Als reine Beifügung nähert sie sich ihrem Charakter nach eher der „kleinen Stadtgeschichte" des Horaz (sat. 2,1,34-39).⁵⁹

„Stadtgeschichte", diesmal in Form einer Anspielung auf die Gründersage Sulmos, findet sich auch in den Fasten, am Ende des Katalogs der griechischstämmigen Städtegründer in Italien (fast. 4,79-83).⁶⁰ Es ist kaum so, dass Ovid den Gründervater der Geburtsstadt, Solymus, einen Gefährten des Aeneas, „zum Ruhme seiner Heimat frei erfunden" hat.⁶¹ Eher steht es wie bei Vergil (Aen. 10,198-206), Horaz (Daunien) oder Statius (Parthenope):⁶² Der Dichter ist geneigt, die überlieferte mythische Vergangenheit seiner Heimat an geeigneter Stelle herauszustreichen. Angesichts der weiteren Zeugnisse seiner Verbundenheit mit der *germana patria* wäre es falsch zu behaupten, die Vaterstadt werde nur genannt, um Gelegenheit zu bekommen, das Verbannungsschicksal zu beklagen (fast. 4,82f. *Me miserum, Scythico quam procul illa* (sc. ‚Sulmo patria') *solo est / ergo ego tam longe* – ...), wenn die Anrede an Germanicus auch zeigt, dass Ovid

---

55 Vgl. S. 85f.
56 Am. 3,15,9f. *quam* (sc. ‚gentem Paelignam') *sua libertas ad honesta coegerat arma, / cum timuit socias anxia Roma manus.*
57 So Lenz, comm. ad. loc.
58 Vgl. S. 95f.
59 Vgl. S. 86f.
60 Fast. 4,79-83 *huius* (sc. ‚Aeneae') *erat Solymus Phrygia comes unus ab Ida, / a quo Sulmonis moenia nomen habent, / Sulmonis gelidi, patriae, Germanice, nostrae. / me miserum, Scythico quam procul illa solo est! / ergo tam longe – sed supprime, Musa, querelas!.*
61 Allzu leichtfertig Gerlach, comm. ad loc.: „Von einem wohl frei erfundenen ‚Solymos' leitet Ovid in verständlichem Ehrgeiz den Namen seiner Heimatstadt ‚Sulmo' ab." (Wohl nach Philipp, H., RE IV A, „Sulmo", 728). Weniger direkt Besnier, Sulmo, 63: „Il (sc. ‚Ovide') chante avec enthousiasme les mérites de sa ville natale, mais sans lui prêter d'imaginaires avantages, si ce n'est toutefois son origine troyenne." Sil. 9,72-76 könnte zwar von Ovid abhängig sein (vgl. RE, loc. cit.), doch sind solche Gründungssagen sehr häufig.
62 Vgl. S. 124f.

sich sehr wohl bewusst war, dass sich die Anspielung auf Solymus ausgezeichnet mit dem Hinweis auf die persönliche Not verbinden lässt.

An vergleichsweise prominenter Stelle, am Schluss des Überblicks über die jeweilige Stelle, die der dem Kriegsgott geweihte Monat bei den einzelnen italischen Völkern einnimmt, gedenkt der Dichter des „kriegerischen Paeligners" (fast. 3,95).[63] Nicht nur der eingestanden streitbare Horaz,[64] sondern auch der urbane Ovid blickt mit einem gewissen Stolz auf die Kriegstüchtigkeit seiner Landsleute (am. 3,15,9f.; fast. 3,95).[65] Allerdings tut er dies verhalten, scheint in am. 3,15,9f. eher die ehrenhaften Kampfmotive als die Schlagkraft zu bewundern[66] und trifft – wen wundert's – nicht einmal ansatzweise Anstalten, den kriegerischen oder zumindest bodenständigen Charakter der Landsleute für sich selbst in Anspruch zu nehmen, wie gelegentlich Horaz, Cicero oder auch Plinius.[67] Man nannte Ovid deswegen „entwurzelt",[68] und Highet wirft ihm fehlende Lebensnähe beim Erwähnen der Landsleute vor: „He never mentions the people who work the land. (He speaks of their fighting ancestors, but not of themselves)".[69] Kannte Ovid seine Landsleute nicht? Mit dem Landleben war er stärker verbunden, als man gemeinhin annehmen möchte[70] – zuweilen schöpfte er eigenhändig Wasser für seine Kulturen.[71] Einen „paelignischen Ofellus" finden wir aber nicht. Eine eher grundsätzliche Verbundenheit mit den Leuten seiner Heimat bezeugt Pont. 4,14,49f.: Ovid versichert den durch seine ständige Kritik erbosten Tomiten, sein Unmut gelte nicht den Leuten – sogar seine eigenen Landsleute hätten sein Unglück nicht besser zu lindern vermocht als sie.[72]

---

63   Fast. 3,95f. *et tibi cum proavis, miles Paeligne, Sabinis / convenit; huic genti quartus utrique deus* (sc. ‚Mars').
64   Hor. sat. 2,1,34-39. Vgl. S. 86f.
65   Am. 3,15,9f. (vgl. Anm. 56); fast. 3,95f. (vgl. Anm. 63). Zum Kriegsruhm der Paeligner allgemein: vgl. Anm. 56.
66   Am. 3,15,9f. *quam* (sc. ‚gentem Paelignam') *sua libertas ad honesta coegerat arma / cum timuit socias anxia Roma manus.*
67   Horaz (ganz direkt): vgl. S. 86f., bei ihm auch das „kriegerische" Element; Cicero: vgl. S. 42-44; Plinius: vgl. S. 212.
68   De la Ville de Mirmont, H., La jeunesse d'Ovide, Paris 1905, 37: „Ovide est ce qu'on appelle aujourd'hui un déraciné. Cette absence d'amour pour la maison, ce manque de patriotisme est un des caractères les plus frappants de l'alexandrinisme."
69   Highet, Poets, 190.
70   Fränkel, Ovid, 208: „It is not true that Ovid, as a confirmed city dweller, had no feeling for country life." Vgl. trist. 3,12,5-16; Pont. 1,8, 41-60; 3,1,11-24 (die von Fränkel ebenfalls angeführte Pomona-Geschichte (met. 14, 623ff.) u. fast. 1,663-703, 2,639-678 können nicht als persönliche Zeugnisse gelten).
71   Pont. 1,8,45-48. Vgl. Anm. 76.
72   Pont. 4,14, 47-50 *molliter a vobis mea sors excepta, Tomitae, / tam mites Graios indicat esse viros. / gens mea Paeligni regioque domestica Sulmo / non potuit nostris lenior esse malis.*

Die Zeit der Verbannung verdient überhaupt unsere Aufmerksamkeit: Neben dem starken Verlangen nach Rom[73] scheint, seltener zwar, aber immer wieder, auch die Sehnsucht nach Sulmo durch. Statt zusammen mit anderen Besitzungen dem Dichter den Lebensabend zu verschönern, liegen die ererbten Ländereien verwaist (trist. 4,8,10)[74] und weit entfernt vom Lande der Skythen (fast. 4,82f.).[75] In Pont. 1,8 beteuert der Dichter, er begehre weder das Gut auf paelignischer Flur noch die Gärten vor der Stadt, er wäre glücklich, als Flüchtling gute Erde zu bebauen[76] – die Verse, Zeugen seiner liebevollen persönlichen Sorge für seine Ländereien und Kulturen,[77] offenbaren nur zu deutlich, wie sehr er diese vermisst. Dass er sich im Exil in erster Linie nach der Stadt sehnte, ist ihm nicht als „indifférence méprisante pour la campagne paternelle"[78] auszulegen; auch Cicero wusste, dass sein Platz in Rom war.[79] Die – im übrigen nicht ganz zutreffende – Unterscheidung, dass letzterer die Stadt wegen ihrer Funktion als Zentrum des politischen Lebens vorgezogen habe, Ovid aber nur um des persönlichen Vergnügens willen, mögen die *severi* treffen ...[80]

Da über die Hälfte aller Zeugnisse zur Geburtsheimat aus der Verbannungszeit stammen, glaubt Bonjour, Ovid habe seine Heimat erst im Exil schätzengelernt.[81] Die Binsenwahrheit, dass verloren Geglaubtes sich besonderer Wert-

---

73 Briefe aus der Verbannung passim, e.g.: trist. 1,1,57; 3,2,21f.; 3,4,14 u. 57; 3,13,10; 4,1,105f.; 5,4,3; 5,10,49; Pont. 1,8,33-40; 2,8,12 u.a.
74 Trist. 4,8,1, 5f. u. 9f. *Iam mea cycneas imitantur tempora plumas, / ... / nunc erat, ut posito deberem fine laborum / vivere, ... / et parvam celebrare domum veteresque Penates / et quae nunc domino rura paterna carent.* Zum erfüllten Lebensabend des Dichters hätte auch die intensive(re) Sorge um den ererbten Besitz gehört. (Vgl. Luck, 259: „Es (sc. ‚das Gedicht') schildert auch den typischen Lebensabend, den ein Römer aus Ovids Kreisen unter normalen Umständen erwarten durfte (5ff. 25ff.): im Stadthaus, im Landhaus, in den Gärten vor der Stadt ...").
75 Fast. 4,82f. Vgl. Anm. 60.
76 Pont. 1,8,41-50 *non meus amissos animus desiderat agros, / ruraque Paeligno conspicienda solo, / nec quos piniferos positos in collibus hortos / spectat Flaminiae Clodia iuncta viae, / quos ego nescio cui colui, quibus ipse solebam / ad sata fontanas, nec pudet, addere aquas, / sunt ubi, si vivunt, nostra quoque consita quaedam, / sed non et nostra poma legenda manu. / pro quibus amissis utinam contingere possit / hic saltem profugo glaeba colenda mihi!.*
77 Vgl. insbes. v. 45-48.
78 De la Ville de Mirmont, Jeunesse, 36.
79 Vgl. S. 47.
80 Solch moralische Wertung bei De la Ville de Mirmont, Jeunesse, 35-37 (vgl. Anm. 68). Weitere Vorwürfe: „indifférence méprisante pour la campagne paternelle", „sécheresse", „oubli de la demeure des ancêtres", „abandon définitif du pays natal". Im übrigen schätzte auch Cicero den „Unterhaltungswert" der Stadt (vgl. S. 47) – dass seine Vergnügungen (politische und philosophische Diskussionen) ehrenhafter als diejenigen Ovids seien, ist eine Frage des angelegten Massstabes.
81 Bonjour, Terre, 380: „Au temps de sa brillante fortune, il se trouvait sans doute trop assuré des succès qu'il cueillait à Rome ... pour chercher la sécurité au pays natal. Mais plus tard, à Tomes, ..., il revivait dans sa patrie ..."; 400: „Il quitta un jour le monde des amours, une

schätzung erfreut, trifft auf Ovid erstaunlicherweise weniger zu als auf Catull, der seine Heimat erst nach der Heimkehr von seiner Reise bewusst wahrzunehmen scheint.[82] Ovid liefert bereits in am. 2,16 (ebenso am. 3,15) ein Dokument seiner Heimatverbundenheit, zu dem die Verse aus der Verbannung keine wesentlich neuen Aspekte beifügen. Dass sich in den in der Verbannung entstandenen Werken mehr Gelegenheit bietet, von der Heimat zu sprechen als in den früheren Dichtungen, erscheint mir so naheliegend, dass man davon kaum zu sprechen braucht.

VIII.2　SCHLUSSBEMERKUNGEN ZU „OVID UND SULMO"

Bei keinem der vorgehend besprochenen Autoren wird die Aufrichtigkeit und Tiefe der Gefühle für die Geburtsheimat so nachhaltig bezweifelt wie bei Ovid,[83] und das, obwohl er ihrer – was auch alle gerne zugeben – recht fleissig gedenkt (RE: „Ovid strich die Stadt nach Kräften heraus").[84] Irritierend wirkte vor allem der Umgang des Dichters mit seiner *germana patria*: „Land der Vorväter" und „Geburtsort", Begriffe, bei deren Erwähnung man besinnlichen Ernst oder gar Pathos erwarten würde, fallen in Verbindung mit einer amourösen Affäre (am. 2,16). Auf den ersten Blick scheint „Sulmo" zudem mit keiner anderen Vorstellung stärker verbunden zu sein als mit der der „Sommerfrische" – die Geburtsheimat scheint, herabgesunken zum „Kurort", auf einer Stufe mit den Gärten vor Rom zu stehen ...[85] Darüber hinaus mag der kritische Interpret hinter der einen oder anderen Erwähnung des Pälignerlandes primär andere Motive ausmachen als einfach „Heimatverbundenheit": In am. 2,16 bildet die engere Heimat offensichtlich einen willkommenen Kontrast zur Macht der Leidenschaft. Die Erwähnung des Stadtgründers Solymus (fast. 4,79-84) scheint sehr geeignet, um Gelegenheit zur Klage über die Verbannung zu erhalten. Und schliesslich: Bietet sich die

---

Scythie littéraire (am. 2,16,39). Il connut de plus près la vraie Scythie, il connut la vraie soif, ... Alors dans sa rêverie, il évoquait sa ‚patria', la fraîche Sulmone ...".
82　Vgl. S. 61.
83　De la Ville de Mirmont, Jeunesse, 35-37 (vgl. Anm. 66 u. 78); Highet, Poets, 190 (vgl. Anm. 21f.). Ähnlich müssen nach Bonjour, Terre, 202, Nageotte, E., Ovide, sa vie, ses oeuvres, Mâcon 1872, 3, und Bouynot, Y., La poesie d'Ovide dans les oeuvres d'exil, Thèse, Paris 1957, geurteilt haben. (Die Werke waren mir nicht zugänglich).
84　Vgl. H. Philipp, RE IV A, „Sulmo", 729.
85　Vgl. S. 103-5.

VIII Ovid und Sulmo

Floskel „das hätten auch meine Landsleute nicht besser gekonnt" (Pont. 4,14,49f.) nicht geradezu zur Beschwichtigung der aufgebrachten Gemüter der Tomiten an? Betrachtet man jedes Zeugnis einzeln für sich, scheinen solche Bedenken durchaus berechtigt. Überblickt man dagegen die Äusserungen über die Geburtsheimat insgesamt, wird man diesen Einwänden nicht nachgeben wollen – das hiesse nämlich nichts anderes, als dem Dichter ein wahres „Gespinst" unechter Empfindungen zuzutrauen.

Geheuchelt ist die Verbundenheit mit dem Land der Väter bei Ovid nicht, sie hat nur eine etwas andere Qualität, als die *severi* erwarten.[86] Diese mögen neben dem „Pathos" vor allem die „Bodenständigkeit" der Empfindung vermissen: Keine Rede vom einheimischen Bauernstamm, keine Inanspruchnahme eines „paelignischen Charakters", keine exakte Landesbeschreibung – dafür ein „Paradies" mit eintönig gleichbleibenden Attributen („wasserreich", „kühl") und historischen Reminiszenzen.

In seiner Art scheint das Verhältnis des Ovid zu seiner Vaterstadt aber durchaus innig[87] gewesen zu sein: Er schätzt Land und Leute, zeigt sich interessiert an der Landesgeschichte, und der deutlich zu spürende Stolz auf Familie und Stand lässt darauf schliessen, dass ihm der Ausdruck *rus paternum* etwas bedeutete.

In erstaunlich vielem erinnert Ovid an Cicero: Für beide ist die engere Heimat nicht das Ziel aller Sehnsucht, nimmt aber neben der Stadt einen gebührenden Platz ein. Dort liegt das Erbgut, das von Zeit zu Zeit die Anwesenheit des *dominus* erfordert. Darüber hinaus ist die Geburtsheimat für den Dichter eine überaus geschätzte Sommerfrische, ohne zu den Villenorten der „Reichen und Schönen" zu gehören. Sie ist Land der Väter und Geburtsort. Ovid interessiert sich für die Lokalgeschichte und glaubt wie Cicero, Statius oder Martial, dass er in Bedrängnis in der *germana patria* Ruhe und Geborgenheit fände.[88] Mit Recht darf man sagen, dass Ovid nach Vergil, Horaz und Properz, die jeder – der eine mehr, der andere weniger – durch die Wirren des Bürgerkrieges um ihre Heimat gelitten hatten, zum typischen[89] Verhältnis des von auswärts stammenden römischen Bürgers zu seiner Geburtsheimat zurückgefunden hatte – und das trotz seiner „Verbannung", da die *relegatio* ihm seine Güter eben nicht entzog.

---

86 Vgl. Anm. 13 (Sulmo als Ort der Erholung).
87 „Innig" scheint mir den Gefühlswert der Empfindung in etwa zu treffen. Frazer, comm. ad fast. 4,81: „He often refers to Sulmo and always, it would seem, with fond affection."; Bömer, ad fast. 4,81: „Ovid gedenkt seiner Heimat oft, stets mit Stolz und Rührung"; Lenz, Io ed il paese, 60: „... paese del suo cuore."; Wilhelm, Elegie, 139: „Innige Anhänglichkeit an die Heimat"; Fränkel, Ovid, 145, Anm. 45: „... deep attachement to his paternal soil."
88 Not und Geborgenheit: Ov. Pont. 4,14,49f. (vgl. Anm. 1i); Cicero vgl. S. 47; Statius, vgl. S. 136; Martial, vgl. S. 152; übrige Parallelen: Vgl. Kap. XIII, S. 226.
89 Ähnlich steht es mit Statius und dem jüngeren Plinius. Vgl. Kap. X und XII.

IX LIVIUS UND PATAVIUM – einige Bemerkungen

Livius wurde in Patavium (Padua) geboren und brachte dort wohl den Grossteil seiner Jugend zu, bevor er nach Rom kam.[1] Nach Hieronymus ist der grosse Historiograph auch in seiner oberitalischen Heimat gestorben.[2] Seine Herkunft ist ausserordentlich gut bezeugt.[3] Allgemein bekannt ist, dass der gefürchtete Kritiker Asinius Pollio, ein Stadtrömer, im Stil des Livius eine gewisse *Patavinitas* gefunden haben wollte ...[4] Die angeregten Diskussionen um das umstrittene Urteil des Pollio brauchen nicht referiert zu werden – wesentlich für unsere Fragestellung ist allein die Tatsache, dass die oberitalischen Bindungen des Livius für den Kritiker offensichtlich waren. Es lässt sich auch kaum mit Gewinn längere Zeit darüber diskutieren, in welchem Masse die Sittenstrenge und Optimatenfreundlichkeit der oberitalischen Metropole Wesen und Geschichtsschreibung des Livius geprägt hatten – vermutlich hat Walsh nicht unrecht, wenn er einen beträchtlichen Einfluss des geistigen Klimas der Heimat auf den Verfasser der Bücher *ab urbe condita* annimmt.[5] Beweisen lässt sich so etwas natürlich kaum.

---

*   Für genaue bibliographische Angaben zu den im Folgenden nur gekürzt aufgeführten hauptsächlich verwendeten Textausgaben, Kommentaren und Übersetzungen vgl. Kap. XIV.2 (betrifft: Weissenborn-Müller, Heurgon, Ogilvie).

1   So die meisten Interpreten. Die Ansicht, Livius habe seine Heimat nie verlassen, lässt sich nicht halten. (Dazu Bonjour, Terre, 185).

2   Hier. chron., 53F, ol. 99 *Livius historiographus Patavi moritur.*

3   a) Mart. 1,61,3 *censetur Aponi Livio suo tellus.* (Aponus: Heilquelle bei Padua); b) Stat. silv. 4,7,55f. *Timavi ... alumnum ...* c) Plu. Caes. 47,3f. (= Liv. frg. 43) ἐν δὲ Παταβίῳ Γάϊος Κορνήλιος, ἀνὴρ εὐδόκιμος ἐπὶ μαντικῇ, Λιβίου τοῦ συγγραφέως πολίτης καὶ γνώριμος, ἐτύγχανεν ἐπ' οἰωνοῖς καθήμενος ἐκείνην τὴν ἡμέραν. καὶ πρῶτον μέν, ὡς Λίβιός φησι, τὸν καιρὸν ἔγνω τῆς μάχης ... (vgl. Lucan. 7,192-200; Gell. 15,18). d) Sidon. carm. 2,188f. *vel quicquid in aevum / mittunt Euganeis Patavina volumina chartis*; carm. 23,145f. *quid vobis eloquii canam Latini, Arpinas, Patavine, Mantuane ...*; epist. 9,14,7 *quae ... scripta Patavinis sunt voluminibus ....*e) Symm. epist. 4,18,5 *revolve Patavini scriptoris extrema quibus res Gai Caesaris explicantur, aut si inpar est desiderio tuo Livius.* f) Zu den Inschriften CIL V, 2975 (= ILS 2919) u. CIL V, 2865 vgl. S. 29, Anm. 71.

4   Quint. inst. 8,12f. *Multos enim, quibus loquendi rationem desit, invenias quos curiose potius loqui dixeris quam Latine, quo modo et illa Attica anus Theophrastum, hominem alioqui disertissimum, adnotata unius adfectione verbi hospitem dixit, nec alio se id deprendisse interrogata respondit quam quod nimium Attice loqueretur: et in Tito Livio, mirae facundiae viro, putat inesse Pollio Asinius quandam Patavinitatem.*

5   Walsh, P.G., Livy, His Historical Aims and Methods, Cambridge 1967, 1f.: „It would be difficult to overestimate the importance of this early environmental influence in Transpadane Gaul. This region became increasingly the proverbial repository of the ancient Roman virtues ... pro-Senatorial attitude was manifest in the citizens' (sc. ‚those of Patavium') refusal to admit the legates of Antony ..."; Ähnlich Taine, H., Essai sur Tite Live, Paris 1904[7], 3f. Das Bestreben, selbst Livius' begrenzte Begeisterung für die Schilderung von Landschaften

IX Livius und Patavium

Zu Recht fiel den Kommentatoren auf, dass Livius im zehnten Buch (10,2,4-15) vom Grundsatz, nur Dinge zu berichten,[6] die in einem näheren Zusammenhang mit den Ereignissen in Rom stehen, abgewichen ist.[7] Statt sich nach der Erwähnung der erfolgreichen Vertreibung spartanischer Plünderer durch Konsul Aemilius (10,2,2-3) mit römischen Angelegenheiten zu befassen, widmet er dem weiteren Schicksal der Piraten unter Cleonymus einen längeren, äusserst lebhaft ausgemalten Exkurs: Nachdem es den nordwärts segelnden Spartiaten gelungen war, drei patavinische Dörfer zu plündern, wurde ihnen ihr Leichtsinn, die Natur der Landschaft – sumpfiges Küstengelände – und nicht zuletzt die Kriegserprobtheit der Pataviner zum Verhängnis. Diese rieben den verdutzten Feind in einer äusserst planmässigen, gezielten Aktion bis auf weniger als einen Fünftel seiner Stärke auf und schlugen die Überlebenden in die Flucht. Livius berichtet weiter, dass viele seiner Landsleute die am alten Junotempel befestigten Schnäbel der feindlichen Schiffe gesehen hätten und dass in Patavium zur Erinnerung an den Sieg alljährlich auf dem Fluss eine Naumachie abgehalten werde.[8]

Gewöhnlich hatte Livius für Geschichte und Gebräuche von Provinzstädten wenig übrig.[9] Die eindrückliche und stolze Schilderung der Leistung der Pataviner, die Erwähnung der beweiskräftigen Beutestücke und der Erinnerungsfeier zeigen deutlich, dass Livius hier in eigener Sache, als Sohn seiner Heimat spricht.[10] Die Rolle des abwägenden Historikers verlässt er aber bei allem Stolz

---

mit seiner Herkunft aus der oberitalischen Metropole zu erklären, zeigt aber deutlich, wohin eine Überbewertung des Einflusses der Herkunft auf einen Autor (Taine, 4: „... dans l'enfant on découvre l'homme ...") führen kann. Als Gegensatz zum Städter nennt Taine den „Bauernbub" Vergil ...). (Zur Sittenstrenge der Transpadana und Pataviums vgl. auch S. 212).

6   Liv. 39,48,6 *propositum, quo statui non ultra attingere externa, nisi qua Romanis cohaerent rebus*. Vgl. 8,24,18 u. 33,20,13.

7   Taine, Essai, 3: „Au dixième livre, oubliant la règle qu'il s'est faite d'éviter les digressions, il rapelle avec une complaisance de citoyen la victoire que remportèrent les Padouans sur le pirate lacédémonien Cléonyme."; Bonjour, Terre, 249: „Au livre X, c'est le récit, long pour un historien de Rome, qu'il donne du débarquement des Laconiens en Vénétie. Il profite de cet épisode d'importance minime pour mettre en valeur la détermination et le courage des Padouans ..."; Walsh, Livy, 41: „Occasionally, however, he relaxes this close discipline to digress on topics which were often the theme for an ἔκφρασις in Hellenistic historiography. So in relating how the Spartan Cleonymus ventured to lead a Greek fleet up the Adriatic, and to land on Paduan territory, he patriotically includes gratuitous details of geography and local custom."

8   Liv. 10,2,14f. *rostra navium spoliaque Laconum in aede Iunonis veteri fixa multi supersunt qui viderunt Patavi. Monumentum navalis pugnae eo die, quo pugnatum est, quotannis sollemne certamen in flumine oppidi medio exercetur*.

9   Vgl. Anm. 6.

10 Bonjour, Terre, 249 (vgl. Anm. 7); Foster, B.O., Livy, with an English translation by B.O.F, vol. I, books I and II, London, Cambridge (Mass.), 1961, IXf.: „... describes with unmista-

nicht. Er verzichtet darauf, sich selber als Pataviner zu erkennen zu geben, und weist neben der Kriegstüchtigkeit seiner Landsleute auch der fehlenden Ortskunde und dem Leichtsinn der blind-beutegierigen Feinde Anteil am raschen und kompromisslosen Sieg zu.[11] Historiographische Bemühung ist in erster Linie auch hinter der detaillierten Schilderung der Umgebung Pataviums zu suchen – wenn sich Livius auf Geographisches einlässt, dann zumeist im Zusammenhang mit Kriegsschauplätzen.[12] Dass ihm in 10,2,5f. für einmal eigene Anschauung zu Hilfe gekommen ist, berechtigt nicht ohne weitere Erklärung zur Aussage, er habe hier die Gelegenheit zur Beschreibung der heimatlichen Szenerie wahrgenommen, zumal man sich darunter etwas wesentlich Reizvolleres als eine in sachlicher Knappheit gehaltene, militärische Lagebeschreibung vorstellen dürfte ...[13] Da es Livius andererseits in 5,33,10 offenbar wichtig schien zu betonen, dass die Veneter – auf ihrem Gebiet liegt Patavium – die einzigen Transpadaner waren, die sich der etruskischen Herrschaft entziehen konnten,[14] lässt sich höchstens vermuten, dass er bei der Schilderung der heimatlichen Landschaft in 10,2 möglicherweise so etwas wie den Stolz des Einheimischen empfunden haben mag, der seine Heimat für fremde Eindringlinge weglos weiss.

Livius scheint sich für die Lokalgeschichte seiner Vaterstadt interessiert zu haben. Auch die folgende Episode verdankt ihren Eingang in die Geschichte wohl ausschliesslich dem Interesse des Historikers für das Geschehen in seiner Heimat: Nach Plutarch berichtet Livius im Zusammenhang mit der Schlacht von Pharsalus von einem Prodigium des Augurs Gaius Cornelius in Patavium: Dieser, ein Bekannter des Livius, habe nicht nur den genauen Zeitpunkt der Schlacht, sondern auch den Sieg Caesars vorausgesehen.[15]

---

kable satisfaction the vain attempt of the Spartan Cleonymus to subdue the Patavians."; Taine, Essai, 3 (vgl. Anm. 7); Walsh, Livy, 41 (vgl. Anm. 7).

11 Liv. 10,2,8 *ibi egressi* (sc. ‚Graeci') <u>*praesidio levi navibus relicto vicos expugnant ... et dulcedine praedandi longius usque a navibus procedunt*</u>; Liv. 10,2,12 ... (sc. ‚altera pars Patavinorum') <u>*immobiles naves*</u> et <u>*loca ignota*</u> plus quam hostem <u>*timentes*</u> (sc. ‚Graecos') *circumvadunt ...*

12 Eigentliche Exkurse über Geographie und Ethnographie sind bei Livius selten. Zur Beschreibung von Kriegsschauplätzen vgl. Walsh, Livy, 156: „Though frequently Livy is in error on geographical questions, one must accord him a word of praise for his consistent attempts to clarify the topography of a battle, ...".

13 Bonjour, Terre, 248: „Il profite de cet épisode ... pour mettre en valeur la détermination et le courage des Padouans (Liv. 10,2,9-13) et pour décrire dans ses grandes lignes le paysage de son pays ..."; ähnlich Walsh, Livy, 41 (vgl. Anm. 7). Mir scheint die Stelle aber in etwa vergleichbar mit der Landschaftsbeschreibung in 9,2,6-8 (Caudium).

14 Liv. 5,33,10 ... *coloniis* (sc. ‚ab Tuscis') *missis, quae trans Padum omnia loca – excepto Venetorum angulo qui sinum circumcolunt maris – usque ad Alpes tenuere.*

15 Plu. Caes. 47,3-6 (= Liv. frg. 43) ἐν δὲ Παταβίῳ Γάϊος Κορνήλιος, ἀνὴρ εὐδόκιμος ἐπὶ μαντικῇ, Λιβίου τοῦ συγγραφέως πολίτης καὶ γνώριμος, ἐτύγχανεν ἐπ' οἰωνοῖς καθήμενος ἐκείνην τὴν ἡμέραν. καὶ πρῶτον μέν, ὡς Λίβιός φησι, τὸν

IX Livius und Patavium

Gleich zu Beginn seines monumentalen Werkes (1,1-4) nennt Livius nicht nur Aeneas, sondern auch Antenor, den sagenumwobenen Gründer des venetischen Volkes. Wie Aeneas wird dieser wegen alter Gastfreundschaft und friedfertiger Gesinnung – die restliche Überlieferung kennt das Bild des friedfertigen Aeneas nicht und stellt Antenor überdies nicht selten als Verräter dar ... –[16] von den Griechen verschont und führt eine Schar Trojaner zusammen mit den sich ihnen anschliessenden Enetern an die nördliche Adria, wo sie sich als „Veneter" am Fusse der Alpen niederlassen. Ich glaube nicht, dass es einzig der Unterschied zwischen der kriegerischen Landnahme des Antenor (*Euganeisque pulsis* ...) und der diplomatisch-friedlichen des Aeneas (1,1,6-11) war, die Livius die Antenorsage erwähnen liess.[17] Die Einwohner Pataviums hielten Antenor als sagenhaften Stadtgründer in Ehren.[18] Es scheint darum nur natürlich, dass Livius diese mit den Anfängen Roms verwandte Sage nahelag.[19] Indes genügen ihm Andeutungen der Parallelen; keine Spur von persönlicher Anteilnahme im Text. Antenor erscheint auch nicht als Begründer Pataviums,[20] sondern lediglich als Anführer des neuen Volkes der Veneter. Es lässt sich also nicht behaupten, Livius habe seiner Vaterstadt zu Beginn seines Werkes bewusst und für jedermann klar ersichtlich

---

καιρὸν ἔγνω τῆς μάχης, καὶ πρὸς τοὺς παρόντας εἶπεν ὅτι καὶ δὴ περαίνεται τὸ χρῆμα καὶ συνίασιν εἰς ἔργον οἱ ἄνδρες. αὖθις δὲ πρὸς τῇ θέᾳ γενόμενος καὶ τὰ σημεῖα κατιδών, ἀνήλατο μετ' ἐνθουσιασμοῦ βοῶν· „νικᾷς ὦ Καῖσαρ." ἐκπλαγέντων δὲ τῶν παρατυχόντων, περιελὼν τὸν στέφανον ἀπὸ τῆς κεφαλῆς ἐνώμοτος ἔφη μὴ πρὶν ἐπιθήσεσθαι πάλιν, ἢ τῇ τέχνῃ μαρτυρῆσαι τὸ ἔργον. ταῦτα μὲν οὖν ὁ Λίβιος οὕτως γενέσθαι καταβεβαιοῦται.; vgl. Lucan. 7,192-200; Gell. 15,18,1-3; Obsequ. 65a.

16 Vgl. Wagner, R., RE I, „Antenor", 2351-353; Weissenborn-Müller, comm. ad. loc.; Ogilvie, comm. ad loc.

17 So Haffter, H., Rom und römische Ideologie bei Livius, Gymnasium 71,1964, 236-50, zit. nach: Wege zu Livius, ed. E. Burck, Darmstadt 1967, 277-97, 280f.

18 Nach Tac. ann. 16,21 führte man in Patavium am Gründungsfest zu Ehren des Antenor alle dreissig Jahre Spiele durch. (Vgl. D.C. 62,26).

19 So die meisten Interpreten (vgl. aber Hafft(er, Rom, 280f.): Bonjour, Terre, 96; Burck, E., Die Erzählkunst des Titus Livius, Berlin, Zürich 1964², 139, Anm. 2: „Seine Erwähnung (sc. ,die Antenors') ist eine besondere Form der Patavinitas des Livius." (Der Ausdruck „Patavinitas" erscheint in diesem Zusammenhang gewiss unglücklich; wichtig ist, dass Burck die vorherrschende Meinung stützt.); Ogilvie, 36: „... But for L. the legend had a special meaning. He was a Paduan and the story of his home city was thereby joined to the history of the capital city. Hence he begins his history with Antenor not Aeneas ... and takes for granted as common knowledge that Antenor founded Padua." u. 37 (ad 1,1): „... L.'s reason for not naming Rome at the very beginning is that he gives pride of place to his native district of Padua ..."; Walsh, Livy, 2: „Livy patriotically mentions at the beginning of his history Antenor's landing at the head of the Adriatic at about the same time as Aeneas was settling in the south"; Weissenborn-Müller, comm. ad loc.: „Er verbindet so die beiden berühmtesten troischen Helden, die sich gerettet haben, weil merkwürdigerweise durch den einen seine Geburtsstadt, durch den anderen die Hauptstadt des Römischen Reiches an Troja angeknüpft wird."

20 Das erste uns erhaltene Zeugnis findet sich bei Vergil, Aen. 1,242-249.

ein Denkmal setzen wollen. Die Antenorlegende erscheint vielmehr als eine dem Autor persönlich naheliegende, bemerkenswerte Parallele,[21] die er als engagierter Gelehrter dem Leser nicht vorenthalten mochte[22] – zumal er die Technik der Parallelerzählung sehr schätzte. Bezeichnenderweise entfällt sie in der Kurzfassung des ersten Buches, erschien den Späteren also tatsächlich als Digression.[23]

Eigentlich kann man nicht erwarten, in einem Werk über die Geschichte der *patria civitatis* Zeichen der Verbundenheit des Autors mit seiner *germana patria* zu finden.[24] Auch Livius äussert sich kaum persönlich zu seiner Herkunft aus Patavium.[25] Ja, es ist anzunehmen, dass uns einzig die gesicherte Kenntnis seiner Vaterstadt die in das Werk eingeflossenen Zeugnisse der Heimatverbundenheit erkennen lässt. Sie ermöglicht es, Gründe für die Erwähnung Antenors am Anfang des Werkes zu finden oder den Exkurs im zehnten Buch zu erklären. Ohne sie bliebe der Hinweis, dass die Veneter nie das etruskische Joch trugen, die ergänzende Anmerkung eines gewissenhaften Gelehrten. Dank unserem Wissen lässt sich aber erkennen, dass Livius immer wieder seine persönliche Kenntnis der

---

21 J. Perret versucht in seiner Thèse „Les origines de la légende troyenne de Rome", Paris 1942, insbes. 170-81, darzulegen, dass erst Livius Antenor nach Venetien verpflanzt und dass Vergil diesen dann zum Begründer Pataviums erhoben habe (vgl. Anm. 20). Die These, dass die Sagen altbekannt waren, insbesondere die Möglichkeit, dass bereits Sophokles in den verlorenen „Antenoriden" davon gesprochen haben könnte (vgl. Wagner, R., RE I, „Antenor", 2351-353), lehnt er ab. Ich vermag Perret in seiner Argumentation – insbesondere der Ablehnung von Strab. 13,608 und Polyb. 2,17,5 als Zeugnisse für eine entsprechende Version bei Sophokles (Perret, Origines, 159-66) – nicht zu folgen. Zudem, und das scheint mir das wichtigste Argument, hat Livius die Antenorlegende mit *satis constat* persönlich als Überlieferung gekennzeichet – man müsste also allen Ernstes annehmen, Livius beginne sein Werk gleich mit einer Geschichtsklitterung.

22 Weissenborn-Müller, comm. ad loc. (vgl. Anm. 19), haben die Absicht des Livius mit dem Wort „merkwürdigerweise" (bewusst?) richtig erfasst. Dem Historiographen erschien die Parallele Aeneas – Antenor offenbar im eigentlichen Sinne des Wortes als „würdig der Beachtung".

23 Liv. perioch. 1.

24 Zeichen der Verbundenheit mit der *germana patria* lassen sich bei den anderen Geschichtsschreibern (Sallust, Sueton, Tacitus) nicht finden. Vgl. Bonjour, Terre, 184f.

25 Wahrscheinlich lässt Γάιος Κορνήλιος ... Λιβίου τοῦ συγγραφέως πολίτης καὶ γνώριμος (Plu. Caes. 47,3 (= Liv. frg. 43) vgl. Anm. 15) darauf schliessen, dass sich Livius doch einmal direkt als Sohn Pataviums zu erkennen gab. Während πολίτης noch eine Ergänzung des Plutarch sein kann, darf man das bei γνώριμος nicht ohne weiteres annehmen. Da Livius zum Zeitpunkt des Prodigiums (48 v. Chr.) erst ca. elf Jahre alt gewesen sein dürfte, müsste man annehmen, C. Cornelius sei ein Bekannter der Familie gewesen oder habe dem jüngeren Livius später seine väterliche Freundschaft geschenkt. Lucan. 7,192-200, Gell. 15,18 und obsequ. 65a wissen allerdings weder, dass der Augur ein Bekannter, noch dass er ein Landsmann des Livius gewesen war. In dieser Sache lässt sich also nichts mit Gewissheit sagen.

IX Livius und Patavium 121

Lokalgeschichte Pataviums in seine Erzählung miteinbezieht.[26] Das geschieht im übrigen nicht einmal regelmässig: Der Bericht vom Aufstand und den inneren Zwistigkeiten der Pataviner im Jahre 174 v. Chr. und dem heilsamen Eingreifen der Zentralgewalt (*Patavinis saluti fuit adventus consulis*) etwa (41,27,3f.), ist – wohl nicht des unrühmlichen Vorgangs wegen, sondern den gefassten Vorsätzen entsprechend –[27] in aller nur wünschbaren Knappheit ausgefallen und scheint in seiner schnörkellosen Art direkt auf die Quellen zu verweisen.[28]

Wer so möchte, kann immerhin die Tendenz ausmachen, die Landsleute als „siegreiches, unbezwungenes Volk" darzustellen[29] und Antenor, den Venetern und Patavium den zweiten Platz unmittelbar hinter Aeneas und Rom zuzusprechen.[30] Allerdings lässt sich diese nicht durch ein im wahrsten Sinne „tendenziöses" Hervorheben des Ruhms der Geburtsheimat wahrnehmen. Trotz der offensichtlichen Freude am Detail bleibt Livius seiner Aufgabe, als Historiograph gewissenhaft zu berichten, selbst in 10,2 recht treu. Auffällig ist hingegen, dass er Ereignissen, die in keiner Beziehung zur Geschichte Roms stehen, wenig Beachtung schenkt – es sei denn, sie bezögen sich auf seine oberitalische Heimat ...

---

26 Weissenborn-Müller, 4: „... Doch scheint ihn früh auch die Geschichte, zunächst wohl die seiner Vaterstadt und Oberitaliens, mit welcher er genauer bekannt ist, angezogen und beschäftigt zu haben."
27 Zu den „Vorsätzen" vgl. Anm. 6. Zur Zurückhaltung beim Berichten über die engere Heimat vgl. weiter die Bemerkung zu Polyb. 2,23 in Anm. 29.
28 Als Quelle für die spezifisch innerrömischen Angelegenheiten in der fünften Dekade gelten die Annalisten Claudius Quadrigarius und Valerius Antias. Darüber, ob man das knappe *Patavinis saluti fuit adventus consulis* bereits als „Schnörkel" bezeichnen kann, lohnt sich nicht zu streiten, heisst es im Zusammenhang doch nicht mehr als „es kehrte wieder Ruhe und Ordnung in der Bürgerschaft ein."
29 So Mratschek, Est enim ille flos, 177, zu Liv. 5,33,10 u. 10,2,4-15. Systematisch hat Livius dieses Bild allerdings nicht verwendet: Polyb. 2,23 berichtet, dass die Veneter neben den Etruskern auch die einwandernden Gallier abgehalten hätten – Livius schweigt sich aus.
30 So Heurgon ad 1,1,4 (*simili clade – maiora initia*): „Le Vénète s'incline devant le Romain."

X   STATIUS, NEAPEL UND DER GOLF ... *CREAVIT ME TIBI, ME SO-CIUM LONGOS ADSTRINXIT IN ANNOS. NONNE HAEC AMBORUM GENETRIX ALTRIXQUE VIDERI DIGNA?* (silv. 3,5,106-109)

X.1   DARSTELLUNG

Die Familie des Statius stammte nicht aus Neapel. Erst sein Vater ist aus dem lukanischen Velia in die Stadt am Golf übergesiedelt.[1] Der Sohn lässt das in dem ihm gewidmeten Epicedion (silv. 5,3) nicht zum Makel werden.[2] Mit *nec simplex patriae decus, et natalis origo pendet ab ambiguo geminae certamine terrae* verleiht er der doppelten Beheimatung Glanz und bekräftigt den Gedanken abschliessend mit dem zum Topos gewordenen Streit der Städte um Homer (v. 124f.,130-132). Das *certamen ambiguum*, das der Erwähnung der ursprünglichen Herkunft einen ansprechenden Rahmen verleiht, ist allerdings längst zugunsten Kampaniens entschieden. Man braucht nicht auf den Unterschied zwischen *te de gente suum ... Graia refert Hyele, ...* und *maior at inde suum longo probat ordine vitae / <Parthenope ...>* (v. 126f.,129f.) zu bauen,[3] – der Vorrang der Stadt am Golf

---

*   Für genaue bibliographische Angaben zu den im Folgenden nur gekürzt aufgeführten hauptsächlich verwendeten Textausgaben, Kommentaren und Übersetzungen vgl. Kap. XIV.2 (betrifft: Vollmer, Phillimore, Mozley, Frère-Izaac, Marastoni, Traglia-Aricò, van Dam, Coleman, Courtney, Wissmüller, Laguna).

1   Silv. 5,3,124-132. Da in der Kaiserzeit Individualcognomina das Normale waren, steht der vollständige Name des Vaters nicht fest (Vater als P. Papinius: Curcio, G., Studio su P. Papinio Stazio, Catania 1893, 3f.; danach Vollmer (1898), 15, Anm. 5; Traglia, A., Il maestro di Stazio, RCCM 7, 1965, 1128-134, 1128). Die von Kirchner anders rekonstruierte Inschrift IG II², 3919 könnte sich jedoch nach Clington, K., Publius Papinius St[---] at Eleusis, TAPhA 103, 1972, 79-82, auf den Vater des Dichters beziehen, der sich anlässlich seiner Teilnahme an den pythischen, nemeischen und isthmischen Dichterwettbewerben (silv. 5,3,142-145) in Griechenland aufhielt. Das Cognomen *Statius* wäre so auch für ihn gesichert. Vgl. u.a. Hardie, A., Statius and the Silvae, Poets, Patrons and Epideixis in the Graeco-Roman World, Liverpool 1983, 6.

2   Da die Familie dem *ordo equester* angehörte, allerdings eine Minderung ihres Vermögens hinnehmen musste (silv. 5,3,116-120), könnte man durchaus einen Makel vermuten. Vollmer, 536, meint denn auch, dass der Vater „um dieser unliebsamen Erinnerung willen" aus der Geburtsheimat Velia, „wo er nicht mehr eine grosse Rolle spielen konnte", nach Neapel übergesiedelt sei (weniger bestimmt ders., 15, Anm. 7). Ob das so war, sei dahingestellt.

3   Die von Markland festgestellte Lücke im Text muss einen Hinweis auf Neapel enthalten. Die Einleitung *maior at inde* allein kann nicht als Übergang zu Bedeutenderem gelten: In Theb. 4,116 leiten im Truppenkatalog dieselben Worte ohne Emphase zum Kontingent des Hippomedon über. Eine Spannung besteht aber zwischen *te de gente suum ... refert* („rechnet auf Grund der Geburt als den Ihren") und *probat* („erweist"). *Probare* ist hier ebenso prägnant als „erweisen" gebraucht wie in Vers 110 *si tu* (sc. ‚Parthenope') *stirpe vacans famaeque obscura iaceres / nil gentile tenens, illo te cive probabas / Graiam atque Euboico maiorum sanguine*

wird hier nur angetönt, da die Tatsache der *duae patriae* als Auszeichnung gewertet sein will:[4] Bereits in den Versen 104-115 hat Statius *Parthenope*[5] aufgefordert, um ihren berühmten Sohn zu trauern,[6] und im Verlauf des Gedichtes wird unmissverständlich klar, wo das Lebenszentrum des Vaters lag: In Neapel wuchs er heran und trat dort ins eigentliche, tätige Leben (v. 133)[7]. In der neuen Heimat feierte er früh dichterische Triumphe, denen überdies – *sin pronum vicisse domi ...* – solche in Griechenland folgen sollten (v. 141-145).[8] In Neapel unterwies er die Jugend Süditaliens, Schüler aus Apulien und Daunien, insbesondere jedoch diejenigen aus der unmittelbaren Nachbarschaft (v. 162-171). Die Annahme, die *Romulea stirps* (v. 176-190) sei nicht am Golf, sondern in Rom unterwiesen worden, besitzt Plausibilität, ist aber nicht so gesichert, wie das die beinahe einhellige Kommentierung moderner Interpreten vermuten lässt.[9]

---

duci / ... (v. 109-111). Wissmüller, 143, übersetzt wohl deshalb beide Male mit „behauptet", weil von Homers Heimatstädten anschliessend gesagt wird *Maeoniden aliaeque aliis natalibus urbes / diripiunt cunctaeque probant* (v. 130f.). Auch hier ist prägnant „erbringen Nachweise" gemeint. Selbst wenn nur eine der Städte in Frage kommt, hatte doch jede ihre Beweise.

4   Zum Vergleich: Im Falle des Pollius Felix wird eindeutig für Neapel Stellung bezogen (silv. 2,2,95-97). Vgl. S. 127. Vgl. auch Anm. 2.

5   *Parthenope*: seit Vergil bezeugt als dichterischer Name der Stadt nach der dort begrabenen und verehrten Sirene (Verg. georg. 4,564). Zur Geschichte der Sirene und ihres Kults vgl. Peterson, R.M., The Cults of Campania, Rom 1919, 174-81; Frederiksen, M., Campania, edited with additions by N. Purcell, Rom 1984, 105. *Neapolis* bei Statius nur: silv. 3, praef. l. 20; 4, praef. l. 10, 21 (Prosa); 4,8,6 (einzige Versstelle).

6   Silv. 5,3,104-106 *exsere semirutos subito de pulvere vultus, / Parthenope, crinemque adflato monte sepultum / pone super tumulos et magni funus alumni*. *Alumnus* ist ein stehender Begriff für den „Sohn" eines Landes, vgl. die Beispiele OLD, „alumnus", 111.

7   Silv. 5,3,133 .. *ibi dum profers annos vitamque salutas.*

8   Die Siege in Neapel sind bereits in silv. 5,3,112-115 erwähnt: *ille tuis totiens pressit sua tempora sertis, / cum stata laudato caneret quinquennia versu / ora supergressus Pylii ducis oraque regis / Dulichii, pretioque comam subnexus utroque*. (Auf die textkritischen Probleme sei nachdrücklich verwiesen; eine Diskussion drängt sich für unsere Zwecke nicht auf.). Der Triumph in der Heimat kann nicht das letzte Ziel des Dichters sein, vgl. Cat. 95 (S. 57). Zur Inschrift IG II², 3919 und der Bezeugung eines Griechenlandaufenthaltes des Vaters vgl. Anm. 1.

9   Aufgebracht wurde die These ohne nähere Begründung von Curcio, Studio, 8f. Da er aus silv. 5,3,178f. (*Dardanius facis explorator ...*) den Schluss zog, Domitian sei Schüler des Papinius gewesen, ergab sich für ihn die Verlegung des Wohnsitzes von selbst. Während die Unterrichtung Domitians heute – m.E. mit Recht – grösstenteils abgelehnt wird (anders: Traglia, Il maestro, 1132f.; Hardie, Statius, 11), hat die Idee des Umzugs grosse Beachtung erfahren. Hilberg, I., Zur Biographie des Statius, WS 24, 1902, 514-18, passim, setzt Vollmers (16; 17, Anm. 2; 541) ablehnender Haltung zunächst eine Textbetrachtung entgegen: Die Verse 172-175 (Vergleich des Vaters mit der vielbesuchten Sibylle) setzten den Schlusspunkt zum Thema *patria te petiere relicta*; *mox et Romuleam stirpem* (v. 176) sei keine weitere Steigerung des Ruhms (wieso nicht? vgl. die erreichten Ehrenstellungen der Schüler), damit beginne etwas Neues (515f., so später auch Frère-Izaac, t. I, XI: „une clausule à éffet"). Weiter führt er aus, dass sich ein „Albanum" für einen Stadtrömer eher aufdränge und ein frühes Übersiedeln nach Rom Statius' Heirat *florentibus annis* (silv. 3,5,23) erklären könne (517f.).

Verbunden ist die väterliche Geburtsstadt Velia mit der Ziehheimat am Golf durch die griechischen Wurzeln. Auf diejenigen der eigenen Geburtsheimat Neapel kommt Statius gerne und ausführlich zu sprechen: „Apoll, der persönlich durch die Taube der Dione *Parthenope* auf ihrer Fahrt übers Meer den vom Klima verwöhnten Landstrich wies",[10] soll der Gattin die Heimat als würdiges Ziel einer Rückkehr präsentieren – man beachte das Zusammenführen hehrer Namen auf engem Raum! Ein weiteres Mal hören wir anlässlich der Gratulation zur Geburt des dritten Kindes des Landsmannes Iulius Menecrates von der Gründungssage, von Apoll und den von ihm übers Meer geleiteten Euböern, aus denen sich dann schliesslich die ersten Siedler der Stadt rekrutiert haben.[11] Statius nennt die Vaterstadt gewöhnlich nach

---

Frère-Izaac, t. I, Xf., meinen darüber hinaus, dass Verse über den Brand des Kapitols überall geschrieben werden konnten, der Kaiser und die *Latii proceres* hätten aber die Kunst des Vaters wohl ebenso in Rom („sur place") bewundert (v. 203f.) wie die *Latii patres* so oft (*quotiens*) diejenige des Sohnes (v. 215). Jedes dieser Argumente ist einzeln anfechtbar (was heisst schon *florentibus annis*?; dass das Albanum bereits vom Vater erworben wurde, ist möglich, aber keinesfalls sicher. Argumente pro: Hardie, Statius, 13 (Geschenk an den Vater); vgl. aber Frère-Izaac, t. I, XI), und man kann sich schon fragen, wieso Statius etwas so Zentrales wie den Umzug in die Hauptstadt nicht dezidierter ausdrückt und in v. 104ff. einzig *Parthenope* um den Vater trauern lässt. In ihrer Gesamtheit gewinnen die Überlegungen zugunsten des Ortswechsels allerdings an Gewicht und genügen deshalb den meisten Interpreten (so u.a.: Giri, G., Su alcuni punti della biografia di Stazio, RFIC, 35, 1907, 433-60, 434; Traglia, Il maestro, 1132; Gossage, A.J., Papinius, The Father of Statius, Romanitas 6/7, 1965, 171-79, 174f., Marastoni, A., Der Dichter Statius, Altertum 15, 1969, 220-37, 221; Cancik, H., Römischer Religionsunterricht in apostolischer Zeit, Ein pastoralgeschichtlicher Versuch zu Statius, Silve V,3,176-184, in: Wort Gottes in der Zeit, Festschrift H. Schelkle, edd. H. Feld, J. Nolte, Düsseldorf 1973, 181-97, 181; Traglia-Aricò, 16 (i.e. Aricò nach Traglia, Il maestro); Hardie, Statius, 10-12 (12: spekuliert gar über ein Zusammenspiel zwischen der Übersiedlung und Neros Vorliebe für Neapel); van Dam, 1; Coleman, XV; Laguna, 5, Anm. 10). Anders (neben Vollmer): Mozley, VIIf.; Helm, R., RE XVIII,2, „Papinius Nr. 8", 984-1000, 984, mit einer Bemerkung von Bickel, nach dem die Auswahl der Priestertümer auf munizipale Verhältnisse schliessen lasse (vgl. Bickel, E., Beiträge zur römischen Religionsgeschichte, RhM 72, 1917/18, 52-61, 60f., Anm. 1). Helms Argumentation mit Bickels Beitrag ist aus den verschiedensten Blickwinkeln problematisch: *Dardanius facis explorator ...* ist kaum ein munizipales Amt (vielleicht handelt es sich um den *pontifex promagister*; vgl. Cancik, Römischer Religionsunterricht, 184); ausserdem würde selbst das „Versehen munizipaler Priesterämter" (durch Stadtrömer?) keineswegs die Schule zwingend nach Neapel verlegen; vgl. D'Arms, J.H., Romans on the Bay of Naples, A Social and Cultural Study of the Villas and Their Owners from 150 B.C. to A.D. 400, Cambridge (Mass.) 1970, 144; Vessey, D., Statius and the Thebaid, Cambridge 1973, 52. Wer der Mehrheit folgt, sollte sich von der Begründung distanzieren, es sei kaum möglich, dass Söhne vornehmer römischer Familien den Unterricht in Neapel besucht hätten (so Laguna, 5, Anm. 10; weniger dezidiert bereits Hilberg, Zur Biographie, 516) – Neapel hatte als Schulstadt Tradition (D'Arms, Romans, 142-150, mit verschiedenen Zeugnissen, insbes. Strab. 5,4,7).

10 Silv. 3,5,79f. *Parthenope, cui mite solum trans aequora vectae / ipse Dioneaea monstravit Apollo columba.*

11 Silv. 4,8,45-48 *di patrii, quos auguriis super aequora magnis / litus ad Ausonium devexit Abantia classis, / tu, ductor populi longe migrantis, Apollo, / cuius adhuc volucrem ...* Statius übertrug die Geschichte der euböischen Auswanderung in Verkürzung direkt auf Neapel

dem Namen der dort bestatteten und verehrten Sirene *Parthenope*, nicht ohne zuweilen mit der Doppelbedeutung des Namens ein verwirrendes Spiel zu treiben.[12] Anders steht es mit der Geburtsheimat des Vaters: Vollmer behauptet, der Dichter streiche das Griechische für Velia (*Graia Hyele*, †*Graius*† *magister*[13]) nur deshalb heraus, da für ihn „ja hier (‚im Epicedion für den Vater') jeder noch so gekünstelte Hinweis auf Griechisches Bedeutung" habe.[13] Die Bemerkung ist berechtigt, birgt aber die Gefahr eines Missverständnisses in sich, und das nicht nur, weil das Er-

---

(vgl. etwa auch den Gebrauch der Adjektive *Euboicus, Chalcidicus*: Anm. 17). Die ersten Kolonisten am Golf von Neapel sollen aus Chalkis gekommen sein und zunächst Cumae gegründet haben. Vgl. Liv. 8,22,5f. *Palaepolis fuit haud procul inde ubi nunc Neapolis sita est; duabus urbibus populus idem habitabat. Cumis erant oriundi; Cumani Chalcide Euboica originem trahunt. Classe, qua aduecti ab domo fuerant, multum in ora maris eius quod accolunt potuere, primo <in> insulas Aenariam et Pithecusas egressi, deinde in continentem ausi sedes transferre.*; Vell. 1,4,1 *Chalcidenses ... Atticis Hippocle et Megasthene ducibus Cumas in Italia condiderunt. Huius classis cursum esse directum alii columbae antecedentis volatu ferunt, alii nocturno aeris sono, qualis Cerealibus sacris cieri solet. Pars horum civium magno post intervallo Neapolim condidit.* (Vgl. Laus Pis. 89-92; Plin. nat. 3,62). Näheres zu den Gründungssagen Neapels vgl. Philipp, H., RE XVI, „Neapolis", 2113-115; Frederiksen, Campania, 85-87.

12 Ein Versuch, das kühne Spiel mit der Metonymie nachzuvollziehen: a) silv. 1,2,260-262 *at te nascentem gremio mea prima recepit / Parthenope, dulcisque solo tu gloria nostro / reptasti.* > Stadt, Sirene?. b) 2,2,83-85 *una tamen cunctis, procul eminet una diaetis / quae tibi Parthenopen derecto limine ponti / ingerit: ...* > Stadt. c) 3,1,91-93 ‚*tune' inquit ‚largitor opum, qui mente profusa / tecta Dicaearchi pariter iuvenemque replesti / Parthenopen?'* > Stadt, Sirene? (Sirene durch *iuvenis* ins Spiel gebracht (vgl. a)?). d) 3,1,151-153 *addisces, Misene, tubas, ridetque benigna / Parthenope gentile sacrum nudosque virorum / certatus et parva suae simulacra coronae* > Stadt, Sirene. e) 3,5,78-80 *nostra quoque et propriis tenuis nec rara colonis / Parthenope, cui mite solum trans aequora vectae / ipse Dionaea monstravit Apollo columba* > hier ist wohl nur die Stadt gemeint: Sie hat genügend Bürger (v. 78) und steht stellvertretend für die über das Meer gekomenen Euböer (vgl. Anm. 11), – es sci denn, man wolle mit Vollmer (436, ad loc., erstaunlicherweise nach der Bemerkung „‚Parthenope'... collectiv für die Einwohner") eine Sagenvariante annehmen, in der die Sirenengeschichte mit der Überlieferung der von Apoll geleiteten euböischen Siedler verwoben war. Dafür findet sich keinerlei Hinweis, was nicht verwundert; nach gängiger Überlieferung wurde die Sirene tot an den Strand gespült (vgl. Fiehn, K., RE XVIII,3, „Parthenope", 1934f; Peterson, Cults, 174-181; Frederiksen, Campania, 105). Für Frère-Izaac, t. I, notes compl. ad p. 128, 6*; Mozley, 250f.; Laguna, 380 und Traglia-Aricò, 882, ist die „von Apoll durch die Taube der Venus geleitete Sirene" kein Problem. f) 4,4,51-53 *en egomet somnum et geniale secutus / litus, ubi Ausonio se condidit hospita portu / Parthenope, ...* > Stadt (der ‚italische Hafen' passt auch zur Situation der euböischen Siedler), Sirene? (*condidit* passt auch zu ihr). g) 4,8,1-3 *Pande fores superum vittataque templa Sabaeis / nubibus et pecudum fibris spirantibus imple, / Parthenope* > Stadt. h) 5,3,104-106 *exsere semirutos subito de pulvere vultus / Parthenope, crinemque adflato monte sepultum / pone super tumulos et magni funus alumni* > Sirene, Stadt. (i) 5,3,129f. *maior at inde suum longo probat ordine vitae / [Parthenope * * *]* > Stadt).

13 Silv. 5,3,126-128 *te de gente suum Latiis adscita colonis / Graia refert Hyele* (N. Heinsius recte, *sele* M), †*Graius*† *qua puppe magister / excidit et mediis miser evigilavit in undis* (†*Graius*†: Marastoni; vgl. die Apparate). Die angeführte Bemerkung brachte Vollmer, 536, zur Verteidigung von *Graius* (*magister*) vor.

wähnen von Gründungssage, Gründerheros und griechischer Wurzeln Tradition hatte.[14]

Wie steht es denn überhaupt mit den „Hinweisen auf Griechisches", wie stark ist „die Seele des Dichters in der griechischen Kultur verwurzelt"?[15]
Wenn Statius die kampanische Ebene als *Euboicos campos*, die Geburtsheimat als *Euboicos penates* umschreibt, steht dahinter zunächst kaum mehr als hinter anderen, meist in Nachahmung klassischer Vorbilder[16] verwendeten aitiologischen und gelehrten Anspielungen: Der Tiber ist „lydisch", der Palatin heisst *Euandrius collis*, „ägyptisch" wird zweimal mit *Paraetonius* und besonders gerne mit dem metrisch günstigen *Pharius* umschrieben.[17] In silv. 4,8,46 schliesslich wird die *Euboica classis* nach den legendären Einwohnern Euböas weiter zur *Abantia classis* verfremdet.

Oft genug jedoch wird das „Griechische" Kampaniens als Vorzug herausgestrichen. Im Epicedion auf den Vater erwähnt er auf der Folie der griechisch geprägten kulturellen Gegebenheiten Neapels[18] dessen Beziehung zu griechischer Bildung und Kultur: Er begnügt sich nicht mit der stolzen Feststellung, dass die *Euboea plebes*[19] bereits dessen Jugendgedichte bestaunt habe, sondern behauptet gar *si tu* (sc. ‚Parthenope') *stirpe vacans famaeque obscura iaceres nil gentile te-*

---

14 Vgl. S. 111.
15 Goguey, D., Le paysage dans les Silves de Stace: Conventions poétiques et observation réaliste, Latomus 61, 1992, 602-13, 603, zu silv. 3,5: „une âme latine enracinée dans la culture grecque".
16 Vgl. Goguey, Paysage, passim; 603: „fidélité à la tradition poétique". Vorbilder sind namentlich Vergil, Horaz und Ovid.
17 Bei Statius bezeichnen *Euboicus* resp. *Chalcidicus* sowohl Cumae (Sibylle: silv. 1,2,177; 1,4,126; 4,3,24 u. 118; 5,3,183) als auch Neapel und die nähere Umgebung: silv. 4,4,1 *Euboicos campos*; silv. 3,5,12 *Euboicos penates*; 1,2,262f. *tellus Eubois*; 5,3,111 *Euboico sanguine*; 2,2,94 *Chalcidicas turres* (Neapel); 4,4,78f. *Chalcidicis litoribus*; 5,3,226 *Chalcidicae coronae*. Tiber: silv. 1,2,190; 4,4,6f. vgl. auch 1,2,144f. *Thybrides arces Iliacae* = Rom. Palatin: silv. 4,1,7f. Paraetonius: silv. 3,2,49; Theb. 5,12. Pharius: silv. 2,1,73;161; 2,5,29; 2,6,87; 3,1,31; 3,2,22, 112; 5,1,242; 5,3,244; 5,5,66; Theb. 1,254; 4,709; 5,11; 6,278.
18 Neapel war noch im 1. Jh. n. Chr. eine „griechische" Stadt. (Vgl. Tac. ann. 15,33,2 ... *Neapolim quasi Graecam urbem delegit*). Die kompakteste Zusammenfassung der Fakten (politische Ebene: griech. Amtssprache, griech. Kalender; Phratrien, und neben den römischen Munizipalbeamten auch Demarchen und Laukelarchen bis ins 4. Jh.) noch immer bei Nissen, Ital. Landeskunde II,2, 749f.
19 Silv. 5,3,135f. ... *stupuit primaeva ad carmina plebes / Euboea et natis te monstravere parentes*. *Euboea* gehört aus stilistischen Gründen kaum zu *carmina* (so Wissmüller in seiner Übersetzung, 144), da dieses bereits kunstvoll mit *primaeva* verbunden ist und *Euboea* als Zusatz unschön nachklappen würde. Dagegen wird es als Attribut zu dem sonst allein stehenden *plebes* zu sinnvoller Verstärkung der *certamina patrii lustri* (v. 133).

nens, illo te cive probabas Graiam atque Euboico maiorum sanguine duci – allein durch diesen Bürger wiese sich Neapel bereits als Griechenstadt aus.[20] Besonders eng wird die Verbindung zwischen griechischer Lebensart und Kampanien auch in silv. 2,2 gezeichnet:[21] Der Katalog der Räumlichkeiten in der Villa Surrentina schliesst mit der prächtigsten, dem mit verschiedensten Marmorarten Griechenlands ausgekleideten Zimmer, das den Blick auf Neapel freigibt. Zu preisen ist der Freund und Gönner Pollius Felix, weil er an Griechischem Gefallen findet und sich gerne in griechischer Umgebung aufhält.[22] Dann folgt der krönende Schluss, das Fazit des Abschnittes: Überhaupt, wir Neapolitaner können den gelehrten Zögling mit besserem Recht als sein Geburtsort Puteoli beanspruchen (silv. 2,2,97 ... *nos docto melius potiemur alumno*).[23]

„Griechisch" und „Neapel" sind Metaphern für Bildung[24] und „Savoir vivre" – etwas, womit sich ein Mäzen gern in Verbindung bringen lässt, etwas, was auch einem verehrten Vater gut ansteht. Die kulturelle Bedeutung der Geburtsheimat wird denn auch anderswo gerne hervorgehoben, hat ihren Platz im Enkomion einer Person. Eine Herkunft aus dem fernen, an den unheilvoll weglosen Syrten gelegenen punischen *Lepcis* hingegen wird relativiert: Septimius Severus ist schon als Knabe nach Rom gelangt, nach Sprache, Haltung und Gesinnung ist er *Italus, Italus* ... (silv. 4,5,29-48)[25]. Problemlos ist das Feiern der spanischen Herkunft Lukans (silv. 2,7,24-35) oder der kleinasiatischen Heimat des Vaters von Claudius Etruscus – die Baetica war längst im Imperium integriert, und Smyrna ist die Stadt Homers[26]. Verbindlich war ein derartiges Aufgreifen der *germana patria* nicht: Ge-

---

20 Silv. 5,3,109-111.
21 So u.a. auch van Dam, 194: „... Pollius' Hellenophilia is clearly announced ... in the context of its Greek surroundings."
22 Silv. 2,2,95-97 *macte animo quod Graia probas, quod Graia frequentas / arva, nec invideant quae te genuere Dicarchi / moenia: nos docto melius potiemur alumno*. Die Konjektur *Graia* (bis; *grata* M) ist unbestritten.
23 Vgl. silv. 2,2,133-137 *tempus erat cum te geminae suffragia terrae / diriperent celsusque duas veherere per urbes / inde Dicarcheis multum venerande colonis, / hinc adscite meis, pariterque his largus et illis / ac iuvenile calens rectique errore superbus*. Die Bewerbung um Magistraturen in Neapel macht deutlich, dass er dort mehr als nur das „geistige Bürgerrecht" besass (so Stärk, E., Kampanien als geistige Landschaft, Interpretationen zum antiken Bild des Golfs von Neapel, München 1995, 138; vgl. dagegen Klass, J., RE XXI,2, „Pollius Nr. 2", 1419-22, 1420.). Zur Möglichkeit, in zwei Städten Ämter auszuüben vgl. S. 26 mit Anm. 55.
24 Vgl. Colum. 10,134 (*docta Parthenope*); Mart. 5,78,14 (*docta Neapolis*). Vgl. Sil. 12, 31f. *nunc molles urbi ritus atque hospita Musis / otia et exemptum curis grauioribus aeuum*. Für die Verbindung von Neapel mit Bildung vgl. D'Arms, Romans, insbes. 142-52.
25 Ähnlich: Zugestehen „römischen Wesens" auch Mart. 11,53 (Britannierin); 12,21 (Marcella aus dem heimatlichen Bilbilis).
26 Silv. 3,3,59-62 *sed neque barbaricis Latio transmissus ab oris: / Smyrna tibi gentile solum, potusque verendo / fonte Meles Hermique vadum, quo Lydius intrat / Bacchus et aurato reficit sua cornua limo*. Vgl. silv. 4,2,9.

rade in silv. 1,2, dem Epithalamion für den Dichterfreund Stella und seine aus Neapel stammende Frau, findet sich kein Hinweis auf Kampanien als Wiege der Kultur.[27]

Am grossen Ereignis des heimatlichen Kulturlebens, den *Augustalia*, nahm Statius mit Stolz teil, nicht einfach als Dichter, sondern als Sohn der Vaterstadt (silv. 2,2,6 ... post *patrii* ... *quinquennia lustri*). *Patrius* dient allerdings, ebenso wie die Erwähnung der Teilnahme überhaupt, nicht nur der eigenen Positionierung. Das Epitheton ist nicht allein gesetzt, um die persönliche Verbundenheit mit der Heimat publik zu machen. Es findet bei Pollius Anklang, war der Sinus Cumanus doch auch für den Gönner das *gentile fretum*, „das vertraute, heimatliche Meer" (silv. 2,2,9).[28] Gleichzeitig mit der Information „ich habe die Villa bei der Rückkehr von den heimatlichen *Augustalia* besucht" verstärkt das Einbringen gemeinsamer Interessen gleich am Anfang des Gedichts das Band zwischen Dichter und Adressat: Statius kann seine Beziehung zur Heimat und die Liebe zu ihrem griechisch geprägten Kulturleben offenlegen, weil er auf Resonanz stösst.

Wenn er seiner Ehefrau Claudia in der „Suasorie für eine Heimkehr" die Mischung aus römischer und griechischer Lebensart in Neapel preist (silv. 3,5,94),[29]

---

27 Die Art des persönlichen Lobes ist andernorts merklich mit der gesellschaftlichen Stellung verbunden (vgl. Anm. 87). Es kann aber nicht geltend gemacht werden, dass Violentilla als Braut nicht als *docta*, sondern einzig als Schönheit gepriesen werden sollte. Die Bildung einer Frau konnte sehr wohl lobend hervorgehoben werden (für die Zeit des Statius vgl. e.g. Mart. 7,69; Quint. inst. 1,1,6).
28 Vgl. Anm. 23.
29 Zu silv. 3,5,93f. *quid laudem †litus libertatemque Menandri† / quam Romanus honos et Graia licentia miscent?* wurden die verschiedensten Konjekturen vorgeschlagen (vgl. Vollmer, app. crit.). Von den neuesten Versuchen, mit dem locus desperatus fertig zu werden, greife ich drei heraus: 1. Stärk, Kampanien, 140, hält das überlieferte *litus libertatemque Menandri* für „eine der schönsten Junkturen des Statius". Nur würde schon zu Statius' Zeiten kaum jedermann hinter *libertas Menandri* mit Leichtigkeit „eine attische Geistesfreiheit" erkannt haben, und die bekannte Tatsache, dass die Alten die Geistesart mit klimatischen Verhältnissen erklärten, rechtfertigt das doch ziemlich unmotivierte Auftauchen von *litus* kaum – *litus* kann nur einem ausgesprochen assoziativ begabten Geist als Quintessenz der vorhergehenden Klimaschilderung (v. 83f.) gelten (Laguna, 386, interpretiert zwar anders (s.u.), empfindet aber die Verbindung des geographischen Konkretums *litus* mit *libertas Menandri* mit Verweis auf silv. 4,4,51f. ... *somnum et geniale secutus / litus* ebenfalls nicht als störend. Er übersieht, dass *geniale litus* in silv. 4,4 nicht isoliert dasteht, sondern zentraler Angelpunkt ist, von dem die Ausführung des Aufenthaltsorts abhängt.). 2. Delz, J., Zu den ‚Silvae' des Statius, MH 49, 1992, 239-55, 248, Anm. 19, nimmt die plausible Konjektur von Heinsius, *ritus*, auf und will *Menandri* durch *loquendi* ersetzen. Abgesehen von paläographischen Bedenken, scheint „Freiheit in der Wahl der Sprache" weder ein überzeugender Vorzug zu sein, noch sich aus der Mischung von „Römischer Ehrbarkeit" und „griechischer Freizügigkeit" zu ergeben. Sein Hinweis auf Suet. Aug. 98,3 ist fehl am Platze. 3. Das „couple of minor (sic!) changes" schliesslich, das Eden, P.T., Problems in Statius, Silvae (III), Mn 46, 1993, 377-80, 377f., vorschlägt (*quid laudem litus libertatem meandi / et Capitolinia quinquennia proxima lustris / qua Romanus honos se et Graia licentia miscent?*), kann man nur als

greift er auf einen bekannten Vorzug der Gegend zurück. Hier und beim Betonen des griechischen Hintergrunds des Vaters wird man kaum behaupten wollen, Statius benutze einzig im Interesse der Sache, d.h. um die Gattin zu gewinnen und den Verstorbenen zu ehren, einige für seine Person unverbindliche Gemeinplätze – zu gegenwärtig scheint das indirekte eigene Betroffensein. Letztlich entspringen Hinweise auf Griechisches, selbst wenn sie auf den Beifall Dritter abzielen und, um auf die Bemerkung Vollmers zurückzukommen, zuweilen „gekünstelt"[30] wirken, offensichtlich genuinem Interesse an einer römischen Welt mit griechischer Prägung. So betrachtet mag auch *Euboicus* für Statius kein beliebiges Epitheton gewesen sein, sondern eine ihm wichtige Qualität seiner Heimat ausdrücken: Der Golf von Neapel ist „Euböerland", Land griechischen Ursprungs und griechischen Wesens.[31]

Verschiedentlich begegnet man der Ansicht, die Herkunft habe Statius den Zugang zu den griechischen Stoffen seiner Thebais und Achilleis eröffnet.[32] Er selber bezeugt, dass der Unterricht beim Vater, der griechische Literatur behandelte (silv. 5,3,147-158), seine „Thebais den alten (lateinischen ...[33]) Dichtern nahekommen liess" (v. 233f.). Dass er dabei nicht nur mit stilistischen Feinheiten (v. 235-237), sondern auch mit einem Römer fernerliegenden Inhalten bekannt wurde, versteht sich. Es ist müssig, darüber zu diskutieren, inwiefern eine ähnliche Vertrautheit mit griechischen Stoffen bei anderweitiger Herkunft möglich gewesen wäre.[34] Sinnvoller ist es, umgekehrt festzuhalten, dass Statius' Verbundenheit mit

---

verzweifelten Versuch bezeichnen. Der Text scheint nicht heilbar, wichtig ist der Grundgedanke: Mit Vers 93 beginnt, durch ein erneutes *quid* (vgl. v. 89) eingeleitet, ein neuer Aspekt im Lob Neapels, der sich keineswegs auf Theaterdarbietungen (vgl. v. 94: *Romanus honos* passt dazu nicht, wie auch van Buren, A.W., Statius, Silvae III. V. 93, AJPh 50, 1929, 373 das Gegenteil behauptet. Nicht nachvollziehbar Laguna, 386, nach dem hier „una alusión a la adaptación latina de comedias de Menandro" vorliegt) beziehen kann, sondern, wie die von Housman bei Courtney (vgl. ind. libr. XXXIII) beigebrachte Parallele (Tac. ann. 4,2 (Massilia): *Graeca comitas / provincialis parsimonia*) nahelegt, auf die Lebensart zielt.

30 Vgl. S. 125 mit Anm. 13.
31 Vgl. dazu silv. 5,3,109-111. Neapel als griech. Stadt: vgl. Anm. 18.
32 Vgl. Vessey, Statius and the Tebaid, 45: „In his earliest years, Statius lived in an environment in which the two cultures – Hellenic and Roman – were united. He was destined to produce an epic based on Greek mythology but written for Roman audiences. His background for the task was appropriate."; ähnlich, aber doch mit Verweis auf Valerius Flaccus auch Hardie, Statius, 62 (Auf die weiterführende These Hardies, der Statius überhaupt als „griechischen Dichter" in der Tradition des griechischen Berufsrhapsoden sieht, mag ich nicht eingehen (vgl. die Rezension von H.-J. van Dam, Gnomon 60, 1988, 704-12, 705f.)); Von Albrecht, 2, 713: „Die Werke des Statius ... sind Ausdruck eines einheitlichen griechisch-römischen Zivilisationsbewusstseins."
33 Nahekommen an die Aeneis: Theb. 12,816f.; silv. 4,7,26-28.
34 Zu denken ist an Valerius Flaccus.

der griechischen Welt sich in der ausgeprägt griechisch-römischen Zivilisation des späteren 1. Jh. n. Chr. entfalten konnte.[35]

Parthenope besass den ersten Platz im Fühlen des Dichters: Sie brauchte keine Rivalin zu fürchten, kein Gut in den Sabinerbergen, kein Tiburtinum oder Laurens. Wenn Horaz von Tarent, dem er einzig Tibur vorzöge, meint: *ille terrarum mihi praeter omnis angulus ridet*,[36] weist Statius den ehrenvollen zweiten Rang seinem Albanum zu, aber eben hinter der Heimatstadt: ... *terra primis post patriam mihi dilecta curis* (silv. 4,5,21f.). Das verleitet geradezu dazu, bereitwilligst Heimatverbundenheit anzunehmen, wo und unter welchen Voraussetzungen auch immer von Kampanien die Rede ist.[37]

Vergessen wir nicht: Im Werk des Statius finden wir nicht zuletzt deshalb so zahlreiche Anspielungen auf die Geburtsheimat, weil sie eine illustre war, eine, mit der sich der vornehme Römer identifizieren konnte, sei es wegen der allbekannten Schönheit der Landschaft, sei es wegen ihrer kulturellen Bedeutung.[38] Beunruhigen müsste zudem, dass das „Bekenntnis" erst formuliert wurde, nachdem für den Dichter „die Häuser des waffentragenden Quirinus ihren Glanz verloren hatten".[39] Allerdings: Hinweise auf Kampanien nehmen ab silv. 3,5 zwar zu, finden sich aber schon zuvor in grosser Zahl.[40] Um die beiden Einwände zu gewichten, betrachten wir den „kampanischen Bilderbogen" aus der Nähe:

Einen guten Teil der Erwähnungen kampanischer Städte, Inseln, Reben – die Beschreibung von Lage und Aussicht der sorrentinischen Villa oder ihres kleinen Herkulesheiligtums (silv. 2,2; 3,1) und wohl auch die mit dem Glückwunsch *ad municipem meum Iulium Menecratem, ... Polli mei generum* (silv. 4, praef. l. 19f.) verbundene Aufforderung an Neapel, sich am neuen Spross zu freuen (silv. 4,8,1-5)[41] – verdanken wir der Anwesenheit des Pollius in der Gegend. Für ihn

---

35 Zur griechisch-römischen Zivilisation der Zeit vgl. etwa Williams, G., Change and Decline, Roman Literature in the Early Empire, Berkeley, Los Angeles, London 1978, 138-52.
36 Hor. carm. 2,6,13f. Vgl. S. 74.
37 Vgl. etwa Bonjour, Terre, 207f.
38 Kampanien als Erholungsort: vgl. D'Arms, Romans, passim. Das in der Literatur greifbare negative Kampanienbild (Stichwort *luxuria*) zeigt die Bedeutung der Landschaft lediglich aus der umgekehrten Perspektive. Zur kulturellen Bedeutung Kampaniens vgl. Stärk, Kampanien, passim.
39 Zitat nach silv. 3,5,112. Zur Diskussion über die Rückkehr des Statius vgl. S. 142-45.
40 Stellenverzeichnis: silv. 1,2,260-65; 2,2,1-12,76-85,94-97,110,133-137; 2,6,61f.; 3, praef. l. 20-25; 3,1,91-93,147-153; 3,2,16-24; 3,3,162-164; 3,5,12-18,42f.,69-112; 4, praef. l. 7-10,19-22; 4,3 passim, insbes. 20-26,61-71,95-153; 4,4,1-3,51-55,78-86; 4,5,21f.; 4,7,17-20; 4,8,1-11,45-56; 5,3,104-115,124-140,162-171,205-208.
41 Silv. 4,8,1-5 *pande fores superum vittataque templa Sabaeis / nubibus et pecudum fibris spirantibus imple, / Parthenope; clari genus ecce Menecratis auget / tertia iam suboles. procerum tibi nobile vulgus / crescit et insani solatur damna Vesevi.*

zählt der Dichter die durch den Namen der Sirenen bekannten Mauern (Sorrent) und die Sirenenfelsen, den in der Gegend reifenden Wein, den Minervatempel an der Südspitze des Kaps von Sorrent (Punta della Campanella), überhaupt die See des Dicarch (den Golf von Neapel), Inarime (Ischia) und das unwirtliche Prochyta (Procida), Misenus, den Waffenträger des gewaltigen Hektor (das Kap Misenum ...), und die schädliche Luft der waldbedeckten Insel Nesis (Nisida) mit ihrer Mofette auf. Für ihn werden der Tempel der schiffeschützenden Venus Euploea (auf dem Pizzofalcone[42]), die Insel Megalia (Castel dell'Uovo), das friedliche Limon (der Besitz des Pollius am Posillip), der mit Reben reichbelaubte Gaurus (Monte Barbaro), der Tempel der Venus Lucrina (auf der Punta dell'Epitaffio) und ein uns unbekannter Junotempel genannt.[43] Ihm allein konnte schliesslich der scherzhafte Vergleich der Wettkämpfe für den Hercules Surrentinus mit den *Augustalia* gefallen.[44]

Die Tatsache, dass der Kampaner Statius auch einen wichtigen Mäzen in der Heimat hatte, unter dessen Obhut er schliesslich zurückkehren wollte[45], verdient Beachtung. Die Interpretation von Bonjour, die hinter all den Stellen die Begeisterung des Dichters für die heimatliche Landschaft sieht,[46] greift – selbst wenn sich

---

42 Lokalisierung nach Beloch, J., Campanien, Geschichte und Topographie des antiken Neapel und seiner Umgebung, Breslau 1890², 83.
43 Örtlichkeiten nach: a) silv. 2,2,1-5 (Sorrent, Minervatempel, Puteoli, Wein um Sorrent) *est inter notos Sirenum nomine muros / saxaque Thyrrenae templis onerata Minervae / celsa Dicarchei speculatrix villa profundi / qua Bromio dilectus ager collesque per altos / uritur et prelis non invidet uva Falernis*; 76-82 (Fenstersichten von Ischia, Prochyta, Kap Misenum, Tempel der Venus Euploia, Megalia, Limon) *haec videt Inarimen, illinc Prochyta aspera paret; / armiger hac magni patet Hectoris, inde malignum / aera respirat pelago circumflua Nesis; / inde vagis omen felix Euploea carinis / quaeque ferit curvos exserta Megalia fluctus; / angitur et domino contra recubante proculque / Surrentia tuus spectat praetoria Limon*; 116f. (Sirenenfelsen, Minervatempel) *hinc levis e scopulis ... Siren / advolat; hinc motis audit Tritonia cristis*. b) silv. 3,1,64 („Sirenenfelsen", metaphorisch für die Gegend um Sorrent) ... *notas Sirenum nomine rupes*; 104f. (Iunotempel) ... *sed proxima sedem / despicit et tacite ridet mea limina Iuno*; 109 (Minervatempel) ... *ab excelso veniat soror hospita templo*; 137f. (Iunotempel, Minervatempel) ... *iunctae tecta novercae* (i.e. ‚Iunonis') / *provocat et dignis invitat Pallada templis*; 147-151 (Gaurus, Limon, Tempel der Venus Euploia, Venustempel am Lucrinersee, Kap Misenum) *spectat et Icario nemorosus palmite Gaurus / silvaque quae fixam pelago Nesida coronat / et placidus Limon omenque Euploea carinis / et Lucrina Venus, Phrygioque e vertice Graias / addisces, Misene, tubas*. Zur Lage der Örtlichkeiten vgl. van Dam, comm. ad silv. 2,2,137-280.
44 Silv. 3,1,151-153 *ridetque benigna / Parthenope gentile sacrum nudosque virorum / certatus et parva suae simulacra coronae*.
45 Silv. 3, praef. l. 23-25 ... *scias hanc destinationem quietis meae tibi maxime intendere meque non tam in patriam quam ad te secedere*. Zu den Gönnern des Statius vgl. Vessey, Statius, 17-28; Hardie, Statius, 58-72 (59f.: „Campanian connection", sehr spekulativ). Zum Problem der „Heimkehr" vgl. S. 142-45.
46 Bonjour, Terre, 207f.

die Verbundenheit am Ende bestätigt –[47] in ihrer Absolutheit zu kurz: Diese *laudes Campaniae* sind stark mit „Klientelzwecken"[48] verbunden.

Einen gegebenen Anlass, von der Heimat zu sprechen, hatte Statius auch im Hochzeitsgedicht silv. 1,2. Wie sich das gehört, wird die Herkunft der Braut gepriesen (v. 260-265)[49]: Stolz soll das Euböerland sein, der Sebethos sich seiner Ziehtochter rühmen – sie ist seine Zierde, die Naiaden vom Lucrinersee und die Ruheplätze am pompeianischen Sarnus haben nichts dergleichen zu bieten. Ähnlich tönt es in silv. 2,7,33-35: Der Baetis soll sich seines Dichtersohnes (Lukan) freuen, edler ist er als der Meles und braucht Mantua nicht zu fürchten.[50] Im Epithalamion freilich bekennt sich Statius als Landsmann: mea *Parthenope* hat die Neugeborene auf ihren Schoss genommen und nostro *solo* ist das kleine Mädchen als „liebe Zier" (*dulcis ... gloria*) herumgekrochen. Das Durchbrechen des Topischen und das Einfliessenlassen einer persönlichen Note scheint im Falle engerer Bekanntschaft naheliegend, ja selbstverständlich.[51]

In silv. 1,5,60f. hingegen dienen die berühmten Anlagen Baiaes als reine Referenzgrösse für die Pracht des Bades des Claudius Etruscus[52], und in silv. 3,3,162 nennt der Dichter die Verbannungsstätte von dessen Vater, die *Campani litoris oras*, deshalb *molles*, weil sich unfreundlichere Orte als die traditionelle Gegend von Rückzug und *otium* finden lassen. Auch wenn Statius der kampanischen Schülerschar des Vaters und ihrer Herkunft acht Verse widmet (silv. 5,3,164-171),[53] steht dahinter nicht die behaglich breite Schilderung des Landsmannes, sondern Sohnespflicht: Jede Ortsnennung mehrt den väterlichen Ruhm im kleinen ebenso wie im grossen jede genannte Ehrenstellung römischer Schüler im Parallelkatalog (v. 178-190). Ebensowenig wird man im Propemptikon für Maecius Celer aus der gedrechselten Schilderung des Ankerplatzes seines Schiffes

---

47 Vgl. S. 136f.
48 Ausdruck nach Vollmer, 27, Anm. 3.
49 Silv. 1,2,260-265 *at te nascentem gremio mea prima recepit / Parthenope, dulcisque solo tu gloria nostro / reptasti. nitidum consurgat ad aethera tellus / Eubois et pulchra tumeat Sebethos alumna, / nec sibi sulpureis Lucrinae Naides antris / nec Pompeiani placeant magis otia Sarni.*
50 Im Enkomium der Herkunft werden traditionell gerne die heimatlichen Flüsse angeführt. Für Zeitgenossen bei Statius: silv. 1,2,263 Sebethos > Neapel; (silv. 2,7,33-35 Baetis > Baetica (Lucan); silv. 3,3,61 Meles, Hermus > Smyrna (Homer).
51 Zum „Selbstverständlichen" vgl. Plinius S. 214.
52 Vgl. Mart. 6,42,7: Dieselbe Referenzgrösse zum selben Thema.
53 Silv. 5,3,162-171 *quid mirum, patria si te petiere relicta / quos Lucanus ager, rigidi quos iugera Dauni, / quos Veneri plorata domus neglectaque tellus / Alcidae, vel quos e vertice Surrentino / mittit Tyrrheni speculatrix virgo profundi, / quos propiore sinu lituo remoque notatus / collis et Ausonii pridem laris hospita Cyme, / quosque Dicarchei portus Baianaque mittunt / litora, qua mediis alte permissus anhelat / ignis aquis et operta domos incendia servant?.*

eine engere Bindung zu den *terris Dicarcheis* herauslesen (silv. 3,2,16-24) – Schiffe nach Aegypten segelten nun einmal in Puteoli ab. Die bekannte Hafenstadt wird von Statius in sechs von neun Fällen in Gedichten genannt, die mit dem aus ihr gebürtigen Pollius Felix zu tun haben.[54] In den an die Gattin gerichteten Versen silv. 3,5,74-76 scheint aber dann doch etwas wie Stolz auf die „unter Apolls Führung gegründete Stadt des Dicarch, die Häfen und Gestade, die der ganzen Welt offenstehen"[55] auf.

Silv. 3,5 ist als Suasorie erwartungsgemäss überreich an kampanischen Bildern. Sie soll uns deshalb weiter durch die Heimat des Statius geleiten: Nach den drei mythologisch eindrücklich hervorgehobenen Städten Puteoli, Capua und Neapel[56], welche die nach einem Schwiegersohn Ausschau haltende Gattin durch Altehrwürdigkeit, aber nicht zuletzt durch eine zahlreiche Einwohnerschaft beeindrukken sollen (v. 69-80), und dem daraus erwachsenden zentralen Lob Neapels (v. 81-94), zählt Statius weitere *amores telluris* (v. 95-105) auf. Erst dann folgt das gewichtigste Argument für die Heimkehr, ein emotionales: *sed satis hoc, coniunx, satis est dixisse: creavit / me tibi, me socium longos adstrinxit in annos. / nonne haec amborum genetrix altrixque videri / digna?* (v. 106-109). Die Heimat ist aufzusuchen, weil sie Mutter ist (*genetrix, altrix*) und zwar durch die Liebe zu ihrem Gatten auch für Claudia. Hier finden wir also neben silv. 4,5,21f.[57] ein zweites Bekenntnis zu Neapel und stellen fest: Die Heimatliebe braucht nicht begründet zu werden, sie ist ebenso naturgegeben wie diejenige zu den Eltern (*genetrix, altrix*).[58]

---

54 Silv. 2,2,3;96;110;135; 3,1,92; 4,8,8; unabhängig von Pollius: silv. 3,2,22; 3,5,75; 5,3,169.
55 Silv. 3,5,74-76 ... *hinc auspice condita Phoebo / tecta Dicarchei portusque et litora mundi / hospita,* ... (Ich entscheide mich mit der Mehrzahl der Herausgeber für das überlieferte *Dicarchei* und ziehe es als Substantiv *Dicarcheus* (vgl. silv. 3,1,92) zu *tecta* (silv. 3,5,112 *tecta Quirini*). Ähnlich gibt es zu *Daunia* neben *Daunus* auch *Daunius* als Substantiv (vgl. auch griech. Βάκχος, Βάκχιος)). In den Versen 74-76 ist einzig von Puteoli die Rede, da Statius in silv. 3,5,74-80 nur grosse, bevölkerungsreiche Städte nennt (Puteoli, Capua, Neapel). Das „menschenleere" Cumae (vgl. Iuv. 3,2; Stat. silv. 4,3,62) hat hier ebensowenig Platz wie Baiae – das zudem in v. 96 wiederum genannt würde –, zumal *litora mundi hospita* eher eine Erweiterung von *portus* als eine adäquate Beschreibung der Bäderstadt ist (vgl. die Parallele bei Laguna, 379: A.P. 7,379,5 (es spricht das personifizierte Puteoli) „κόσμου νηίτην δέχομαι στόλον"). Nicht nur Cumae, sondern auch Puteoli kannte einen frühen Apollokult. So: Laguna, 379. Anders: Vollmer, 435: *auspice Phoebo condita tecta* = Cumae; *Dicarchei portus* = Puteoli; *litora mundi hospita* = Baiae. Frère-Isaac, t. I, 128: *auspice Phoebo condita tecta* = Cumae; *Dicarchei portus* = Puteoli; *litora mundi hospita* = Erweiterung von *Dicarchei portus*. Håkanson 101f.: ... *tecta Dicarchei portusque* = Puteoli; *litora* = Baiae. Unklar: Mozley, 199: „Here are the dwellings of Dicarchus, founded with Phoebus' auspices, and the harbour and the shores that the whole world visits."
56 Vgl. Anm. 55.
57 Vgl. S. 130.
58 Zum Topos „die Heimat als Mutter" vgl. S. 206 mit Anm. 91.

Das zentrale Lob zeichnet die Heimatstadt als ruhige, heile, im goldenen Zeitalter verbliebene Gegenwelt zum ungesund betriebsamen Rom: Apoll hat durch den Vogel der Venus[59] den vom Klima verwöhnten Landstrich gewiesen (*mite solum*), im Winter ist es mild und im Sommer kühl (*mollis hiems, frigida aestas*), und ein friedvolles, spiegelglattes Meer (*imbelle fretum torpentibus undis*) bespült die Ufer. Sicheren Frieden gibt es dort, Musse für ein Leben ohne Betriebsamkeit, ungestörte Ruhe auch und Nächte, die man durchschlafen kann. Kein wahnwitziges Treiben herrscht auf dem Forum, kein Juristengezänk – die Menschen kennen allein die Gesetze des Hergebrachten: Es herrscht Gerechtigkeit ohne Rutenbündel (v. 79-88). Weiter lobt der Dichter den Schmuck der Örtlichkeiten, die Tempel und säulengesäumten Plätze, schliesslich zwei Theater (ein überdachtes und ein ungedecktes), um dann – mit den Theatern ist der Übergang vorbereitet – endgültig auf Kulturelles, die *Augustalia* und die Verbindung lateinischer und griechischer Lebensart[60] im allgemeinen, einzulenken. Ruhe war für den erschöpften[61] Dichter das, was er in der Heimat vor allem zu finden hoffte, das, was er Claudia von Anfang an nahebringen will (v. 14-18 in Paraphrase: „Dir kommen meine Pläne zur Rückkehr im Grunde entgegen, magst du doch keine lauten Zerstreuungen und billigen Freuden, sondern Rechtschaffenheit und Ruhe in Zurückgezogenheit"). In Kampanien hatte das vornehme „Sich-Zurückziehen vom Getriebe" Tradition. Vergil hatte in Neapel sein berühmtes *ignobile otium* gefunden, auch von Horaz, Ovid und Silius, der seinen Lebensabend in Kampanien verbrachte, wurde die Stadt mit dem Begriff *otium* verbunden.[62] Statius bemüht sich, seiner an das Leben in der Hauptstadt gewöhnten Gattin aufzuzeigen, dass die Ruhe Kampaniens keine provinzielle ist, sondern eine, die ihrer Natur entspricht: Neapel bietet keine laute Zerstreuung, keine rasenden Zirkusspiele, sondern Kultur.

---

59 Vgl. silv. 4,8,45-49.
60 Vgl. S. 128 mit Anm. 29.
61 Über das Motiv der Rückkehr wird weiterhin diskutiert werden. Die von Statius in silv. 3,5 geltend gemachten Gründe (Erschöpfung, angeschlagene Gesundheit, Schlaflosigkeit, Sehnsucht nach Ruhe im Alter) werden durch seine ungebrochene Arbeitskraft (Herausgabe des vierten, längsten Silvenbuches; Beginn der *Achilleis*) relativiert. Wieviel die Niederlage im kapitolinischen Agon (v. 31f.) zum Entschluss beigetragen haben mag, hängt von ihrer (umstrittenen) Datierung ab (90, 94 (oder gar 86)). Für alle Daten gibt es Argumente: vgl. e.g. Cancik, H., Statius, ‚Silvae', Ein Bericht über die Forschung seit Friedrich Vollmer (1898), in: ANRW II 32.5, 1986, 2681-726, 2685, und Garthwaite, J., Statius' Retirement from Rome: Silvae 3.5, Antichthon 23, 1989, 81-91, 84-87 (Sein Argument, dass im Falle einer Niederlage im Juli 90 Statius nicht kurz darauf habe „glücklich" sein können (silv. 2,2,6 ... *me post patrii laetum quinquennia lustri*), ist kaum schlüssig). Eine Zusammenfassung der Argumente bei Traglia-Aricò, 19.
62 Hor. epod. 5,43 *otiosa ... Neapolis*; Ov. met. 15.711f. *in otia natam Parthenopen*; Sil. 12,31f. *nunc molles urbi ritus atque hospita Musis otia* (Silius in Neapel, Kampanien: Plin. epist. 3,7,1, 6 u. 8).

Langweile kommt nicht auf, denn auch in der Umgebung fehlt es nicht an *variae ... oblectamina vitae* (v. 95): Da gibt es die Thermalbäder und Gestade Baiaes, Cumae mit seiner Sibylle, das Kap, wo der unglückliche Trompeter Misenus angespült wurde (*Iliaco... iugum memorabile remo*), die Rebberge am Gaurus, Capri (*Teleboum... domos*) mit seinem Leuchtturm, die Hügel von Sorrent mit dem herben Wein und ihrer grössten Zier, Pollius (*quae* (sc. ‚iuga') ... *habitator Pollius auget*), schliesslich Heilbäder[63] und das aus den Trümmern wiedererstandene Stabiae (v. 96-104). Mit Ausnahme des Hinweises auf Pollius, der als Adressat des dritten Silvenbuches und als ein erklärtes Ziel der Heimkehr[64] hier nicht fehlen durfte, wirkt die Aufzählung unpersönlich. Das darf nicht irritieren. Die Alten hatten ein anderes Verhältnis zu uns Modernen zuweilen endlos erscheinenden Namensreihungen: Mit dem Einfügen eines Katalogs verlieh man den aufgeführten Namen Gewicht und Adel. So konnte man sich mit einigen typischen Bildern begnügen – so weist sich Baiae etwa durch die Thermalquellen und der Gaurus durch seine Reben aus.[65] Allerdings zählt Statius die Orte durchaus mit „liebevoller Sachkenntnis"[66] auf, denn sie alle gehören zu der ihm seit jeher vertrauten und nun „ersehnten Bucht"[67].

---

63 Silv. 3,5,104 ... †*denarumque*† *lacus medicos Stabiasque renatas*. Es ist von Heilbädern die Rede. Welche gemeint sind, ist wegen der unsicheren Überlieferung unklar. Wenn man weiterhin keinen Ort findet, der in der Nord-Süd-Richtung der Aufzählung liegt, wäre van Buren, A.W., The Text of two Sources for Campanian Topography, I. Statius, Silvae III.5,104, AJPh 51, 1930, 378f., *venarumque* – allerdings mit der Bedeutung *vena* = „Wasserader" (vgl. Ov. met. 9,657; fast 3,298 u.a.) – erwägenswert. Gegen die Konjektur von Delz, ‚Silvae', 248f., *thermarumque*, liesse sich einwenden, dass mit *thermae* nur heisse Quellen bezeichnet wurden, die Wasserwärme bei Stabiae, wenigstens heutzutage, aber lediglich 14-17°C beträgt (H. Tränkle mündlich nach TCI Guida Napoli, Mailand 1960¹, 526).

64 Silv. 3, praef. l. 23-25 *huic praecipue libello favebis cum scias hanc destinationem quietis meae tibi maxime intendere meque non tam in patriam quam ad te secedere*. Vessey, D.W.T., Statius to His Wife: Silvae III.5, CJ 72, 1976, 134-40, 140, behauptet dazu nicht ganz zu Unrecht: „There is no need to believe that this claim is mere flattery of a wealthy dedicatee: such personal connexions, which ..., would have been a comfort to a man in poor health who had resolved to die where he had been born", – auch wenn es um die Gesundheit des Dichters vielleicht besser bestellt war, als Vessey annimmt (vgl. Anm. 61): Die Beziehung der beiden Männer war eine alte und intensive.

65 Baiae: silv. 3,2,17f. *Baianosque sinus et feta tepentibus undis / litora ...*; 3,5,96 *sive vaporiferas, blandissima litora Baiis*; 4,3,25f. *aestuantes ... Baias*; 5,3,169-171 ... *Baianaque mittunt / litora, qua mediis alte permissus anhelat / ignis aquis et operta domos incendia servant?*; anders 4,7,18f. *... portu retinet amoeno / desides Baiae ... Gaurus*: silv. 3,1,147 *nemorosus palmite Gaurus*; 3,5,99: *Bacchei vineta madentia Gauri*; 4,3,63f. *atque echo simul hinc et inde fractam / Gauro massicus uvifer remittit*; anders 4,3,25 *Gauranos sinus*, vgl. dazu Anm. 74, s.v. „Lucrinus". Zur Originalität der Landschaftsbeschreibung vgl. Goguey, Paysage, passim.

66 Burck, E., Statius an seine Gattin Claudia (Silvae 3,5), WS 99, 1986, 215-27, 225.

67 Vgl. silv. 3,5,43 *nunc iter optandosque sinus comes ire moraris?*.

Der Dichter entwirft der Gattin in silv. 3,5 das schmeichelnde Kampanienbild im Einklang mit den über das Land üblichen Topoi. Diese „festen Bilder" erscheinen nicht als seelenlose Clichés, sondern stimmen mit eigenen Vorstellungen überein und werden durch ein persönliches Motiv, dem Wunsch nach Ruhe und Zurückgezogenheit, zum Klingen gebracht. Silv. 3,5 spiegelt das Heimatbild des ruhebedürftigen, älteren Statius trotz ihres „Suasoriencharakters" meines Erachtens letztlich ungebrochener, als man zunächst annehmen möchte.[68]

Ein weiteres persönliches Zeugnis der Wertschätzung der Gegend am Golf finden wir in silv. 4,7,17-20: Das mussevolle Baiae oder Misenum könnten den Dichter nicht davon abhalten, seinen Freund Vibius Maximus zu sehen[69] – die Wertschätzung der heimatlichen Umgebung ist so selbstverständlich, dass sie wie bei Ovid, am. 2,16,[70] zum Gegengewicht eines anderen, stärkeren Gefühls werden kann. Es ist wohl auch kein Zufall, dass gerade der Neapolitaner Statius die *via Domitiana* zum Gegenstand eines Kaiserlobs[71] machte. Auch wenn er die Freude über die bequemere Reise dem Kaiser überträgt (silv. 4,3,20-26), ist sie ebensosehr seine eigene gewesen (silv. 4, praef. l. 7-10 ... *viam Domitianam miratus sum qua gravissimam harenarum moram eximit*, ...);[72] er hat die vorige Mühsal einer zeitraubenden Reise auf schwankenden Wagen mit einsinkenden Zugtieren selber erlebt (silv. 4,3,32-39;111-113). So dürfen wir – mit den nötigen Vorbehalten – wohl auch im Falle der Pollius-Gedichte[73] und der Beschreibung der neuen Strasse (silv. 4,3) annehmen, dass Statius eine sich bietende Gelegenheit, die Weinberge am Gaurus, Baiae, Puteoli, die Sibylle, Misenus, den Lucrinersee oder den Sarnus zu besingen, gerne ergriff – Vollmer betont das Übereinstimmen von Anforderung und persönlichem Empfinden.[74]

---

68 Ähnlich empfanden auch von Vessey, Statius to His Wife, 138.
69 Silv. 4,7,17-20 *ecce me natum propiore terra / non tamen portu retinet amoeno / desides Baiae liticenve notus / Hectoris armis*.
70 Vgl. S. 105-9.
71 Lob für eine Strasse ist an sich nichts besonderes (vgl. Mart. 7,61). Für eine Schmeichelei an höchster Stelle eignete sich jeglicher Gegenstand.
72 Vgl. silv. 4,4,1-3 *Curre per Euboicos non segnis, epistula, campos, / hac ingressa vias qua nobilis Appia crescit / in latus et molles solidus premit agger harenas*.
73 Silv. 2,2; 3,1; und 4,8 (4, praef. l. 19-21 *ad ... Iulium Menecratem, ... Polli mei generum*).
74 Vollmer, 27 mit Anm. 3. Kampanische Örtlichkeiten, Stellenverzeichnis: <u>Baiae:</u> silv. 1,5,60; 3,2,16-18; 3,5,96-98; 4,3,25f.; 4,7,18f.; 5,3,169f. <u>Capri:</u> silv. 3,1,128; 3,2,23; 3,5,100f. <u>Capua:</u> silv. 3,5,76f. <u>Cumae:</u> silv. 3,5,97; 4,3,24,65;115ff.; 5,3,168; vgl. auch Anm. 17. <u>Euploea</u> (Euploea Venus; Tempel auf dem Pizzofalcone): silv. 2,2,79; 3,1,149. <u>Herculaneum:</u> silv. 5,3,164f. <u>Inarime (Ischia):</u> silv. 2,2,76. <u>Gaurus:</u> silv. 3,1,147; 3,5,99; 4,3,25,64 (*Gauranos sinus* vgl. auch s.v. „Lucrinus"). <u>Golf von Neapel:</u> silv. 2,2,9; 3,3,162-164; 3,5,42f.; 4,4,51f.,78f. <u>Kampanien:</u> silv. 4,4,1-3 (*Euboici campi*); vgl. auch Anm. 17. <u>Limon:</u> silv. 2,2,81f.; 3,1,149. <u>Literna palus:</u> silv. 4,3,66. <u>Lucrinus:</u> silv. 1,2,264; 3,1,150 (Venus Baiana, Vollmer 392); 4,3,25? (Coleman, 110, denkt, dass in silv. 4,3,25 mit *Gauranosque sinus* die Seen am Fuss des Gaurus (Avernus, Lucrinus, Acherusius)

X Statius, Neapel und der Golf   137

Beim Betrachten des „kampanischen Bilderbogens" hat fast unmerklich auch die Frage nach der Relevanz des Bekenntnisses zur Heimat in silv. 4,5,21f. *terra primis post patriam mihi / dilecta curis* eine Antwort gefunden: Statius hat seine *germana patria* nie vergessen, sie spielt stets eine wichtige Rolle in seinen Gedichten. Die persönlicheren, weniger von „Klientelzwecken" abhängigen Zeugnisse der Zuneigung (silv. 3,5; (silv. 4, praef.); silv. 4,5,21f.; silv. 4,7,17-20) finden sich aber vor allem im „Kampanienbuch", zu der Zeit als die *germana patria* wieder mehr denn je zur Lebenswirklichkeit des Dichters gehörte.[75] Das gilt auch für die im folgenden besprochenen Bilder des Vesuvausbruches: Zwar haben wir bereits in silv. 2,6 ein interessantes Zeugnis, das beredteste, eindringlichste steht aber im vierten Buch (silv. 4,4,78-86). Die Tatsache ist wenig spektakulär, sie entspricht den Erwartungen. Allerdings: Statius' Zeitgenosse Martial gibt ein Beispiel, dass ein „Buch aus der Heimat" durchaus anders aussehen kann.[76]

Einen besonderen Platz im Kampanienbild des Statius nimmt die Katastrophe vom 24./25. August 79 und ihre Folgen ein:

Wenn der Dichter in silv. 2,6,61f. unter allerlei anderem imaginärem Unheil, das für Flavius Ursus leichter als der Verlust seines *puer delicatus* zu ertragen wäre, den Untergang von dessen Besitz in Lokri durch *Vesuvina incendia* heraufbeschwört, sähe man dahinter ohne ein weiteres Zeugnis nicht die Betroffenheit des

---

gemeint seien, und verweist auf Iuv. 8,85 *ostrea Gaurana*. Die Bedeutung „Bodenvertiefung, Loch, Einkerbung" für *sinus* ist belegt: OLD, 1771,10. Coleman könnte recht haben, andererseits legt die unbestimmte Ausdrucksweise vielleicht doch eine ebenso unbestimmte Vorstellung näher: „les vallons du Gaurus" (Frère-Izaac, t. II, 143), „the dells of Gaurus" (Mozley, 219)); 4,3,113 (Lustfahrten auf dem See). Megalia (Megaris): silv. 2,2,80. Misenus (Misenum, Kap): silv. 3,1,150f.; 3,5,98; 4,7,19f.; 5,3,167f. Neapolis/Parthenope: silv. 1,2,260-265; 2,2,6-8 (Augustalia),84,94-97,133-36; 3, praef. l. 20f.; 3,1,92f.,151-53; 3,5,12f.,78-94,108f.; 4, praef. l. 10; 4,4,51f.; 4,8,1-7,14f.,19-45; 5,3,104-115,129-139; vgl. auch Anm. 17. Nesis: silv. 2,2,77f.; 3,1,148. Prochyta: silv. 2,2,76. Pompeii: silv. 1,2,265 (Sarnus); 5,3,164. Puteoli: vgl. Anm. 54. Savo: silv. 4,3,66. Sorrent und nähere Umgebung (a-f): a) Gebiet der Villa Pollii: silv. 2,2; 3,1 passim; 3,5,103; 4,8,8f. b) Sorrent: silv. 2,2,1; 5,3,165f. c) Sirenenfelsen: silv. 2,2,116f.; (3,1,64: metaphorisch für die Gegend). d) Minervatempel: silv. 2,2,2,117; 3,1,109,138; 3,2,24; 5,3,166. e) Junotempel: silv. 3,1,104f.,137. f) Wein: silv. 2,2,4f.; 3,5,102. Sarnus: silv.1,2,265. Sebethos: silv. 1,2,263. Stabiae: silv. 3,5,104. Volturnus: silv. 4,3,67(-94). Vesuvius: silv. 2,6,61f.; 3,5,72-74; 4,4,79-86; 4,8,5; 5,3,205-208.

75 Zur umstrittenen Frage, ob Statius tatsächlich endgültig nach Neapel zurückgekehrt ist, vgl. S. 142-45.
76 Zu Martial vgl. S. 155-59. Statius hat mit Rom nicht so gründlich „gebrochen" wie der Bilbilitaner. Für diesen gab es nach einem lautstarken Abschied kein Zurück – das verhinderte allein schon die Distanz. Statius hingegen war in Neapel keineswegs von der „grossen Welt" abgeschnitten.

Kampaners, sondern die der römischen Welt überhaupt.[77] In silv. 4,4 entspringt dann aber der Wunsch, das Teate (Chieti) des Marcellus möge von einer vesuvischen *insania* seiner Marrukiner-Berge verschont bleiben, persönlicher Betroffenheit. In Versen, deren erster an das Ende von Vergils Georgica anklingt, stellt Statius Neapel nicht als den Ort seines eigenen *ignobile otium* dar – der Verbundenheit mit dem grossen Dichter hat er schon zuvor Ausdruck verliehen (v. 54f.) –, sondern, ähnlich wie er in silv. 5,3,104f. *Parthenope* mit einem von Staub halbverwüsteten Antlitz und unter dem versengten Berg begrabenem Haar vorstellt,[78] als das Land, „wo der Vesuv seinen bereits ermatteten Zorn kundtut, indem er Brände wälzt, die mit den Flammen in Sizilien im Wettstreit stehen":

> *haec ego Chalcidicis ad te, Marcelle, sonabam*
> *litoribus, fractas ubi Vesuius egerit iras*
> *aemula Trinacriis volvens incendia flammis.*
> *mira fides! credetne virum ventura propago,*
> *cum segetes iterum, cum iam haec deserta virebunt,*
> *infra urbes populosque premi proavitaque †toto†*
> *rura abisse mari? necdum letale minari*
> *cessat apex. procul ista tuo sint fata Teate*
> *nec Marrucinos agat haec insania montes.*   (silv. 4,4,78-86)[79]

Betroffenheit und Unbehagen sind deutlich zu spüren: Werden kommende Generationen, wenn diese Einöden wieder grün von Saat sind, glauben, dass darunter Städte und ihre Bevölkerung unter schwerer Last liegen, dass das Land der Vorväter in einem Flammenmeer untergegangen ist? Noch immer stösst der Gipfel seine tödlichen Drohungen aus. M. Bonjour wertet die Stelle aufgrund von Vers 82 (*cum segetes iterum, cum iam deserta virebunt*) als einen im Grunde optimistischen Blick in die Zukunft.[80] Entgegen ihrer Behauptung enden die Verse aber doch mit „Bildern von verbrannter Erde, Unfruchtbarkeit und Tod" (v. 84f. ... *necdum letale minari / cessat apex* ...). Das in der Zukunft spriessende Grün wirkt, zumal es im Satzgefüge zwar durch die Anapher hervorgehoben wird, aber gegenüber dem gewichtigen Hauptsatz trotzdem zurückbleibt, nicht als zentrale Verheissung, sondern

---

77 Dazu Radke, G., RE VIII,2 A, „Vesuvius", 2436f. Zur literarischen Verarbeitung vgl. Stärk, Kampanien, 227 (mit Anm. 37) u. 229.
78 Silv. 5,3,104-106 *exsere semirutos subito de pulvere vultus, / Parthenope, crinemque adflato monte sepultum / pone super tumulos et magni funus alumni.*
79 Silv. 4,4,79: Statt des gängigen *erigit* für das überlieferte *eriget* ziehe ich *egerit* vor (Avantius; vgl. Coleman, 153, ad loc.), da *erigit* neben *fractas iras* zu stark erscheint. Zu *iras egerere* „Zorn ausspeien", vgl. ThlL V,2, 244,39f.: „affectus i.q. in lucem proferre" und die Verwendung von *ructare* silv. 2,6,62 ... *si vel fumante ruina / ructasset dites Vesuuina incendia Locroe*. Zu silv. 4,4,83: Mit †toto† *mari* ist der Lavastrom gemeint.
80 Bonjour, Terre, 359. Ihr folgt Coleman, 154: „An expression of patriotic faith".

als Vorwegnahme des Zeitenlaufs. Dieser wird – kaum scheint's glaublich (v. 81 *mira fides*)[81] – in seinem gnädig-dumpfen Vorwärts (die Einöde wird wieder grünen / der Gedanke an die unglücklichen Vorfahren aber verblassen) selbst solche Katastrophen vergessen lassen.[82] Zudem: Eine hoffnungsfrohe Deutung der Verse 81-85 lässt das Einschieben zwischen die wenig optimistischen Verse am Anfang (v. 79f.) – der erste Zorn ist zwar gebrochen, aber immer noch lässt sich ein Vergleich mit dem Aetna anbringen – und den Wunsch an Marcellus (v. 85f.) wenig ratsam erscheinen: Dieser gewinnt erheblich an Gewicht, wenn das Tragisch-Nachdenkliche durchgezogen wird.

In der „Suasorie für Claudia" stellt Statius das Unglück als einigermassen ausgestanden dar (silv. 3,5,72-74 und 78f. *non adeo*[83] *Vesuvinus apex et flammea diri montis hiems trepidas exhausit civibus urbes: stant populisque vigent.*; 78f. *nostra quoque et propriis tenuis nec rara colonis Parthenope* ...), während er in silv. 4,8,4f. wiederum meint: ... *procerum tibi* (i.e. ‚Parthenope') *nobile vulgus crescit et insani solatur damna Vesevi.* Die beiden Verse sind eine entgegenkommend-freundliche Bemerkung für Menecrates, den Vater des Neugeborenen, insofern wird man *et insani solatur damna Vesevi* ungern zum Nennwert nehmen, zumal der Bevölkerungsschwund ja Neapel kaum direkt betraf. Statius nimmt den Gedanken mit ... *qui tanta merenti lumina das patriae* (v. 14f.; vgl. silv. 4, praef. l. 21f. ... *Neapolim nostram numero liberorum honestaverit*) wieder auf und hofft am Schluss des Gedichtes auf die künftige tätige Hilfe der jungen Schar des Menecrates für das neapolitanische Gemeinwesen: Die Götter der Heimat, Apoll, der Führer der euböischen Auswanderer, Eumelus[84], dem links am Nacken die Taube der Venus sitzt, Ceres und die Dioskuren, sollen das Haus mit seiner Schar der Vaterstadt[85] bewahren, auf dass dieses mit Wort und Mitteln ihr den Namen „die Junge" erhalten (v. 45-56). Die Enkel des Pollius sollen in die Fussstapfen des

---

81 Vgl. silv. 5,1,33 u. Ach. 1,880.
82 Stärk, 134 u. 229, umschreibt die Stimmung des Dichters treffend mit „melancholisch" und „nachdenklich" und verweist auf die relative persönliche Distanz, die sich im Gegensatz zu Statius in Martials „Vesuvgedicht" (Mart. 4,44) zeigt. Dass die Alten wussten, dass vulkanische Böden besonders fruchtbar sind (Coleman, 154), beweist keinerlei Optimismus.
83 D.h. so sehr, dass man keinen geeigneten Schwiegersohn finden könnte.
84 Aus *eumeliss* (M) definitiv hergestellt von Housman, A.E., The Silvae of Statius, CR 20, 1906, 37-47, zit. nach: Class. Pap. II, Cambridge 1972, 637-55, 652f. Eumelus war der Gott einer neapolitanischen Phratrie (IG XIV, 715), gehörte aber mit zu den θεοὶ πάτριοι der Stadt (vgl. Peterson, Cults, 169).
85 In v. 54 akzeptiere ich statt des überlieferten *patrii* mit Bährens, Phillimore, Håkanson, Courtney und Coleman J.F. Gronovius' Konjektur *patriae*. Argumentation: Håkanson, L., Statius' Silvae, Critical and Exegetical Remarks with Some Notes on the Thebaid, Lund 1969, 124f.

freigebigen Grossvaters treten, der seine Geburtsheimat Puteoli und die zweite Heimat Neapel gleichermassen reich beschenkt hat.[86]

Silv. 4,8 richtet sich an einen Landsmann. Nur ein solcher konnte die breite Aufzählung heimischer Götter – der *patrius Apollo* wird zum ersten Mal schon in Vers 19 um Beistand gebeten – den Hinweis auf Gründungssage, Eumelus (den Gott einer Phratrie) und die Hinweise auf die Ceresmysterien schätzen. Die Andeutung der wichtigen gesellschaftlichen Rolle, welche die Kinder seiner Gönner in Zukunft spielen werden, ist, wie besonders deutlich silv. 1,2,266f. zeigt – es ist von den Zukunftsaussichten noch Ungeborener die Rede – fester Teil eines Enkomions auf Nachkommen.[87] In silv. 4,8 ist der Hinweis auf die Zukunft der Kinder nicht nur besonders lange geraten, sondern trägt privatere Züge. Auch hier ist die Rede vom Vorwärtskommen in der grossen Welt, von einer vorteilhaften Heirat für das Mädchen, vom Einzug in den Senat für die Knaben, ja diese Wünsche stehen prägnant am Gedichtschluss (v. 59-62). Allerdings beschränken sie sich auf vier Verse und gehen neben dem Herausstreichen der Bedeutung der jungen Leute für das „kleine Vaterland", die nicht nur am Anfang des Gedichtes (v. 1-19), sondern besonders eindrücklich im Bittgebet an die Schutzgottheiten der Heimat (v. 45-56) ihren Ausdruck findet, beinahe unter. Diese Sorge um die nähere Heimat ist nun nicht nur Statius' private: Der Einsatz der oberen Gesellschaftsschichten für die Geburtsheimat war eine geforderte Selbstverständlichkeit, gegen Ende seines Jahrhunderts mehr denn je. Vielleicht ist die Besorgnis des Statius über den Aderlass an der einheimischen Bevölkerung gerade im Licht der historisch-gesellschaftlichen Hintergründe ernster zu nehmen, als man zunächst denkt: Immerhin lebte die Zeit im Bewusstsein, dass Bevölkerungsabnahme problematisch sein kann. Gegen die Jahrhundertwende erstarken Bemühungen um Stabilität und Prosperität Italiens; der Bevölkerungsschwund wird schliesslich von Nerva und Trajan offiziell zum Problem erklärt.[88] Dass er die Problematik gegenüber seiner Frau zurücktreten lässt, erklärt sich aus dem Suasoriencharakter von silv. 3,5. Die dortige Einschätzung dürfte, nüchtern betrachtet, den Gegebenheiten entsprochen haben: Kampanien war nicht entvölkert. Das Bedauern über den Bevölkerungsverlust in silv. 4,8 ist vor

---

86 Silv. 2,2,135f. *inde Dicarcheis multum venerande colonis, / hinc adscite meis, pariterque his largus et illis / ...*; silv. 3,1,91-93 ‚tune' inquit ‚largitor opum, qui mente profusa / tecta Dicaearchi pariter iuvenemque replesti / Parthenopen? ...*
87 Silv. 1,2,266f. *heia age praeclaros Latio properate nepotes, / qui leges, qui castra regant, qui carmina ludant.* (Nachkommen Stellas und Violentillas). Vgl.: silv. 4,7,41-44 (Neugeborenes des Vibius Maximus). Im Fall der *pueri delicati* genügte der Hinweis auf Ruhm in Palästra und Dichtkunst (silv. 2,1,106-119), oder die Erwähnung der Zukunft blieb gänzlich aus (silv. 2,6; 5,5).
88 Restituierung Italiens: Vgl. CAH XI, 210-13. Ein besonderes Interesse am wirtschaftlichen Wohlergehen der Heimat, aber auch an der blossen Zunahme der Zahl der Bürger, finden wir bei Plinius (vgl. S. 201-5).

allem als emotionale Reaktion auf den Schrecken – zwölf- bis fünfzehntausend Menschen kamen um – und vielleicht auch dem gegen Ende des Jahrhunderts zunehmend artikulierten Wunsch nach einer prosperierenden Bürgerschaft zuzuschreiben.[89] Dass sich der Gedanke in silv. 4,8 bestens, wenn auch nicht überzeugend stimmig (Bevölkerungsverlust Neapels!), einflechten liess, braucht ihn nicht zu entwerten.

Ein weiteres Mal kommt der Dichter in silv 5,3 auf das Unglück zu sprechen. Den alten Statius suchten *quos* (sc. *mittit*) *Veneri plorata domus neglectaque tellus Alcidae* (v. 164f.) auf, Schüler aus Pompeii und Herculaneum also. Die Trauer (*plorata domus*; *neglecta tellus*) ist an göttlich-heroische Gründer abgetreten und wirkt fern und überhöht, wie das dem Charakter der feierlichen Aufzählung entspricht. Am Schluss des Schülerkatalogs (v. 169-171) stehen die Eleven aus Baiae *quosque ... Baiana ... mittunt / litora, qua mediis alte permissus anhelat / ignis aquis et operta domos incendia servant*. E. Stärk sieht in der Nachfolge Vollmers dahinter eine weitere Anspielung auf das Unglück, Statius bestimme Baiae „ex contrario"; während Pompeii beweint und Herculaneum aufgegeben worden sei, verschone das Feuer dort die Gebäude.[90] Allerdings wäre *servare* doch recht stark für blosses „Nicht-Betroffensein" (vermutlich der Grund, dass Vollmer in der Stelle gleich noch einen Hinweis auf die durch die Bäder bewirkte Blüte der Stadt sehen wollte). Das Wichtigste zum Verständnis der Formulierung hat Håkanson vorgebracht: *Servare* meint „einen Ort gleichsam hüten, sich aufhalten" und *domus* kann auch der „Sitz" einer Sache sein.[91] Von Baiae heisst es dann: „ ... die Gestade Baiaes, wo das Feuer inmitten der Wasser in der Tiefe verbreitet keucht und die Brände verschlossen an ihrem Platz bleiben" – eine adäquate, erhabene Beschreibung der Bäderstadt.[92] Von der grossangelegten Dramatik einer Beschreibung „ex contrario", die dem getragenen Grundton des Katalogs wenig entsprechen würde und vor allem dadurch an Plausibilität verliert, dass zwischen den Spannungspunkten Pompeii/Herculaneum einerseits und Baiae andererseits noch drei Orte (Sorrent, Mi-

---

89 Vgl. Anm. 88. Zum wirtschaftlichen „Niedergang" Italiens und Kampaniens vgl. Rostovtzeff, Social and Economical History, 194f. Rostovtzeff betont zu Recht, dass der Niedergang der Region wenig mit der Katastrophe, hingegen einiges mit der wirtschaftlichen Entwicklung in den Provinzen zu tun hatte. Allein: Dem Grossteil der betroffenen Bevölkerung mochte die Gefährdung ihrer Existenz durch die unmittelbare Erfahrbarkeit der Katastrophe bedeutender erschienen sein als eine vage Bedrohung durch den wirtschaftlichen Aufschwung in den Provinzen.
90 Vollmer ad loc., 540; Stärk, Kampanien, 230.
91 Zu *servare*: vgl. Georges II, 2635 (servare II,b,β), ferner die Parallelstellen bei Håkanson, Statius' Silvae, 151: Theb. 1,512-514, (Theb. 1,572), zu *domus*: vgl. ThlL V,1, 1972,57: Aetn. 409f. (der Molarstein als Sitz der Flammenglut), auch 187b (*domus* als Sitz eines heiligen Vorganges), Ov. fast. 1,108 (die einzelnen Elemente suchen ihren „Platz", *domus*).
92 Zu den Beschreibungen Baiaes vgl. Anm. 65.

senum, Cumae) unspektakulär, ohne Bezug zum Unglück eingeschoben sind,[93] bleibt nur wenig: „Brände, die verschlossen an ihrem Platz bleiben" – das düstere Gegenbild mochte sensiblen Zeitgenossen vorgeschwebt haben, bleibt aber unausgedrückt.

Überhöht hat Statius auch die Absicht des Vaters, die *damna patriae* zu beklagen: Der Göttervater hob den aus der Erde gerissenen Berg zu den Sternen und schleuderte ihn weit auf die unglücklichen Städte herab (v. 207f.)[94] – sozusagen ein Abbild des geplanten Epos in zwei Versen; für persönliche Betroffenheit des Dichters bleibt kein Platz. Dass es der Kampaner Statius aber in salopper Unverbindlichkeit allein um des dichterischen Gewinns willen je „liebte, über Kampaniens blühenden Lustgarten das grosse Leichentuch der Vesuvasche zu werfen"[95], wird man nach der Wertung aller Zeugnisse, insbesondere aber dem von silv. 4,4,78-86 nicht glauben wollen.

Die Skizze soll nicht abgeschlossen werden, ohne die umstrittene Frage der Heimkehr zu erörtern. Dabei werden sich, soviel sei vorweg bemerkt, keine neuen Einsichten auftun – die Argumente sind vorgebracht, die möglichen Schlüsse gezogen. Ich meine aber, dass gerade ein knappes Nachzeichnen der Diskussion den einzelnen Argumenten am ehesten das ihnen zukommende Gewicht zuweisen könnte.

Ist also Statius erschöpft endgültig nach Neapel zurückgekehrt, um seine alten Tage unter dem Schutz des kampanischen Mäzens auf heimatlichem Boden zu verbringen?[96]

Vollmer behauptete: „... 93/94 siedelte der Dichter wieder in seine Vaterstadt Neapel über."[97] Er vertraute den Absichtserklärungen im dritten (silv. 3, praef. l. 23-25; silv. 3,5) und den Zeugnissen im vierten Buch: Silv. 4,4 wurde in Neapel

---

93   So auch Håkanson, Statius' Silvae, 151.
94   Silv. 5,3,205-208 *iamque et flere pio Vesuvina incendia cantu / mens erat et gemitum patriis impendere damnis, / cum Pater exemptum terris ad sidera montem / sustulit et late miseras deiecit in urbes.*
95   So Stärk, Kampanien, 229, in einer überleitenden Bemerkung, die nach der einfühlsamen Interpretation von silv. 4,4,78-86 (ebd. 143: „melancholisch"; 229: „nachdenklich") überrascht.
96   Silv. 3, praef. l. 23-25 (vgl. Anm. 64); silv. 3,5,12f. *... anne quod Euboicos fessus remeare penates / auguror et patria senium componere terra?* (*auguror*: Ich behalte die Lesart des Matritensis bei, da sich die im OLD s.v. 3c angenommene Bedeutung „eine Absicht kundtun" einigermassen zwanglos aus der Grundbedeutung des Verbums ergibt. Dagegen entspricht das von N. Heinsius vorgeschlagene *arguor* im Sinne von „ich werde (von Dir) angeklagt" dem als harmonisch geschilderten Verhältnis zwischen den Eheleuten nicht und macht unpersönlich abgeschwächt als „ich werde behauptet = man sagt" wenig Sinn (wer soll „man" sein?). Diese Bedeutung lässt sich auch nicht belegen.
97   Vollmer, 18.

geschrieben (vgl. v. 1-3,51-55,78-85), ebenso die Praefatio (silv. 4, praef. l. 9f. ... *epistulam meam accipies, quam tibi in hoc libro a Neapoli scribo*). L. Legras[98] hat die Gewissheit erschüttert, und Frères Aufnahme von dessen Thesen führte bei späteren Kennern immer häufiger zum Schluss: „... l'adieu à Rome fut une fausse sortie; Stace resta."[99]

Während der Umstand, dass der Grossteil der zwischen Ende 94 und Sommer 95 entstandenen Gedichte den Dichter nicht in Neapel zeigt, Vollmer nicht berührte, wurde er von Legras stark herausgestellt: Dass silv. 4,5 – immerhin mit dem „Bekenntnis" zu Neapel in 21f. – und silv. 4,8 vom Albanergut stammen, möchte angehen, aber die Einladung ins Haus des Novius Vindex (silv.4,6; Datierung: Winter 94/95[100]) erfolgte in Rom (v. 2-4). In der Hauptstadt vermutet man am ehesten den Schauplatz der Saturnalienscherze von silv. 4,9 (Datierung 94/95), auch die Gratulation zum 17. Konsulat Domitians am ersten Januar 95 (silv. 4,1) stellt man sich gerne dort vor, obwohl sich für beide Fällen auch andere, allerdings doch abgelegenere Szenarien denken liessen. Die Einladung an den Tisch des Kaisers, silv. 4,2, verweist auf Rom (v. 20f.), ist in der Datierung aber unsicher (Winter 94?)[101]. Wenig wird man darauf geben, dass der fiktive Reisende in silv. 4,3 von Nord nach Süd auf der *via Domitiana* unterwegs war und deshalb in Rom beheimatet sein müsse.[102] Bei allen bisherigen Überlegungen bleibt eine Tatsache unangetastet: Die Praefatio des vierten Buches zeigt, dass dieses in Neapel herausgegeben wurde und – Edition steht am Schluss; d.h. man müsste allenfalls damit rechnen, dass sich Statius nicht unmittelbar nach Abschluss des dritten Buches

---

98   Legras, L., Les dernières années de Stace, REA 9, 1907, 338-48.
99   a) Frère-Izaac, Stace, (1944), t. I, XIXf. nach Legras (1907), 344-48; ebenso: Bonjour, Terre, (1975), 209 (vorsichtig); Traglia-Aricò (1980), 19f.; van Dam (1984), 1,14 (Anm. 18); Cancik, Statius ‚Silvae' (1986), 2685; Garthwaite, Statius' Retirement, 90 (1989). Modifiziert: Marastoni, Der Dichter Statius (1969), 224: Statius sei von Rom nach Neapel und von dort nach Alba gelangt. Von Alba sei er nach Rom gereist, wenn nicht dort zu bleiben, so zumindest zu gelegentlichen Aufenthalten. b) Für ein Bleiben in Neapel treten neben Vollmer (1898), 18, Mozley (1928), VIII; Helm, R. (1949), RE XVIII,2, „Papinius Nr. 8", 985; Hardie, Statius (1983), 64: „He decided to make Naples his first home" und Coleman (1988), XXII (späte Rückkehr oder gelegentliche Aufenthalte in Latium) ein. c) Für ein Hin und Her zwischen Latium und Kampanien als „Kompromiss" mit Claudia sprechen sich Dilke, O.A.W., Statius, Achilleid, Cambridge 1954, 6, und Méheust, J., Stace, Achilléide, Paris 1971, XIII, aus.
100 Vgl. Frère-Izaac, t. I, XX; Coleman, XXI.
101 Vollmer, 8: 93 bis Sommer 95; Frère-Izaac, t. I, XIX: nach der Publikation des 3. Buches (i.e. 94). So mit ergänzender Argumentation: Coleman, XX mit Anm. 23.
102 Das Argument bei Frère-Izaac, t. I, XIX, Zu Recht, aber ohne Begründung zurückgewiesen von Coleman, XXI. Wenn man überhaupt nach einer Erklärung für die Nord-Süd-Richtung suchen will, liegt sie wahrscheinlich darin, dass der Ausgangspunkt jedes Verkehrsweges natürlicherweise in Rom liegt (vgl. die Meilenzählung). Zudem ist das Gedicht Domitian gewidmet. Auch für ihn dürfte die natürliche Sicht von Rom aus gehen, das wichtigste die Verbindung Kampaniens mit Rom sein (vgl. silv. 4,3,24-26).

93/94 in die Heimat zurückzog oder dass er hin und wieder Gast in Rom war. Legras und Frère geben sich mit einer solchen Deutung nicht zufrieden: In silv. 4,7, die etwa zur selben Zeit wie silv. 4,4 entstanden ist,[103] zeigten die Verse 17-20 (*ecce me natum propiore terra / non tamen portu retinet amoeno / desides Baiae liticenve notus / Hectoris armis*) Statius gerade in der Situation des Abschlusses seines Zwischenspiels in der Heimat.[104] Ein unsicheres Argument! Andere Erklärer, welche die Verse als aktuelle Anspielung auffassen (*ecce, retinent*), sehen den Dichter in Rom oder Alba.[105] Weiter bleibt die äusserst erwägenswerte Möglichkeit einer grundsätzlichen Erklärung („sieh, ich komme aus dem schönen Kampanien, aber mich hält das nicht von Latium fern"). Legras und Frère argumentieren weiter, dass auch silv. 5,2 Hinweise auf Rom enthalte: Statius will den jungen Crispinus *nuper* (was immer das bedeutet ...) bei seinen Übungen *Tiberino in litore* (v. 113) beobachtet haben und plant vor den *Romulei patres* aus der Achilleis vorzulesen (v. 160-163; Lesung wohl in Rom, evtl. Alba?). Die Umstände der Publikation des fünften Silvenbuches sind unbekannt. Die Gedichte lassen sich deshalb schlecht datieren. Neben der plausiblen Ansicht, dass es sich vor allem um Gedichte handelt, die nach der Publikation des vierten Buches entstanden sind, schien der Fall von silv. 5,3 (das *Epicedion patris*, ausgerechnet eine der hinsichtlich der Entstehung umstrittensten Silven ...) es anderen nahezulegen, dass weitere Gedichte mit früherer Entstehungszeit aufgrund ihres privaten Charakters zurückgehalten worden sein könnten.[106] Wie dem auch sei – dass allein der Umstand einer künftigen Lesung darauf deute, dass die Achilleis schon weiter fortgeschritten sein und silv. 5,2 darum doch einige Zeit nach silv. 4,7 und 4,4, die beide von den Anfängen des Werkes sprechen, entstanden sein müsse,[107] ist nicht zwingend. Es ist gut mög-

---

103 Vgl. Vollmer, 9. In beiden Gedichten ist die Vollendung der *Thebais* und der Beginn der Arbeit an der *Achilleis* vorausgesetzt; silv. 4,4 wurde im Sommer 95 geschrieben.
104 Frère-Izaac, t. I, XX.
105 Vollmer, ad silv. 4,7,17: Rom; Legras, Dernières années, 345: vielleicht Rom; Coleman, XX: Rom oder Alba.
106 E.g. Laguna, 11, dezidiert, ohne Angabe von Gründen: Silv. 5,1 u. 2 nach der Publikation von Buch vier entstanden, silv. 5,3, 4 u. 5 hingegen wegen des privaten Charakters zurückgehalten. Vollmer, 18 mit Anm. 9, hingegen rechnet auch bei 5,4 (*somnus*) mit einer Entstehungszeit nach dem Sommer 95: Der Dichter sei nicht zur Genesung gelangt, habe den ersehnten Schlaf (vgl. silv. 3,5,86; 4,4,51) also nicht gefunden. Zu den Problemen von silv. 5,3 vgl. e.g. Vollmer, 9 mit Anm. 10; Cancik, Statius, 2684f. (m.E. ist am ehesten mit zweifacher Redaktion zu rechnen).
107 Zur Datierung von silv 5,2: a) Legras, Dernières années, 347, argumentiert neben der Lesung weiter, dass Domitian in Alba (168ff.) und Crispinus auf dem Weg nach Etrurien (v. 1f.) sei, das heisse Frühling (zwingend?!), und da das Gedicht nicht im vierten Buch publiziert worden sei, eben Frühling 96. b) Vollmer, 9f., meint 5,2 gehöre wegen der Erwähnung der Rezitation aus der *Achilleis* in dieselbe oder eine wenig spätere Zeit als 4,4; 4,7 und 5,5 (i.e. Sommer oder Ende 95). c) Frère-Izaac, t. I, XXIV: „Après les premières lectures de l'Achilléide" (Statius spricht allerdings von künftigen Lesungen (silv. 5,2,160-163 ... *sed*

lich, dass Statius mit einem zügigeren Fortschreiten des Epos rechnete, und überhaupt – von künftigen Lesungen aus seinem Werk konnte er jederzeit sprechen.

Nach all dem Abwägen von Eventualitäten bleibt folgendes zu sagen: Legras und Frère haben verdienstvoll herausgearbeitet, dass sich Statius nicht einfach aufs Altenteil (silv. 3,5,12f. *fessus auguror senium componere*) zurückgezogen hatte, und weiter auf die Möglichkeit hingewiesen, dass er sich nicht so schnell oder nicht so endgültig aus Rom verabschiedete, wie man aufgrund der Äusserungen im dritten Buch glauben möchte – mehr vermochten sie nicht aufzuzeigen. So wird man mit M. von Albrecht sagen: „Ob er später nach Rom zurückkehrte, ist unbekannt"[108], wobei ich persönlich das vorsichtige „ob" mit geringen Bedenken durch ein „dass" ersetzen würde. Für mich bleibt das vierte Buch im eigentlichsten Sinne und bis zum Schluss das „Kampanienbuch"...

---

coetus solitos si forte ciebo / et mea Romulei venient ad carmina patres, / tu deeris, Crispine ... / ... circumspectabit Achilles.). Frère-Izaac mögen das *solitos* in Vers 160 als Hinweis auf stattgefundene Veranstaltungen verstanden haben, diese Interpretation scheint mir zu spezifisch, selbst wenn man – was Frère ja nicht tat – das unverständliche *questus solitos* durch *coetus* ersetzt (Gronovius; vgl. Håkanson, 136f.). *Solitos* bezeichnet eine allgemeine, alte Gewohnheit des Dichters (vgl. Håkanson, 137). d) Coleman, XXI, vorsichtig: „... before Domitian's death in September 96 (cf. 5,2,177)". (Unerklärlich ist im übrigen, wie Dilke, Achilleid, 6, und Méheust, Achilléide, XIVf., auch im Falle von silv. 5,5,36 von „Rezitationen" sprechen können – davon ist dort nicht die Rede.).
108 Von Albrecht, Geschichte, 747; Lesueur, R., Stace, Thébaïde, livres I-IV, Paris 1990, X: „Stace mourut soit à Naples, soit à Rome sans qu'il soit possible de décider."

X.2   Schlussbemerkungen zu „Statius, Neapel und der Golf"

Für Statius ist die kampanische Heimat vor allem „Euböerland": Land griechischen Ursprungs und griechischen Wesens. Darauf ist der Dichter stolz. Diese Heimat konnte er nicht so einfach wie andere Autoren zum Hort altrömischer Werte machen,[109] da ihre Tradition, Musse und Kultur, eine ganz andere war. Von der vielgeschmähten Dekadenz der kampanischen Villenkultur ist selbstverständlich nie die Rede. Im Gegenteil! In der Suasorie sollte das Leben in der Geburtsheimat der Gattin wohl[110] als ideale Mischung der beiden Kulturen präsentiert werden: griechische Lebensfreude (Unbeschwertheit) in römischer Ehrbarkeit (silv. 3,5,94 *Romanus honos et Graia licentia*).

Statius hat es einfach, der illustren Heimat Publizität zu geben. Seine Gedichte für Pollius mit all den Ortsaufzählungen dürften mit Leichtigkeit auch bei einem breiteren Publikum Anklang gefunden haben: Kampanien war die „Kulturlandschaft" Italiens, jeder bessergestellte Römer konnte sich damit identifizieren. Damit ist auch der Punkt erwähnt, den viele Deuter von Statius' Heimatbild wenig beachtet haben: Bei aller unbestreitbaren Sympathie des Dichters für Neapel und das Land am Golf, bei allem Mitleiden bei der Naturkatastrophe, trotz eines Bekenntnisses zur Heimat, das an Deutlichkeit nichts zu wünschen übrig lässt – auch Statius schreibt keine „Heimatoden", auch bei ihm fliessen die Gedanken an die *germana patria* an passender Stelle ein.

Selbst silv. 3,5 ist aus einer konkreten Situation heraus entstanden, wenngleich sich gerade hier zeigt, wie nahe wir einem echten „Lob der Heimat" sind: In diesem Gedicht werden Gefühle ausgedrückt, wie sie der rommüde Dichter für die *germana patria* hegte, und zwar trotz des Suasoriencharakters im Grunde wohl authentische. Dennoch ist silv. 3,5 kein „Heimatgedicht"; das Anliegen des Überredens bildet nicht einen gefälligen literarischen Rahmen, sondern ist ernstzunehmen. Es nimmt nicht nur breiten Platz ein, sondern greift etwa mit den „fehlenden Schwiegersöhnen" eine konkrete, nur dem Paar bekannte Problematik auf. Es ist wahrscheinlich, dass Statius das Gedicht seiner Gattin tatsächlich als freundliche Entscheidungshilfe vorgelegt hat. In der Praefatio behauptet er ja *summa est ecloga qua mecum secedere Neapolim Claudiam meam exhortor. hic, si verum dicimus, sermo est, et quidem securus ut cum uxore et qui persuadere malit quam placere* (silv. 3, praef. l. 20-23), und die literarisch interessierte Claudia (silv. 3,5,28-36) mochte dieser Art von Überredung besonders zugänglich gewesen sein. Auch in silv. 3,5 bestätigt sich also, dass Statius den Stoff für seine

---

109 Das ist als Tendenz bei Cicero (vgl. S. 42 u. 44) und Horaz (vgl. S. 78f.) fassbar. Plinius wird eindeutig (vgl. S. 212).
110 Die massgebende Stelle, silv. 3,5,93f., ist korrupt. Vgl. Anm. 29.

Gelegenheitsgedichte wie kaum ein anderer Dichter direkt aus der unmittelbaren Lebenswirklichkeit zog.

Die „kampanischen Bilder" verdanken wir zum guten Teil dem Umstand, dass der Förderer Pollius Felix eine Villa bei Sorrent besass. Betrachten wir die persönlicheren Zeugnisse im vierten Buch, so wird indes klar, dass Statius nur zu gerne von Kampanien sprach, wann immer sich Gelegenheit dazu bot. Obwohl sich der Dichter, aus welchen innersten Beweggründen letztlich auch immer,[111] aus Rom zurückzog, gewann Neapel nicht erst dadurch Bedeutung, wenn auch das vierte Buch, wie zu erwarten, auf eine engere Bindung zur Heimat verweist: Kampanien wird Lebensumfeld. Statius hat trotz einem gewissen Überdruss mit Rom nicht so gründlich gebrochen wie der Bilbilitaner Martial. Für diesen gab es nach seinem lautstarken Abschied kein Zurück – das verhinderten allein schon Distanz und Lebensumstände.[112] Statius hingegen war in Neapel keineswegs von der „grossen Welt" abgeschnitten. Das garantierte, wie er selber gut genug wusste, seine Heimat mit ihren kulturellen Angeboten und einer Villenkultur, die stete Kontakte zu den massgebenden römischen Freunden ermöglichte. Die Verbindung nach Rom selber war weiterhin gegeben und, wie silv. 4,3 bezeugt, dank der neuen Strasse bequemer denn je.

---

111 Vgl. Anm. 61.
112 Eine Reise nach Spanien war zwar nicht ungeheuer beschwerlich, aber weder zu unterschätzen noch ganz billig (vgl. Kap. XI, Anm. 12 (*viaticum* für Martial) u. Anm. 76 (Schluss: Reisen nach Spanien)).

XI MARTIAL UND BILBILIS *SAEPE LOQUAR NIMIUM GENTES QUOD, AVITE, REMOTAS / MIRARIS, LATIA FACTUS IN URBE SENEX / AURIFERUMQUE TAGUM SITIAM PATRIUMQUE SALONEM ...* (10,96,1-3)

XI.1 DARSTELLUNG

Drei Jahre nach dem Rückzug in die keltiberische Heimat sehnt sich Martial nach der Betriebsamkeit Roms zurück (12, praef.). Nicht dass er die Mühsal des Klientendaseins vergessen hätte – die *urbicae occupationes* (l. 2f.) beanspruchen Zeit und lassen einen überdies eher lästig als dienstbeflissen erscheinen –, aber die *provincialis solitudo* (l. 4f.) ist ihm zur kulturellen Öde geworden. Ohne das verfeinerte Urteilsvermögen des hauptstädtischen Publikums, ohne die Fülle möglicher Themen, die Anregung durch Bibliotheken, Theater, unterhaltsame und zugleich bildende Gesellschaften, kurz, ohne all das, was er im Überdruss zurückliess, wollen die Epigramme nicht gelingen (l. 7-13). Dabei wäre Studieren im Übermass einziger Trost, alleinige Entschuldigung für das Weggehen (l. 4-6). Statt dessen kämpft der Heimkehrer mit der gehässigen Missgunst der Provinzler *(municipalium robigo dentium et iudici loco livor)*. Kommen in dem kleinen Ort obendrein ein oder zwei wirklich Schlechtgesinnte *(mali)* hinzu, lässt es sich auf Dauer schwer guter Dinge sein (l. 13-17). Die Bitte an den Gönner Terentius Priscus um sein *patrocinium* (l. 1) endet mit der Befürchtung, dass ohne gestrenge Überprüfung nicht nur ein „aus Spanien kommendes" *(Hispaniensis)*, sondern ein wahrhaft „spanisches" *(Hispanus)* – ein ungeschliffen provinzielles Werk – nach Rom gelangen könnte (23-26).

Die Schlussbemerkung unterstreicht nicht nur die Bitte nach Durchsicht, sondern fasst zugleich die unbehagliche Situation pointiert zusammen. In 12,2 mag Martial denn aber doch nicht am Erfolg seines Buches zweifeln – *quid titulum poscis? versus duo tresve legantur, / clamabunt omnes te, liber, esse meum* (12,2,17f.). Ob zwischen den Bedenken und der nachmaligen Zuversicht die Rezension des Priscus steht? Das wird man so nicht glauben. Die Siegesgewissheit in 12,2 könnte nämlich ebenso wie die mit der Forderung nach Durchsicht verbundenen Zweifel in der Epistel als eine den Gepflogenheiten des literarischen Betriebes entsprechende Attitüde[1] gesehen werden: Bereits im Widmungsgedicht

---

* Für genaue bibliographische Angaben zu den im Folgenden nur gekürzt aufgeführten hauptsächlich verwendeten Textausgaben, Kommentaren und Übersetzungen vgl. Kap. XIV.2 (betrifft: Friedländer, Helm, Izaac, Ker, Citroni, Howell, Norcio, Shackleton Bailey („Epigrammata" u. „Epigrams"), Grewing).

des aus der Cisalpina nach Rom gelangenden dritten Buches verwendet Martial etwa das Motiv des „fremden Buches", das von geringerer Qualität sein könnte.² P. Parroni hat den bezeichnenden Unterschied herausgearbeitet: Während die Bemerkung in 3,1 in spielerischer Leichtigkeit die Möglichkeit eines Zurückbleibens hinter früherer Leistung andeutet – es wäre nur rechtens, wenn der *Gallus* vom Vorgänger, einem stadtrömischen *verna*, geschlagen wird – erscheint der Schlussatz in der Praefatio des zwölften Buches als Zusammenfassung ernsthaftester Ausführungen in eigener Sache trotz der witzigen Prägnanz und der Einbindung in die literarische Tradition fern von jeder Pose, ja bitter.³

Wie weit weg ist das vom Preis der *parva regna*, des Landsitzes, den ihm seine Landsfrau Marcella in der Heimat verschafft hatte (12,31), wie weit vor allem vom überschwenglichen Fazit *sic me vivere, sic iuvat perire* in 12,18! Juvenal musste glauben, der Freund habe in der Heimat sein „Sabinum"⁴ gefunden: Fern von fordernden *patroni* lebt er als Landmann in Anstrengung, die ihm lieb ist,⁵

---

1 Das bekannteste Beispiel für die „Siegesgewissheit" ist Hor. carm. 3,30. Die Bitte um gestrenge Durchsicht findet sich bei Mart. auch in 6,1 und besonders oft beim jüngeren Plinius. Dass der Entscheid über die Publikation dem Adressaten der Epistel überlassen wird, ist bezeichnend für den Literaturbetrieb gegen Ende des ersten Jahrhunderts (Plinius, Statius, Martial. Belege und Ausführungen bei Janson, T., Latin Prose Prefaces, Studies in Literary Conventions, Stockholm, Göteborg, Uppsala 1964, 108f.).

2 3,1,5f. *plus sane placeat* (sc. ‚liber prior') *domina qui natus in urbe est; / debet enim Gallum vincere verna liber*. Vorbilder für entsprechende Äusserungen finden sich in den Martial vertrauten Verbannungswerken Ovids, wo oft davon die Rede ist, dass der Dichter in der Fremde Sprache und Schaffenskraft zu verlieren droht (zu Ovid vgl. Doblhofer, E., Die Sprachnot des Verbannten am Beispiel Ovids, in: Kontinuität und Wandel, Lateinische Poesie von Naevius bis Baudelaire, ed. U.J. Stache u.a., Hildesheim 1986, 100-16; zum Motiv des „fremden Buches" vgl. auch Anm. 37).

3 Parroni, P., Nostalgia di Roma nell'ultimo Marziale, Vichiana 13, 1984, 126-34, 128: „La chiusa dell'epistola, pur giocando sull'opposizione ‚Hispaniensis/Hispanus', e quindi pur risolvendosi in un'arguzia, tradisce, a differenza dell'epigramma imolese, una reale seppur dissimulata preoccupazione, in sintonia con tutto l'insieme, che è amaro, sconsolato, senza una luce di speranza." Immisch, O., Zu Martial, Hermes 46, 1911, 481-517, 493, hingegen spricht im Falle von 3,1 und der Praefatio unterschiedslos von „Residenzlerpose" für ein hauptstädtisches Publikum.

4 Martial lehnt sich gerne und oft bei Horaz an. Vgl. dazu auch Anm. 8.

5 Während einige Übersetzer hinter 12,18,10f. *hic pigri colimus labore dulci / Boterdum Plateamque* ... sozusagen den Dichter als Bauern (v. 7f. *me ... accepit ... rusticum fecit*) die heimatliche Scholle bearbeiten sehen (e.g. Helm: „faul beackern wir hier ..."; Izaac: „Ici, adonné à la paresse, nous cultivons, ..."; vgl. ThlL III, 1674,29 (de agricultura): Mart. 12,18,10) übersetzen die Herausgeber der Loeb-Ausgaben „here indolently, with pleasant toil, I frequent ..." (Ker) bzw. „here in idleness I exert myself pleasantly to visit ..." (Shackleton Bailey). Die beiden keltiberischen Örtlichkeiten stehen in einer Parallele, die den Gegensatz zu den Orten Roms, welche Juvenal als schwitzender Klient aufsucht, betont (v. 1-6: *erras in Subura; teris collem Dianae; te maior Caelius et minor fatigant*). Es scheint daher sinnvoll, die Umstände parallel anzusetzen, auch im Falle Keltiberiens vom „Aufsuchen" der Örtlichkeiten und nicht von „Landbau" zu sprechen, zumal die Überset-

ein geruhsames Leben auf der heimischen Scholle mit den rauhen keltiberischen Namen. Nach dreissig Jahren Schlafmangel in Rom bleibt er morgens schamlos lange liegen, erwartet ihn doch nicht die beschwerliche Toga des Klienten. Nein, von einem schadhaften Stuhl wird das nächstbeste Kleidungsstück gereicht. Der von zahlreichen Töpfen bekränzte Herd wird vom Holz der nahen Eichenwaldung reichlich gespeist. Das Fleisch stammt aus eigener Jagd, und der Hinweis auf die schöne Gestalt des Jägers lässt nicht daran zweifeln, dass auch für weiterreichende Bedürfnisse gesorgt ist. Der Umgang mit der *familia* ist ungezwungen, selbst noch bartlose Sklaven dürfen sich als Männer geben und ihr Haar kurz tragen[6]. Ein solches Leben in „horazischer Behaglichkeit"[7] hat sich Martial von

---

zung von *colere* mit „oft aufsuchen" = „beehren" bei Örtlichkeiten möglich ist (*colere* : Obwohl Georges und Forcellini die Bedeutung „oft aufsuchen" angeben, führen sie keine (Georges) oder unbrauchbare (Forcellini: Cic. fam. 2,12; Verr. „6,53" (i.e. ‚4,119')) Belege an; ThlL und OLD kennen diese – in der Grundbedeutung des Wortes durchaus angelegte (vgl. Walde-Hofm., s.v.)! – spezielle Bedeutung neben „dauernd verweilen > wohnen" nicht. Im Falle von „zu ehrenden Räumlichkeiten" ergibt sich allerdings eine (den Sinngehalt zwar reduzierende) Übersetzung mit „oft aufsuchen" aus dem Zusammenhang (nachvollziehbar insbes. bei Heiligtümern; vgl. e.g. Ov. met. 11,578)). Wieso sollte der Dichter nämlich ausgerechnet Platea (sonst bekannt für Eisenherstellung, vgl. 4,55,13) und die Obsthaine von Boterdum (-us?) (vgl. 1,49,7f.) bearbeiten? Aber auch das „Aufsuchen von Plätzen" führt zu Schwierigkeiten, sobald man sich konkrete Vorstellungen machen will – niemand wird behaupten, *Platea* und *Boterdum* seien Wohnsitze von Martials Gönnern, und dass der Dichter die Orte als Ausflugsziele nennt (Sullivan, Martial, 54, ad 12,18,10 „jaunts to nearby Boterdus and Platea"), befriedigt kaum (auch dann wäre Platea kaum als „Ort der Eisenverarbeitung" (4,55,13) genannt, sondern als ländliche Gegend.). Bei der ganzen Frage ist wohl vor allem zu überlegen, was *dulci labore* zusammen mit *colere* heissen soll. Als Adverbiale zur landwirtschaftlichen Tätigkeit ergibt *labor* unmittelbar Sinn: Es steigt die Vorstellung des auf heimatlicher Scholle „arbeitenden" Dichters auf, der im Vergleich zur emsigen Geschäftigkeit Juvenals „faul", „in Anstrengung, die ihm lieb ist" die heimatliche Erde bearbeitet (zur Landarbeit von Dichtern vgl. Ov. pont. 1,8,43-47 (u.a.: vgl. Kap. VIII, Anm. 70) und die Vorstellung bei Tib. 1,1,29f.). In Verbindung mit dem „Aufsuchen von Örtlichkeiten" hingegen verliert *dulci labore* jegliche Anschaulichkeit und müsste sich ganz allein aus der Gegensätzlichkeit zu Juvenals Mühen erklären. Also doch wohl Landwirtschaft! Martial hat sich im übrigen gerade auch in Vers 10 bemüht, Juvenal das Leben in Bilbilis nicht in plumper Gegenständlichkeit vorzustellen: Indem er im Gegensatz zu den Versen davor und danach seine Person nicht direkt als „ich" ins Spiel bringt, sondern die doch unverbindlichere 1. pl. setzt, hat er nicht nur dem Versmass Genüge getan. Er bot gleichzeitig auch der sich durch die Ortsnennungen aufdrängenden, aber ad absurdum führenden realen Sicht Einhalt. Tatsächlich weiss man nicht so recht, wer denn da „arbeitet": Gewiss der Dichter, aber scheint nicht auch etwas von „wir in Bilbilis" durch (vgl. die Übersetzungen von Helm u. Izaac)? Damit sind wir bei der Hauptsache angelangt: Vers 10 zeichnet das ländliche Leben in Bilbilis trotz der Nennung zweier konkreter Orte ebenso unverbindlich wie der Rest des Epigramms (v. 13-25), das als ländliches Stimmungsbild mit der Lebensrealität „in etwa", mit dem Lebensgefühl des Dichters aber völlig übereinstimmt.

6   Zu 12,18,24f. *dispensat pueris rogatque longos / levis ponere vilicus capillos* vgl. Tränkle, H., Exegetisches zu Martial, WS 109, 1996, 133-44, 143f.

7   Hinter der Vorstellung des „einfachen, aber behaglichen Landlebens" stehen neben Horaz selbstredend weitere Vorbilder. Für das Bild des Herdfeuers vgl. etwa die Parallelstellen bei

seiner Heimkehr erhofft. 12,18 liest sich wie das Echo auf die Skizze, die er in 10,96 vom Leben in der Heimat entwarf: Weniges macht dort in bäuerlicher Einfachheit reich, das lodernde Herdfeuer wärmt tüchtig, zu essen gibt es reichlich und von eigener Scholle, eine Toga genügt für lange Zeit – Dinge, die kein umschwärmter *patronus* in Rom bieten kann. Ebenfalls unmittelbar vor der Abreise rechnete er dem Landsmann Maternus die Tafelfreuden der Heimat gegen die von dessen Laurentinum auf: Am kalläkischen Meer gibt es statt armseliger nur fetteste Beute für Fischer und Jäger. In Spanien verschlingen selbst Sklaven ungestört und rechtens Austern, die mit denen von Baiae konkurrieren können; es gibt genug davon (10,37) – das Motiv der zufriedenen, satten *familia* (vgl. e.g. 2,90,9; 3,58,22 u. 44) wird aufgenommen und gleich überboten.

Die Heimat erscheint bei Martial auffällig oft als „heile, ländliche Gegenwelt" zu römischen Verhältnissen; nie ist sie das Land der Vorväter.[8] Das hat konkrete Gründe: Die Familie lebte in bescheidenen Verhältnissen. Der Sohn erhielt zwar eine rechte Ausbildung (9,73,7f.), konnte sich aber nach der Rückkehr nicht etwa auf ererbten Familienbesitz zurückziehen. So suchte er sich denn einen „netten, bequemen Ruhesitz zu vernünftigem Preis" (10,104,13f.) und lebte schliesslich von den Zuwendungen des Terentius Priscus und der Marcella (12,3; 12,31). Die das Heimatbild prägenden Motive ländlichen otiums finden sich bereits in 1,49, dem langen Gedicht für den Heimkehrer Licinianus,[9] und korrespondieren zuweilen bis ins Detail mit anderweitig entworfenen Bildern vom guten Leben.[10]

Murgatroyd, P., Tibullus I, Pietermaritzburg 1980, 53. Hinzuzufügen ist (neben unserer Stelle) Mart. 3,58,22f. und natürlich wegen *adsiduo* die den älteren Tibullerklärern wohlvertraute Stelle 10,47,4 *focus perennis* (vgl. Tränkle, H., Rez.: Murgatroyd, P., Tibullus, Elegies I, ed. P.M., Pietermaritzburg 1980, MH 38, 1981, 184; weitere Stellen: vgl. Anm. 10, „Herdfeuer").

8 So bereits in 1,49 (vgl. v. 31-36). Schön herausgearbeitet bei Görler, W., Martials Reisegedicht für Licinianus (Ep. 1,49), Eos 74, 1986, 309-23, insbes. 312 u. 318-21 (Parallelen zur zweiten Hälfte von Verg. georg. 2 und Hor. epod. 2). Zu 4,55 und dem Seitenhieb auf italische Verhältnisse vgl. S. 169-71.

9 Zu 1,49 vgl. Anm. 8.

10 Vgl. Schäfer, E., Martials machbares Lebensglück (Epigr. 5,20 und 10,47), AU 26,3, 1983, 74-95, insbes. 88-95, u. Heilmann, W., „Wenn ich frei sein könnte für ein wirkliches Leben ...", Epikureisches bei Martial, A&A 30, 1984, 47-61. Im folgenden wird versucht, die Gemeinsamkeiten der „Heimatgedichte" 1,49; 10,37; 10,96; 12,18 (in 4,55 entfallen die Motive) mit den Epigrammen 1,55 (Bitte um Landgut); 2,48; 2,90,5-10 (gutes Leben); 3,58 (Landgut des Faustin); 4,66 (ein „Zerrbild" ländlichen Lebens ...) und 10,47 (Lebensideal) aufzuführen. Selbstverständlich kann eine Liste nur Anhaltspunkte geben, da es zu Überschneidungen (e.g. „Klientendienst", „Toga") kommt und eine Rubrik „Selbstversorgung" problematisch ist, da etwa die unter „Jagd, Fischfang" angeführten Stellen zwar manchmal eindeutig dieser Rubrik zuzuordnen sind, hin und wieder aber eher (nur?) als „Freizeitbeschäftigung" gelten müssen. Trotzdem kann ein Überblick zeigen, wie sehr sich die Motive in den „Heimatepigrammen" mit den übrigen Bildern vom „guten Leben" dek-

In 10,37 und 10,96 spricht der Dichter von der Sehnsucht nach Heimkehr. Diese beiden „Heimwehepigramme" werden von der Vorstellung, in der Heimat im Gegensatz zu Rom mit wenigem gut leben zu können, geradezu beherrscht. Das Lokalkolorit beschränkt sich auf Andeutungen: Während in 10,96 die beiden Flüsse Tagus und Salo dem „Paradies" den Stempel „Heimat" noch kurz aber unmissverständlich aufdrücken (v. 3), wird die geographische Lage der Heimat in 10,37 durch *Callaicus Oceanus*[11] – in Vers 4 und als wörtliche Wiederholung im Schlussvers 20 – nur dunkel angedeutet, die Heimat wird zum „Paradies in westlicher Ferne". Das Motiv der „Selbstversorgung" drängt sich in 10,37 und 10,96 kaum von ungefähr in den Vordergrund: Es war wohl, wie gemeinhin vermutet, nicht zuletzt der politische Umschwung unter Trajan, der das ohnehin nicht immer einfache Leben in Rom für einen alternden Lobredner Domitians vollends unattraktiv machte und für den auf *patroni* angewiesenen Dichter gewiss auch wirtschaftliche Konsequenzen hatte.[12]

---

ken: ländliches Leben: 1,55,3; (2,90,7f.: einfaches Leben); 3,58 u. 4,66 passim; 10,96,4; 12,18,8 (Arbeit leicht: 3,58,29-33). Essen (einfach, reichlich und gut): 3,58 passim; 10,96,10; 12,18,21 (vgl. Jagd, Fischfang). Fischfang (müheloser): 1,55,9; (3,58,27: ohne Betonung der geringen Mühe); 4,66,7; 10,37,7f.,(11: Austern),15, (Gegenbilder auf einem Laurentinum: 5f.,(9f. Gienmuschel),17). Freunde, Gäste verfügbar: 1,49,29f.; 2,48,4; 3,58,41; 10,47,7f. Gerichtsdinge (Abwesenheit von): (1,49,35-40: auf den Juristen Licinianus zugeschnitten); 2,90,10; 10,47,5 (vgl. auch 5,20,6). Herdfeuer (stets versorgt): 1,49,27f.; (1,55,8); 2,90,7; 3,58,22f.; 10,47,4; 10,96,7f.; 12,18,19f. (vgl. auch die Gegenbilder in 1,92,5; 11,32,1; 11,56,4). Jagd (mühelose): 1,49,13f.,23-26; 1,55,8; (3,58,28: ohne Betonung der geringen Mühe); 10,37,16 (Gegenbilder auf einem Laurentinum: 13f.,18); (12,18,22: Jäger). Jäger: 1,49,29; (10,37,17f. als Gegenbild: erfolglose Fischer und Jäger auf einem Laurentinum); 12,18,22. Klientendienst: 1,49,(31f.),33,(34); 1,55,5f.; (3,58,33: *salutatio* nützlich); 10,96,11-13; 12,18,1-6,(17: toga). Meier, Meierin: 1,49,26; 1,55,11; 3,58,20,31; 12,18,21,25. Mobiliar (einfaches): 1,55,11; 12,18,18. Rom (im expliziten* Vergleich): 1,55,14; (10,37,5-19: Vergleich mit laurentinischem Landgut); 10,96,5-12, (*Gegensatz sonst ja stets (mit)gemeint, durch die Situation gegeben: vgl. Klientendienst, Schlaf etc.). Schlaf (ungestörter): 1,49,35f.; 2,90,10; 10,47,11f.; 12,18,13-16. Selbstversorgung: 1,49,13-18,(im weitesten Sinne auch 9-12),23-26; 1,55,7-12; 3,58 (passim); 4,66,5-8 (in gewissem Sinne auch 11); 10,37,7f.,11f.,15f. (im Gegensatz zu einem Laurentinum); 10,96,10,14; 12,18,20f. (im weitesten Sinne auch 22f.). Sexualpartner verfügbar: 2,48,5; (2,90,9); 4,66,11; 10,47,10; 12,18,22f. Sklavenhaushalt (einfacher): 4,66,9f.; 12,18,24f. (2,90,9; 3,58,22,44: Bedienstete satt; 3,58 passim: Bedienstete zufrieden und arbeitsam). Toga (abwesend): 1,49,31; 4,66,3; 10,47,5; 10,96,11f.; 12,18,5,(17).

11 *Callaicus, -a, -um*: eigentlich „galizisch", „nordwestspanisch". Hier übertragen auf die keltiberische Heimat insgesamt.
12 Die wirtschaftliche Lage Martials ist Gegenstand breiter Spekulation (vgl. Holzberg, N., Martial, Heidelberg 1988, 65-73). Die Tatsache, dass ihm Plinius das Reisegeld schenkte (Plin. epist. 3,21) und dass er zu Hause stark auf Gönner angewiesen war, lässt darauf schliessen, dass seine finanzielle Lage zumindest vor der Abreise kaum gefestigt war (vgl. 10,104,13f.: Suche nach einer preisgünstigen Bleibe). Norcio, 16f., stellt die Frage, wieso Martial das *viaticum* des Plinius nötig hatte, schliesslich habe er neben einem Stadthaus auch das Nomentanum besessen. Betrachten wir deshalb Martials Angaben zu seinem kleinen

In den anderen Epigrammen – besonders deutlich in 1,49, 4,55 und 12,18 – hat Martial allerdings dafür gesorgt, dass das „ländliche Paradies" in Geographie und Lebensart der Heimat eingebettet ist, ja damit verschmilzt. Besonders eindrücklich ist ihm das in 1,49,9-12 gelungen, wo die warmen und kalten Gewässer um Bilbilis zur „natürlichen Bäderanlage" werden.[13] Lokalkolorit gewährleisten auch zahlreiche Ortsnennungen und -beschreibungen[14] sowie Ausführungen zur Lage der Heimatstadt, die an Detailfreudigkeit nahe an diejenigen des Horos bei Properz herankommen. Besonders plastisch wirken etwa die Beschreibungen *municipes Augusta mihi quos Bilbilis acri / monte creat, rapidis quem Salo cingit aquis* und *pendula ... patriae tecta* (10,103,1f.; 10,13,2). Sie zeichnen ein getreues Abbild von Bilbilis, das wie ein Adlernest zwischen zwei Felskuppen thronte, die schroff aus der Ebene im Süden aufragen und im Osten von einer starken Biegung des Salo (Jalón) umfasst werden.[15] Unverwechselbaren

---

Landsitz: 10,92 zeigt, dass das Gut schliesslich dem Freund Marrius übergeben wurde. Aus dem Wortlaut wollte Norcio offenbar entnehmen, es handle sich lediglich um ein Recht auf Nutzniessung, um ein Geschenk: „E un dono però che mal si comprende in un momento di bisogno di denaro del donatore" (vgl. v. 3f. *tibi ... commendo* und 15-17 *‚ubicumque vester Martialis est', dices, ‚hac ecce mecum dextera litat vobis absens sacerdos ...*). Es lässt sich allerdings kaum ermitteln, um welchen Rechtsvorgang es in 10,92 letztlich geht: Sollte man hinter *commendo* und v. 15ff. nicht viel eher einfach den Ausdruck der andauernden Verbundenheit Martials mit seinem Besitz erkennen? (10,61 gäbe weiteren Anlass zu Spekulationen, die ich – mit allen nötigen Vorbehalten – ausführen möchte: Falls 10,61 erst in die zweite Ausgabe des Buches gehört (vgl. S. 161) und mit *agellus* in v. 3 (*quisquis eris nostri post me regnator agelli*) das Nomentanum gemeint ist – und wieso sollte sich das Grabmal der Erotion nicht dort befinden (*agellus* ist eine geläufige Bezeichnung für ein „Landgut"; das Nomentanum wird sicher 7,93,5 und 10,92,13 und höchstwahrscheinlich auch 7,31,8 u. 7,91,1 so genannt) – hätte dann Martial beim Abfassen von 10,61 noch nicht gewusst, an wen das Gut gehen soll? Oder ist der Wortlaut nur Einkleidung einer allgemeinen Sorge des Dichters?). Was auch immer mit dem Besitz in Italien geschehen ist – die Annahme, der Dichter sei bei der Heimkehr völlig mittellos dagestanden, ist problematisch. Nur: Ein *viaticum* ist auch dort willkommen, wo nicht schiere Not herrscht, aber jeder Sesterz auch anderweitig Verwendung findet.

13 1,49,9-12 *tepidi natabis lene Congedi vadum / mollesque Nympharum lacus, / quibus remissum corpus astringes brevi / Salone, qui ferrum gelat.* Vgl. Citroni, ad 1,49,11: „... M. ci presenta già in questi versi una Spagna idealizzata, come il paese in cui la natura offre possibilità che a Roma sono realizzabili solo con l'artificio" und die Ausführungen von Görler, Martials Reisegedicht, 312. (Zur konkreten Identifikation des *Congedi vadum* mit den aus der Antike bezeugten *aquae Bilbilitanae* vgl. Anm. 138a).

14 Im Gegensatz zu Vergil oder auch Horaz wirken die Ortsbeschreibungen des Martial „naturalistisch". (Vgl. dazu auch S. 184f.).

15 Ruinen des ursprünglich keltiberischen Municipiums „Augusta Bilbilis" (vgl. Mart. 10,103,1 Augusta Bilbilis) liegen auf dem Cerro de Bámbola 3 km nördlich von Calatayud (Provinz Zaragoza). Eine übersichtliche Karte findet sich bei Sullivan, J.P., Martial, The Unexspected Classic: A Literary and Historical Study, Cambridge, New York u.a., 1991, 178, 180. Genaue archäologische Karten bietet Martín-Bueno, M.A., Bílbilis, estudio histórico-arqueológico, Zaragoza 1975. Die *pendula tecta* (10,13,2; vgl. 13,112,1 *pendula Setia*) werden von letzterem als dem archäologischen Befund entsprechend gewürdigt: „Es una alu-

Charakter verleihen weiter etwa die für Iberien typische Hasenjagd zu Pferde (1,49,25; vgl. 12,14) oder die ungeschminkte Beschreibung des grimmigen Winters in der innerspanischen Heimat (1,49,19f.). An dieser Stelle will ich gleich darauf hinweisen, dass Martial die unfreundliche Kälte schon deshalb leichten Herzens erwähnen kann, weil 1,49 so etwas wie den „Preis künftiger Lebensumstände eines Freundes" darstellt und damit einem gewissen Realismus verpflichtet ist[16]: Licinianus wird im Winter vom milden Klima seiner Güter am Mittelmeer profitieren (1,49,21ff.).

Wie konnte nun das „ländliche Paradies" zur *solitudo*[17] werden? Wie verträgt sich die Praefatio des zwölften Buches mit der Überschwenglichkeit des achtzehnten Gedichts? Eines scheint gewiss: Auch wenn sich die Klagen vordergründig auf die Unmöglichkeit zu schreiben beziehen, ist der Brief nicht die Apologie eines träge gewordenen Literaten, dem, abgesehen von quälender Unlust zur Arbeit, recht wohl ist. Der Passus über die latent unfreundliche bis offen feindselige Gesinnung mancher Landsleute (12, praef., l. 13-17) lässt auf ernste Verstimmung schliessen. Der Dichter hat in Bilbilis die erhoffte, ja eingeforderte Akzeptanz[18] nicht gefunden, und wenn wir ihm glauben, dass ihm geistige Arbeit einziger Trost wäre (12, praef., l. 3-6),[19] wird Verdrossenheit (12, praef., l. 15-17)[20] bald

---

    sión directa a la fisionomía particular de la ciudad, haciendo notar que se hallaba construida mediante terrazas posiblemente. Este carácter ha sido apuntado acertadamente por numerosos autores desde el siglo XVII, y nosotros la hemos confirmado mediante excavaciones." (op. cit. 61). Für gesicherte Details sind die Grabungen zu wenig weit fortgeschritten. Es war vermutlich so, dass die Brüstungen der Strassenserpentine zugleich Grundmauern für Häuser bildeten (op. cit. 215). Weitere geographische Beschreibungen der Heimatstadt: 1,49,3 *altam ... Bilbilin*; 10,104,6 *altam Bilbilin*; zu 4,55,11-15 (Bilbilis, Platea) vgl. Anm. 138b; ohne geographisches Attribut (es würde die Prägnanz stören): 1,61,12.

16 Schwerer mit der Erwähnung des rauhen Klimas in der Heimat tut sich Ovid, vgl. S. 103f. Zu einseitig auf den „Heimatgedanken" zielt die unwillige Bemerkung von Schulten, A., Martials spanische Gedichte, NJA 31, 1913, 462-75, 470: „Während die anderen römischen Autoren ganz Spanien als ein paradiesisches Land preisen und von seinem milden Klima faseln, kommt bei Martial, dem Sohn des Landes, der schroffe Gegensatz des rauhen Hochlandes und der milden Küste zur Geltung. Die Eingeborenen, sagt man mit Recht, wissen am besten, woher der Wind weht." Die Trennung in kühlen Sommer- und angenehmen Winteraufenthalt entspricht in Hispanien ebenso der Lebensweise der Vermögenden wie in Italien (vgl. e.g. 4,57 u. 5,71 u. auch die Bemerkungen zu Plinius S. 196 mit Anm. 45 u. 46).
17 12, praef. l. 4f. *in hac provinciali solitudine*.
18 Vgl. 10,103. Dazu S. 160f.
19 Dass Martial vorhatte zu schreiben, wird durch 10,78,11-13 bestätigt: *sed quaecumque tamen feretur illinc / piscosi calamo Tagi notata, / Macrum pagina nostra nominabit*. Auch das Motiv „Trost in der dichterischen Arbeit" findet sich schon in der Ovidischen Exilliteratur (vgl. auch Anm. 2).
20 12, praef. l. 15-17, Stichworte zur Verdrossenheit: *difficile est habere cotidie bonum stomachum; indignans*.

zur Grundstimmung geworden sein.²¹ 12,18,15f. *et totum mihi <u>nunc repono</u> quidquid / <u>ter denos</u>* ²²<u>*vigilaveram per annos*</u> zeigt deutlich,²³ dass wir im Gedicht an Juvenal ein Zeugnis aus den Anfangszeiten des Heimkehrers in Händen halten: Noch ist alles schön und gut ...²⁴

Wer genau hinsieht, findet im zwölften Buch neben der Praefatio weitere Spuren des Unbehagens:²⁵ Schmerz über die Trennung und wehmütiges Zurückdenken an die gemeinsame Zeit in Rom kennzeichnen das Gedicht für Iulius

---

21   Weniger pessimistisch Friedländer, I, 14: „Freilich hatte auch dies idyllische Leben seine Schattenseiten. Vor allem litt M. unter der geistigen Oede in der Provinz"; Helm, R., Martial, Epigramme, eingeleitet und im antiken Versmass übertragen von R.H., Zürich, Stuttgart 1957, 14: „In Bilbilis schenkte ihm eine Gönnerin Marcella ein kleines Besitztum, auf dem der Gealterte seine letzten Jahre sorgenlos, aber ohne poetische Spannkraft ... verbrachte." Sullivan, Martial, 183f., meint vollends, der Dichter habe trotz gewissen Unannehmlichkeiten zu Hause sein „Lebensideal" verwirklicht: „Despite the back-biting of his fellow-townsmen ... he has seen his hierarchical vision of society exemplified in a modest way in his own case, and his ideal of the happy life, at least for the reader's benefit, fullfilled." (Man wird sich bei diesem die Betrachtung schliessenden Satz allerdings fragen, was mit „hierarchical vision of society" und der Einschränkung „at least for the reader's benefit" gemeint ist ...); Tanner, R.G., Levels of Intent in Martial, in: ANRW II, 32.4, 1986, 2624-77, 2632: „On the whole, however, he enjoyed his country life." Die meisten Interpreten äussern sich kritisch. Vgl. Anm. 24.
22   Eigentlich waren es 34 Jahre; vgl. 10,103,7; 10,104,10; 12,31,7; 12,34,1f.
23   Vgl. 12,18,7f. *me multos repetita post Decembres / accepit mea (,Bilbilis') rusticumque fecit.*
24   So die meisten Interpreten (vgl. aber Anm. 21): Bellinger, A.R., Martial, The Suburbanite, CJ 23, 1928, 425-435, 435: „He began to find it dull."; Bonjour, Terre, 216f.: „Ce fut d'abord la joie sans mélage. Il faut lire l'épigramme 12,18 ... Mais cette vie idyllique ne satisfaisait pas toutes les aspirations du poète."; Dolç, M., Hispania y Marcial, Contribución al conocimiento de la España antigua, Barcelona 1953, 28: „... Marcial ... regresa a Bílbilis; pero no para gozar la deseada paz espiritual, ... Los últimos años de su vida ... son, por el contrario, un incesante fluir de los bellos recuerdos de Roma, un afán imposible de los bienes perdidos ..."; Howell, 3: „At first he found life at Bilbilis idyllic ... But before long he grew bored with provincial life."; Izaac, t. 1, XV, nach einer Umschreibung von 12, praef.: „Comme il était loin, le temps où le poète, encore tout à la joie du retour, vantait à son ami Juvénal les charmes de sa ville natale enfin retrouvée!"; Ker, I, X: „But the delights and the freedom of the country, of which at first he speaks exultingly, began to pall upon him, and this fact and the narrow-minded jealousy of his neighbours made him look back fondly towards the fuller life of the Imperial City."; Norcio, 17: „Ma poco a poco s'insinuò in Marziale un senso di tristezza."; Parroni, Nostalgia, passim (dass er, 129f., in 12,18, im Aufzählen römischer Orte (v. 1-6), eine „tenerezza per i luoghi amati e perduti" finden will, ist unverständlich: Der geplagte Juvenal durcheilt die „luoghi perduti" als schwitzender Klient ...); Shackleton Bailey, Epigrams, I, 4: „... he lived ... comfortably but not happily, missing the metropolitan ambience at which he had so often chafed."; Szelest, H., Martial, eigentlicher Schöpfer und hervorragendster Vertreter des römischen Epigramms, in: ANRW II, 32.4, 1986, 2563-623, 2567: „Nach der Rückkehr nach Spanien freute er sich anfangs über die Veränderung seines Lebens, doch dauerte dieser Zustand leider nicht lange."
25   So gesehen auch von Stephan-Kühn, F., Aspekte der Martial-Interpretation, AU 26,4, 1983, 22-48, 24: „... wehmütige Erinnerung an das Leben in der Hauptstadt, die an vielen Stellen im 12. Buch zu finden ist ...".

Martialis (12,34). Den vierunddreissig gemeinsam in Rom verbrachten Jahren wird mehr Gutes als Schlechtes abgewonnen (v. 3-7).[26] Das Epigramm auf Marcella gesteht der Gönnerin den Sieg auch über gebürtige Römerinnen zu (12,21,5f.), man mag nicht glauben, dass sie eine „Mitbürgerin des eisigen[27] Salo ist und aus unserer Gegend stammt" (v. 1f.). Das ist ein charmantes Kompliment, und nicht einmal ein einzigartiges. Ähnliches findet sich bei Statius,[28] und Martial selber lässt in 11,53 eine Britannierin aufgrund ihrer Geistesart zur Römerin werden. Dass der Dichter abschliessend gar meint, Marcella tröste ihn über die Sehnsucht nach der Hauptstadt hinweg, ja schaffe ihm hier Rom (12,21,9f.),[29] passt aufs erste gesehen einfach zum Bild der Huldigung. Da jedoch die Praefatio Martials Sehnsucht nach der Metropole bestätigt, ergänzen sich die beiden ungleichen Dokumente zu einem überraschend einheitlichen Bild. Dem Epigramm für Marcella liegt bei aller Schönrednerei – die Gönnerin vermochte Rom (natürlich)

---

26 Zu 12,34 vgl. Friedländer, I, 13: „Trotz alledem blickte er übrigens später auf die 34 Jahre seines Aufenthalts in Rom mit Befriedigung zurück." Zuweilen findet man die Ansicht, 12,34 sei noch unmittelbar vor der Abreise entstanden. Das Epigramm würde dann gleichsam eine Brücke zwischen dem zehnten und zwölften Buch bilden. Obwohl man sich 12,34 gut als Abschiedsgabe an den Freund vorstellen kann und im zwölften Buch einige Epigramme aus früherer Zeit verarbeitet sind (vgl. dazu e.g. Sullivan, Martial, 55), lässt sich nichts Sicheres zu seiner Entstehungszeit sagen. An die gemeinsam verbrachte Zeit konnte sich Martial jederzeit erinnern, selbst – oder gerade? – Jahre nach der Abreise (so: Bellinger, Martial, 431: „When he was an old man and they (sc. ‚Martial and Julius') were separated, Martial wrote him a curious estimate of their friendship."; Friedländer, I, 174: „... mit dem (sc. ‚Iulius Martialis') er während der ganzen ... Dauer seines Aufenthalts in Rom und auch noch später (XII,34) aufs innigste verbunden blieb."; Norcio, G., Il ritorno di Marziale, Rassegna di cultura e vita scolastica 18, 1964, 12f., 13: „Il poeta si rivolge a Giulio Marziale, uno degli amici più cari lasciati a Roma ..."; Stobbe, H.F., Die Gedichte Martials, Eine chronologische untersuchung, Philologus 26, 1867, 44-80, 76: „Zu den später (sc. ‚für die nach Rom gesandte Fassung; i.e. lib. XII') hinzugekommenen gedichten rechnen wir das gedichte auf ... Julius [Martialis?] nr. 34 ...". Anders: Parroni, Nostalgia, 132: „... sicuramente composto a Roma al momento della partenza."; Seel, O., Ansatz zu einer Martial-Interpretation, A&A 10, 1961, 53-76, zit. nach: Das Epigramm, Zur Geschichte einer inschriftlichen und literarischen Gattung, ed. G. Pfohl, Darmstadt 1969, 153-86, 177: „... im Augenblick, da der Dichter Rom verlässt."; so auch Immisch, Zu Martial, 507, (ohne Erläuterung).
27 12,21,1f. *Municipem rigidi quis te, Marcella, Salonis / et genitam nostris quis putet esse locis?*. Martial hat hier wohl mit Bedacht dasjenige Adjektiv gewählt, das nicht einfach die Kälte des Wassers beschreibt (vgl. 14,33,2 ... *gelidis* hunc (sc. ‚pugionem') *Salo tinxit aquis*; aber *rigidus* einfach nur „eisstarrend": Mart. 7,80,8 *Sarmatica rigido ludit* (sc. ‚puer') *in amne rota*), sondern auch für eine harte, nicht verfeinerte Gesittung gebraucht werden kann (vgl. etwa Hor. carm. 3,24,11 *Scythae et rigidi Getae*; ep. 2,1,25 *cum rigidis Sabinis*). So wird schon im ersten Vers klar, dass Marcella nicht vom „eisigen" (oder besser „herben, unzivilisierten") Charakter ihrer heimatlichen Umgebung beeinflusst ist (Die Annahme, dass der Charakter der Landschaft denjenigen der Bewohner prägt, war in der Antike verbreitet; vgl. e.g. auch S. 44 mit Anm. 84.). (Zu *tetrici* Salonis in 12,2,3 vgl. Anm. 39).
28 Vgl. S. 127 zu Stat. silv. 4,5,29-48.
29 12,21,9f. *tu desiderium dominae mihi mitius urbis / esse iubes: Romam tu mihi sola facis*.

nicht zu ersetzen – wohl doch aufrichtige Dankbarkeit zugrunde. Sie bot dem Dichter durch materielle Grosszügigkeit nicht nur die ersehnte Ruhe, sondern durch ihre verfeinerte Sinnesart ein Stück weit auch den vermissten urbanen Umgang (12,21,3 *tam rarum, tam dulce sapis*).[30] Das gilt auch dann, wenn Martial in Bilbilis neben ihr auch in einem ihm verwandten dichtenden Brüderpaar einigermassen „Gleichgesinnte" gefunden haben sollte (vgl. 12,44) und überdies mit dem literarischen Leben in der Baetica verbunden war, wie die Invektive gegen einen Plagiator in Corduba nahelegt (12,63).[31] Die Kontakte in die Nachbarprovinz dürften spätestens mit dem Prokonsulat (100/101) des gepriesenen[32] Macer und dem unmittelbar darauf folgenden des Istantius[33] geknüpft worden sein: Istantius und wohl auch Macer waren dem Dichter aus der Hauptstadt bekannt.[34]

In 12,68 klagt Martial über den Klientendienst, der ihm nun auch in der Heimat den Schlaf zu rauben droht. Dass es sich dabei nicht nur um eine willkom-

---

30 Vgl. das Lob auf die Braut des Canius, Theophila, 7,69,5f.: *vivet opus quodcumque per has emiseris aures; / tam non femineum nec populare sapit*.).
31 a) 12,44,1-3 *Unice, cognato iunctum mihi sanguine nomen / qui geris et studio corda propinqua meis, / carmina cum facias soli cedentia fratri.* Das Gedicht im zwölften Buch bezieht sich vermutlich auf die Verhältnisse in Bilbilis nach der Heimkehr (So auch Sullivan, Martial, 54; Bonjour, Terre, 212, allerdings mit einer massiven Verkennung von v. 7f.: *vela dare* und *litus* beziehen sich auf die dichterischen Ambitionen, nicht darauf, dass die Gebrüder den Sprung nach Rom nicht wagten (vgl. Friedländer, ad loc.); dieselbe Fehlinterpretation, weniger explizit, schon bei Dolç, Marcial y Hispania, 102: „Los dos hermanos no salieron de Bílbilis; pero los vientos les habrían sido propicios ..."). Norcio, 19, denkt an Rom, begründet seine Meinung aber nicht. Da sich im zwölften Buch auch Epigramme aus der Zeit vor der Heimkehr finden, ist das nicht einfach auszuschliessen. b) 12,63 stammt hingegen ganz sicher aus der Heimat, da Corduba direkt aufgefordert wird, seinen unbotmässigen „Dichter" zurechtzuweisen (v. 6 *dic vestro, rogo, sit pudor poetae*). Das macht ungleich mehr Sinn, wenn dieser in der Heimat weilt.
32 12,98,7 *non ignorat onus quod sit succedere Macro*.
33 12,98,5 *Istantius* nach der plausiblen Konjektur von Munro (vgl. 12,95 (im selben Buch!) u. 7,68).
34 Zu Istantius Rufus vgl. neben 12,95 u. 98: 7,68; 8,50,22,24; 8,73. Zur kaum lösbaren Frage der Identität des Macer, Proconsul der Baetica 100/101, mit anderen uns bekannten Macri – Martial nennt den Namen für reale Personen in 5,28 (ein Exemplar an Aufrichtigkeit), 10,18 (Macer, *curator viae Appiae* (95)) und 10,78 (Macer, *legatus Dalmatiae* (98)) – vgl.: a) Barbieri, G., Pompeo Macrino, Asinio Marcello, Bebio Macro e i fasti ostiensi del 115, MEFR 82, 1970, 263-278, 275 u. Anm. 2. b) Eck, W., RE suppl. XIV, „... cius Macer", 271f. c) Fluss, M., RE XIV, „Macer 3,4,5", 134f. d) Syme, R., Tacitus, vol. II, Oxford 1958, 647 u. 666f.; ders., Rez.: Jagenteufel, A., Die Statthalter der römischen Provinz Dalmatien von Augustus bis Diokletian, Gnomon 31, 1959, 510-518, 515 (ihm folgen: Hanslik, R., RE, Supp. XII, „Baebius Macer", 130; ders., Kl. Pauly II, „Macer (5), (6)", 851; Alföldy, G., Fasti Hispanienses, Senatorische Reichsbeamte und Offiziere in den spanischen Provinzen des römischen Reiches von Augustus bis Diokletian, Wiesbaden 1969, 164). e) Vidman, L., Fasti Ostienses, edendos, illustrandos, restituendos curavit L.V., Prag 1982, 94f., 98. f) weiter auch: Friedländer, II, 268 (a.O. I, 404) u. Shackleton Bailey, Epigrams, III, 365 (= index of names).

mene Gelegenheit handelt, das beliebte Thema wieder aufzunehmen, sondern um eine Spiegelung der Wirklichkeit, könnte sich daran erweisen, dass die Rollen plötzlich vertauscht sind: Martial, der ewige Bittsteller, wird nun als grosser Sohn der kleinen Stadt seinerseits von Klienten heimgesucht.[35] Das scheint plausibel. Man darf allerdings nicht verschweigen, dass Martial mühelos in Rollen schlüpfen konnte, die seiner Lebenswirklichkeit nicht so ganz entsprachen.[36]

Nicht einfach scheint schliesslich auch die Interpretation von 12,2: Dort ist vor dem triumphalen *clamabant omnes te, liber, esse meum* am Schluss davon die Rede, dass „Du, Buch, nun – ach! – als Fremdling nach Rom gehen wirst vom Volk des goldführenden Tagus und des wilden Salo". Neben *peregrinus*[37] fällt der Seufzer *io!* ins Auge. Dolç will überdies die Tatsache, dass Martial den heimatlichen Salo hier nicht objektiv als kühles Gewässer bezeichnet, sondern mit dem emotionsbeladenen *tetricus* (finster; von Landschaften: wild) bedenkt, gewürdigt haben;[38] vielleicht mit Recht: Das Adjektiv wird von Martial auch an anderer Stelle stets zielgerichtet eingesetzt und verfehlt seine „düstere" Wirkung nie;[39] zudem wird in 12,21,1 *rigidus* mit Absicht auf einen ähnlichen Nebeneffekt verwendet (12,21,1f. *Municipem rigidi quis te, Marcella, Salonis / et genitam nostris quis putet esse locis?*).[40] Wir brauchen uns über die Gewichtung einzelner Wörter den Kopf nicht zu sehr zu zerbrechen. Der düstere Beginn lässt die bereits mit v. 5 einsetzende und am Schluss (v. 17f.) vollends durchbrechende Siegesgewissheit um so heller aufstrahlen. Selbst ein noch so dunkel drohendes *tetricus*

---

35 Vgl. Howell, 3: „... he grew bored with provincial life – with people pestering him for help (XII.68)". Martial musste, um die neue Situation zu beschreiben, eine Unstimmigkeit in Kauf nehmen: 12,68,1: *Matutine cliens, urbis mihi causa relictae* sieht aus, als ob der Dichter sich schon in Rom über die Rolle als *patronus* geärgert hätte. Das braucht nicht zu stören. Es geht um die Last des Dienstes, der für beide Parteien unerfreulich ist (vgl. e.g. 1,49,33). Zur gelegentlichen „Nachlässigkeit" Martials vgl. Friedländer, II, 256 (ad loc.) und ders. I, 20, Anm. 1.

36 Zu widersprüchlichen Angaben, etwa zum Zivilstand, vgl. e.g. Holzberg, Martial, 67. (Die „Klientenrolle" des Dichters in Rom ist im übrigen selbstredend teilweise ebenso grotesk überzeichnet wie es die „neuen Zustände" in Bilbilis sein mögen).

37 Vgl. die Wiederaufnahme in 12,2,5 *non tamen hospes eris, nec iam potes advena dici* und 3,5,3 *cui non eris hospes* (das Buch gelangt aus Forum Cornelii (Imola) nach Rom, insbesondere aber an Iulius. Vgl. weiter e.g. Ov. pont. 1,1,3 (*peregrini libelli*); trist. 3,1,20 (*hospes*), trist. 1,1,59 (*peregrinus*).

38 Dolç, Hispania y Marcial, 197: „Sólo al encontrarse de nuevo en Celtiberia, con la nostalgia de la Urbe, (sc. ‚el Salo') le parecerá ‚salvaje', *tetricus* (XII,2,3)." Anders Schulten, A., Iberische Landeskunde, Geographie des antiken Spanien, I/II, Strasbourg 1955, 1957, I, 314: „wohl wegen des rauhen Hochlandes".

39 *Tetricus*: Vgl. OLD, 1934; bei Martial vgl.: 1,62,2; 4,73,6; 4,82,4; 5,20,6; 6,10,5; 6,70,8; 7,80,2; 7,88,4; 7,96,4; 10,20,14; 10,64,2; 11,2,7; 11,43,1; 12,70,4; 14,81,2. Dass der Dichter einzelne Adjektive zuweilen äusserst gezielt einsetzt, zeigt etwa auch das Epitheton *truces* in 10,78,9f. *nos Celtas ... et truces Hiberos / cum desiderio tui petemus.* (Vgl. S. 163).

40 Vgl. Anm. 27.

wäre kein Garant dafür, dass der Dichter die Heimat nicht nur als „finstere Provinz" stilisiert, sondern auch so empfindet. Zudem ist es nur zu wahr, dass das Epigramm nicht entfernt die Eindringlichkeit der literarischen Vorbilder bei Ovid besitzt (Ov. trist. 1,1; 3,1).[41] Martial klagt nicht laut über Aufenthalt und Situation, er streift das Unangenehme im Vorübergehen. Der Leser im fernen Rom mochte ein leises Seufzen über die Abwesenheit von der mächtigen, einflussreichen Metropolis gar erwarten, das Klagelied eines Verbannten konnte und wollte der Dichter nicht anschlagen. So geht er denn rasch, nicht ohne mit dem Begriff des „Fremden" zu spielen (v. 5 *non tamen hospes eris nec iam potes advena dici*), über das Unbehagen hinweg und findet zu dem seinem Leser wohlbekannten Selbstvertrauen[42] zurück. Trotzdem: Wenn wir an die Praefatio des zwölften Buches und das *desiderium dominae urbis* in 12,21,9 denken, so sind die ersten Verse von 12,2 mit dem Anführen kompositonstechnischer und literaturgeschichtlicher Motivation vielleicht doch nur nach aussen hin erklärt. Hat Martial auch deshalb Anlehnung bei Ovid gesucht, weil er eine entfernte Verwandtschaft seiner Situation mit der des Verbannten in Tomi gespürt hat?

Wie sieht das Heimatbild des Dichters kurz vor der Abreise aus? Martial hat das zehnte Buch vor seiner Rückkehr umgearbeitet[43] und die Neufassung gewissermassen als Wegbereiter nach Bilbilis vorausgeschickt. Im Schlussepigramm (10,104) nimmt der *libellus* die Reise voraus und soll Flavus daran erinnern, seinem „Vater" einen bequemen, günstigen Ruhesitz zu besorgen. Die nahe Abreise nimmt den Dichter in Anspruch und lässt ihn entsprechende Epigramme schreiben. Martial hat sich bis zuletzt um Anerkennung bei den neuen Machthabern bemüht. Die „Heimatepigramme" gehören deshalb wohl fast samt und sonders erst in die späte zweite Fassung des Buches:[44]

---

41 Luck, G., P. Ovidius Naso, Tristia, II (Kommentar), Heidelberg 1977, 11, betont die Verwandtschaft von Ov. trist. 1,1 und 3,1 und meint: „Martial, der sie (sc. ‚die Motive von trist. 1,1 und 3,1') 12,2 verbindet, hat die innere Verwandtschaft der beiden Gedichte empfunden." Die Unterschiede herausgearbeitet hat Besslich, S., Anrede an das Buch, Gedanken zu einem Topos in der römischen Dichtung, in: Festschrift für H. Widmann, ed. A. Swierk, Stuttgart 1974, 1-12, 11f. P. 12 sagt er zu Recht, Martial sei in 12,2 „weit entfernt davon, eine Rollenidentität zu suggerieren. Denn gerade das am stärksten Verbindende zur Situation des Ovid, die geistig-kulturelle Öde ..., ist im Epigramm selbst gänzlich unterdrückt."
42 Zum „Selbstvertrauen" vgl. Anm. 49.
43 Vgl. dazu etwa Friedländer, I, 62-65.
44 Nur 10,65, das sich in gewissen Sinne sehr eng mit der *germana patria* befasst, könnte u.U. bereits für die erste Fassung geschrieben sein. Zur Tatsache allgemein vgl. Sullivan, Martial, 46: „New additions would concern his return to Spain, hardly a prospect in December 95 (10,13; 78; 92; 96; 103; 104)." Friedländer spricht in der Einleitung (I, 12) im Zusammenhang mit 10,96 ganz allgemein von der Bewahrung einer lebhaften Anhänglichkeit an die Heimat und könnte sich das Gedicht bereits in der ersten Ausgabe vorstellen (I, 64). Später

Mit *saepe loquar nimium gentes quod, Avite, remotas / miraris ...* (10,96,1f.) wird die augenfällig enge Beschäftigung mit der Heimat thematisiert und zur Einleitung einer „kleinen Ode auf die Heimkehr" (10,96) gemacht. So spricht Martial von den Leuten (10,96) und vom guten Leben zu Hause (10,37; 96), er verabschiedet sich (10,37; 78) und bereitet vor allem den Empfang vor: Mit 10,13 sucht er die Jugendfreundschaft mit Manius aufzufrischen: Er sei der Grund für den Wunsch heimzukehren.[45] Dass Martial zum Schluss des Epigramms (10,13,7-10) meint, dass er mit Manius bei Puniern und Skythen leben könnte, da, falls sie sich in Freundschaft zugetan seien, *in quocumque loco Roma duobis erit* (v. 10), beunruhigt wenig. Er war sich kaum darüber im klaren, dass er Bilbilis auf Umwegen gefährlich nahe an die *Gaetula mapalia Poeni* und *Scythicae casae* rückt. Die Verse repräsentieren den Topos „ein treuer Freund folgt einem bis ans Ende der Welt" und erinnern von ferne an Horazens Septimius-Gedicht[46]. Sie sollen die Tiefe der Freundschaft beschwören.

In 10,103 beansprucht er von seinen Mitbürgern eine Aufnahme, wie die Vaterstadt sie dem berühmten Dichtersohn schulde (v. 4 *nam decus et nomen famaque vestra sumus*). Obwohl die Erwartungen aufs bitterste enttäuscht wurden, finden wir hier weniger handfeste Hinweise auf tiefsitzendes Unbehagen als dies mancher Interpret annimmt:[47] Das Epigramm beweist, dass sich Martial Gedanken über die Aufnahme bei seinen Landsleuten gemacht hat. Dass er über literarische Vorbilder hinausgeht (vgl. etwa Ov. am. 3,15,8 *Paelignae dicar gloria gentis ego*[48]) und den Landsleuten seinen Dichterruhm in Form eines Anspruchs vorrückt, zeigt 10,103 eher als selbstbewusste Anmahnung denn als auf-

---

allerdings denkt er sich 10,96 erst der zweiten Ausgabe hinzugefügt (vgl. II, 160), was angesichts der beiden Schlussverse, die auf die geplante Heimreise hinweisen, gerechtfertigt ist (10,96,13f. *i, cole nunc reges, quidquid non praestat amicus / cum praestare tibi possit, Avite, locus*). Inkonsequent ist es, wenn er in der Einleitung (I, 12) die Aussage „In der Zeit, wo er sich dort der glänzendsten Erfolge als Dichter erfreute, dachte er doch immer gern an die an der Berglehne klebenden Häuser von Bilbilis (X,20 (sc. ‚10,13'))‚ die beschneiten Gipfel der Sierren, die ..." zwar vor allem mit 1,49 und 4,55 belegt, aber für den Teilaspekt der *pendula ... patriae ... tecta* das „Heimkehrgedicht" 10,13 (vgl. Friedländer, II, 119) heranzieht.

45 Vgl. Stat. silv. 3, praef. l. 23-25. Dazu S. 131 mit Anm. 45.
46 In Hor. carm. 2,6 wird zusammen mit dem Thema „Freundschaft" das des „Alterssitzes" erwähnt, in Mart. 10,13 ist das Verhältnis umgekehrt: Martial zieht sich zurück und kommt so auf das Thema Freundschaft. Belege für den Topos des „Freundes, der einem überallhin folgt" bei Kiessling-Heinze, comm. ad Hor. carm. 2,6.
47 Etwa Sullivan, Martial, 48: „Notice ... his expressed uncertainty about his reception ..., whether because of the ‚sophisticated' nature of his poetry or because of his eulogies of the now discredited Domitian. The doubts were well justified, to judge from the preface to Book XII."; Bellinger, Martial, 434: „... he had a nervous fear that his townpeople might not appreciate him at all."
48 Vgl. auch Ov. am. 3,15,11-14 u. Prop. 4,1,65f. Dazu S. 110.

richtige oder gar ängstliche „Bitte um günstige Aufnahme".[49] Martial hat seine Schwierigkeiten nicht vorausgeahnt. Die Drohung, bei schlechter Aufnahme umzukehren (v. 11f. *excipitis placida reducem si mente, venimus; / aspera si geritis corda, redire licet*), scheint zum Repetoire solcher Anmahnungen gehört zu haben (vgl. 12,68,6 *redeo, si vigilatur et hic*) und lässt keinerlei grössere Verunsicherung spüren, im Gegenteil: Sie schliesst die kühne Forderung effektvoll ab. Dass Martial zu dem Zeitpunkt ernstlich an die Möglichkeit einer eventuellen Rückkehr glaubte – man vergegenwärtige sich seine Lage –, ist kaum anzunehmen.

Während der Abschiedsgruss in 10,78 – der Dichter wird den nach Dalmatien abreisenden Macer vor der eigenen Heimkehr nicht mehr sehen – ein nicht über das Angebrachte hinausgehendes Bedauern zeigt,[50] zeugt derjenige an Maternus (10,37) von Zuversicht und positiver Erwartung: In der Heimat, am „kalläkischen Meer", ist alles besser.[51] Falls man sich 10,61 als erst in die zweite Ausgabe des Buches gehörig denkt, fände die rührende Sorge um das Grab des geliebten Sklavenmädchens Erotion den unmittelbaren Anlass in der geplanten Heimkehr: Der künftige Besitzer des *agellus* soll das jährliche Totenopfer nicht vergessen. Sicher wird das Weiterführen heiliger Handlungen jedoch in 10,92 zum Thema des Abschieds: Geradezu zärtlich wirkt das Aufzählen vertrauter Bäume (v. 3f.) und der vom Verwalter mit laienhafter Hand aufgebauten Altäre (v. 5f.) – Marrius wird den abwesenden *sacerdos* vertreten (v. 15-18). Es ist offensichtlich, dass der Dichter sein trotz zahlreicher Klagen liebgewordenes Nomentanum[52] ungern verlässt.

---

49 Helm, R., „Valerius Martialis", VIII,1 A, 55-85, 67: „… bittet um günstige Aufnahme …". War sich Martial beim Verfassen des Epigramms seiner Kühnheit bewusst und hat den Anspruch mit einem Augenzwinkern erhoben? Das scheint angesichts der kaum einlösbaren Drohung möglich, ist aber unangebracht: Erstens scheint das Epigramm als ganzes recht ernst (v. 4-9), und das Selbstbewusstsein korrespondiert auffällig mit dem in 1,61 und anderswo gezeigten (1,61,12: *nec me tacebit Bilbilis*). Auch wenn er sich hin und wieder für die *levitas* seiner Dichtung glaubt entschuldigen zu müssen, ist Martial im Grunde überzeugt von seinem Können (so auch Sullivan, Martial, 58). Zudem: Wie sollte das nicht städtisch verfeinerte Publikum zu Hause, das nicht wissen konnte, ob dem Dichter die Umkehr nicht doch freistand, ein „Augenzwinkern" bemerkt haben? Wenn wir denn spekulieren wollten, müssten wir wohl sagen: Wahrscheinlich ist, dass die „Provinz" das Ansinnen (so oder so) ernst nimmt und, auch wenn die Toleranz für Eigenlob und Selbstdarstellung in jener Zeit ungleich grösser war als in unserer, einem Dichter vom Stile Martials übel vermerkt. (So dürfte Stephan-Kühn, Aspekte, 25, recht haben, wenn sie meint: „Trotz leiser Skepsis, die aus den letzten Zeilen dieses Epigramms klingt, erwartet Martial doch, dass seine Heimatstadt stolz auf ihren Sohn sein wird, und dass er hier die Früchte seines Dichterruhms ernten wird.").
50 Vgl. 10,78 mit dem Schmerz über die Trennung von Iulius (Martialis) in 12,18.
51 Dazu vgl. S. 152.
52 Zum Nomentanum vgl. e.g. Friedländer, I, 10f. Befand sich das Grabmal der Erotion (10,61) auf dem Nomentanum? Vgl. die Hypothese in Anm. 12.

Ob wir auch 10,65 der vermehrten Zuwendung zur Heimat verdanken, sei dahingestellt.[53] Das Epigramm könnte ohne weiteres schon in der ersten Fassung des Buches gestanden haben. Martial setzt sich, indem er die körperlichen Eigenheiten seines Volkes für sich in Anspruch nimmt, von einem unliebsamen Anbiederungsversuch ab (v. 3 ... *cur frater tibi dicor*)[54]: Er ist kein Korinther, stammt, ein Bürger des Tagus, von den Keltiberern ab. Unbändig ist der Haarwuchs auf dem Kopf, stachelig wuchert er an Beinen und Wangen, seine Sprache ist männlich-kräftig.[55] Schon bei der Beschreibung des ungleichen Haarwuchses (v. 6-9) der Kontrahenten wird klar, worauf die Pointe hinauslaufen muss: Charmenion ist ein *pathicus* (v. 15 *ne te ... vocem sororem*) – ein rechter Mann wäre eben behaart[56]. Die körperlichen Eigenschaften stehen für innere Werte: herbe, ursprüngliche Männlichkeit gegen tuntige Weichlichkeit. Martial macht sich das Aussehen seiner Landsleute polemisierend in übertriebener Weise zu eigen. Er ist sozusagen „von Haus aus" ein Mann. Die Idee einer Gegenüberstellung „Korinther – Keltiberer" (v. 1-4) legt nahe, dass sich Martial mit dem überlieferten Bild der keltiberischen Landsleute als männlich-hartes, rauhes Volk grundsätzlich identifizierte,[57] das um so mehr, als man sich unter dem Korinther Charmenion wohl eine fiktive Person vorzustellen hat.[58] Der Dichter stellt sich denn auch stets als Sohn Keltiberiens, der engeren Heimat im kargen nordöstlichen Binnenland,

---

53 Martial identifizierte sich an sich mit den „Keltiberern". Vgl. das Folgende und Anm. 59.
54 10,65,3 *cur frater tibi dicor*, ...; 14f. ... *desine me vocare fratrem, / ne te ... vocem sororem*.
55 10,65,11 scheint verdorben (10f. *os blaesum tibi debilisque lingua est, / nobis †filia† fortius loquetur*). Das von Haupt vorgeschlagene *ilia/loquentur* würde als derber Schlusspunkt der körperlichen Unterscheidungsmerkmale recht gut passen. Auch Friedländers *loquuntur* wäre denkbar. Alle übrigen versuchten Emendationen sind recht wenig plausibel, nicht zuletzt auch Shackleton Bailey's *Silia* bzw. *Pilia* (Shackleton Bailey, D.R., More Corrections and Explanations of Martial, AJPh 110, 1989, 131-50, 143).
56 Besonders drastisch ist das Motiv „Haare – Mann", „entfernte Haare – *pathicus*" in 9,27 verwendet.
57 Die Keltiberer galten als wildes, unzivilisiertes Volk (wohlbekannt sind Catulls Seitenhiebe auf Egnatius; zu weiterem vgl. Schulten, A., „Hispania", RE VIII, 1913, 1965-2046, dort 2025-27). 10,65 zeigt wohl doch, dass Schultens Bemerkung (Martials spanische Gedichte, 463): „In seinen Adern fliesst wohl kaum ein Tropfen iberischen Blutes, denn seine Eltern sind wohl beide Römer ..." nicht richtig sein kann. Das iberische Bilbilis wurde durch Augustus zum römischen Municipium erhoben. Der Anteil an römischer oder stark romanisierter Bevölkerung dürfte allerdings hoch gewesen sein, galt das doch als ungeschriebene Voraussetzung der Bürgerrechtserteilung an ganze Gemeinden. Wie für den „Apuler" Horaz mag für Martial „Römersein" und engere Herkunft untrennbar verbunden sein (so auch Dolç, Hispania y Marcial, 23).
58 Sowohl Friedländer (II, 374) als auch Shackleton Bailey (Epigrams, III, 348) bezeichnen *Charmenion* zumindest als fiktiven Namen. Ein guter Teil von Martials Charakteren ist erfunden, und Korinth war für seine lockeren Sitten fast ebenso legendär wie Alexandria (Zum Problem der fiktiven Personen bei Martial vgl. Friedländer, I, 21-23; Shackleton Bailey, Epigrams, III, Appendix B, 323-26).

vor,[59] obwohl er sich durchaus der hispanischen Halbinsel allgemein verbunden fühlt.[60] Er bezeichnet die Region gegenüber dem Landsmann Licinianus als *nostra Hispania* (1,49,1f. *vir Celtiberis non tacende gentibus / nostraeque laus Hispaniae*).[61]

Nur beschränkt in Anspruch genommen werden kann die Identifikation mit Volk und Charakter im Falle von 10,78,9f. *nos Celtas ... et truces Hiberos / cum desiderio tui petemus*. Das Epitheton *truces* hilft, die künftige Trennung der Freunde dichterisch umzusetzen: Martial geht zu „wilden"[62] Völkern – ein bisschen schwingt das Gefühl „ich gehe ans Ende der Welt" mit. Ein Hinweis darauf, dass er eigentlich „zu den Seinen nach Hause" geht, würde in seiner Intimität die Anlage des Gedichtes stören. Man könnte sagen, dass sich der Dichter hier durch das Epitheton die *Celtae et Hiberi* im Dienst der Sache entfremdet.

Der Entschluss zur Heimkehr mochte hart gewesen sein. In 12,5 ruft Martial seine bereits von Rom nach Pyrgi abreisenden *carmina* „zurück" und sucht Nerva mit einer Anthologie zu gewinnen (12,5,1-4 *quae modo litoreos ibatis carmina Pyrgos / ite Sacra, iam non pulverulenta, via. / contigit Ausoniae procerum mitissimus aulae / Nerva ...*).[63] Trotzdem scheint frohe Erwartung im grossen und

---

59 Keltiberien bei Martial: 1,49,1f. *Vir Celtiberis non tacende gentibus / nostraeque laus Hispaniae*; 7,52,3 *ille meas gentes, Celtas et rexit Hiberos*; 10,13,1 *Ducit ad auriferas quod me Salo Celtiber oras*; 10,65,3f ... *ex Hiberis / et Celtis genitus Tagique civis?*; 10,78,9f. *nos Celtas, Macer, et truces Hiberos / ... petemus*; aber für den Statthalter der keltiberischen Tarraconensis in 12,9,1 trotzdem nur: *Palma regit nostros, mitissime Caesar, Hiberos* (vgl. Anm. 96); 12,18,11f. ... *Celtiberis / haec sunt nomina crassiora terris.*; (10,13,5f. ... *in terris quo non est alter Hiberis / dulcior* ...).
60 Vgl. etwa 1,61. Weiterführend dazu S. 169-71.
61 So Friedländer, I, 194, Anm. 2: „*nostraeque.* des Celtiberischen"; Howell, comm. ad loc.; insbesondere auch Bonjour, Terre, 254: Sie legt *nostrae Hispaniae* den gleichen prägnanten Sinn bei wie *nostrae Italia* (i.e. die Transpadana) bei Plin. epist. 1,14,4 (vgl. S. 209 u. 212 mit Anm. 117). Die Stellen können allerdings nur beschränkt als Parallelen gelten, da Plinius die Prägnanz dadurch erreicht, dass er den Ausdruck durch *ille* zu *ex illa nostra Italia* ergänzt hat (*noster* allein verwendet wird er, wenn der Begriff bereits verhältnismässig eng gefasst ist: *Larius noster* etc., vgl. S. 209). Da Martial durchaus Verbundenheit mit der Pyrenäenhalbinsel als ganzer bekundet (vgl. 1,61, dazu S. 169), scheint eine Erweiterung des Lobs im Sinne von „Du, nicht zu verschweigen bei der Keltiberer Volk, Du Ruhm unseres (lieben) Spanien" nicht von vornherein ausgeschlossen. Martial wäre dann der erste, bei dem eine Art „Hispanismo" zu fassen ist (so Dolç, Hispania y Marcial, 26; Sullivan, Martial, 175). Zu Gunsten der engeren Version lässt sich aber anführen, dass nicht nur in v. 1, sondern auch im folgenden eben von der engeren keltiberischen Heimat die Rede ist.
62 Vgl. Anm. 57.
63 So die Interpretation von Immisch, Zu Martial, 497-506, der die vorher als 12,2 u. 12,6,1-6 aufgeführten Verse (vgl. Friedländer, Ausg.; 12,2 wurde bereits von Lindsay, W.M., M. Val. Martialis epigrammata, recognovit brevique adnotatione critica instruxit W.M.L., Oxford 1902, als 12,5 gezählt) zusammengefügt und entsprechend interpretiert hat. Ihm haben sich Heraeus, W., M. Valerii Martialis epigrammaton libri, recognovit W.H., Leipzig 1925, Izaac und Shackleton Bailey angeschlossen. (Leider steht bei Shackleton Bailey, Epigrams, III, 96,

ganzen die Oberhand gehabt zu haben (vgl. 10,37; 96), und wenn man an die bereits in 1,49 begeistert geschilderten Möglichkeiten denkt, die den heimkehrenden Licinianus erwarten, besteht die positive Haltung wohl doch nicht nur nach aussen hin.[64] Dass der Abschied nach so langer Zeit schwer fiel, sehen wir in 10,61 und 92. Martial liess in Italien Liebgewordenes zurück – wie könnte es anders sein, nach vierunddreissig Jahren!

Buch zehn und zwölf zeigen uns Heimatbild und Stimmung kurz vor und nach der Rückkehr. Nachdem im Zusammenhang mit 12,18 bereits ein wenig breiter über Martials Vorstellungen von Heimat gesprochen wurde – über „Heimat als Paradies" und „Geographie und Realismus" –,[65] gilt es jetzt, das Bild durch die Zeugnisse aus früheren Büchern abzurunden: Was bieten sie an Ergänzung?

Die Tatsache, dass die aus Corduba stammende Familie der Annaei zu den frühesten Gönnern gehörte, wird mit Blick auf die in der römischen Gesellschaft üblichen Protektionsverhältnisse dahingehend interpretiert, dass Martial in der Hauptstadt zunächst Aufnahme bei Personen gleicher geographischer Herkunft gefunden hat. Die Wichtigkeit der „spanischen Verbindungen" wird von vielen Interpreten hervorgehoben.[66] Es drängt sich allerdings eine Differenzierung auf: „Spanier"[67] spielen nämlich bei einer Auswertung der Liste von Freunden und

---

Anm. a, eine englische Version von Friedländers Erklärung zu den von diesem als 12,2 gezählten beiden Anfangsversen von 12,5, die – wenn man die Umstellung von Immisch akzeptiert – eben nicht mehr passt).

64 Anders Stobbe, Martials zehntes und zwölftes Buch, 638f. Für ihn ist der Enthusiasmus lediglich zur Schau getragen, da sich der Dichter ja bis zuletzt um die Gunst bei Hof, d.h. um ein Bleiben bemüht hat. Aber: Die Epigramme spiegeln generell die Stimmung des Augenblicks, – und darf man in Anbetracht der Umstände überhaupt so etwas wie eine „Geradlinigkeit der Gefühle und Entschlüsse" erwarten?

65 Vgl. S. 153f.

66 Bonjour, Terre, 262f.; Friedländer, I, 8; Helm, „Valerius Martialis", 56; Izaac, t. 1, VIIIf.; Norcio, 10.

67 Wir kennen die geographische Herkunft der erwähnten Personen nicht in jedem Falle. Es könnten sich also hinter diesem oder jenem Namen Landsleute verbergen. Martial zeigt wenig Neigung, gemeinsame Wurzeln sichtbar zu machen. So erfahren wir bei ihm nicht, dass Quintilian aus Calagurris stammte (2,90), und dass der 1,96 und 2,74 erwähnte Maternus ein *municeps* war, wird erst durch 10,37, ein spezifisches „Heimkehrgedicht", deutlich. Das Risiko scheint allerdings angesichts der recht guten Bezeugung vieler Leute nicht so gross, dass sich nicht zumindest eine allgemeine Vorstellung von den Verhältnissen gewinnen liesse. Spanier bei Martial: <u>Canius Rufus</u> (Dichter aus Gades): 1,61,9; 69,2; 3,20,1; 64,6; 7,69,1; 87,2; 10,48,5. <u>Decianus</u> (Stoiker und Advokat aus Emerita): 1,8,2; 24,1; 39,8; 61,10; 2, praef. (Widmung 2. Buch); 5,1. (<u>Lucanus</u> (aus Corduba): 1,61,7; 7,21,2; 22,3; 23; 10,64; (bei 14,194 sowie 4,40,2 handelt es sich um „literarisches Gedenken"); 7,21, 23; 10,64 und sicher auch 7,22 gehen direkt an Polla Argentaria, die Witwe des Lucan.)). <u>Licinianus</u>

Gönnern, so wie sie mit dem Erscheinen des ersten Epigrammbuches greifbar wird,[68] weder hinsichtlich der mutmasslichen Intensität der Beziehung noch der Zahl nach eine Sonderrolle.[69] Hingegen fällt auf, dass die meisten Landsleute bereits in den frühen Büchern erwähnt werden.[70] Die Annahme, dass diese Verbindungen für den Dichter während der ersten Zeit in der Metropole besonders wichtig waren, wird dadurch allerdings kaum gestützt, da Martial vor der Herausgabe des ersten Epigrammbuches schon über zwanzig Jahre in Rom lebte.[71] Kaum zu beantworten ist auch die Frage, wie intensiv Martial die Kontakte im weiteren pflegte. Auf eine durchgehend herzliche Verbindung kann beim Gaditaner Canius Rufus geschlossen werden. Auffällig ist der jähe Abbruch des zunächst regen Kontakts mit Decianus aus Emerita, und dem Anschluss an Quintilian scheint wenig Erfolg beschieden gewesen zu sein.[72] Nur spekulieren

---

(Advokat und Autor aus Bilbilis): 1,49,3; 61,11; 4,55,1 (Lucius vermutlich = Licinianus (vgl. Anm. 73)). Licinius Sura (aus der Tarraconensis): 1,49,40; 6,64,13; 7,47,1. Marcella (Gönnerin in Bilbilis): 12,21,1; 31,8. Maternus (Jurist aus Bilbilis): 1,96,2; 2,74,4; 10,37,3. Quintilianus (aus Calagurris): 2,90,2. (Saloninus (bestattet in Iberien): 6,18). (Senecae (aus Corduba): 1,61,7; 4,40,2; 7,44,10, 45,1; 12,36,8 (hierbei handelt es sich natürlich um „literarisches Gedenken".)). Terentius Priscus: a) gewisse Nennung: 8,45,1; (in Spanien: 12, praef.; 12,1,3; 3,3; 14,2 u. 12; 62,5; 92,1?); b) evtl. hinter einigen der weiter genannten Prisci: (vgl. 12,1; 14) 6,18,3; 9,77,2; 10,3,6. Traianus Caesar (aus Italica): 10,6,5; 7,8; 34,1; 12,8,3. Unicus u. Bruder (vgl. Anm. 31): 12,44 (passim). Ein unbekannter Gaditanus poeta: 10,102,5f. (Gaditanus möglicherweise nur fiktiver Eigenname). Zu Tuccius (3,14), vgl. S. 168.

68 D.h. ab 86. Der Epigrammaton liber sowie die Xenia und Apophoreta enthalten keine Erwähnungen von Freunden. Da das Erscheinungsdatum der Bücher nicht mit der Abfassungszeit der Gedichte zusammenzufallen braucht und gerade im Falle der ersten Bücher sogar erhebliche Unterschiede denkbar sind, ist eine Festlegung des Beginns und der Dauer einzelner Beziehungen nicht möglich.

69 Als früh bezeugt und intensiv können etwa die Beziehungen zu Faustinus, Severus, Aquilius Regulus und Arruntius Stella und insbesondere diejenige zu Iulius Martialis (vgl. 12,34,1-3) gelten. Im Falle des Stella und insbesondere des Regulus wird die Komponente des Patrociniums stark betont (was eine persönlichere Beziehung nicht ausschliesst), während die Beziehung zu Faustinus, obwohl er als wohlhabender Herr (Besitzer mehrerer Landgüter, vgl. 3,58; 4,57; 5,71; 10,51) ebenfalls die Rolle eines Gönners spielen konnte, ebenso ungezwungen und herzlich gezeichnet wird wie etwa die zu Decianus aus Emerita.

70 Vgl. Anm. 67 u. 69.

71 Seit ca. 64. Wenn man sich schon aufs Spekulieren einlassen wollte, müssten die Vermutungen in eine andere Richtung gehen: Zeigen die vielen „Spanier" in den ersten Büchern, dass der Dichter seinen literarischen Neigungen zunächst im engeren Freundes- und Gönnerkreise (d.h. eben auch unter Landsleuten) nachgab? Der 80 edierte Epigrammaton liber, die 84/85 herausgebrachten Xenia und Apophoreta und vor allem der Hinweis auf schon früher umlaufende libelli, darunter auch ganz anders geartete „frühe Werke" (libelli*: 1, praef. 1. 1; 1,1; 1,2. Frühe Dichtungen: 1,113) sind zwar geeignet, diesen Gedanken zu relativieren, er lässt sich dennoch nicht einfach zurückweisen. Direkt adressierte Epigramme mögen zunächst durchaus im engeren Kreis, eben auch unter Landsleuten, ihre Adressaten gefunden haben. (* Zu einer anderen Interpretation der libelli vgl. Anm. 108).

72 Eine der (beliebig vermehrbaren) Hypothesen über das plötzliche Ausscheiden des Decianus nach dem zweiten Buch zielt auf die Zugehörigkeit zur missliebigen „stoischen Opposition"

kann man darüber, wieso über den Bilbilitaner Licinianus nach der (mutmasslichen)[73] Erwähnung in 4,55 Schweigen herrscht: Ist er mit dem bei Domitian in Ungnade gefallenen Valerius Licinianus bei Plinius (epist. 4,11) identisch?[74] Unklar bleibt ebenfalls, wieso Licinius Sura, der sich unter Trajan als besonders nützliche Verbindung erwiesen hätte,[75] nach 7,47 nicht mehr genannt wird. Es ist wohl so, dass die Epigrammsammlung zwar erlaubt, von reger Nennung auf engere Beziehung zu schliessen, das Fehlen eines Namens über längere Zeit hingegen höchstens mehr oder minder plausible Vermutungen zulässt. Als Beispiel mag der aus Bilbilis stammende Maternus dienen: Er wird in 1,96 und 2,74 erwähnt und dann erst wieder im „Heimkehrgedicht" 10,37. Soll man deshalb annehmen, Martial suche mit 10,37 aus gegebenem Anlass eine „eingeschlafene" Beziehung aufzuwerten?

Besondere Erwähnung verdient Terentius Priscus: Der grosse Gönner stammte aus der allernächsten Heimat (vgl. 12,62,5-8). Shackleton Bailey hat der

---

(vgl. Citroni, 43). Zu Quintilian vgl. 2,90 und das Fehlen des Landsmannes in 1,61 (so beobachtet von Kappelmacher, A., Martial und Quintilian, WS 43, 1922/3, 216f.).

73 Die Identität wird zuweilen angezweifelt, da in 1,49 von endgültiger Heimkehr die Rede zu sein scheint (vgl. v. 19ff.). Das Auftreten zweier verschiedener Personen, beide aus Bilbilis, beide mit Erfolgen als Gerichtsredner (1,49,35-40; 4,55,3), ist andererseits äusserst unwahrscheinlich. Eine Zusammenfassung der Diskussion bietet Howell, 214. Unter seinen Lösungsvorschlägen (nur geplante Abreise; Rückkehr nach Rom) fehlen zwei weitere Möglichkeiten: 1. Wieso kann 4,55 nicht an den heimgekehrten Licinianus gerichtet sein? Aus *gloria temporum tuorum* ist jedenfalls nicht zwingend auf noch aktive Tätigkeit zu schliessen. Dafür mag es vielleicht doch befremden, dass im Gedicht selber die erfolgte Heimkehr nirgends angedeutet ist. Wie dem auch sei: Nicht mehr möglich wäre im (grundsätzlich eben doch möglichen) Falle einer bereits erfolgten Rückkehr die Identifizierung mit Valerius Licinianus bei Plinius (epist. 4,11). 2. Wir wissen trotz Bemühungen verschiedenster Gelehrter im Grunde wenig Konkretes über die Entstehung der Buchsammlungen. Es wird aus Gründen der Plausibilität heute allgemein angenommen, dass Martial jeweils mehr oder weniger seinen gesamten verfügbaren Vorrat an Gedichten in das jeweils nächste Buch eingearbeitet hat (vgl. 10,70). Mit grösseren Rückstellungen wird zumindest für die Zeit zwischen den ersten und den letzten Büchern nicht gerechnet (d.h. man verlässt sich im Grunde wieder auf das, was schon Friedländer, I, 50-67, zur Chronologie meinte). Allerdings warnt Helm, „Valerius Martialis", 83, vor blindem Vertrauen in die „Plausibilität": „Man muss sich auch vor dem Fehlschluss hüten, als ob alle Gedichte ... bei der Veröffentlichung in der Sammlung auch aktuell gewesen sind ..." (die Arbeit von Berends, H., Die Anordnung in Martials Gedichtbüchern I-XII, Diss. Jena 1932, und auch die neuere von Erb, G., Zu Komposition und Aufbau im ersten Buch Martials, Frankfurt a. M., Bern, 1981, berühren chronologische Fragen nur am Rande). Auch wenn man ausser in den Anfangs- und Schlussbüchern nicht mit dem Zurückhalten von Material – zumindest nicht im grossen Stil – rechnet, steht die Möglichkeit jedenfalls doch offen und ist im Sinne intellektueller Redlichkeit grundsätzlich miteinzubeziehen.

74 Vgl. Anm. 73.
75 Zur Karriere des Licinius Sura vgl. Groag, E., RE XIII, „Licinius 167", 471-85. Es ist verlockend, darüber zu spekulieren, ob nach dem Tode Domitians Martial als Lobredner eines Tyrannen eben kein Umgang mehr für Sura war. Wissen können wir darüber nichts.

Annahme, dass sich hinter Priscus nicht – wie lange angenommen – zwei Personen, Vater und Sohn, verbergen, die verdiente Geltung zu verschaffen versucht.[76] Es bleibt die Frage nach Art und Dauer des Einflusses. Die früheste Bezeugung des Gönners ist der Nachruf auf den in iberischen Landen bestatteten Saloninus,

---

[76] Aufgrund von 12,62 glaubte Immisch, Zu Martial, 501f., zwischen einem Priscus maior und minor so unterscheiden zu müssen, dass Terentius Priscus an den Saturnalien als *pater* (v. 14) ein Fest für seinen aus der Hauptstadt zurückkehrenden Sohn (v. 5 *Prisci* (sc. ‚*sollemnia gaudia*‘)) ausgerichtet hat. In der Folge ordnete er neben einigen kleineren Gedichten selbst die Praefatio zum zwölften Buch dem „jüngeren Priscus" und nicht dem grossen Gönner zu. Bereits Friedländer hatte eine Unterscheidung zwischen Vater und Sohn vorgenommen, nur dass bei ihm Terentius Priscus aus Rom zurückkehrt und in der Heimat von einem sonst nie genannten greisen Vater empfangen wird. Shackleton Bailey, Epigrams, III, 320f., dagegen glaubt, dass in 12,62 nur von einer Person die Rede ist (Grewing, comm. ad 6,18,3, 165f., geht erstaunlicherweise überhaupt nicht auf Sh. B's These ein und stellt im übrigen auch die alte Diskussion bemerkenswert unklar dar. Vor allem sollte man davon abgehen, 12,1 u. 12,14, in denen die Jagdleidenschaft des Priscus zur Sprache kommt, zur Festsetzung des Alters des Mannes hinzuzuziehen. Immisch und Grewing, loc. cit., glauben in den beiden Epigrammen nicht von ungefähr Unterstützung für ihre gegensätzliche These zu finden: Jedem mit dem Pferdesport Vertrauten ist bekannt, dass einerseits ältere Leute mit hinreichender Erfahrung und normaler gesundheitlicher Konstitution an strapaziösen Ritten und Jagden teilnehmen können, dass aber andererseits bei Geländeritten auch junge Leute der Gefahr eines ernsthafteren Unfalls ausgesetzt sind). Leider unterlegt Sh. B. seine These fast unverständlich knapp, indem er eher sekundäre Argumente (v. 5 *sollemnia* meine „jährlich" (möglich, aber nicht zwingend); nicht überzeugend das zweite: *et pater* (v. 14) nehme *pater optime* (v. 7) wieder auf) in den Vordergrund stellt, augenscheinlichere Hinweise hingegen nicht näher ausführt (a), resp. beiseite lässt (b): a) *et pater et frugi* (v. 14) bildet als Lob eine Einheit „der sparsame *pater familias*" repektive in der durch *et-et* bewirkten Hervorhebung (vgl. Kühner-Stegmann, 2, 34 (Steigerung)) „der *pater familias*, und überdies ein sparsamer Mensch". Diese Einheit sollte nicht ohne Not dadurch, dass man *pater* mit einem spezifischen, noch nicht eingeführten Sinnmoment (Vater des Priscus) belegt, auseinandergerissen werden, zumal *pater* – wie von Sh. B. zu Recht angemerkt – als Komponente des Lobs Sinn macht: Der grosse Aufwand ist einem „sparsamen Familienvater", der eben nicht zuletzt für die Erben spart (vgl. Mart. 6,27 u. Hor. carm. 2,14,25f.), hoch anzurechnen. b) Wichtig für die Deutung scheint, dass *Prisci / gaudia* wegen des unmittelbar folgenden *cum sacris te decet esse tuis* wohl nur „die Freude des Prisccus", nicht aber „die Freude über Priscus" heissen kann. Jede Version, die mit der Heimkehr des Terentius im Dezember 101 rechnet, kämpft allerdings damit, dass diese *sexta bruma* erfolgte, Terentius also vor Dezember 96 wieder einige Zeit in Spanien gelebt haben müsste – was aber möglich ist. Eine Reise nach Spanien unternahm man gewiss nicht regelmässig, sie war aber ohne grösste Strapazen möglich. Die Fahrt von Gades nach Ostia dauerte bei idealen Verhältnissen weniger als sieben Tage (Plin. nat. 19,1,4), so dass auch im Falle des älteren Seneca verschiedene Aufenthalte in der spanischen Heimat angenommen werden (vgl. etwa Sussman, L.A., The Elder Seneca, Leiden 1978, 19-23). Der Weg nach Bilbilis mochte mühseliger gewesen sein: Nach der Überfahrt nach Tarraco blieben noch mindestens fünf Tagesetappen im Wagen (vgl. Mart. 10,104,4-7: ... *pete Tarraconis arces: / illinc te rota tollet et citatus / altam Bilbilim et tuum Salonem / quinto forsitan essedo videbis*). Bei dieser schnellen Verbindung wären via Ilerda, Celsa, Caesaraugusta und Nertobriga ca. 300 km zurückzulegen gewesen (nach Dolç, Hispania y Marcial, 64).

dessen „bessere Hälfte in Priscus fortlebt" (6,18).[77] Der Hinweis auf den Ort der letzten Ruhestätte des Freundes (*terris Hiberis*) legt den Aufenthalt des Priscus in Rom nahe. In der ersten vollständigen namentlichen Nennung des Gönners, 8,45, kehrt dieser soeben aus Sizilien nach Rom zurück. Fassbar wird die Freundschaft je nachdem, welche Prisci wir mit Terentius Priscus identifizieren,[78] frühestens mit der Herausgabe des sechsten (Sommer/Herbst 90) und spätestens mit der des achten Buches (93), das heisst spät im Vergleich zu den sonst auffällig früh bezeugten Kontakten zu anderen Landsleuten. H. Szelest vermutet, dass der Aspekt der „Patronage" zunächst hinter einer unverbindlicheren Art des Umgangs zurückgestanden sei, da wir erst nach der Heimkehr des Dichters von konkreten Zuwendungen des Priscus erfahren (12,3).[79] Das ist nicht nur aus prinzipiellen Überlegungen zurückzuweisen – das römische Konzept der „Freundschaft" war ein anderes als das unsrige[80] –, sondern lässt sich schon deshalb nicht halten, weil Martial am Schluss von 12,3 explizit von der Grosszügigkeit des Priscus unter Domitian spricht (v. 11f.).[81]

Im weiteren Zusammenhang mit dem Thema „Landsleute" ist 3,14 zu nennen: *Romam petebat esuritor Tuccius / profectus ex Hispania. / occurrit illi sportularum fabula: / a ponte rediit Mulvio*. Die Aufhebung der Geldsportein beschäftigte Martial, und in 3,38 klärt er einen nicht näher umschriebenen Sextus ganz allgemein über das harte Leben in Rom auf. So steht Tuccius in 3,14 stellvertretend für junge Leute, die in der Metropole ihr Glück suchen. Spanier ist er vielleicht aber gerade in Erinnerung an das Schicksal aufstrebender Landsleute, nicht zuletzt vielleicht an das eigene.[82] Über allen Vermutungen und Unsicherhei-

---

77 Mart. 6,18 *sancta Salonini terris requiescit Hiberis, / qua melior Stygias non videt umbra domos. / ... qui te, Prisce reliquit / vivit qua voluit vivere parte magis*. Friedländer, I, 438: Saloninus: Freund des Terentius Priscus (zur Möglichkeit, dass das cognomen *Saloninus* ein geographisches ist und mit Martials Heimatfluss, dem *Salo*, zusammenhängt, vgl. Grewing, comm. ad 6,18,1, 164); Stein, A., RE V A, „Terentius 63", 667: Gleichsetzung von Priscus mit Terentius Priscus am wahrscheinlichsten in 6,18; Shackleton Bailey, Epigrams, III, 378: „Perhaps Terentius Priscus".
78 Zur Problematik der verschiedenen „Prisci" vgl. Stein, A., RE V A, „Terentius 63", 667f.
79 Szelest, Martial, 2569.
80 Die wohlbekannte Tatsache wird etwa durch Mart. 10,96,13f. *i, cole nunc reges, quidquid non praestat amicus / cum praestare tibi possit, Avite, locus* besonders schön illustriert.
81 Mart. 12,3,11f. *nunc licet et fas est* (sc. ‚largiri' etc.). *sed tu sub principe duro / temporibusque malis ausus es esse bonus. bonus* bezieht sich nach den Ausführungen in den Versen davor auf Grosszügigkeit. Als Kommentar Izaac, t. 2, 288 (comm. 3 ad p. 158): „Les patrons peuvent se montrer généreux sans éveiller la méfiance où la jalousie de l'empereur." Zur umstrittenen Frage der Vermögensverhältnisse des Dichters vgl. Anm. 12.
82 Bei der Herausgabe des dritten Buches weilt Martial in Oberitalien und scheint dem Treiben in Rom besonders entfremdet. Die angestrebte „Karriere" des Sextus in 3,38 entspricht den Plänen eines beliebigen „Auswärtigen". Darüber, ob etwa gar autobiographische Züge zu erkennen sind, wird man sich deshalb nicht verbindlich äussern wollen. Die Ausbildung jeden-

ten bleibt das Fazit festzuhalten, dass Martials Beziehungen zu Spaniern in Rom sich in ihrer Ausgestaltung kaum von denen zu Personen anderer Herkunft unterscheiden.

Allerdings waren die Kontakte zu Landsleuten allein deswegen etwas Besonderes, weil sie in die Heimat wiesen. Beredtestes Zeugnis dafür ist 1,61, wo Martial in der berühmten kunstvollen[83] Reihung der Herkunftsorte berühmter Autoren über Verona, Mantua, Patavium, Aegypten und das Paelignerland exakt ab der Mitte mit dem Dreigestirn aus Corduba das Verdienst der iberischen Halbinsel aufscheinen lässt und schliesslich über Gades und Emerita dem triumphalen Schluss entgegeneilt: *Te, Liciniane, gloriabitur nostra / nec me tacebit Bilbilis* (v. 11f.). Zu beachten gilt: Das Epigramm 1,61 ist an Licinianus gerichtet, das Lob Spaniens und Bilbilis' ist also, obwohl sich Martial mit dem letzten Vers an prominenter Stelle selbst verewigt, für einen „Eingeweihten" geschrieben und hat erst durch die Aufnahme ins Buch ein breites Publikum gefunden. Auch das grosse epodische Gedicht 1,49 richtet sich an den Landsmann.[84] Der Heimkehrer kennt den *Caius*, den die Schneekappe zum Greis macht, den heiligen *Vadavero*, den Obsthain *Boterdus*, den lauen *Congedus*, das wildreiche *Vobesca*, die kühlen Quellen *Derceita* und *Nutha*. Dem Freund sind auch die unfreundlichen Wintertage vertraut, an denen der Nordwind pfeifend über die innerspanische Heimat hinwegfegt; er wird sie an der sonnigen Mittelmeerküste auf seinem Gut in Laietanien[85] verbringen (v. 19-22). Neben dem angeredeten Lucius (Licinianus)[86] bereits den künftigen weiteren Leserkreis einbezogen[87] hat Martial in 4,55: Noch bevor er die für den nicht ortskundigen, lateinischen Leser barbarisch klingenden iberisch-keltischen *nomina duriora*[88] heimatlicher Orte in Verse giesst, gibt er bekannt, dass ihm das nichts ausmache (*non pudeat*). Das Besingen berühmter griechischer Städte, das in der lateinischen Literatur eine reiche Tradition hat, will er gebürtigen Griechen überlassen (v. 4-7). Nach vollbrachtem Werk, einem wahren *catalogus barbarus*,[89] teilt er einem

---

falls hätte Martial den „bürgerlichen Weg" erlaubt (9,37,7f.). Möglicherweise weist auch die Absage an Quintilian (2,90) darauf, dass der Dichter zunächst eine bürgerliche Karriere anstrebte.
83 Die kunstvoll symmetrische Anordnung wurde verschiedentlich hervorgehoben. Vgl. etwa Howell, 250.
84 Über die Identifikation des Licinianus mit Lucius in 4,55 vgl. Anm. 73.
85 Vgl. Anm. 91 zu den Ortsnamen.
86 Vgl. Anm. 73.
87 Zur Möglichkeit des nur „literarischen" Einziehens einer erweiterten Leserschaft vgl. S. 174.
88 Vgl. 12,18,11f. *Boterdum Plateamque – Celtiberis / haec sunt nomina crassiora terris*.
89 Vgl. zur Rolle derartiger Aufzählungen in der Dichtung e.g. auch Statius, S. 135.

allenfalls lachenden, blasierten Leser (v. 27f.)[90] in der Pointe mit, dass ihm all diese *nomina rustica* – *Bilbilis* (allen voran ...), *Platea* mit dem waffenkühlenden *Salo*, *Tutela* und die Reigen von *Rixamae*, die Festgelage in *Carduae*, die Rosengärten von *Peteris*, *Rigae* mit den altehrwürdigen Theatern, die jagdgeübten *Silai*, die *lacus Turgonti Turasiaeque*, das klare Wasser des kleinen *Tvetonissa*, der heilige Eichenhain von *Burado* und die sanft ansteigende Feldflur von *Vativesca* –[91] lieber seien als *Butunti* – will meinen: ein zwar italisches, aber gottserbärmlich langweiliges „Kaff" ...[92] Dessen Name ist überdies bei näherem Hinhören zwar nicht unmelodisch hart, wirkt aber insbesondere im Akkusativ *Butuntos* kaum eleganter als etwa *Burgado* oder das konsonantenzischende *Vativesca*. Im letzten Wort scheint mir mit der Doppelung beinahe gleich klingender Silben (*ut, unt*) und den dunklen Vokalen *u,u,o* auch eine lautliche Pointe angelegt.[93] Wenn Norcio meint, es überrasche uns, hier anstelle von *Butunti* nicht eine berühmte italische Stadt zu finden, so trifft er ins Schwarze.[94] Martial bricht die Erwartungen des Publikums, das am Schluss dieser „Heimatode" – um den Ausdruck zu belassen – mit einer solchen Gegenüberstellung gerechnet haben mag. Der Epigrammatiker teilt statt dessen einen seiner unerwarteten boshaften Seitenhiebe aus: Lieber die unbekannten ländlichen Orte in der hispanischen Heimat als ein Nest mit lächerlichem Namen in Italien. 4,55

---

90   4,55,27f. *haec tam rustica, delicate lector, / rides nomina? rideas licebit,* ...
91   Zu den geographischen Namen und den Problemen der Identifikation vgl. Sullivan, Martial, 177-83, der eine kurze Zusammenfassung des bisherigen Forschungsstandes mit Karten (p. 178,180) bietet. Wenig sagt Sullivan zu den Problemen des Textes (e.g. 1,26,9; 49,22: *Laletaniam* oder *Laietaniam*? Obwohl einige Herausgeber der Form *Laietania* den (verdienten) Vorzug geben, scheuen sie sich, sie in den Text zu drucken (vgl. Citroni, Howell ad 1,26,9; 49,22)), kaum etwas auch zu den unter den Gelehrten umstrittenen Identifikationen (Zur Lokalisierung der Örtlichkeiten vgl. Schulten, Iberische Landeskunde; Ders., Martials spanische Gedichte; Dolç, Hispania y Marcial; alle Hypothesen zusammengefasst bei: Tovar, A., Iberische Landeskunde, segunda parte, Las tribus y las ciudades de la antigua Hispania, t. III, Tarraconensis, Baden-Baden 1989).
92   Vgl. 2,48,7. Butunti: Kalabrische Stadt der zweiten Region (Bitonto im heutigen Apulien).
93   Der Missklang ist bereits Thiele, G., Spanische Ortsnamen bei Martial, Glotta 3, 1912, 257-66, 258 aufgefallen: „An den Schluss seines Gedichtes setzt Martial humoristisch das armselige Butunti, das weder mit seinem Namen noch sonst irgendwie eine Zierde Italiens ist." Dass sich Martial auf das Spiel mit Klängen verstand, wird auch uns Heutigen unmittelbar einsichtig, sobald wir die Epigramme – wie das in der Antike stets geschah – laut lesen. Die Tatsache wurde etwa von Adamik, Th., Die Funktion der Alliteration bei Martial, ZAnt 25, 1975, 69-75, insbes. 73f., und Burnikel, W., Zur Bedeutung der Mündlichkeit in Martials Epigrammbüchern I-XII, in: Strukturen der Mündlichkeit in der römischen Literatur, ed. G. Vogt-Spira, Tübingen 1990, 221-34, herausgearbeitet.
94   Norcio, 317, Anm. 4: „In quanto a Bitonto giova osservare che per noi è una sorpresa: ci aspettavamo un nome di città illustre ..., e invece Marziale tira fuori un piccolo e oscura villagio dell' Apulia". Interpretiert hat Norcio die Beobachtung nicht.

zeugt vom erstarkten Selbstbewusstsein der aufstrebenden Hispanier.[95] Martial hat durch die Charakterisierung der einzelnen Orte seiner Heimat alles getan, um dem Leser vor Augen zu führen, dass diese so barbarisch gar nicht sind: Da findet sich Kultur, eine erquickende Natur und ein blühendes Gewerbe – *haec tam rustica* ist dementiert, noch bevor es fällt. Auf diesem Hintergrund scheint die schon von Friedländer geäusserte Vermutung, dass Martial in 12,9,1 mit *Palma regit nostros, mitissime Caesar, Hiberos* vielleicht nicht nur die eigene Verbundenheit mit den *Hiberi* betont, sondern auf Trajans spanische Abstammung anspielt, nicht einfach aus der Luft gegriffen.[96]

In der Zeit zwischen Herbst 89 bis Dezember 96,[97] d.h. in den Büchern fünf bis neun und elf, ist weitaus zurückhaltender von der Heimat die Rede als in den vorausgehenden Büchern eins bis vier[98] einerseits und im letzten vor der Abreise herausgegebenen Werk, der zweiten Fassung von Buch zehn, andererseits. Wir finden zwar drei interessante kurze Anspielungen (7,52 u. 88; 9,61)[99] und weiterhin Hinweise auf Landsleute. Gewichtige Zeugnisse hingegen fehlen – es sei denn, wir nehmen an, 10,65 habe schon der ersten Fassung von Buch zehn angehört.[100] Mit Licinianus scheint zugleich der Adressat für breite Auslassungen über die Geburtsheimat entschwunden. Der Gedanke liegt nahe, dass auch der unmittelbare Anlass für das Aufgreifen des Themas weggefallen ist. Die Abreise des

---

95 Auf der iberischen Halbinsel wurde ja eine der ersten Provinzen eingerichtet. Während sich die Gebiete am Baetis (Guadalquivir) rasch romanisierten, brauchte es noch einige Zeit, bis sich die kriegerischen Völkerschaften des Nordostens endgültig unterwarfen (19 v. Chr.: Cantabrer, Asturier). Die gesamte iberische Halbinsel erlebte im 1. Jh. n. Chr. einen nachhaltigen Aufschwung (u.a. Verleihung des *ius Latii* an die gesamte Halbinsel durch Vespasian (Plin. nat. 3,30). Mit dem aus Italica stammenden Trajan gelangte der erste Kaiser aus einer Provinz auf den Thron (vgl. Anm. 96)).
96 Friedländer, II, 225. Zur Verwendung von *noster* zur Betonung von Gemeinsamkeit vgl. S. 209. Im Zusammenhang mit der Interpretation von *noster* in 12,9,1 scheint die Tatsache, dass Martial, der seine (nördlichen) Landsleute bewusst als „Keltiberer" bezeichnet (vgl. S. 162f. mit Anm. 59), in 12,9,1 aber nur von *Hiberi* sprechen mag, nicht uninteressant – erlaubt es doch nur der einfache Begriff, die Gemeinschaft mit dem aus dem südlichen *Italica* stammenden Kaiser zu betonen. Vielleicht wäre dann anzunehmen, mit *in terris quo non est alter Hiberis / dulcior et ...* (10,13,5f.) werde Manius, der aus der allernächsten Heimat stammt (wohl aus Bilbilis, vgl. 10,13,1-4 *Salo Celtiber* etc.), allen „Iberern" – sozusagen allen „Spaniern" – vorgezogen. Andererseits besteht die Gefahr, dass das spitzfindige Auseinanderdividieren zur Überinterpretation führt: *Hiberi* in 12,9,1 kann und *Hiberis* (sc. *terris*) wird zufälliger gewählt sein (Versbau), als wir es uns gerne denken.
97 Datierungen nach Friedländer, I, 56 u. 63.
98 Wobei auch hier der Schwerpunkt in Buch eins liegt, während sich in Buch drei kein und in Buch vier nur ein – allerdings sehr wichtiges (4,55) – Zeugnis der Heimatverbundenheit findet.
99 Vgl. S. 176-78.
100 Zu 10,65 vgl. S. 162. 10,96 wurde der zweiten Auflage beigefügt. Vgl. Anm. 44.

Freundes veranlasste die Entstehung von 1,49, und es ist denkbar, dass der in 1,61 aufgegriffene Topos „Ruhm des berühmten Sohnes in der Heimat" durch die bevorstehende Abreise an Aktualität gewann (vgl. 10,103). Es ist gewiss so, dass Martial diese Epigramme, auch wenn wir ihre Entstehung nicht so sehr einfach der Freude an Heimat und Vaterstadt verdanken sollten, wie uns das etwa die Einleitung von Friedländer glauben machen will,[101] gerne verfasste.

Für 1,49 wird in diesem Zusammenhang oft auf die aussergewöhnliche Länge innerhalb des Buches und des Werks verwiesen.[102] Nun gibt es auch andere Epigramme, die recht lange geraten sind. Auffallenderweise betreffen sie nicht selten den „Preis von Lebensumständen Bekannter" (4,64; 3,58; 6,42)[103], daneben finden sich aber Themen, bei denen nicht mit dem persönlichen Engagement des Dichters zu rechnen ist (etwa 5,78 u. 6,64). Ähnliches gilt von der epodischen Verbindung von iambischem Tri- und Dimeter: Sie erscheint später auch in den ganz kurzen Gedichten 3,14; 9,77 und 11,59. Trotzdem hebt sich 1,49 durch die aussergewöhnliche Länge und das sich an Horazens zweite Epode anlehnende Versmass[104] so von den übrigen Epigrammen ab, dass kaum jemand hinter diesen Äusserlichkeiten das Wirken des Zufalls sehen wird. Martial wollte mit 1,49 für den Landsmann etwas Besonderes schaffen, nicht zuletzt wohl deshalb, weil ihm das Thema am Herzen lag.[105] Abzulehnen ist die These Sullivans, der 1,49 als dichterische Selbstanpreisung "a short advertisement for himself" im Buchzentrum, "at the heart of Book I", sieht.[106] Zum einen geht die Rechnung nicht auf: Ob man den Vierzeiler in der Praefatio miteinbezieht oder nicht – 1,49 steht nie auch nur ungefähr in der Mitte eines Buches von 118 Epigrammen.[107] Selbst wenn man der Hypothese anhinge, dass das Buch (in einer ersten Ausgabe...)[108] nur hundert Epigramme umfasst hätte[109] – d.h. das *cui legisse satis*

---

101 Friedländer, I, 12. Vgl. Anm. 44.
102 Tatsächlich ist 1,49 das zweitlängste Epigramm nach 3,58. Zur Länge: Sullivan, Martial, 23f.; Bellinger, Martial, 427: „... dwells with affection and envy on the many familiar scenes and pastimes ..."; Citroni, 157: „Nel nostro epigr. M., sotto la spinta dell'amore per la sua terra, dà un ampio sviluppo a questo motivo (sc. ‚la rassegna dei luoghi'), che viene ad occupare più della metà del carme."
103 Ein solcher Preis konnte allerdings auch recht kurz ausfallen. Vgl. 8,68.
104 Zur inhaltlichen Verwandtschaft der beiden Gedichte, vgl. Görler, Martials Reisegedicht, 312 u. 318-21.
105 Vgl. Anm. 102. Görler, Martials Reisegedicht, 321: „... es ist sicher ein ganz echtes Gefühl, echte Heimatliebe, die aus ihm (sc. ‚dem Gedicht') spricht."
106 Sullivan, Martial, 23f. und besonders deutlich 220: "Significantly, as a sort of advertisement for himself, the long poem on Bilbilis ... is made the centre of the book – it is, in fact, the fiftieth epigram, if the quatrain appended to the preface is included."
107 Vgl. Anm. 106.
108 Zur Möglichkeit einer Zweitausgabe vgl. Citroni, XVII-XXI, 17f. u. 359 (als Indiz gelten ihm u.a. die *libelli* in 1, praef. l. 1; 1,1 u. 1,2). Zustimmend Sullivan, Martial, 15, Anm. 31,

non est epigrammata centum in 1,118 als wörtliches Indiz dafür nähme –, wäre es müssig zu fragen, wieso ein so wichtiges „Programmstück" nicht wieder „eingemittet" wurde, denn die Mathemathik lässt sich auch so nicht zwingen, bezeichnen doch, – ganz abgesehen von der völlig unmöglichen Rekonstruktion der propagierten kleineren Edition – alle Vertreter einer „Zweitausgabe" übereinstimmend die Praefatio und die beiden ersten Epigramme als später beigefügt. Zum anderen lässt sich problemlos nachweisen, dass Epigramme in der Buchmitte, mit und ohne Einbeziehung von Praefationes, Einleitungs- und Schlussepigrammen, nie Programmcharakter haben. Es scheint überhaupt leichter zu verschmerzen, dass Martial als einer der originellsten römischen Dichter das Gedicht für die Abreise des Licinianus nicht als klassisches Propemptikon verfasst hat,[110] als dass er nicht gewusst hätte, wo ein „Programmgedicht" hingehört: an den Anfang oder an das Ende eines Buches ...

Wenn man nicht annehmen will, 4,55 sei erst lange nach der ersten Niederschrift ins vierte Buch aufgenommen worden, liesse sich ein konkreter Anlass für die Entstehung dieser „Heimatode mit Seitenhieb gegen öde italische Nester" allenfalls in der Möglichkeit einer Adressierung an den bereits heimgekehrten Lucius (Licinianus)[111] finden.[112] Das Gedicht wäre dann als Gruss, der das neue Leben des Freundes hochleben lässt, zu verstehen, und rückte im Hinblick auf die Motivation seiner Entstehung bei aller Identifikation des Dichters mit dem Inhalt ein wenig weg von einer „Ode an die Heimat" und näher in die Richtung eines „Preises der Lebensumstände" des Adressaten.[113] Dass der catalogus barbarus

---

u. Shackleton Bailey, Epigrams, I, 3. M.E. zu Recht sehr zurückhaltend Howell, 6. Ablehnend auch Holzberg, Martial, 13.
109 So nach Citroni, 359, Dau, A., De Marci Valerii Martialis libellorum ratione temporibusque, pars I, Diss. Rostock 1887, 80f.
110 Die Suche Sullivans nach einer besonderen Lösung für 1,49 scheint davon auszugehen, dass 1,49 kein „regelrechtes" Propemptikon ist (Sullivan, Martial, 23: „It is not quite a propemptikon"), – eine an sich wenig aufregende Tatsache, die aber zu Diskussionen geführt hat (vgl. Howell, 212f.).
111 Zur Frage des Adressaten vgl. Anm. 73.
112 Zur (grundsätzlichen) Möglichkeit einer Adressierung an den Heimgekehrten vgl. Anm. 73.
113 Viel Lob ernten die Lebensumstände der Kaiser, insbesondere diejenigen Domitians. Zu denken ist aber etwa an den Preis der Villa des Freundes Iulius Martialis (4,64). Dieser ist nicht nur wie 4,55 (und 1,49) ziemlich lange geraten (vgl. dagegen 8,68), sondern erscheint besonders authentisch-aufrichtig: Martial preist offenbar etwas, was ihm teuer ist. Zudem findet sich in 4,64 wie in 4,55 in den Schlussversen als Pointe ein „Seitenhieb" (v. 31-36: gegen berühmte Villenorte). Weitere Belegstellen gesammelt und kurz kommentiert bei Hofmann, R., Aufgliederung der Themen Martials, Wissenschaftliche Zeitung der Karl-Marx-Universität Leipzig 6, 1956/57, 433-74, u.a. 451: „Lob und Schilderung von Wohnsitzen". Anzumerken ist, dass Hofmanns an sich nützliche Aufgliederung nur einen Einstieg bietet. Neben einigen Verschreibungen (so schreibt sie p. 451 etwa 2,64 statt 4,64) und z.T. eigenartigen Kommentaren (vgl. e.g. 447, Anm. 51) fällt ins Gewicht, dass die Stel-

keltiberischer Ortsnamen nicht einfach der Aufhänger für den Ausfall gegen die italische Provinz ist, beweisen 1,49 und 12,18 mit ihren Ortsnamen. Das Aufzählen der Örtlichkeiten hat Martial Freude bereitet, und zwar nicht nur, weil er die sperrigen Namen in Verse bannen konnte.[114] Bezeichnenderweise sind Namen nämlich auch in 4,25, dem Wunsch nach einem Alterssitz in Altinum, besonders präsent – dort sind sie zusätzlich durch mythologische Anspielungen verschlüsselt. In 4,55 haben wir nun tatsächlich einen „Lobpreis der Heimat" gefunden, der abgesehen von der Adressierung an einen „Eingeweihten" nicht weit von dem entfernt ist, was wir Moderne bei einem Heimatgedicht erwarten: Das Anführen der Heimat ohne äusseren Beweggrund, um ihrer selbst willen. Auf die besondere Stellung von 4,55 verweist auch das Miteinbeziehen eines weiteren Publikums.[115] Dialogisierung gehört an sich zur epigrammatischen Technik und erlaubt die pointierte Gestaltung des Stoffes, hier eben den Schlag gegen Bututni. Trotzdem scheint mir diese „Wendung nach aussen" innerhalb der „Heimatgedichte" singulär und deswegen beachtenswert: Spätestens mit der Herausgabe des Gedichtes an einen grösseren Leserkreis wird das Ansprechen des „unbekannten Lesers" nämlich real und entfaltet seine Wirkung – wer möchte behaupten, Martial habe nicht von Anfang an tatsächlich auch auf die Reaktion seiner künftigen italischen Leser gesetzt?

Man könnte sich nun fragen, wieso es etwa keine entsprechenden „Heimatgedichte" für Maternus gibt.[116] Geht man nämlich davon aus, dass Martial auch ohne konkreten Anlass eingehend über seine Heimat spricht, könnte das Fehlen solcher Epigramme in späteren Büchern ja vielleicht auf eine Art „allmählicher Entfremdung" hindeuten. Und liesse sich in diesem Zusammenhang nicht auch die Tatsache, dass sich Martial in Oberitalien heimisch fühlt, ja sich einen Alterssitz in Altinum wünscht (4,25), geradezu als Bestätigung eines solchen fortschreitenden „Sich-Ablösens" auffassen? Bei näherer Betrachtung lässt sich die Annahme eines derartigen „Prozesses" allerdings kaum halten: Der Gedanke an Rückkehr begegnet uns überhaupt erst im zehnten Buch,[117] und 4,25 weist darauf hin, dass für Martial die keltiberische Heimat zuvor vielleicht doch stets ein klein wenig ferner lag, als es 1,49, 1,61 oder 4,55 ahnen lassen – auch er

---

len – wie es bei einer Liste nicht anders sein kann – schematisch, wenig sensibel für Feinheiten, den Rubriken zugeordnet werden.

114 Vgl. Anm. 89.
115 Vgl. S. 169f.
116 „Variatio delectat" jedenfalls wäre eine vorschnelle Antwort. Martial scheute sich keineswegs, ein Thema kunstvoll zu variieren und die Ergebnisse ins selbe Buch aufzunehmen, auch wenn das – wie er selber wusste oder gar zu wissen bekam (vgl. 1,44 u. 45) – zum Überdruss des Lesers führen konnte. Besonders augenfällig geschah das im Fall der „Löwen-Hasen-Geschichte": 1,6; 1,14; 1,22; 1,44; 1,48; 1,51; 1,60; 1,104.
117 Dazu S. 152. u. insbes. 159f. mit Anm. 44.

könnte das „gute Leben" in einer Wahlheimat finden.[118] Der Aufenthalt in Oberitalien hat im dritten Buch denn auch deutliche Spuren hinterlassen, Martial nennt die Gallia Togata (1; 4), Ravenna (56; 57; 91; 93 (Frösche im Vergleich)), Atria (93 (Mücke im Vergleich)), Bononia und Mutina (59 (Schuster und Walker als Veranstalter von Spielen))[119] und die Pozuflüsse Vatrenus und Rasina (67). Im übrigen bestanden auch zu den berühmten Villenorten persönliche Beziehungen; insbesondere das Seebad Baiae erscheint oft in den Epigrammen. Neben den Anspielungen auf die berühmten lockeren Sitten finden sich Verse der Anerkennung, die nicht nur dem Diensteifer gegenüber befreundeten Villenbesitzern entsprungen sein mögen,[120] auch wenn der Dichter Kampanien ebenso wie etwa Tibur durch die Vermittlung seiner Gönner kennengelernt hatte.[121]

---

118 Helm, „Valerius Martialis", 67, lässt 4,25 nicht als Zeichen der Entfremdung gelten und schreibt: „Einmal träumt er (sc. ‚Martial') zwar, angeregt durch seinen Aufenthalt in Oberitalien, von einem Alterssitz in der Gegend von Aquileia ..., aber dann tritt doch Spanien und seine Geburtsstätte in den Vordergrund, ob ihn nun ein Freund dahin zieht (X,20) oder ...". Als Belegstellen für die Sehnsucht nach Spanien führt er allerdings die Epigramme aus Buch zehn an, die in der besonderen Situation der geplanten Rückkehr entstanden sind (vgl. S. 159-64). Zu den Wahlheimaten anderer vgl. zusammenfassend S. 228.
119 Zum Motiv „der Schuster als Veranstalter grossartiger Spiele" gehören auch 3,16 u. 99.
120 Vgl. insbes. 11,80, wo trotz der Verbindung des Lobs für das Seebad mit der Klage an Flaccus, der Martials Freund Iulius nicht ebenso dorthin einladen wollte, eine grundsätzliche Wertschätzung dazusein scheint (für Baiae vgl. weiter das Stellenverzeichnis in Anm. 121b). Helm, Epigramme, 17, ist überzeugt, dass die Begeisterung für die beschriebenen Orte eine genuine war: „... wie begeistert preist er (sc. ‚Martial') die Landschaft, die Gegend um Altinum, das Seebad von Baiae, den Strand von Formiae, das Gut seines Freundes auf dem Janiculum ...".
121 a) Dichter folgten oft Einladungen ihrer Gönner auf deren Landsitze (vgl. e.g. 3,20,17f. für Canius Rufus). Martial wird ein guter Teil der von ihm gepriesenen Landgüter persönlich bekannt gewesen sein, so wohl auch das Formianum des Apollinaris (10,30). Martials reicher Freund und Patron Faustinus besass nicht nur ein gerühmtes Gut bei Baiae (3,58), sondern ebenso eines in Tibur (4,57; 5,71: Gut in Trebula) und in Anxur (10,51; 10,58,5: Besuch des Dichters). In 4,57 sieht es so aus, als ob Martial seinem Patron gleich von Baiae nach Tibur folgen würde. (Zu 4,79: Diesem Epigramm soll man nicht entnehmen, Martial habe einen Landsitz in Tibur besessen, die Vermögensverhältnisse des Dichters waren nicht danach: Er schlüpft in eine Rolle (vgl. S. 158 mit Anm. 36 zur Rolle als „Ehemann"; vgl. auch Helm, „Valerius Martialis", 57). Dass 4,79 von einer Villa in Tibur die Rede ist, könnte aber doch Wurzeln in der Lebensrealität gehabt haben: Im vierten Buche treten Hinweise auf Baiae (30; 57; 63; (44: Vesuvkatastrophe > Hinweis auf einen Kampanienaufenthalt?) und Tibur (57; 60; 62; 79) in auffälliger Häufung auf; vgl. die folgende Aufstellung). b) Baiae und Tibur bei Martial: Baiae: 1,59 (Aufenthalt ohne Profit); 1,62 (Sittenbild); 3,20,19 (ist Canius Rufus etwa in Baiae?); 3,58 (Landgut des Faustinus); 4,30 (heilige Fische); 4,25 (Altinum, das als Alterssitz erwogen wird, wird mit Baiae verglichen); 4,57 (von Baiae nach Tibur); 4,63 (Unglück auf See); 6,42,7 (Vergleich mit Bad des Etruscus); 6,43 (Martial zieht sein Nomentanum (mittlerweile) Baiae vor; dort hat Castricus ein Gut); 6,68 (Unglück bei Baiae, der puer des Castricus ertrinkt); 9,58 (Vergleich); 10,14 (Besitz eines reichen Jammerers); 10,37,11 (die Austern der Heimat brauchen den Vergleich mit denen Baiaes nicht zu scheuen); 10,58 (Anxur, das „nahe Baiae"; vgl. 10,51); 11,80 (schätze Baiae überaus, vor al-

Dass Martial seine Heimat nicht vergessen hat, belegen die drei Zeugnisse zwischen 4,55 und dem zehnten Buch.

Verdanken wir 9,61, die, wie es scheint, sonst nicht bezeugte Geschichte[122] der durch den siegreichen Caesar in Corduba gepflanzten Platane, Martials Interesse an *res Hibericae*? Wenn man sich auch ungern auf Spekulationen einlässt: Die Annahme ist, wenn man die relativ engen Beziehungen des Dichters zur Stadt am Baetis bedenkt, nicht abwegig.[123]

In 7,52 scheint der Gedanke, dem Celer besonders gefallen zu müssen, weil dieser *meas gentes et Celtas ... Hiberos* mit so grosser Zuverlässigkeit regiert habe, eine besonders artige Schmeichelei. Im Gegensatz zum Preis der Statthalterschaft in 12,9 oder der Begrüssung des neuen Statthalters in 12,98 gibt sich 7,52 nämlich losgelöst von unmittelbar eigensten Lebensumständen. Vielleicht hat es für die originelle Verbindung von verdienstvoller Amtsführung und Verpflichtung diesem Manne gegenüber immerhin einen Anstoss von aussen gegeben: Baebius Massa, der Statthalter der Baetica, wurde 93 auf Grund einer Anklage *de repetundis* verurteilt; einer der Ankläger war der jüngere Plinius.[124] Das Amt hat Massa 92 oder ein bis zwei Jahre früher ausgeübt.[125] Amtsführung und anstehende Klage könnten Martial bei der Abfassung von 7,52 – d.h. vor Dezem-

---

lem zusammen mit meinem Freund); 13,82 (Austern aus dem Lucrinersee). (Zu Martial und Kampanien, vgl. auch Stärk, Kampanien, insbes. 143-45, 167, 192f., 229). Tibur: 1,12 (Unglück des Regulus auf seiner Reise nach Tibur); 4,57 (Martial folgt Faustinus nach Tibur); 4,60 (Curiatius stirbt in Tibur); 4,62 (Satire: Die dunkle Lycoris will in den Schwefelbädern Tiburs (vgl. auch 4,4,2) weiss werden; vgl. 7,13); 4,64,32 (das Gut des Iulius Martialis auf dem Ianiculum nimmt es auch mit dem mondänen Tibur auf); 4,79 (Satire: strapazierte Gastfreundschaft; vgl. o.); 5,71 (Gut des Faustinus); 7,13 (vgl. 4,62); 7,28,1 (Dianahain des Fuscus in Tibur neben anderen Gütern); 7,80,12 (Anspielung auf Faustins Tiburtinergut); 8,28,12 (in Tibur wird alles blütenweiss (vgl. die Bemerkungen zu 4,62)); 9,60 (Tibur als berühmter Villenort unter anderen); 10,30,5 (Gut der Gattin des Apollinaris).

122 Friedländer ad loc. erwähnt keine Parallelstellen. Bei Gossen, H., RE XX,2, „Platanos", 2337f., fehlt selbst unsere Stelle.

123 Corduba ist die Heimatstadt seiner mutmasslichen frühesten Gönner, der Senecae, und wird auch in diesem Zusammenhang genannt (1,61,7f.). Bei dem üblichen Zusammengehen von Personennennung und -lob mit Herkunftsangabe hat das allerdings wenig zu bedeuten (vgl. S. 217f.). Persönliche Beziehungen freundlicher und weniger freundlicher Art zu der Stadt bezeugen 12,63 und 12,98 (vgl. 12,95) für die Zeit nach der Rückkehr (vgl. S. 156f.). Martial war also mit Corduba zumindest indirekt, durch Kontakte, vertraut – und das mochte er, nicht zuletzt durch den Umgang mit anderen „Hispaniern", bereits in Rom gewesen sein. Eine andere Frage ist, ob Martial das doch ziemlich weit von der Heimat entfernte Corduba vor oder nach den Jahren in Rom je besucht hat. Dolç, M., La investigación sobre la toponimía hispana de Marcial, EC 4, 1957, 68-79, 70, jedenfalls nimmt 9,61 zum Anlass, eine entsprechende Hypothese aufzustellen; er rechnet also schon vor den bezeugten stärkeren (schriftlichen?; persönlichen?) Kontakten nach der Rückkehr damit.

124 Vgl. Plin. epist. 7,33,4-8 (vgl. epist. 1,7,2; 3,4,4-6).

125 Zur Datierung vgl. Sherwin-White, A.N., The Letters of Pliny, A Historical and Social Commentary by A.N. Sh.-W., Oxford 1966, comm. ad epist. 7,33, 444.

ber 92 –[126] bereits bekannt gewesen sein. Ob wir in 12,28,2, wo ein *Massa* als allgemein bekannter *fur nummorum* auftritt, einen Hinweis darauf finden, dass Martial die Sache über Jahre beschäftigte, ist unsicher.[127] Die Dankbarkeit, dass die Heimatprovinz gut verwaltet wurde, mag genuin sein.[128] Allerdings lässt sich nicht nachweisen, dass Martial in 7,52 bewusst ein völlig stimmiges Gegenbild zur gebeutelten Schwesterprovinz entworfen hat: Nach G. Alföldy war Celer nämlich möglicherweise nicht Statthalter der Tarraconensis, sondern lediglich *legatus iuridicus*.[129] Wie dem auch sei: Zumindest zeigt 7,52, welche Richtung Martials Gedanken auf der Suche nach passendem Lob einschlugen.

Schliesslich freut sich Martial in 7,88 mehr am Erfolg seiner Bücher in Vienna, als wenn ihn unter anderem „sein Tagus mit Hispanischem Gold reich machte".[130] Das Gold des Tagus war im Altertum sprichwörtlich, so steht der Fluss auch in 6,86,5; 8,78,6 und 10,17,4 einfach als Symbol für Reichtum.[131] Die

---

126 Terminus ante quem: Buch sieben ist im Dez. 92 erschienen (Friedländer, I, 58).
127 Die Vermutung bei Friedländer, II, 234 ad 12,29 (i.e. ,12,28'). Mit der in solchen Fällen stets angebrachten Skepsis („but the name may be ‚associative', …" (vgl. Anm. 58)) tradiert von Shackleton Bailey, Epigrams, III, 110, Anm. d. Falls 12,28 nicht sehr früh entstanden ist, hätte Martial in der ebenfalls von Plinius vertretenen Anklage (Plin. epist. 3,4,2) gegen den Statthalter von 98/99, Caecilius Classicus, im übrigen ein aktuelleres Beispiel gehabt.
128 Bellinger, Martial, 427, sieht hinter 7,52 Aufrichtigkeit: „He speaks of Celer, who had governed the province justly and well, with an admiration and gratitude obviously sincere."
129 Als *legatus iuridicus* bei Alföldy, Fasti Hispanienses, 76-78 (Amtszeit ca. 88-91). Alföldy stützt sich auf 7,52,6 *non auditoris, iudicis esse puto* und weist darauf hin, dass sich das *regere* aus v. 3 (*Celtas et rexit Hiberos*) ein Juridikat nicht ausschliesse (vgl. die Versinschrift CIL XIII, 8007 (um 200); reproduziert bei Alföldy 92f.). Ob Martial sich so ausdrücken mochte (vgl. 12,9,1 *Palma regit nostros, mitissime Caesar, Hiberos*)? Immerhin passt v. 4 *nec fuit in nostro certior orbe fides* besonders gut für einen insbesondere die Rechtspflege umfassenden Aufgabenbereich. Dass Celer als *iuridicus* mit *Celtas et rexit Hiberos* (i.e. ‚rexit Celtiberos') mit drei Bezirken einen abnorm grossen Wirkungskreis gehabt hätte, ist hingegen auffällig (vgl. die Liste, op. cit., 238). Die Möglichkeit der Zuständigkeit eines *iuridicus* für die gesamte Provinz wird allerdings von modernen Gelehrten in Betracht gezogen (op. cit., 236f.). Andererseits lag natürlich die Hoheit der provinzialen Rechtspflege beim Statthalter, und Martial könnte auch diesen, indem er im Hinblick auf seine Pointe die wichtige richterliche Funktion besonders hervorhebt, ggf. als *iudex* bezeichnen (die Statthalter der Tarraconensis sind für die in Frage kommende Zeit i.ü. unbekannt (op. cit., 303)). Dass die Pointe – der *iudex* von Amts wegen ist auch ein gestrenger *iudex* literarischer Produktion – mit der Annahme eines Juridicats besonders prägnant ausfällt (ein entfernt ähnlicher Wortwitz e.g. in 1,41), sei zugestanden und könnte Alföldys Ansatz vielleicht doch stützen.
130 7,88,5-8 *hoc ego maluerim, quam si mea carmina cantent / qui Nilum ex ipso protinus ore bibunt; / quam meus Hispano si me Tagus impleat auro, / pascat et Hybla meas, pascat Hymettos apes*. (Vgl. Hor. carm. 3,16,26f., wo Apulien in einer ganz ähnlichen Vergleichsreihe in eher unverbindlicher Weise erscheint. Dazu Kap. VI, Anm. 39).
131 6,86,5 *possideat Lybicas messis Hermumque Tagumque*; 8,78,5f. *… turbato sordidus auro / Hermus et Hesperio qui sonat orbe Tagus*; 10,17,3f. *accipe Callaicis quidquid fodit Astur in arvis, / aurea quidquid habet divitis unda Tagi* (Mit *Callaicus* wird in 10,37,4 u. 20 das heimatliche Meer bezeichnet). Das Gold des Tagus bei Martial: 1,49,15 *aureo Tago*; 6,86,5

Behauptung, Martial liege als Sohn Iberiens das Gold der Heimat näher als das sagenhafte des Orients oder das in den Donauprovinzen abgebaute, scheint sich angesichts der Überzahl der sich auf Spanien beziehenden Herkunftsangaben nicht von der Hand weisen zu lassen.[132] Andererseits hatte die iberische Halbinsel als traditionelles und wichtigstes Goldabbaugebiet Roms längst den Weg in die Literatur gefunden; Martial konnte sich anschliessen.[133] In 7,88 ist nun aber durch die Personalisierung <u>meus</u> *Tagus* in einem mit dem Vergleich an einer bezeichnenden Stelle – einer Aussage zum Dichterruhm[134] – eine Äusserung zur Herkunft eingearbeitet: Wie Horaz den Aufidus, erhebt Martial einen Fluss zum Wahrzeichen seiner Heimat (vgl. 10,65,4 *Tagique civis*).[135]

Das Gold des Tagus mag überleiten zum letzten Fragenkomplex: Wie steht der Dichter eigentlich zu den in seinem Werk allgegenwärtigen Erzeugnissen seiner iberischen Heimat?

(s.o); 7,88,7 ... *meus Hispano si me Tagus impleat auro*; 8,78,6 (s.o.); 10,17,4. (s.o); 10,96,3 *auriferum Tagum*; 12,2,3 *auriferi de gente Tagi* (*Tagus* ohne Epitheton: 10,65,4; *piscosus*: 10,78,12). Der Reichtum des Tagus in der röm. Dichtung: Cat. 29,19; Ov. am. 1,15,34, met. 2,251; Lucan 7,755; Sen. Herc. f. 1325, Thy. 354f.; Sil. 1,155,164,234; 2,403-405, 16,450,560; Stat. silv. 1,2,127, 1,3,108; Iuv. 3,55; 14,298f. (für die späteren vgl. die Übersicht bei Domergue, C., Les mines de la péninsule ibérique dans l'antiquité romaine, Rome 1990, 8, Anm. 47).

132 Das Gold Spaniens bei Martial: Neben den Bildern des Tagus (vgl. Anm. 131) insbesondere 12,18,9 *auro Bilbilis et superba ferro* und 10,13,1 *ducit ad auriferas quod me Salo Celtiber oras*; ohne fassbar engeren Bezug zur Heimat: 10,17,3 *accipe Callaicis quidquid fodit Astur in arvis*; 12,57,9 *balucis malleator Hispanae*; 14,199,2 *venit ab auriferis gentibus Astur equus*; (4,39,7;14,95: *aurum Callaicum* = silbernes Tafelgeschirr mit Goldarbeit; vgl. Marquardt, J., Mau, A., Das Privatleben der Römer, 2 Bde., Darmstadt 1990 (Nachdruck d. Ausgabe Leipzig 1886), II, 697, Anm. 1). Andere Orte: 6,86,5, 8,78,5 (Hermus (und Tagus ...)); 10,78,5 (Dalmatien).

133 Vgl. Schulten, Iberische Landeskunde, II, 479-84 u. Blümner, H., RE VII, „Gold", 1564. Dichterstellen: zum Gold des Tagus vgl. Anm. 131. Die bedeutenden Goldvorkommen Asturiens (vgl. Plin. nat. 23,78) konnten erst nach der Eroberung Nordwestspaniens 19 v. Chr. ausgebeutet werden und erscheinen in der Dichtung erstmals bei Luc. 4,297f., dann bei Mart. 10,17,3; 14,199,2 und Sil. 1,231-233.

134 Dichterruhm und Herkunft: Martial verwendet den Topos der Herkunftsangabe bei Dichtern besonders gern. Neben der berühmten Reihung in 1,61 stehen weiter 1,7 (Catull); 2,41,2 (Ovid); 7,22 (Lucan); 5,30,2, 8,18,5, 12,94,5 (Horaz); 8,73,9 (Ovid, Vergil); 14,195 (Catull, Vergil). (Vgl. auch 4,55,3 u. 10,20,17 (Cicero; fälschlich mit Arpi statt Arpinum verbunden)). Auch bei Freunden und Bekannten wird die *germana patria* genannt, vgl. e.g. 7,97; 8,72; 9,99; 10,92; 10,93; 10,102.

135 Hor. carm. 3,30,10; 4,9,1-4 (vgl. S. 77.). Der Tajo berührt die Heimat des Martial nicht, aber der Tajuña (als *Tagonius* bei Plu. Sert. 17). Dieser Zufluss des Tajo mochte allerdings von den Alten mehrheitlich zum Hauptflusssystem gerechnet worden sein (so Schulten, Iberische Landeskunde, I, 345 mit Anm. 126; Citroni, ad loc.).

Der „westliche Paktolus" muss den Ruhm als *patrius amnis* (12,2,3f.; 10,96,3)[136] mit dem unbekannten[137] Salo teilen, der anschaulichst geschildert wird: Eher seicht, aber mit reissenden, eiskalten Wassern, in denen Eisen gehärtet wird, umfliesst er die Heimatstadt.[138] Mit den Flüssen hebt der Dichter also die

---

136 12,2,3f. *auriferi de gente Tagi tetricique Salonis, / dat patrios amnes quos mihi terra potens* (zu den Textproblemen des dritten Verses vgl. Housman, A.E., Corrections and Explanations of Martial, JPh 30, 1907, 229-65, zit. nach: Class. Pap. II, Cambridge 1972, 711-39, 734); 10,96,3 *auriferumque Tagum sitiam patriumque Salonem*; vgl. 10,104,6 *tuum* (sc. *libelli*) *Salonem*.
137 Er wird nur von Martial erwähnt. Bei Just. 44,3,11 kommt dann ein Fluss *Birbilis* (sic!) vor, der eventuell mit dem Salo gleichzusetzen ist (so Schulten, Martials spanische Gedichte, 469).
138 Der Salo bei Martial: a) 1,49,11f.: ... *remissum corpus astringes brevi Salone, / qui ferrum gelat*. Die meisten Interpreten – Izaac: „le lit peu profond"; Shackleton Bailey, Epigrams: „shallow"; Dolç, Hispania y Marcial, 197: „su cauce poco profundo" – nehmen an, mit *brevis* sei dasselbe gemeint wie mit *fluctu tenui* in 4,55,14, d.h. „wenig Wasser führend" (vgl. OLD, „brevis" 1c; ThlL II, „brevis", 2180,75; OLD, „tenuis" 4c: having little depth, shallow oder überhaupt 4d: tiny, minute). Schulten spricht einmal von „schmal" (Martials spanische Gedichte, 468f.; ebenso Howell, Übersetzung: „narrow") und einmal von „niedrig" (Iberische Landeskunde, I, 314). Die Bedeutung „schmal" (ThlL II, „brevis", 2180,53) würde ebenfalls den geographischen Gegebenheiten entsprechen (vgl. die Zitate am Schluss der Anmerkung). Ganz anders versteht Helm, Martial, 67, *brevi*, nämlich als *brevi tempore* (ebenso: Görler, Martials Reisegedicht, 312; temporales *brevi* erscheint in der Dichtung e.g. Cat. 61,204). *Brevi (tempore)* würde gut in die Schilderung der „Bäderanlage" (1,49,9-12) passen und ergäbe bei einer Identifikation des *tepidi ... Congedi ... vadum* und der *Nympharum lacus* mit den am Salo gelegenen, bestens bezeugten antiken *Aquae Bilbilitanae* Sinn: Man stellt sich Warmwasserbecken vor und ein Kaltwasserbecken mit Wasser des nahe fliessenden *Salo* (Schulten, Martials spanische Gedichte, 468, vermutet, dass die *Aquae Bilbilitanae* – ca. 45° C. warme Schwefelquellen 20 km westlich von Bilbilis, in unmittelbarer Nähe des Salo – schon zu Martials Zeiten als Bäderanlage ausgebaut waren. Zu den antiken Zeugnissen vgl. Dolç, Hispania y Marcial, 194f. oder die Übersicht bei Howell, comm. ad 1,49,9). Direktes Baden im *Salo* scheint durch den geringen Wasserstand und die Turbulenz zumindest problematisch, wenn nicht unmöglich. Das natürlichste ist mit Citroni (vgl. Anm. 13) anzunehmen, dass Martial die Badegelegenheiten der Heimat im Hinblick auf die Pointe der „natürlichen Thermen" dichterisch umschrieben hat – nur ein gestrenger Feind der Musen wird von „geschönt" sprechen wollen – und *brevis* „seicht" (allenfalls „schmal") als stehendes Attribut verwendet: selbst bei der Annahme eines eigentlichen Kaltwasserbeckens wird ja gewissermassen im *brevis Salo* gebadet. b) 4,55,14f. *quam* (sc. ‚*Plateam*') *fluctu tenui sed inquieto / armorum Salo temperator ambit* (Schulten, Martials spanische Gedichte, 471, meint aus dem Vergleich mit 10,103,2 entnehmen zu können, *Platea* sei der Name der östlichen (felsigen) Kuppe des Berges von Bilbilis gewesen. Dagegen hat Dolç, Hispania y Marcial, 213, eingewendet, dass diese Lokalisation sich durch 12,18,10f., wo von Landbau die Rede sei, verbiete (vgl. dazu Anm. 5)). c) 10,13,1 *Ducit ad auriferas quod me Salo Celtiber oras*. d) 10,103,2 ... *rapidis quem* (sc. ‚*Bilbilim*') *Salo cingit aquis*. e) 10,104,6f.: ohne Beschreibung, aber mit persönlicher Anrede *altam Bilbilin et tuum Salonem / ... videbis* (Subj. ist der *libellus*). f) 12,2,3f. ... *tetrici Salonis* (vgl. die Ausführungen S. 158f.). g) 12,21,1 ... *rigidi ... Salonis* (vgl. die Ausführungen S. 156). h) 14,33 *pugio, ..., / stridentem gelidis hunc Salo tinxit aquis*. Die Beschreibungen entsprechen den geographischen Gegebenheiten, vgl. Schulten, Martials spanische Gedichte, 468f.: „Er (sc. ‚der Salo/Jalón') hat ... von Natur kein sonderlich kaltes Wasser, empfängt aber solches gerade bei Bilbilis ... in der

Landesprodukte Eisen und Gold hervor (vgl. 12,18,9 *auro Bilbilis et superba ferro*).[139] Das Gold hat oft nur durch das knappe Epitheton *aurifer* Eingang ins Werk gefunden – das Edelmetall braucht keine Empfehlung, glänzt allein durch sein Vorhandensein (vgl. 10,13,1 *ducit ad auriferas quod me Salo Celtiber oras*).[140] Anders steht es mit dem berühmten Stahl Keltiberiens[141]: Er wird vor allem mit dem Salo, dem *armorum temperator* verbunden,[142] daneben finden wir *saevo Bilbilin optimam metallo / quae vincit Chalybas Norciosque* (4,55,11f.) und *videbis ... Bilbilin / equis et armis nobilem* (1,49,3f.). Wer will, soll sich ruhig vorstellen, dass der Bilbilitaner den im Salo gehärteten Dolch gerne unter die *Apophoreta* aufgenommen hat (14,33).[143] Neben den Waffen haben in 1,49,4 auch die Pferde einen Ehrenplatz gefunden. Pferdezucht hatte in Keltiberien Tradition; diejenige von Bilbilis ist uns nur durch diese eine Martialstelle bekannt.[144] Gold – Waffen – Pferde sind die Landeserzeugnisse, die der Einheimische Martial mit seiner engsten Heimat verbunden haben will, fürwahr eine hehre Trias!

Schwieriger wird es da mit anderen hispanischen Erzeugnissen: baetischer Wolle, *garum sociorum*, Cerretanerschinken aus den Pyrenäen und Wein aus Tarraco, wertvollem kallaikischem Tafelgeschirr, saguntinischen Bechern, leichtfüssigen asturischen Pferden oder gar lasziven gaditanischen Tänzerinnen. Martial wird diese „Landesprodukte" gekannt haben, ebenso wie spanisches Silber[145],

---

Tat ist der Fluss gerade bei Bilbilis, wo er durch einen schmalen Kamm bricht, schmal und reissend." Vgl. ders., Iberische Landeskunde, I, 314: „niedrig, reissend, ... kaltes Wasser."

139 Während Eisen nachweislich am (mons) Caius (Mart. 1,49,5 *senemque Caium nivibus*, 4,55,2 *Caium veterem*; heute: Moncayo) in der unmittelbaren Nähe von Bilbilis abgebaut und in der Stadt verarbeitet wurde (vgl. Plin. nat. 34,144 u. Anm. 141), hören wir nur an dieser Stelle von Gold(verarbeitung) in Bilbilis. Beim Gold könnte es sich um Waschgold der Flüsse in der Nähe handeln, möglicherweise bezieht sich das Ganze auf den benachbarten *aurifer Tagus* (so Schulten, Martials Spanische Gedichte, 474; zum Tagus vgl. Anm. 135).

140 Vgl. 10,78,5 über das Ziel des Macer in Dalmatien *felix auriferae colone terrae*.

141 Bilbilis wird zusammen mit Turiasso bei Plin. nat. 34,144 als ein Zentrum der Eisenverwertung genannt (spät dann Just. 44,3,8f. u. Isid. orig. 16,21,3). Das Eisen Keltiberiens: Schulten, Iberische Landeskunde, II, 510-12 und Domergue, Mines, s.v. „fer". Bei Bilbilis wurden tatsächlich alte Schlackenhalden entdeckt, allerdings bisher nicht von einer Grösse, die ein wichtiges industrielles Zentrum ausweist (Martín-Bueno, Bílbilis, 137).

142 Vgl. Anm. 138.

143 So Dolç, Hispania y Marcial, 197f.; Schulten, Martials spanische Gedichte, 466. Angesichts von 4,55,12 u. 1,49,4 eher leichtfertig Bellinger, Martial, 425: „... it is not likely, however, that the iron mines ever made a very strong appeal to Martial's pride."

144 Das tradierte *equis* wurde wohl deshalb von einem Herausgeber (vgl. Friedländer, I, 194, comm. ad loc.) durch *aquis* ersetzt. Zusammenfassend zur Pferdezucht der Gegend vgl. Citroni u. Howell, comm. ad loc.

145 Dass Martial dieses wichtige und edle Exportgut Hispaniens nicht stärker hervorhebt, könnte erstaunen. Allerdings fanden sich Silbervorkommen im Süden der Halbinsel und höchstens in den Randgebirgen Keltiberiens (Schulten, „Hispania", 2006f., nimmt in Keltiberiens

saxetanische Stöcker und anderes mehr.[146] Von den wirklich mit Träumen verbundenen Dingen – dem vielen Wild, den fetten Fischen und den Austern, die den Vergleich mit denen Baiaes nicht zu scheuen brauchen – hören wir bezeichnenderweise nur in den „Heimatgedichten"; es sind nicht die Produkte des Exports, sondern die des „ersehnten Paradieses in westlicher Ferne". Die natürlich goldfarbene Wolle, daneben Öl und auch Wein hingegen erwähnt er als Kennmarken der Baetica (9,61,3f.; 12,63,1-5; 12,98,1-3). Da einerseits die genaue Herkunftsbezeichnung für Produkte und andererseits in Umkehrung das Aufzählen von „Erzeugnissen" für Orte beliebte Epitheta ergeben und gerade Martial von diesen Möglichkeiten ausgiebig Gebrauch macht, lässt sich eine besondere Beziehung zu einzelnen Erzeugnissen natürlich nicht erweisen, ebensowenig wie man hinter jedem *Hesperius* und *Hiberus* ein Anspielen auf die Heimat sehen wird.[147]

Randgebirge Silberbergbau an, lehnt ihn aber später dezidiert ab: Ders., Iberische Landeskunde, II, 490: „Die mehrfach erwähnten bedeutenden Tribute der keltiberischen Städte bedeuten nicht, dass dieses Silber auch im Lande gewonnen wurde, wo sonst kein Silber bezeugt ist". Die neuesten Erkenntnisse von Domergue, Mines, 8 u. Karte 3, bestätigen Schultens spätere Meinung in etwa: Es gab zwar Silberbergbau im Norden der iberischen Halbinsel, aber er war unbedeutend). Gold hingegen ist, abgesehen davon, dass allein das Wort einen „magischen Klang" haben mag, bereits in die literarische Tradition eingebettet (vgl. Anm. 131) und fand sich in Nordwestspanien reichlich. Der Stahl der Gegend war in der ganzen damaligen Welt bekannt.

146 Spanische Erzeugnisse: baetische Wolle: 1,96,5 (*baeticatus*: „mit der naturfarbenen Wolle der Baetica bekleidet"); 5,37,7; 8,28,5f.; 9,61,3f.; 12,63,3-5; 12,65,5; 12,98,2; 14,133. garum sociorum: 13,40,2; 13,102. Cerretanerschinken: 13,54. Wein aus Tarraco: 13,118. kallaikisches Tafelgeschirr: 4,39,7; 14,95. Tonbecher aus Sagunt: 4,46,14-16; 8,6,2; 14,108. asturisches Pferd: 14,199. Gades (Tänze, Lieder, Tänzerinnen): (1,61,9 *iocosae Gades*); 1,41,12; 3,63,5; 5,78,26-28; 6,71,1f.,; 11,16,4; 14,203. billiger Wein aus Laietanien: 1,26,9; 7,53,6. spanischer Mantel: 1,28,2. Öl: 5,16,7; 7,28,3; 12,63,1f.; 12,98,1 u. 3. Silber: 7,86,7. saxetanische Stöcker: 7,78,1. Wein aus der Baetica: 12,98,3. Gold und Eisen: vgl. S. 178-80, insbes. Anm. 131f., 139 u. 141.

147 Dass Bilder und Vergleiche mit persönlicher Vertrautheit zusammenhängen können, beweist ein Beispiel aus dem in Oberitalien entstandenen dritten Buch: Da quaken Ravennas Frösche melodiöser und singen die Mücken in Atria schöner, als Vetustilla spricht (3,93,8f.). Abgesehen von solch eindeutigen „Glücksfällen" ist eine tiefere Beziehung aber schwer nachzuweisen, und der Interpret sollte vorsichtig sein (Vergleichbare Schwierigkeiten zeigten sich bei den „Bildern und Vergleichen" aus Horazens Heimat (vgl. die Bemerkungen S. 76f.)). Jegliche Anspielung auf die Iberische Halbinsel wird von Dolç, Hispania y Marcial, ausführlich kommentiert. Er wertet sie oft ohne Rücksicht auf poetische Tradition und die Gewichtung im Vergleich mit anderen Herkunftsangaben als Zeichen persönlicher Verbundenheit (vgl. e.g. op. cit., 36, zu den Hesperiden: „... en el mundo poético de Marcial no podía faltar un recuerdo a las legendarias Hespérides, ..."). In seinem späteren Aufsatz (Dolç, Investigación, 69f.) rechnet er allerdings mit Topoi, so im Falle galizischen Goldes, asturischer Pferde u.a. Martials ganz persönliche, intime Vertrautheit mit den gaditanischen Tänzerinnen lässt er sich aber nicht nehmen (Dolç, Investigación, 70: „Son directas ya, por el contrario, las sensaciones que nos describe, a veces con manifiesto hastío, sobre las crepitantes danzarinas de ‚Gades', ..."). Bonjour, Terre, 254, nimmt nur am Rande Bezug auf die „Landes-

XI.2   SCHLUSSBEMERKUNGEN ZU „MARTIAL UND BILBILIS"

Einem aufmerksamen Leser des zwölften Buches der Epigramme fällt bereits nach der Lektüre der Praefatio auf, dass die lapidare Behauptung „Rom mit allen seinen Lockungen und Lüsten" habe Martials Herz nicht berührt,[148] so nicht stimmen kann. Die Realität hat den Dichter, der sich eben dies vor und nach seiner Rückkehr in die keltiberische Heimat immer wieder selber versicherte, aufs bitterste eingeholt. Selbst wenn man von der Enttäuschung des Heimgekehrten absehen wollte, ist es nicht so, dass Rom stets die zweite und Spanien die erste Heimat des Dichters war.[149] Es gab durchaus Zeiten, in denen sich Martial, wenn nicht in der betriebsamen Metropole mit ihren Verpflichtungen, so doch auf den italischen Landsitzen seiner Freunde wohl genug fühlte.

Wollte jemand alles Lob auf Baiae oder Norditalien, ja auf Rom selber nur als Schmeichelei für Gönner und Kaiser abtun, machte er es sich zu einfach: Die Wertschätzung Altinums und Oberitaliens ist bezeugt, und diejenige des Badeortes scheint mir offensichtlich.[150] Was die Hauptstadt und das „grosse Vaterland" betrifft, tappen wir tatsächlich ein wenig im Dunkeln: Das Lob der Hauptstadt ist oft und das des „grossen Vaterlandes" stets das Lob des Machthabers. Wer

---

produkte". Mit 7,78,1 („une queue de Saxentanum lui paraît préférable à tous les raffinements") und 8,6,2 („il aime mieux les tasses d'argile moulées à Sagonte") hat sie sich allerdings zwei besonders unglückliche Beispiele ausgesucht: An den betreffenden Stellen ist nicht die Rede von Vorlieben. Lohnend wären weiterführende Überlegungen allenfalls im Falle der oft erwähnten „baetischen Wolle" (vgl. Anm. 146). Aber auch sie hat Konkurrenz, selbst wenn die weisse apulische zumindest in 12,63,3-5 höflicherweise der goldfarbenen des eben persönlich angesprochenen Corduba weichen muss: 2,43,3f. (Apulien, Parma); 2,46,5f. (Apulien); 4,28,2f. (neben spanischer auch tyrische und apulische Wolle); 4,37,5 (Parma); 5,37,2 (Apulien); 8,28, (neben baetischer auch apulische und oberitalische Wolle. Selbst wenn es in der Baetica auch graue und weisse Schafe gab, wird Martial im Falle der geschenkten Toga beim Aufzählen der Herden kaum an die weisse Wolle gedacht haben. Anders Schulten, A., Iberische Landeskunde, II, 588. Hinter 1,96,5 *baeticatus* sieht Schulten übrigens graue, baetische Wolle, gewiss zu Unrecht, bezeichnen *baeticatus* und *leucophaeatus* hier doch pointiert das Bekleidetsein mit naturfarbener Wolle, mit rötlich-goldener einerseits, mit grauer andererseits); 14,155 (Apulien, Parma, Altinum), 156 (*lanae Tyriae*), 157f. (*lanae Pollentiae*). Wie beim Gold (vgl. S. 177f.) spiegelt Martials Werk eben die Produktionsverhältnisse seiner Zeit (vgl. Kl. Pauly 5,2, „Schaf"; Schulten, Iberische Landeskunde, II, 587f.).

148   Schulten, Martials spanische Gedichte, 462: „Rom mit all seinen Lockungen und Lüsten hat sein Herz nicht berührt". Realistischer Bellinger, Martial, 431: „Martial had become a thorough metropolitan, and, tired of Rome as he might be, he could not stand away from her long."
149   Szelest, Martial, 2564: „Rom war doch nur die zweite, Spanien die erste Heimat des Dichters" (Sie folgt Dolç, M., Due passioni di Marziale: Roma e Hispania, in: Problemi attuali di scienza e di cultura, Colloquio italo-spagnolo sul tema: Hispania Romana (Roma, 15-16 maggio 1972), Accademia nazionale dei lincei 200, 1974, 109-25, passim).
150   Vgl. S. 175.

XI Martial und Bilbilis   183

möchte aber entscheiden, was davon letztlich doch mit eigenem Fühlen im Einklang steht? Sollte Martial die Bauten der Flavier nicht ebenso aufrichtig bewundert haben wie etwa Properz das Rom des Augustus?[151] Auf jeden Fall hat er die Betriebsamkeit der Weltstadt in der kulturellen Öde von Bilbilis mit der Zeit vermisst. In 12,21 ist Rom mehr und aufrichtiger denn je die *domina urbs* ...[152]

Martial war durch die Verleihung des Militärtribunats unter die *equites* aufgenommen worden[153] und gehörte damit schliesslich zu den „Leuten von Stand". Stolz auf die *patria civitatis* auf „Römersein" und römische Leistung, finden wir bei ihm aber kaum, obwohl er sich damit brüstet, gar manchen auf seine Fürsprache beim Kaiser hin zum Bürger gemacht zu haben.[154] Selbst das Lob des Herrschers, des Repräsentanten der *patria civitatis*, bleibt in eigenartiger Weise „privat": Martial hebt den Kaiser nach der Art eines Hofpoeten, der sich als Intimus des Machthabers gibt, stärker als Privatperson denn als Staatenlenker hervor. Eine einzige, für die Zeit charakteristische Bemerkung zur *civitas Romana* findet sich in 11,96: Ein römischer Knabe, ein *civis Romanus*, sollte an einer römischen Wasserleitung eigentlich Vorrang vor germanischen Sklaven haben.[155] Das Zurücktreten der *patria civitatis* liegt natürlich auch, und nicht zum geringsten Teil, im Wesen der Epigrammdichtung begründet, die dem Grossartigen und Hehren abhold ist.

Martial stilisierte sich ebenso stolz als „männlich-harter Keltiberer", wie sich etwa Horaz zuweilen als „rechtschaffener Apuler" gab. Als Nichtitaliker konnte er sich aber nicht auf die seit augusteischer Zeit gehegte „Italia-Idee" berufen und stand mit seinem Nationalstolz vielleicht eben doch (noch)[156] ein wenig abseits. In diesem Bewusstsein setzt er in 1,61 zu einem Lob Hispaniens an und zählt in

---

151 Zu Properz und Rom, vgl. S. 98.
152 Vgl. 1,3,3 (hier mit Nebensinn: *domina* als anspruchsvolle, verwöhnte Herrin); 3,1,5; 10,103,9 (Rom wird für die Landsleute hervorgehoben: Euer berühmter Sohn kehrt vom „Mittelpunkt der Welt" zu euch zurück ...). Für weitere Epitheta und Martials Beziehung zu Rom vgl. Dolç, M., Due passioni, insbes. 113f., und Castagnoli, F., Roma nei versi di Marziale, Athenaeum 28, 1950, 67-78. Treffend – mit Ausnahme des Hinweises auf die Beziehung der Deutschen zu Berlin – Hofmann, Aufgliederung, 452: „Wie jeder Deutsche auf Berlin und jeder Franzose auf Paris war Martial stolz auf sein Rom, und wenn es sich noch so beschwerlich darin lebte."
153 Mart. 3,95,9f.
154 Mart. 3,95,11.
155 Das Verdrängen römischer Bürger durch Fremde, insbesondere durch Orientalen, spielt bei Juvenal eine wichtige Rolle. In 11,53 und 12,21 macht Martial vornehme Frauen zu „Römerinnen": Sowohl Claudia Rufina als auch Marcella mögen das römische Bürgerrecht besessen haben. „Römerin" meint da „elegante Hauptstädterin". Hofmann, Aufgliederung, 453, behauptet denn auch mit einem gewissen Recht: „Martials Nationalgefühl ist identisch mit seiner Liebe zur Hauptstadt".
156 Zum Aufstieg Hispaniens vgl. Anm. 95.

4,55 trutzig-stolz[157] die rauhen Namen der keltiberischen Heimat auf. Freude und innige Anteilnahme beim Schreiben über die Heimat sind unverkennbar. Dennoch bleibt das Sprechen von Bilbilis, vom eisigen Salo und vom goldführenden Tagus im grossen und ganzen innerhalb der literarischen Konvention. Auch Martial verfasst nicht ohne Anlass „Heimatoden". Er schreibt Epigramme für den Landsmann Licinianus und „Heimkehrgedichte" und verwendet die Flüsse der Heimat gegebenenfalls als Symbol für seine Herkunft.

Andererseits gestattete ihm die Gattung des Epigramms einiges an Freiheit: Was ihm am Herzen lag, konnte er breit ausführen und individuell gestalten (vgl. 1,49; 1,61). In 10,65 hat er sich gar als männlich-harter Keltiberer stilisiert, um einen Ausfall gegen den *pathicus* aus Korinth zu inszenieren. Im Falle von 4,55 ist nicht erkennbar, was der unmittelbare Anlass für die Entstehung war. Nur die Adresse erinnert daran, dass der Dichter nicht (nur) für seine Sache spricht. So wirken denn die Äusserungen zur Heimat unmittelbar und echt.

Viele Interpreten rechnen Martial insbesondere auch seine wirklichkeitsnahen Schilderungen der heimatlichen Umgebung hoch an; er zeige sich wie in 3,58 als Verehrer des *rus verum barbarumque*.[158] Rauhe Gegenden wie diejenige um Bilbilis sprachen die Römer wenig an – zeigt sich uns in den Epigrammen also der Sohn des Landes, der die heimatliche Umgebung trotz ihrer (relativen) Unwirtlichkeit schätzt, da er sie kennt und deswegen liebt (vgl. Cic. Lael. 68 ... *in iis etiam, quae sunt inanima, consuetudo valet, cum locis ipsis delectemur montuosis etiam et silvestribus, in quibus diutius commorati sumus.*)?[159] Man neigt dazu, die Frage leichten Herzens sofort und unbedingt zu bejahen. Bei näherem Hinsehen ergibt sich jedoch, dass sich der „Realismus" nicht zuletzt auch durch den Charakter von Martials Dichtung erklärt. 1,49 ist durchaus mit der Beschreibung eines Landgutes vergleichbar: Die Lebensumstände der angesprochenen Person müssen so geschildert werden, dass die Wirklichkeit hinter der Idealisierung – letztere ist in 1,49 augenfällig genug – erkennbar bleibt. Es ist also nicht so, dass die Liebe zum Vaterland die wirklichkeitsnahen Beschreibungen unmittelbar „diktiert".[160] Dass die Realität allerdings in dem

---

157 Formulierungen wie diejenige von Albrechts, Geschichte, 821: „... als stolzer Spanier machte er das beste aus seiner Klientenrolle ..." gehen aber zu weit und werden einer historisch fundierten Literaturbetrachtung nicht gerecht.
158 Schulten, Martials spanische Gedichte, 462f. Ähnlich und ebenfalls mit Bezug auf 3,58 bereits Friedländer, I, 16.
159 Bezeichnend auch Tac. Germ. 2 *Quis ... Germaniam peteret, informem terris, asperam caelo, tristem cultu et aspectu, nisi si patria sit?*.
160 So Szelest, Martial, 2608.

XI Martial und Bilbilis

Masse wie in 1,49 erkennbar bleibt, erklärt sich aber wohl doch aus der tiefen inneren Verbundenheit mit dem Stoff des Epigramms.[161]

Wer nach der Beziehung Martials zur näheren Heimat fragt, tut schliesslich gut daran, den Faktor „Zeit" gebührend zu berücksichtigen.[162] Martial hat die *pendula ... patriae tecta* (10,13,2) wohl nie vergessen, wieder wahrhaft gegenwärtig und zum eigentlichen Ziel seiner Sehnsüchte wurden sie aber erst, als das Leben in Rom zunehmend mühselig und schwierig wurde: Im zehnten Buch wird breit von der Heimat gesprochen, und das „Paradiesische", das in 1,49 zwar keineswegs fehlte, drängt mächtig in den Vordergrund (10,37 u. 96). *Germana patria*: Das war für Martial nicht das „Land der Väter", sondern der Ort, an dem er nach den Enttäuschungen und Entbehrungen in Rom seinen Traum vom „guten Leben" doch noch wahr zu machen gedachte.

---

161 In 3,58 ist die Lokalisierung und Verankerung in der Realität auf ein Minimum reduziert: Es handelt sich um das Gut des Faustinus bei Baiae. Das beschriebene Landleben scheint beliebig, einzig der Kontrast zu den dekadenten „Pseudo-Landgütern" ist angestrebt. Als realitätsnah (und ebenfalls lang geraten ...) kann die begeisterte Schilderung des Gutes des Iulius Martialis auf dem Ianiculum gelten.

162 Friedländer etwa ist sich der Problematik bewusst, verhält sich aber nicht konsequent (vgl. Anm. 44). Seine Darstellung hat das Urteil Späterer nachhaltig beeinflusst, vgl. e.g. Helm, „Valerius Martialis", 67 (vgl. Anm. 118).

XII PLINIUS DER JÜNGERE UND COMUM *QUID AGIT COMUM, TUAE MEAEQUE DELICIAE?* (epist. 1,3,1)

XII.1 DARSTELLUNG

Wer nach dem Verhältnis des jüngeren Plinius[1] zu seiner transpadanischen Heimat fragt, findet leicht Antwort. Da gibt es zahlreiche Äusserungen in den Briefen nebst epigraphischen Zeugnissen[2] einerseits und – was unter diesen Umständen

---

* Für genaue bibliographische Angaben zu den im Folgenden nur gekürzt aufgeführten hauptsächlich verwendeten Textausgaben, Kommentaren und Übersetzungen vgl. Kap. XIV.2 (betrifft: Mueller, Guillemin, Sherwin-White, Mynors, Radice, Trisoglio, Kasten).

1 Im weiteren „Plinius". Die Stellenangaben beziehen sich auf die Briefe (epist.).

2 Inschriften mit Bezug zu Como: a) CIL V, 5262 = ILS 2927 (erhalten durch eine Abschrift aus dem 15. Jh. und ein Fragment in Mailand. Ursprünglich in Como (über den Thermen?)): *C . PLINIUS . L . F . OUF . CAECILIUS (SECUNDUS COS.) / AUGUR . LEGAT . PRO . PR . PROVINCIAE . PON(TI ET BITHYNIAE) / CONSULARI . POTESTA(T) . IN . EAM . PROVINCIAM . E(X S. C. MISSUS AB) / IMP . CAESAR . NERVA . TRAIANO . AUG . GERMAN(ICO DACICO P. P) / CURATOR . ALVEI . TI(B)ERIS . ET . RIPARUM . E(T CLOACARUM URB) / PRAEF . AERARI . SATU(R)NI . PRAEF . AERARI . MIL(IT. PR. TRIB. PL.) / QUAESTOR . IMP (.) SEVIR . EQUITUM. (ROMANORUM) / TRIB . MILIT . LEG(III) GALLICA(E) (X VIR STLI) / TIB . IUDICAND . THERM(AS) ADIECTIS . IN / ORNATUM . HS . CCC (ET EO AMP)LIUS . IN . TUTELA(M) / HS . CC . T . F . I (ITEM IN ALIMENTA) LIBERTOR . SUORUM . HOMIN . C / HS . |XVIII| LXVI DCLXVI . REI (P. LEGAVIT QUORUM INC)REMENT . POSTEA . AD . EPULUM / (PL)EB . URBAN . VOLUIT . PERTIN(ERE ITEM VIVU)S . DEDIT . IN . ALIMENT . PUEROR. / ET . PUELLAR . PLEB . URBAN . HS (D. ITEM BYBLIOTHECAM ET) IN TUTELAM . BYBLIOTHE / CAE . HS . C.* (vgl. CIL XI, 5272 aus Hispellum). b) CIL V, 5263 (aus Como, Fragment heute an der Ecke der Kathedrale): *C . PLINIO . L . F / OUF . CAECILIO / SECUNDO COS / AUG . CUR . ALVEI . TIBER / ET RIP(AR ET CLOAC)A(R) URB.* c) CIL V, 5667 (aus Fecchio, einem kleinen Ort in der Nähe Comos. *flamen divi Titi Augusti*, von Plinius nie erwähnt, könnte sich auf ein Amt in Como beziehen (so Mommsen, Th., Zur Lebensgeschichte des jüngeren Plinius, Hermes 3, 1869, 31-139, zit. nach: Ges. Schr. 4, Hist. Schr. 1, Berlin 1906, 366-468, 434): *C . PLINI(O L. F.) / OUF CAEC(ILIO) / SECUNDO (C)OS. / AUGUR CUR ALV TIB / E(T RI)P ET CLOAC URB / P(RAEF A)ER SAT PRAEF / AER . MIL . . . . Q IMP / SEVIR . EQ . R . TR . M(I)L / LEG . III . GALL . X . VIRO / STL . IUD . FL . DIVI . T . AUG / VERCELLENS(ES).* d) CIL V, 5264 (aus Como): *(PL)INIO / CAECI . . . . / . . . DO.* e) CIL V, suppl. Italica I,745 (aus Como. Die geehrte Person könnte der Vater des Plinius sein, die „Tochter" seine Schwester, der Dedicator Plinius selbst (vgl. dazu Otto, W., Zur Lebensgeschichte des jüngeren Plinius, SBAW, 10. Abh., München 1919, 14-16)): *CAECI)LIAE . F . SUAE . NOMIN(E) . L. CA(E) / (CILIU)S . C . F . OUF . SECUNDUS . PRAEF / FABR) A . COS . IIII . VIR . I . D . PONTIF . TEM / PLUM) AETERNITATI . ROMAE . ET . AUGU(STI / C)UM . PORTICIBUS . ET . ORNAMEN / TIS . INCOHAVIT / CAECI)LIUS . SECUNDUS . F. DEDIC.* f) CIL V, 5267 (aus Como, betrifft den Grossvater seiner Frau, Calpurnius Fabatus): *(L) . CALPURNIUS L. F. OUF. FABATUS / VI VIR IIII VIR I D PRAEF FABR / TRIB ITERUM LEG XXI RAPAC / (PR)AEF COHORTIS VII LUSITAN / (ET) NATION GAETULICAR SEX / QUAE . SUNT . IN NUMIDIA / (F)LAM . DIVI . AUG . PATR . MUNIC / T F I.* g) CIL V, 5279 = ILS 6728 (aus Como. Sog. „Cilo-Inschrift". Vielleicht war „Cilo" ein Verwandter väterlicherseits.): *L . CAECILIUS . L . F . CILO . / IIII . VIR . A . P . / QUI . TESTAMENTO . SUO HS . N . XXXX . MUNICIPIBUS . COMENSIBUS . / LEGAVIT .*

wenig erstaunt – mannigfache Äusserungen in der Sekundärliteratur[3] andererseits. Die Tatsache, dass es R. Syme gelungen ist, anhand der mutmasslichen Herkunft der bei Plinius erwähnten Personen die Grenzen eines „Pliny country" festzulegen,[4] macht für weitere Studien beinahe mutlos, scheint doch für eine eigenständige Bearbeitung kaum Raum offen.

C. Plinius Caecilius Secundus stammte väterlicher- (Caecilii) und mütterlicherseits (Plinii) aus der Munizipalaristokratie Comums.[5] Obwohl er die Vaterstadt in früher Jugend verlassen hatte,[6] blieb die Beziehung zu ihr so eng, dass behauptet

---

EX . QUORUM . REDITU . QUOT . ANNIS . PER . NEPTUNALIA . OLEUM . / IN . CAMPO . ET .
IN . THERMIS . ET . BALNEIS . OMNIBUS . QUAE . SUNT . / COMI . POPULO . PRAEBERETUR .
T . F . I . ET . / L . CAECILIO . L . F . VALENTI . ET . P . CAECILIO . L . F . SECUNDO . ET .
LUTULLAE . PICTI . F . CONTUBERNALI . / AETAS . PROPERAVIT . FACIENDUM . FUIT . NOLI .
PLANGERE . MATER . MATER . / ROGAT . QUAM . PRIMUM . DUCATIS . SE . AD . VOS.

3   Hervorzuheben ist das Kapitel „Heimat und Staat, Vergangenheit und Gegenwart" bei Bütler, H.-P., Die geistige Welt des jüngeren Plinius, Studien zur Thematik seiner Briefe, Heidelberg 1970, 129-47.
4   Syme, R., People in Pliny, JRS 58, 1968, 135-51, zit. nach: Rom. Pap. 2, Oxford 1979, 694-723, 696; ders., Correspondents of Pliny, Historia 34, 1985, 324-59, zit. nach: Rom. Pap. 5, Oxford 1988, 440-77, 460. Das „Pliny country", dessen Zentrum im östlichen Teil der Regio XI liegt, umfasst neben dem „Kernland" auch Brixia, Verona, das venetische Patavium und am weitesten im Osten Altinum mit einem Vertreter. Keine Bekannte stellen Eporedia oder Augusta Taurinorum im Westen.
5   Vgl. auch die Inschriften (Anm. 2). Zum Irrtum über eine Veronenser Herkunft der Plinii vgl. Anm. 31.
6   In welchem Alter, ist kaum auszumachen. Die rhetorische Ausbildung hat er in Rom bei Quintilian und Nicetes Sacerdos erhalten (vgl. 2,14,9; 6,6,3). Aus 1,19,1 *municeps tu* (sc. ‚Romatius Firmus') *meus et condiscipulus et ab ineunte aetate contubernalis* schliesst Sherwin-White, 71, dass Plinius den Grammatikunterricht – ca. elftes, zwölftes Jahr bis etwa zum Erhalt der *toga virilis* (ca. 15. bis (spätestens!) 17. Jahr) oder oft noch ein wenig früher: vgl. e.g. Quint. inst. 2,2,3 (weitere Stellen: Anm. 92) – in Como besucht habe. Dagegen vermutet Guillemin, I, VIII, er habe diese Stufe der Ausbildung in Rom absolviert, da in Comum bekanntlich keine Lehrer zu finden gewesen seien (vgl. 4,13,3). Dass Guillemin trotzdem plädiert „Pline ne quitte probablement que tard son foyer pour l'enseignement public", da es Erinnerungen an die eigene Erziehung seien, die ihm eine Ausbildung in der Heimat empfehlen würden, ist inkonsequent genug, hält sie aber nicht davon ab, auch noch mit Hausunterricht zu rechnen (II, 27, Anm. 1 ad 4,13). Feste Vorstellungen vom Ausbildungsgang des jungen Plinius hat auch Trisoglio, vol. 1, 10: „Iniziò gli studi nella natia Como ... Però l'insufficiente attrezzatura della città per l'instruzione superiore lo obbligò successivamente a scegliere tra Milano e Roma" (Anm. d. Verf.: Verweis auf 1,19,1 *condiscipulus* noch zu Como (wieso nicht auch zu Mailand?); Mailand als Zwischenstation wohl auf Grund von 4,13,3). Die verschiedenen Auffassungen ergeben sich aus der Quellenlage: 1. Die in 4,13 geschilderte Schulsituation in Comum ist umstritten: Welche Ausbildungsstufe fehlte der Stadt (vgl. Anm. 92)? Es ist denkbar – wenn auch nicht gerade wahrscheinlich –, dass sich die Unterrichtssituation in Comum seit Plinius' Jugend zum Schlechteren verändert hatte. Auf keinen Fall darf man aber argumentieren, dass, wenn es nicht so gewesen wäre, Plinius den jungen (*praetextatus*) Comenser nicht hätte zu fragen brauchen, wieso er nicht in der Heimat studiere (4,13,3) (Vgl. dazu Otto, Lebensgeschichte, 8, Anm. 2: „... die ... von Plinius berichtete Zurechtweisung der Comenser, dass sie ihre Söhne auswärts auf die Schule

wird, Plinius sei „in seinem Herzen immer zuerst Transpadaner und dann erst Römer"[7] gewesen.

Konkret – um es fürs erste bei den „Realien" zu belassen – band ihn ausgedehnter Besitz[8] an die Gegend. Zu den von den Eltern ererbten gesellten sich weitere Ländereien,[9] deren Herkunft im einzelnen nicht auszumachen ist. Denkbar

---

schicken, schliesst es wohl aus, dass auch er nicht in Comum zur Schule gegangen sein könnte."). Die Frage konnte Plinius auch stellen, wenn er mit der Situation ganz unvertraut war – etwa weil er häuslichen Unterricht genossen hatte (wie der Sohn der Corellia bis und mit der Grammatikausbildung (3,3,3)), überhaupt nie in Comum zur Schule ging – oder eine Änderung vermutete. Vielleicht wollte er auch nur die ihm bekannte Tatsache bestätigt haben, um die Diskussion über die Bildung in der Heimat in Gang zu bringen. 2. Es ist nicht sicher, welche Ausbildungsstufen der *condiscipulus* mit Plinius zusammen absolvierte – geschweige denn wo. Immerhin finden wir *Romatius Firmus*, Sohn einer angesehenen, nicht völlig unvermögenden Familie (1,19,1f.), nach dem Erreichen des Ritterzensus (ibid.) als Richter in Rom (4,29), so dass er eine recht gute Bildung genossen und – evtl. schon für den Grammatikunterricht; sicher aber für eine höhere Bildung durch den Rhetor – auch Schulen ausserhalb der Heimat besucht haben könnte (in Mediolanum? Rom?). (Von *ab ineunte aetate (contubernalis)* ist kein Aufschluss zu erwarten. Damit ist das beginnende Jugendalter gemeint (ThlL I, „aetas", 1127,43f.) rechnet unsere Stelle unter „de adulescentia, iuventute", nicht unter „de infantia, pueritia"), was Grammatik-, aber auch schon beginnenden Rhetorikunterricht bedeuten könnte, wenn es nicht einfach doch unverbindlich „von Kindsbeinen an" meint). Sherwin-White's „gemeinsamer Grammatikunterricht in Como" ist als Hypothese erwägenswert – weil sich 4,13 wohl doch auf das Fehlen eines „Rhetors" bezieht (vgl. Anm. 92) –, aber in der von Sh.-Wh. geäusserten Bestimmtheit nicht zu halten.

7 Bütler, Geistige Welt, 129.
8 Es ist nicht möglich, diesen Besitz zu quantifizieren. Verschiedene Interpreten versuchten zwischen Besitzungen *circa Larium* (7,11,5; 9,7) und solchen *trans Padum* (2,1,8; 4,6,1; 6,1,1) zu unterscheiden (So Allain, E., Pline le Jeune et ses héritiers, t. I-III, Paris 1901, 1902, I, 63f.; ihm folgten u.a. Sirago, V.A., La proprietà di Plinio il Giovane, AC 26, 1957, 40-58, 46f.; Tissoni, G.G., Nota sul patrimonio immobiliare di Plinio il Giovane, RIL 101, 1967, 161-83, 170). Ganz abgesehen davon, dass Plinius mit *quamdiu ego trans Padum tu in Piceno, minus te requirebam* (6,1,1) kaum präzise geographische Angaben machen wollte (im Sinne von *trans Padum* = regio XI): Der *Larius* gehörte – entgegen den Annahmen Allains u.a. – wohl doch ganz zur 11. Region wie auch Comum, so dass ein Unterschied *circa Larium* = 10. Region / *trans Padum* = 11. Region (Transpadana) nicht gemacht werden darf (So u.a. Sherwin-White, comm. ad 2,1,8; 6,1 u. 7,11,5, pp. 144; 357 u. 416; Duncan-Jones, R., The Finances of the Younger Pliny, PBSR 33, 1965, 177-88, 179, Anm. 13; zur Ostgrenze der regio XI entlang des Ollius vgl. Syme, R., Transpadana Italia, Athenaeum 63, 1985, 28-36, zit. nach: Rom. Pap. 5, Oxford 1988, 431-39, 433). Es bleibt die Stelle epist. 2,1,8, die zeigt, dass gewisse Besitzungen des Plinius an jene des Mailänders Verginius Rufus anschlossen (2,1,8 ... *utrique eadem regio, municipia finitima, agri possessionesque coniunctae*, ...). Man kann sich also fragen, ob sich Plinius' Besitz stark in Richtung Mailand ausdehnte (Sirago, Proprietà, 47: „... si accenna a poderi posti nella Transpadana a Sud di Como, dalla Brianza scendendo verso il Milanese: qui s'incontrano e confinano i terreni di Plinio comasco e di Verg. Rufo milanese.") oder ob Verginius Rufus seinerseits *praedia circa Larium* besass.
9 Vgl. 7,11,5 *Haec* (i.e. ‚Corellia'), *cum proxime istic fui, indicavit mihi cupere se aliquid circa Larium nostrum possidere. Ego illi ex praediis meis quod vellet et quanti vellet obtuli exceptis maternis paternisque; his enim cedere ne Corelliae quidem possum.*

wären neben käuflichem Erwerb[10] weitere Erbschaften von Verwandten und Bekannten. So erbte Plinius Land *circa Larium*, verkaufte aber die ihm zukommenden fünf Zwölftel zu einem Vorzugspreis an seine Bekannte Corellia.[11] Dass der Nachlass seines Landsmannes Saturninus ursprünglich ebenfalls aus Ländereien bestand, ist anzunehmen. In 5,7 ist nur noch von Anteilen und Geldbeträgen die Rede; gab es mehr als einen Erben, wurde die Hinterlassenschaft nicht selten bereits vor der Teilung kapitalisiert.[12]

Von den Landsitzen am Larius (*huius in litore plures meae villae*) schätzte Plinius zwei besonders: Die „Tragödie", auf steilem Fels hoch über dem See, quasi „auf Kothurnen" – und ihr Gegenstück „auf socculi" am Gestade, die „Komödie". Mochte ihr Unterhalt und weiterer Ausbau auch einiges an Mühe kosten, ihre Lage *more Baiano* lohnte es. Beide boten ihre Annehmlichkeiten (*sua utrique amoenitas*): Promenaden und die Seelandschaft, die sich dem stillen Betrachter in zwei verschiedenen Perspektiven darbot, einmal aus der Ferne, einmal aus unmittelbarer Nähe: Während die „Tragödie" die Fluten nicht spürt und man den Fischern bei ihrer Arbeit zuschauen kann, brechen sich an der „Komödie" die Wellen, und man kann die Angel vom Bett quasi wie aus einem Bötchen heraus auswerfen.[13] Hier

---

10 Der 3,19 erwogene Landkauf betrifft allerdings mit grosser Wahrscheinlichkeit die Abrundung des etrurischen Guts. Calvisius Rufus, Plinius' Landsmann und Berater in geschäftlichen Dingen, musste informiert werden, dass der Gebrauch von *servi vincti* „da" nicht üblich sei (3,19,7). Der Schluss, den Sherwin-White, 257, daraus zieht: „the area was evidently not familiar to Pliny's correspondent, and hence cannot be Comum", verdient Zustimmung, auch wenn seinem zweiten Argument, der von ihm (op. cit. 322) wahrgenommenen Ähnlichkeit der 3,19,5 beschriebenen Ländereien mit denen der Tusci (5,6,8-10) – beide Male „Wälder, Felder, Weinberge" – die Beweiskraft fehlt (Bonjour, Terre, 183, Anm. 4, behauptet mit Recht, dass die Landschaft in 3,19,5 wenig charakteristisch sei und deswegen zu den Tusci oder zu Comum passe). Bemerkenswerter ist das von Sherwin-White beobachtete inhaltliche Zusammengehen von 3,19 mit 9,37 und 10,8. 10,8 betrifft die Erlaubnis einer Reise nach Etrurien (vgl. Sherwin-White, comm. ad loc., 573) und erwähnt wirtschaftliche Probleme, wie sie auch in 3,19 (7,30; 9,37) vorkommen, so dass die Wahrscheinlichkeit, 3,19 (7,30; 9,37) beträfe die Tusci, steigt. Vgl. Sherwin-White, comm. ad 9,37,1.
11 7,11 u. 7,14.
12 Zum Nachlass des Saturninus vgl. Anm. 62.
13 9,7,2-4 *Huius* (sc. ‚Larii lacus') *in litore plures meae villae, sed duae maxime ut delectant ita exercent. Altera imposita saxis more Baiano lacum prospicit, altera aeque more Baiano lacum tangit. Itaque illam tragoediam, hanc adpellare comoediam soleo, illam quod quasi cothurnis, hanc quod quasi socculis sustinetur. Sua utrique amoenitas, et utraque possidenti ipsa diversitate iucundior. Haec lacu propius, illa latius utitur; haec unum sinum molli curvamine amplectitur, illa editissimo dorso duos dirimit; illic recta gestatio longo limite super litus extenditur, hic spatiosissimo xysto leviter inflectitur; illa fluctus non sentit haec frangit; ex illa possis despicere piscantes, ex hac ipse piscari, hamumque de cubiculo ac paene etiam de lectulo ut de navicula iacere. Hae mihi causae utrique quae desunt adstruendi ob ea quae supersunt.* (Fischen vom Bett aus (in Formiae) auch Mart. 10,30,16-18).

manifestiert sich ein römischer Aspekt des Verhältnisses zur Natur: Plinius sucht die Aussicht; die Landschaft wirkt sozusagen „gerahmt, als Bild"[14].

Die heimatliche Umgebung bietet nicht nur einen malerischen Anblick. Ihre Ruhe und Abgelegenheit fördert die Studien, und der See gibt Gelegenheit zum Fischen und zur Jagd an den Gestaden.[15] Wie bei Cicero ist es schwierig, von den Schilderungen der Landschaft auf eine innere Beziehung zur Natur der Heimat schliessen zu wollen, die über eine tiefe Wertschätzung ihres Erholungswertes hinausreicht.[16] Wie bei Cicero konkurriert ihre Schönheit und das *otium*, das sie gewährt – wenn nicht gerade die Pflichten als Gutsherr oder „Patron" rufen –[17] mit den Reizen anderer Landschaften und Güter.[18] Anders als dieser mochte sich aber Plinius, da seine Epistolographie dafür eben Raum bot,[19] doch über Landschaften

---

14 Über die Aussicht im römischen Landschaftsempfinden: Marxer, Landschaftsempfinden, passim. Vgl. auch Bernert, „Naturgefühl", 1855, 1858. Plinius und Aussicht: Vgl. Lefèvre, E., Plinius-Studien I, Römische Baugesinnung und Landschaftsauffassung in den Villenbriefen (2,17; 5,6), Gymnasium 84, 1977, 519-41, 522. Marxer, Landschaftsempfinden, 104 u. 107f. Exemplarisch in 5,6,13: *Magnam capies voluptatem, si hunc regionis situm ex monte prospexeris. Neque enim terras tibi, sed formam aliquam ad eximiam pulchritudinem pictam videberis cernere: ea varietate, ea descriptione, quocumque inciderint oculi, reficientur.*

15 a) 2,8,1 *Studes an piscaris an venaris an simul omnia? Possunt enim omnia simul fieri ad Larium nostrum. Nam lacus piscem, feras silvae quibus lacus cingitur, studia altissimus iste secessus adfatim suggerunt.* b) Ob in 1,3,1 *Quid agit Comum ... quid suburbanum amoenissimum, ... quid euripus viridis et gemmeus, quid subiectus et serviens lacus, quid illa mollis et tamen serviens gestatio, ...?* mit *lacus* der Larius oder ein künstliches Gewässer der Villenanlage gemeint ist, ist umstritten. Sherwin-White, comm. ad loc., 92, plädiert eher für einen „artificial pool", verweist aber doch auf 6,24,2; 9,7,3-4 (See); Lefèvre, E., Plinius-Studien III, Die Villa als geistiger Lebensraum (1,3;1,24; 2,8; 6,31; 9,36), Gymnasium 94, 1987, 247-62, 252, schliesst sich dem an und bemerkt (Anm. 19), dass sich der Betrachter der Villa Schritt für Schritt nähere: „Die Erwähnung des Comersees vertiesse gegen Plinius' Technik". Guillemin, ad loc., rechnet mit dem See. c) Schliesslich wird der See auch in 6,24,2 *Navigabam per Larium nostrum ...* erwähnt. Es geht hier nicht um „Fischfang", und, obwohl es zu einem Gespräch mit einem Landsmann kommt, auch nicht zwingend um eine „Vergnügungsfahrt" (Trisoglio, in der Übersetzung „stavo facendo un'escursione in barca ..." – es könnte, weit prosaischer, einfach um „Transport" gehen (vgl. die Bemerkungen zu Cicero, Kap. III, Anm. 22).

16 Zu Cicero und der Landschaft Arpinums vgl. S. 33-39.

17 Plinius als Gutsherr und Patron in Como: a) Gutsherr: 5,14,8; 2,15. b) als *patronus*: vgl. S. 197f.

18 Bei Plinius gilt das insbesondere für das Laurentinum am Meeresstrand in Stadtnähe und die Tusci. Vgl. S. 196-98. Für Cicero vgl. S. 40.

19 Die starke literarische Stilisierung der plinianischen Korrespondenz lässt der Beschreibung von Landschaft mehr Raum. Wir verdanken Plinius einen guten Teil der Kenntnis über das „Naturgefühl der römischen Kaiserzeit" (vgl. Bernert, „Naturgefühl", 1856-863). Lefèvre, Plinius-Studien I, 523, attestiert Plinius in den Villenbeschreibungen „ein höchst modernes Naturempfinden" (wohl im Anschluss an die moderateren Formulierungen von Schuster, M., „Plinius d. J.", RE XXI,1, 1951, 439-56, 446). Persönlich hätte ich Mühe, das Naturempfinden unserer Zeit – wenn das mit „höchst modern" gemeint sein soll – einheitlich zu definieren und würde das heutige Bewusstsein für den Wert „unberührter Natur" doch entschieden gegen Plinius absetzen, der bei der Beschreibung von Landschaft zuerst an ihren Erholungswert denkt, die Lieblichkeit eines Ortes sucht. Auch postuliert Plinius „Natur" nicht, wie das

äussern,[20] zumindest im Rahmen einer Villenbeschreibung oder wenn es sich um Naturphänomene handelte.[21]

Interessant in diesem Zusammenhang ist, dass er in einem Plädoyer für die *patria*[22] bereit war, Örtlichkeiten nicht nur „nach Art der Geschichtsschreiber", sondern „beinahe dichterisch" zu schildern – weil, wie er seinem Freund und „Lektor" Lupercus ausführt, der Gegenstand es zulasse und die Abwechslung im Stil die verschiedensten Leserkreise zu gewinnen vermöge.[23] Wie das ausgesehen hat und ob wir uns hinter *prope poetice* eine intime, persönlich geprägte Art von Landschaftsschilderung vorstellen sollen, wissen wir nicht. Einerseits empfiehlt sich das nicht, zumal Ortsbeschreibungen in einer Gerichtsrede an sachliche Gegebenheiten gebunden sind.[24] Andererseits wollte Plinius die *severitas orationis* durch die Schilderungen durchbrechen; die Rede, die ihm besonders am Herzen lag,[25] hat gerade durch ihren Bezug zur Heimat einen beträchtlichen Umfang angenommen.[26] Die Tatsache, dass Plinius sein Lesepublikum ausgerechnet mit einer „Vielzahl beinahe poetischer Ortsbeschreibungen", die er sich keinesfalls nehmen

---

heute zunehmend geschieht, als Wert an sich, sondern ordnet sie auf den Menschen hin und verweist sie an den Platz, wo sie nach solcher Auffassung hingehört: In den Bereich des *otium* (Villenbriefe; Beschäftigung mit *mirabilia*) oder aber als Bedrohung menschlicher Anstrengung (Unwetter) in den des *negotium*.

20 Das Ausmalen von Idyllen befand Cicero – der für Plinius ja, bei allen Unterschieden in der Briefsammlung der beiden, Vorbildcharakter hatte (vgl. dazu: Weische, A., Plinius d. J. und Cicero, Untersuchungen zur römischen Epistolographie in Republik und Kaiserzeit, in: ANRW II, 33.1, 1989, 375-86) – nicht für *digna longioribus litteris* (Att. 12,9). Vgl. S. 36.

21 E.g. die breite Schilderung der Umgebung der Tusci in 5,6,7-13. Naturphänomene: vgl. Anm. 34.

22 Bütler, Geistige Welt, 129 behauptet „... wo er (sc. ,Plinius') von *patria* spricht, ist – von begreiflichen Ausnahmen im Panegyricus und einer einzigen in den ersten neun Büchern der Briefe (4,23,3) abgesehen – stets nur an Comum gedacht." Dass e.g. in epist. 2,5 mit *patria* Como gemeint sein muss, liegt auf der Hand. So bestimmt formuliert darf man aber Bütlers aufs Ganze gesehen zwar zutreffendes Urteil nicht stehen lassen. In 6,19,4 meint *patria* „Italia", zudem hat er 129, Anm. 5, die Stelle 9,30,1 weggelassen, die er zwar, op. cit. 127, mit „Heimatstadt" übersetzt, deren Einordnung aber nicht so klar ist (vgl. S. 205).

23 2,5,5 *Sunt enim quaedam adulescentium auribus danda, praesertim si materia non refragetur; nam descriptiones locorum, quae in hoc libro frequentiores erunt, non historice tantum sed prope poetice prosequi fas est.*

24 Zu den *egressiones* in Reden: Vgl. Quint. inst. 4,3,12 u. 14 *Hanc partem* παρέκβασιν *vocant Graeci, Latini egressum vel egressionem. Sed hae sunt plures, ut dixi, quae per totam causam varios habent excursus, ut laus hominum locorumque, ut descriptio regionum. ...* Παρέκβασις *est, ..., alicuius rei, sed ad utilitatem causae pertinentis, extra ordinem excurrens tractatio.* Zu den rhetorischen Stilrichtungen (e.g. *historice, poetice*): Sherwin-White, comm. ad 2,5 u. 1,2.

25 2,5,2f. *Nihil enim adhuc inter manus habui, cui maiorem sollicitudinem praestare deberem. Nam in ceteris actionibus existimationi hominum diligentia tantum et fides nostra, in hac etiam pietas subicietur. Inde et liber crevit, dum ornare patriam et amplificare gaudemus, pariterque et defensioni eius servimus et gloriae.*

26 2,5,2f. (vgl. Anm. 25); 2,5,5 (vgl. Anm. 23).

lassen will,[27] zu erfreuen gedenkt, zeigt, dass ihm der Reiz heimatlicher Örtlichkeiten in solchem Masse bewusst war, dass er ihn einem weiteren Kreis eröffnen wollte.

Dieses Bewusstsein manifestiert sich auch im Problem der intermittierenden Quelle am Ostufer des Larius, das er dem naturwissenschaftlich interessierten Sura *ex patria mea pro munusculo* mitbringt.[28] Die Quelle (beim heutigen Torno) wird auch in der *Historia naturalis* des älteren Plinius erwähnt.[29] Da sie inmitten von Beispielen anderer eigentümlicher Gewässer erscheint, bleibt unklar, ob dieser sie aufgrund besonderer Vertrautheit mit der näheren Heimat anführt. Grundsätzlich war er der Meinung, dass man den Ort der eigenen Herkunft besonders gut zu kennen habe, und zog deshalb gerne lokale Autoritäten als Quelle für ihre Gegend heran; zur irrtümlichen Annahme einer adriatischen Mündung des *Hister* bemerkt er denn auch: ... *plerique dixere falso, et Nepos etiam Pado accola* ...[30] Aber obwohl er gleich in der Praefatio nebenbei seinen *conterraneus Catullus* erwähnt, sich also als „Transpadaner" zu erkennen gibt,[31] finden wir bei ihm keinerlei Hervorhebung der oberitalischen Heimat.[32] Eine mögliche Ausnahme findet sich in nat. 36,159, wo er der Beschreibung eines Gesteins auf Siphnos beifügt, ein ähnlich gut bear-

---

27 2,5,4f. *Tu tamen haec ipsa quantum ratio exegerit reseca. ... Idem tamen qui a te hanc austeritatem exigo, cogor id quod diversum est postulare, ut in plerisque frontem remittas. Sunt enim quaedam adulescentium auribus danda, ...*
28 4,30,1f. *Attuli tibi ex patria mea pro munusculo quaestionem altissima ista eruditione dignissimam. Fons oritur in monte, per saxa decurrit, excipitur cenatiuncula manu facta; ibi paulum retentus in lacum Larium decidit. Huius mira natura ...*
29 Plin. nat. 2,232 *In Comensi iuxta Larium lacum fons largus horis singulis semper intumescit ac residit.*
30 Plin. nat. 3,127 (zum Irrtum des Nepos). Vgl. auch Plin. nat. 3,1 *quapropter auctorem neminem unum sequar, sed ut quemque verissimum in quaque parte arbitrabor; quoniam commune ferme omnibus fuit, ut eos quisque diligentissime situs diceret, in quibus ipse prodebat.* Dazu Sallmann, K.G., Die Geographie des älteren Plinius in ihrem Verhältnis zu Varro, Versuch einer Quellenanalyse, Berlin, New York 1971, 172f.
31 Plin. nat. 1,1. Zur Meinung, der ältere Plinius stamme aus Verona vgl. Mommsen, Lebensgeschichte, 396. Es ist selbstverständlich, dass man Dichter und Gelehrte der Heimat kennt: Catull: S. 50 (c. 35), 57 (c. 95), 61 (transpadan. Dichterkreis); (Martial: Kap. XI, Anm. 67); Sen. mai.: S. 222f.
32 Comum wird nat. 34,144 (Eisenverhüttung) beiläufig genannt, allerdings zusammen mit Bilbilis und Turiasso in Hispanien und dem später erwähnten Sulmo (34,146). Dass er die in nat. 9,69 erwähnten besonderen Fische im Larius und Verbanus gekannt hat, ist anzunehmen; allein – im Text weist nichts darauf hin (vgl. aber S. 218 mit Anm. 5a zu Colum. 8,16,9). Ebenfalls keine Hinweise auf eine persönliche Beziehung: nat. 2,224 (Addua, Larius); 3,124 (Comum); 3,131 (Oberitalische Seen *lacus incluti*); 10,77 (Larius, Vögel). Ansichten wie der von Detlefsen, D., Die Beschreibung Italiens in der Naturalis Historia des Plinius und ihre Quellen, Leipzig 1901, 31, dass die zum Namen Eporedia nat. 3,123 hinzugefügte Erklärung *eporedias Galli bonos equorum domitores vocant* wegen des Indikativs möglicherweise direkt von Plinius stamme, der – wie auch andere Wörter beweisen sollen – offenbar der gallischen Sprache mächtig gewesen sei, wird man nicht vertrauen.

beitbares finde sich auch bei Comum. Hier verliert sich der Hinweis nicht einfach unter anderen, sondern wird durch *scimus* vielleicht doch eher als eigene Erfahrung charakterisiert denn als allgemein bekannte oder angelesene Tatsache hingestellt.[33] Sein Neffe hingegen beschreibt, wie das zu erwarten ist, stets *mirabilia* aus seinem Lebensumfeld.[34]

Hatte Plinius zu den Gütern in der Heimat eine tiefere Beziehung als zu seinen übrigen Besitzungen,[35] etwa zu seinem Gut bei Tifernum Tiberinum, den Tusci,

---

33 Nat. 36,159 *In Siphno lapis est, qui cavatur tornaturque in vasa vel coquendis cibis utilia vel ad esculentorum usus, quod et in Comensi Italiae lapide viridi accidere scimus, sed in Siphnio singulare quod* ... Pli. mai. verwendet *scimus* in verschiedenster Weise: Neben Dingen, die einfach als bekannt bezeichnet werden („wie man (allgemein) weiss" u. „wie ich in Erfahrung gebracht habe und jetzt weiss (≈ accepimus)): e.g. 21,57; 22,3; 25,16; 33,147), gibt es Fälle, wo persönliche Vertrautheit gesichert ist, so etwa 19,35 (Larius Licinus) u. 33,143 (Pompeius Paulinus). Keine Klarheit ergibt sich etwa für 8,119 u. 20,199, obwohl sich auch in diesen beiden Fällen an eigene Kenntnis denken liesse.

34 a) Clitumnusquelle: 8,8,1 *Vidistine aliquando Clitumnum fontem? Si nondum (et puto nondum: alioqui narrasses mihi), vide; quem <u>ego</u> (paenitet tarditatis) <u>proxime vidi</u>.* b) Lacus Vadimonis (schwimmende Inseln): 8,20,3 <u>Ipse</u> certe <u>nuper</u>, quod nec audieram ante nec videram, audivi pariter et <u>vidi</u>.

35 Die Frage des Grundbesitzes ist umstritten. Aus der Bemerkung *Habes causas cur ego Tuscos meos Tusculanis Tiburtinis Praenestinisque praeponam* (5,6,45) wurde geschlossen, dass Plinius neben seinem Haus auf dem Esquilin, den Besitzungen in der Heimat, in Etrurien und dem Laurentinum eben auch Residenzen in Tusculum, Tibur und Praeneste besass (so etwa Syme, R., Tacitus, vol. 1, Oxford, 1958, 84, Anm. 5; Sirago, Proprietà, 52-55; Bonjour, Terre, 179; Förtsch, R., Archäologischer Kommentar zu den Villenbriefen des jüngeren Plinius, Mainz 1993, 16). Stutzig gemacht hat – nachdem das allein vom Marcianus hinter *Praenestinisque* gebotene *meis* allgemein als Interpolation angesehen wird – die Tatsache, dass der auskunftsfreudige Plinius diese Güter, mit der Ausnahme eines „Tusculanums" (4,13,1), nie erwähnt, selbst in 4,6,1 nicht, wo er quasi einen Überblick über seine Besitzungen gibt: *Tusci grandine excussi, in regione Transpadana summa abundantia, sed par vilitas nuntiatur: solum mihi Laurentinum meum in reditu.* Deshalb nehmen andere an, es handle sich bei 5,6,45 lediglich um eine Vergleichsreihe zum Lob der Tusci, deren (klimatische) Qualitäten vom Adressaten bezweifelt wurden. Sherwin-White, comm. ad loc., 329, zitiert Martial, 10,30, wo der Lieblingsaufenthalt des Apollinaris, Formiae, gegen die Besitzungen seiner Frau in Tibur und die eigenen in Tusculum, Praeneste, Antium und im Algidum abgesetzt wird. Weiter weist er darauf hin (p. 330), dass die Bemerkung (*Ego* ... *meos*) emphatisch ist, in erster Linie der „Verteidigung" seiner Tusci gilt, d.h. nicht mit anderen eigenen Besitzungen vergleichen will. Problematisch bleibt das „Wegdiskutieren" von 4,13,1 *Ipse paucutis adhuc diebus in Tusculano commorabor, ...* Mit Ausnahme von Mueller (1903) hat kein Herausgeber Mommsens Vorschlag „Tuscano" (Mommsen, Lebensgeschichte, 388, Anm. 3; Mommsen nimmt i.ü. an, Plinius sei direkt auf der Rückreise von Comum „in Tuscano" verweilt; vgl. 4,13,3 *Proxime cum in patria mea fui*) übernommen, was bei der gesicherten Überlieferung von *Tusculano* und der üblichen Bezeichnung der etrurischen Güter als *Tusci* wenig erstaunt. Der Hinweis, Plinius sei, wie oft, bei Freunden eingeladen gewesen (e.g.: Guillemin, II, 73, Anm.; Sherwin-White, comm. ad loc., 287; Duncan-Jones, Finances, 181), befriedigt bei der Tacitus so selbstverständlich hingeworfenen Bemerkung *in Tusculano commorabor* kaum mehr als der Vorschlag Mommsens. Die Möglichkeit, dass Plinius, – obwohl 5,6,45 gewiss nicht als Aufzählung tatsächlichen Besitzstandes gelten kann (es fehlten das *Laurentinum* und die Villen am Comersee) – als reicher Mann doch am

oder zu dem von Rom aus bequem erreichbaren Laurentinum an der Küste südlich von Ostia?[36]

Der Charakter der Briefsammlung lässt es nicht zu, die Häufigkeit der Aufenthalte auf den einzelnen Gütern festzustellen. Ganz abgesehen davon, dass selbst ein exakt ermittelbares Resultat hinterfragt werden müsste, – die Heimat kann aus mancherlei Grund selten oder regelmässig aufgesucht werden – können alle Bemühungen, die „Heimatliebe" des Plinius „numerisch" zu erfassen, nur misslingen.[37] Schwierigkeiten ergeben sich für den Anhänger statistischer Methoden bereits beim Versuch, das Verhältnis der Erwähnungen der einzelnen Landgüter durch absolute Zahlen auszudrücken. Auch wenn mit einer gewissen Sicherheit angenommen werden darf, dass der Landzukauf in 3,19 die Tusci betrifft[38] und man Plinius in 1,6 vielleicht doch eher in Etrurien als in den Wäldern um den Comersee nach Wildschweinen und Versen jagen lässt,[39] so weiss man nicht, auf welchem Gut die Re-

---

einen oder anderen der erwähnten Orte (etwa in Tusculum (kurzfristig?)) ein Landhaus besessen haben könnte, scheint eher ein Vorschlag zur Güte denn eine Lösung (die „Kompromisslösung" bei Sirago, Proprietà, 52). M.E. weist 4,6,1 wohl doch den richtigen Weg: Ausser den dort und auch sonst oft erwähnten Residenzen besass unser Autor kaum grössere Besitzungen. (Zur Frage der „transpadanischen Güter" vgl. Anm. 8).

36 Zur Lage vgl. Förtsch, Archäologischer Kommentar, 18f. u. 22. Laurentinum: in der Nähe des Vicus Augustanus (2,17,26); Tusci: im oberen Tibertal bei Tifernum Tiberinum, dem heutigen Città di Castello.

37 Das hängt vor allem damit zusammen, dass Plinius seine Briefsammlung erklärtermassen nicht nach chronologischen Prinzipien ordnete (1,1,1 *Collegi non servato ordine ... sed ut quaeque in manus venerat*). Wieso Bonjour, Terre, 179-81, wider besseres Wissen (179: „... ces lettres ne permettent pas de suivre l'épistolier dans ses voyages ..."; „Cette fréquence de ses retours dans la ville natale, il est impossible de la mesurer.") den Versuch unternimmt, zu einem entsprechenden Resultat zu kommen, und in der Folge sagen kann: „À prendre toutes ces hypothèses comme assurées, on trouverait neuf voyages à Côme pour une période d'environ quinze ans", ist unverständlich. Ich bezweifle, dass sie damit gar eine „piste de recherche" für die Datierung und Einordnung der Briefe gefunden hat (So Aubrion, E., La „Correspondance" de Pline le Jeune, Problèmes et orientations actuelles de la recherche, in: ANRW II, 33.1, 1989, 304-74, 317). Nichts einzuwenden ist gegen den Versuch einer umsichtigen zeitlichen Einordnung der bezeugten Reisen, wie ihn etwa Sherwin-White unternommen hat (vgl. etwa Sh.-Wh., comm. ad 4,14,8). Allerdings: Syme, Correspondents, 466, setzt für die durch das Briefcorpus erfasste Zeitspanne nur eine einzige (bezeugte) Reise im Jahr 104 an, bezieht also die verschiedenen Erwähnungen auf dasselbe Ereignis – eine Annahme, die wenig überzeugt, aber die Spanne möglicher Hypothesen illustriert.

38 Vgl. Anm. 10.

39 Sherwin-White, comm. ad 1,6, 99f., will einen Zusammenhang der Jagd des Plinius mit der in 1,4 erwähnten Reise in der Toskana sehen, wo dieser, wohl in Verbindung mit einem Besuch in Tifernum, Güter seiner Schwiegermutter besuchte. Er vermutet, die waidmännische Betätigung des Plinius beziehe sich stets auf die Tusci (5,6,46; 18,2; 9,10,1; 16,1; 36,6), räumt aber ein, dass sich auch an Comum denken lässt (vgl. 2,8,1). Guillemin, I, 13, n. 1, plädiert auf Grund des Wortes *silvae* (!) für die Tusci. Bonjour, Terre, 179, könnte sich die Jagd auch in Comum vorstellen. Sie denkt sich eine Reise von Rom über die Toskana (1,4) nach Comum (1,6 u. 1,8), die aber zumindest in diesem Fall – Plinius hat die günstige Route tatsächlich benutzt (vgl. 4,1,3) – nicht rekonstruiert werden kann. 1,8 ist aus inhaltli-

stauration und Erweiterung des Cerestempels anstand (9,39). Wenn weiter – um noch eine von zahlreichen Schwierigkeiten zu nennen – Sherwin-White die 7,30 und 9,37 erwähnten Probleme mit der Verpachtung von Ländereien nach zahlreichen Überlegungen auf dieselbe Situation im Sommer 107 und vorsichtig auf die Tusci bezieht,[40] so erscheint Duncan-Jones' „His connexion with Comum is referred to in 14 different letters; the estates near Tifernum are mentioned 9 times, and the Laurentine villa recurs 7 times",[41] zumindest für unser Anliegen, wenig hilfreich. Und müssten wir auf der Suche nach „Heimatverbundenheit" nicht alle an Comenser gerichteten Schreiben, ungeachtet ihres Inhalts, unter „connexion with Comum" einreihen? Die Proportionen – soweit fassbar – verschieben sich erheblich.[42]

---

chen Gründen zeitlich vor 1,6 einzureihen. (Zur Datierung von 1,8 vgl. Sherwin-White, comm. ad 1,8,2; über das Risiko von Rekonstruktionsversuchen der Reisetätigkeit vgl. Anm. 37). Das zweite „Jagdbillet" mit der Klage über den Mangel an Wildschweinen (9,10), wird von Sherwin-White, 487, auf Grund von Parallelen im 9. Buch (am überzeugendsten 9,36,6 anlässlich einer Beschreibung eines Sommertages auf den Tusci: *Venor aliquando, sed non sine pugillaribus, ut, quamvis nihil ceperim, non nihil referam.*) den Tusci zugeordnet. Guillemin setzt es einfach in Parallele zu 1,6 (s.o.).

40   Sherwin-White, comm. ad 7,30 und 9,37. Er fragt sich überdies (448, comm. ad 8,1), ob sich nicht auch 8,1 auf denselben Landaufenthalt beziehen könnte. 8,2 berichtet über die Rückkehr von diesem Aufenthalt (vgl. Anm. 42d). Die zeitliche Gleichsetzung wird von De Neeve, P.W., A Roman Landowner and his Estates: Pliny the Younger, Athenaeum 68, 1990, 363-402, 389, zur Diskussion gestellt, da 7,30 vom Finden geeigneter Pächter, 9,37 aber von der Erneuerung bestehender Pachtverträge („und Erhebung der Pacht direkt vom Ertrag der Felder' Anm. d. Verf.) spreche. Entweder beträfen die Stellen doch nicht dieselben Pächter, oder der Sinneswandel erfordere zumindest einen gewissen zeitlichen Abstand. (Abgesehen davon, dass man den Abstand sehr klein wählen könnte, ist zu fragen, ob Plinius mit dem Teilsatz 7,30,3 ... *adeo raro est invenire idoneos conductores*, womit er *instat et necessitas agrorum locandorum perquam molesta* begründet, wirklich zu verstehen gibt, er wolle neue Leute suchen, oder ob das nur ein resignierter Nachtrag ist.).

41   Duncan-Jones, Finances, 181. Er zählt nur die sicher zuzuordnenden Stellen, selbstverständlich ohne alle Briefe an „Comenser" unter „Como" einzureihen. Um daran zu erinnern, dass Plinius gerne über seine Besitzungen sprach („Pliny ... shows a quiet ostentation in revealing his own possessions"), genügt ein solches Vorgehen.

42   Versuch eines Stellenverzeichnisses nach Bezug zur Örtlichkeit: a) <u>Comum:</u> 1,3,1f.; 1,8,2-18; 2,8,1; 2,15,2; 3,6,4; 4,6,1; 4,13,3-9; 4,30,1-10; 5,7,1-4; 5,11; 5,14,1 u. 8; 6,1,1; 6,24,2-5; 6,25,2-4; 7,11; 7,14; 7,18; 7,32; 9,7,1-4 (Briefe an „Comenser" ohne inhaltlichen Bezug zur Heimat: vgl. Anm. 96 u. 100). b) <u>Tusci / Tifernum Tiberinum:</u> 3,4,2; 4,1,3-6; 4,6,1; 5,6; 5,18,2; 9,15; 9,36; (9,40,1: erwähnt die Tusci als Rückverweis auf 9,36); 10,8,5 (vgl. aber d). c) <u>Laurentinum:</u> 1,9,4-6; 1,22,11; 2,17; 4,6; 5,2; 7,4,3f.; 9,40. d) <u>unsicher</u> (Vorbemerkung: Die zuverlässigsten Vorschläge bietet Sherwin-White. Trotzdem handelt es sich um ein Abwägen von Wahrscheinlichkeiten (vgl. Anm. 37). So neigt Sh.-W., comm. ad 8,2,1, dazu, unsichere Bezeugungen in Buch 8 u. 9 den Tusci zuzuordnen, weil alle dort bezeugten Aufenthalte sich auf jene beziehen (s.o. b). Nicht zu vergessen ist dabei, dass gerade die Beschreibung der beiden Villen am Comersee im 9. Buch befindet (Sh.-W., comm. ad 9,7, 486, schreibt dazu: „here a visit is merely implied", meint aber zu 9,39, 522: „Pliny is writing from his estates to his architect Mustius ..., either during ..., or during the visit to

Auf festerem Boden bewegt sich, wer sich von inhaltlichen Überlegungen leiten lässt. Auf den ersten Blick erweist sich Plinius als „Mann der Tusci oder des Laurentinums".[43] Diese Güter beschreibt er in den „Villenbriefen" (5,6; 2,17) mit Liebe zum Detail und breiten Schilderungen der Umgebung.[44] Sie besuchte er häufig, die Tusci offenbar fast regelmässig im Sommer,[45] während sich das Laurentinum nicht nur in der kalten Jahreszeit,[46] sondern wegen seiner Nähe zur Metropole

---

Comum that seems to be indicated in Ep. 7 ..."): 1,6 (1. Jagdbillet): Tusci? (vgl. Anm. 39); 3,19 (Landzukauf): vermutl. Tusci (vgl. Anm. 10); 6,3 (Gütchen der Amme): wohl in Comum; 7,30 (Landaufenthalt, Verpachtung der Ländereien): vermutl. Tusci (Sherwin-White, comm. ad loc., 439f. u. 48, meint, der Brief sei bei derselben Gelegenheit wie 9,37 (evtl. auch wie 8,1 u. 2) geschrieben worden (vgl. Anm. 40).; 8,1 (Landaufenthalt): Mit hoher Wahrscheinlichkeit Tusci (Es wird die für die Genesung des Vorlesers *Encolpius* zuträgliche *salubritas caeli* und *quies*, wie sie im Villenbrief 5,6,45 für die Tusci betont wird, erwähnt. Vielleicht derselbe Aufenthalt wie in 7,30 u. 9,37? (vgl. Anm. 40)); 8,2 (Rückkehr von Landaufenthalt, wirtschaftliche Probleme): mit hoher Wahrscheinlichkeit Tusci (Rückkehr vom in 8,1 erwähnten Aufenthalt); (8,15 (Meldung einer schlechten Traubenernte *ex meis agellis*): Schlechte Traubenernte auch 9,16; 9,20, s.u.); 9,10 (2. Jagdbillet): Von den Tusci? (vgl. Anm. 39); 9,16 (Bevorstehende Weinlese, keine Lust zur Jagd): vermutl. Tusci (vgl. Sherwin-White, 500; Brief 9,15 nennt die Tusci ausdrücklich); 9,20 (Traubenlese, Überwachung der Landarbeiter): vermutl. Tusci (Sherwin-White, comm. ad loc., 504, höchst wahrscheinlich dieselbe Situation wie 9,16 (s.o.)); 9,37 (Verpachtung der Güter): vermutl. Tusci (vgl. o. zu 7,30); 9,39 (Restauration d. Cerestempels): Tusci, Comum?.

43 Tatsache herausgestellt von Bonjour, Terre, 282f.
44 Besonders eindrücklich 5,6,7-13.
45 a) 5,6, 1,4f.,29f. *Amavi curam et sollicitudinem tuam, quod, cum audisses me aestate Tuscos meos petiturum, ...; 4f. Caelum est hieme frigidum. ... Aestatis mira clementia ...; 29f. aestiva cryptoporticus ... Subest cryptoporticus subterraneae similis; aestate incluso frigore tepet ...* b) 9,36,1 *Quaeris, quemadmodum in Tuscis aestate disponam.* c) 9,40,1 *Scribis pergratas tibi fuisse litteras meas, quibus cognovisti quemadmodum in Tuscis otium aestatis exigerem; requiris quid ex hoc in Laurentino hieme permutem.* Der Eindruck einer Regelmässigkeit ergibt sich aus 9,36,1 u. 9,40,1. Im übrigen werden in 5,6 die Tusci – obwohl sie als Ziel eines Sommeraufenthalts genannt werden – weniger einseitig aus der „Sommerperspektive" gezeichnet als umgekehrt das *Laurentinum* in 2,17 aus der des Winters (vgl. Anm. 46b). Es fehlt in 5,6 nicht an Hinweisen auf kältere Tage: 5,6, 4,12,15,24.
46 a) 9,40,1 (vgl. Anm. 45c). b) 2,17 beschreibt das *Laurentinum* aus einer Art „Winterperspektive", häufen sich doch Hinweise auf die kältere Jahreshälfte (W) mit ihrem schlechteren Wetter auffällig, solche auf den Sommer (S) treten eher zurück: 3 (W): ... *multi greges ovium, multa ibi equorum, boum armenta, quae montibus hieme depulsa herbis et tepore verno nitescunt.*; 4 (W): *Egregium hae (sc. ‚porticus') adversus tempestates receptaculum*; 5 (W?S): ... *si quando Africo mare impulsum est ...* („Südwinde" wehen in der Region vermehrt im Sommer – lästig durch die Schwüle, hingegen kaum stürmisch – seltener, aber stärker, kalt und unfreundlich im Winter. Stürmischen Charakter hat der vor allem in den Übergangszeiten wehende Scirocco. Nach Nissen, Italische Landeskunde, I, 386-88); 7 (W): *Huius cubiculi et triclinii illius obiectu includitur angulus, qui purissimum solem continet et accendit. Hoc hibernaculum, hoc etiam gymnasium meorum est, ibi omnes silent venti exceptis, qui nubilum inducunt et ...*; 9 (W): *Adhaeret dormitorium membrum transitu interiacente, qui suspensus et tubulatus conceptum vaporem salubri temperamento huc illuc digerit et ministrat*; 10 (W;S): ... *cubiculum cum procoetone, altitudine aestivum, munimentis hibernum, est enim subductum omnibus ventis*; 12 (S): *nec procul sphaeristerium, quod cali-*

jederzeit für eine Erholung anbot.[47] Die Villen um Comum mussten – obwohl sie geschätzt und gut unterhalten wurden (9,7) – zuweilen länger auf ihren Herrn warten. In 3,6,6f. stellt Plinius Caninius einen eventuellen Besuch in Aussicht, bemerkt aber anschliessend, dieser könne nur *ad paucos dies* ausfallen.[48] Fabatus musste einige Zeit auf den Besuch seiner Enkelin und ihres Gatten verzichten (4,1,1 *Cupis post longum tempus neptem tuam meque una videre*). In 5,14,8 berichtet Plinius aus Comum *eram cum prosocero meo, eram cum amita uxoris, eram cum amicis diu desideratis* ... Gewiss enthält insbesondere *diu*, aber auch *post longum tempus*, da sich 4,1 direkt an die lieben Verwandten wendet, ein subjektives Element. Andererseits zeigen die Ausdrücke, dass Plinius und seine Gattin zumindest länger als in früheren Jahren ihrer beider Heimat ferngeblieben waren.[49] Plinius wurde durch Aufgaben und Ämter stark beansprucht, und man darf nicht vergessen, dass Comum doppelt so weit von Rom entfernt liegt wie Tifernum.[50] Es ist trotzdem nicht zu übersehen: Auch längere Ferien, etwa im Sommer, scheint er vor allem auf den Tusci verbracht zu haben. Nun – auch Cicero unterhielt zum Arpinas nicht die intensivste, sondern eine besondere Beziehung ...

Während Plinius vom Laurentinum stets als von einem Ort der Erholung spricht,[51] finden wir zwischen den Besitzungen in der Heimat und denen in Etrurien Parallelen: Neben dem *otium* gilt es, an beiden Orten Verpflichtungen als „Patron"[52] und Gutsherr wahrzunehmen, und da er die ökonomisch bedeutenden

---

dissimo soli inclinato iam die occurit; 16-19: 16f. Winterperspektive (W), 18f. Sommerperspektive (S) des *cryptoporticus*; 24 (W): ... *magnamque eius* (sc. ‚diaetae') *voluptatem praecipue Saturnalibus capio* ...

47 2,17,2 *Decem septem milibus passuum ab urbe secessit, ut peractis quae agenda fuerint salvo iam et composito die possis ibi manere.*

48 3,6,6f. *Ego signum ipsum, ... mittam tibi vel ipse (quod mavis) adferam mecum. Destino enim, si tamen officii ratio permiserit, excurrere isto* (sc. ‚Comum'). *Gaudes quod me venturum esse polliceor, sed contrahes frontem, cum adiecero ‚ad paucos dies': neque enim diutius abesse me eadem haec quae nondum exire patiuntur.*

49 Es ist zu entscheiden, ob sich 4,1 und 5,14 (evtl. auch 4,13 u. 30) auf denselben Besuch beziehen (*post longum tempus = diu*). Vgl. Sherwin-White, comm. ad 5,14,8.

50 Vgl. 2,8 an Caninius: Plinius malt die Annehmlichkeiten der Heimat aus (vgl. Anm. 15a) und bedauert, dass er durch immer zahlreichere Verpflichtungen festgehalten wird.

51 Bezeichnend 4,6: *Tusci grandine excussi, in regione Transpadana summa abundantia, sed par vilitas nuntiatur: solum mihi Laurentinum meum in reditu. Nihil quidem ibi possideo praeter tectum et hortum statimque harenas, solum tamen mihi in reditu. Ibi enim plurimum scribo, nec agrum quem non habeo sed ipsum me studiis excolo; ac iam possum tibi ut aliis in locis horreum plenum, sic ibi scrinium ostendere.*; 2,17,28 *Mare non sane pretiosis piscibus abundat, soleas tamen et squillas optimas egerit. Villa vero nostra etiam mediterraneas copias praestat, lac imprimis* ... weist nicht auf wirtschaftliche Rendite, sondern lediglich auf Eigenversorgung mit gewissen Produkten. Ein Gegensatz zu 4,6 *Nihil quidem ibi possideo* ... besteht nicht.

52 Der Begriff „Patron" wird hier und im Folgenden nicht prägnant als *patronus municipii* gebraucht. Vgl. Anm. 56.

Güter gewissenhaft verwaltete,[53] trübte diese Aufgabe – etwa das Anhören der Klagen der Pächter – zuweilen *otium* und *studia*.[54] Liess die Rendite zu wünschen übrig, tröstete er sich gewöhnlich mit den „geistigen Erträgen" seiner Güter.[55] Im Falle ererbten Familienbesitzes kommt ein weiteres, ein emotional-nostalgisches Moment hinzu: *Me praedia materna parum commode tractant, delectant tamen ut materna ...*, meint er 2,15,2 zu Valerianus, trägt dann aber resigniert nach *..., et alioqui longa patientia occallui*. Verkaufen würde er vom elterlichen Erbe aber durchaus nichts, nicht einmal an eine enge Freundin der Familie (7,11,5 *Ego illi ex praediis meis quod vellet et quanti vellet obtuli exceptis maternis paternisque; his enim cedere ne Corelliae quidem possum*).

Plinius unterstützte sowohl Tifernum Tiberinum, das ihn, wie er 4,1,4 Fabatus erklärt, in frühester Jugend zum *patronus municipii* ernannt hatte (*me ... patronum cooptavit*)[56], wie auch seine Vaterstadt tatkräftig. Die Verpflichtungen gegenüber Comum waren, vielleicht mit Ausnahme eines auf die Heimat zu beziehenden Amtes als *flamen divi Titi Augusti* (CIL V, 5667),[57] nicht offizieller Natur. Plinius wird auf der nach seinem Tod in Comum erstellten Inschrift nicht *patronus patriae* genannt.[58] Diesen Titel haben bis in die Zeit Hadrians vor allem ritterbürtige, ortsansässige Notable, nicht aber Senatoren getragen.[59] Eine formale Übernahme von Pflichten war nicht nötig. Das „kleine Vaterland" ist für Plinius ein fester Begriff: etwas, was nicht nur die Privatsphäre betrifft, sondern eine Stellung einnimmt, die zwischen privatem und öffentlichem Leben liegt. Bindung und Verpflichtung ergaben sich natürlich. Darauf verweist die Selbstverständlichkeit, mit der Plinius auch bei anderen ein enges Verhältnis zur *germana patria* voraussetzt. So macht er Saturninus, der, im Moment mit Angelegenheiten seines Municipiums beschäftigt, den eigensten Neigungen nicht nachgehen kann, tröstend darauf aufmerksam, dass es höchst löblich sei, sich um die Angelegenheiten der Heimatge-

---

53 Zur Frage der Verwaltung der Güter vgl. Merlat, P., Pline le Jeune, Propriétaire foncier?, Latomus 44 (= Hommages à L. Hermann), 1960, 522-40, 532-40.
54 Tusci: vgl. 7,30,3; 9,15; 9,36,6; Comum: 5,14,8. (1,3,1 fragt Plinius Caninius, ob er sein Suburbanum in Comum geniesse, oder ob ihn die Verwaltung seines Besitzes – wie die meisten – oft wegrufe.).
55 Vgl. Anm. 51 (da wird einzig das Laurentinum als ergiebig gepriesen). Etwas Ähnliches finden wir 9,16 (Tusci? (vgl. Anm. 42d)): Die Jagd ist dürftig, die Traubenlese auch, statt neuen Most gibt es Verse, vgl. 8,15.
56 Zu den verschiedenen Ausprägungen des „Patronatsverhältnisses" – „formell" (d.h. offizielle Wahl unter Ausstellung von *tabulae patronatus*) oder „informell" (andere, nicht mit einem Rechtsakt verbundene „Verpflichtungen", e.g. auch die „natürliche" gegenüber der Vaterstadt und *municipes*) – und das *patrocinium causae* etc. vgl. Nicols, J., Pliny and the Patronage of Communities, Hermes 108, 1980, 365-85.
57 Vgl. Anm. 2c.
58 CIL V, 5262. Vgl. Anm. 2a.
59 Vgl. Nicols, Pliny and the Patronage, 380-82.

meinde zu kümmern (7,15,2).⁶⁰ Vibius Severus kann, „weil er die Heimat und ihre grossen Söhne liebt", bestimmt Porträts seiner Landsleute Cornelius Nepos und Titus Catius beschaffen.⁶¹ Sein eigener Landsmann Calvisius ist natürlich damit einverstanden, dass Comum die vermachten HS 400'000 trotz der rechtlichen Unmöglichkeit, ein *municipium* zu bedenken, erhält – *cum eandem rem publicam ut civis optimus diligas* ist sozusagen die „Begründung des Selbstverständlichen".⁶²

---

60 7,15,2 ... *rei publicae suae negotia curare ... laude dignissimum est.*
61 4,28,1f. *Herennius Severus vir doctissimus magni aestimat in bibliotheca sua ponere imagines municipum tuorum Corneli Nepotis et Titi Cati petitque, si sunt istic, ut esse credibile est, exscribendas pingendasque delegem. Quam curam tibi potissimum iniungo, ..., postremo quod patriam tuam omnesque, qui nomen eius auxerunt, ut patriam ipsam venereris et diligis.* (Cornelius Nepos stammte ebenfalls aus der Transpadana Plin. nat. 3,127, vgl. 192).
62 Für den unbefangenen Leser sieht es aus, als hätte nicht nur Comum, sondern auch Calvisius zusammen mit Plinius erben sollen (5,7,1 ... *nos reliquit heredes*). Die Stadt wurde von Saturninus zuerst mit einem Viertel bedacht, später vermachte er ihr statt dessen den Betrag von HS 400'000 als Präzeptionslegat. Beides war zu jener Zeit rechtlich unzulässig. Plinius war der Wille des Verstorbenen – zumal es um die Heimat ging – wichtiger (5,7,2 *Mihi autem defuncti voluntas ... antiquior iure est, utique in eo quod ad communem patriam voluit pervenire*), und er war bereit, seinen Anteil aus freien Stücken zu leisten (5,7,3 *An cui de meo sestertium sedecies contuli, huic quadringentorum milium paulo amplius tertiam partem ex adventicio denegem?*). Von Calvisius scheint er ein gleiches erwartet zu haben (5,7,3 *Scio te quoque a iudicio meo non abhorrere, cum eandem rem publicam ut civis optimus diligas*). Letzteres wurde von verschiedenen Interpreten mit Recht als Bevormundung und Zumutung empfunden, zumal der Freund den grösseren Betrag hätte übernehmen müssen (Berechnungen nach Mommsen, Lebensgeschichte, 434, Anm. 6: Wenn Comum zu 1/4 (= 3/12) erben sollte, wäre Plinius vermutlich auf 1/3 (= 4/12) und Calvisius auf 5/12 gesetzt gewesen. Fiel nun die Stadt aus rechtlichen Gründen als Erbin aus, wäre die Erbschaft den beiden allein verblieben, und zwar im vorgegebenen Verhältnis von 4:5; d.h. Plinius hätte, wenn er Comum berücksichtigen wollte 4/9 (d.h. *paulo amplius tertiam partem*), Calvisius aber 5/9 von den HS 400'000 beizutragen gehabt). Diese Schwierigkeit löst sich, wenn man den Vorschlag von Duncan-Jones (D.-J.) berücksichtigt und – indem man *nos* als sogen. plur. maiestatis deutet (zum plötzlichen Wechsel vgl. e.g. 1,8,5ff.; 6,8,2) – Plinius und Comum als alleinige Erben sieht (D.-J., Finances, 183f.; Radice, I, 354-7; mit Mommsen aber: Sherwin-White (Sh.-W.), 331f.). Gegen D.-J.'s Argumentation lassen sich Vorbehalte erheben: a) Wenn Plinius Comum die gesamten HS 400'000 hätte geben wollen, ist in 5,7,3 *quadringentorum milium* in *quadringenta milia* zu ändern. Das ist zwar, wie D.-J. in der späteren (verkürzten) Überarbeitung seiner Argumentation (in: The Economy of the Roman Empire, Quantitative Studies, Cambridge 1974, 26, Anm. 3, (Rücksprache mit Shackleton Bailey)) nachträgt, problemlos, da die Zahl als CCCC (vgl. 10,8,5) erschienen sein könnte – aber: Falls HS 400'000 ein wenig mehr als ein Drittel des Erbes ausmachten (*quadringenta milia, paulo amplius tertiam partem, ex adventicio denegem*), beliefe sich dieses auf ca. HS 1'100'000. Wir müssten also annehmen, Saturninus habe sich bei der Festlegung des Geldbetrages (HS 400'000) von der ursprünglichen Vorstellung („1/4 an Comum") entfernt (nach Sh.-W., 331, wurde der Betrag fixiert, um die Unsicherheit der Teilung nach Bruchteilen (etwa bei Forderungen von Gläubigern) zu umgehen). b) Dass sich *scio te quoque a iudicio meo non abhorrere* lediglich daraus erkläre, dass Calvisius den Vorschlag des Plinius den Decurionen vortragen musste, ist nicht so unmittelbar einsichtig, wie D.-J. behauptet. Die Einleitung des Satzes mit *scio te quoque*, die das *mihi autem ...* von vorher wieder aufnimmt, scheint auf Gewichtigeres hinzuweisen – die semantische Bedeutung von *abhorrere* kann allerdings nur

Sabinus, der ihn für seine *patria* Firmum um Vertretung bei einem Prozess bittet, will er, unter freundlichsten Komplimenten[63] an die *ornatissima colonia*, den *splendor* ihrer Einwohner und damit natürlich auch an ihren „Patron", die Hilfe nicht versagen: ... *nihil est, quod negare debeam, praesertim pro patria petenti. Quid enim precibus aut honestius piis aut efficacius amantis?*[64] Die Komplimente an die Heimat des Sabinus entsprechen nicht nur konventionell-geschäftsmässigem Umgangston, sondern tragen durch die Freundschaft der beiden Männer[65] und insbesondere durch die Wendung *quos* (sc. ‚Firmanos') *labore et studio meo dignos cum splendor ipsorum tum hoc maxime pollicetur, quod credibile est optimos esse, inter quos tu talis exstiteris* (6,18,3) den Stempel persönlicher Verbundenheit. Ein an geeigneter Stelle angebrachtes Lob der *germana patria* gehörte zu den Aufmerksamkeiten des gepflegten freundschaftlichen Umgangs, wie er in den Pliniusbriefen vorbildlich und bleibend Ausdruck gefunden hat.[66]

---

bedingt geltend gemacht werden, da das Verbum im Litotes wesentlich an Gewicht einbüssen kann: vgl. e.g. Cic. Att. 1,20,2; 11,17a,2 – vor allem aber verliert der von D.-J. wenig gewürdigte Nachsatz *cum eandem rem publicam ut civis optimus diligas* an Sinn. Er wird ebenso zur höflichen Floskel wie 5,7,5 ... *pro necessitudine amicitiae nostrae, pro facultate prudentiae tuae et debere te et posse perinde meis ac tuis partibus fungi ...*, wo *tuis partibus* dann wirklich nur Vergleich ist und nicht etwa das Vertreten von Calvisius' eigenem Anteil an der Sache einschliesst. c) Ist .., *quadringentorum milium paulo amplius tertiam partem ex adventicio denegem?* so „awkward" wie D.-J. behauptet? Abgesehen davon, dass Calvisius genau gewusst hätte, was Plinius meinte, machte sich der nackte Betrag („it would have been much more natural") in einem stilisierten Brief unschön aus (HS 1'77777 7/9 ...; Sh.-W., 332, rechnet mit der literarischen Überarbeitung des ursprünglichen Schreibens). Keiner der Einwände hat wirklich Gewicht; der Vorschlag von D.-J. ist m.E. doch vorzuziehen. Das legt vor allem 5,7,5 *Haec ego scribere publice supersedi* nahe: Wenn Plinius in einem öffentlichen Schreiben mitteilen könnte *nos quadringenta milia offerre* und damit Calvisius miteinbezogen hätte, setzte 5,7 wohl nicht nur ein einzelnes abgeändertes Schreiben voraus, sondern wäre die ziemlich missglückte, unverständliche Zusammenfassung eines komplexen Sachverhalts.

63 6,18,1 *Cupio enim et ornatissimam coloniam advocationis officio et te ... obstringere.*; 6,18,3 *Proinde Firmanis tuis ac iam potius nostris obliga fidem meam; quos labore et studio meo dignos cum splendor ipsorum tum hoc maxime pollicetur, quod credibile est optimos esse, inter quos tu talis exstiteris.* (Sherwin-White, comm. ad loc., weist darauf hin, dass *splendor* (resp. *splendidissima*) ein in der Kaiserzeit gebräuchliches Epitheton für Kolonien war. Dass Plinius hier mit der Kombination *splendor ipsorum* darauf anspielen wollte, scheint mir wenig wahrscheinlich.).
64 6,18,2.
65 Vgl. 4,10 (Erbschaftsangelegenheit) und insbesondere 9,2 (Entschuldigung über das Ausbleiben längerer Briefe). Wenn Plinius 6,18,2 von *familiaritas* spricht, meint er damit eine persönliche Freundschaft, mit *amici* hingegen bezeichnet er oft einfach „Bekannte". (Zu *familiaris, amicus, contubernalis* etc. vgl. Sherwin-White, comm. ad 2,6,1). Es ist natürlich keineswegs so, dass *amicitia* überhaupt stets eine relativ unverbindliche Beziehung oder gar ein Verhältnis zwischen *patronus* und *cliens* bezeichnen würde, dazu ist das Wort eben viel zu vage (zur Terminologie in Patronatsverhältnissen vgl. Saller, R.P., Personal Patronage under the Early Empire, Cambridge, London u.a. 1982, 7-39, insbes. 11-15 zu *amicus*).
66 Die Frage an Iulius Valerianus zu Beginn von 2,15,1 *Quo modo te veteres Marsi tui?* könnte auch lediglich das freundliche Sich-Erkundigen nach der *germana patria* eines Bekannten sein

Für Plinius, der selber durch Persönlichkeiten aus seiner Region (Verginius Rufus; Corellius Rufus) gefördert wurde,[67] war es selbstverständlich, sich seinerseits um eine Rechtsangelegenheit seiner Vaterstadt zu kümmern,[68] einzelnen Landsleuten finanziell zu helfen, ihnen eine Stelle zu besorgen und sie überhaupt in ihrer Karriere zu stützen.[69] Vor allem aber förderte er die Vaterstadt durch grosszügige Donationen. In den Briefen nennt er eine Bibliothek – nach einer plausiblen Rechnung Mommsens[70] im Wert von HS 1 Mio. – (1,8,2); eine Alimentarstiftung für freie Kinder im Wert von HS 500'000, sicher als jährlich auszuzahlende Rente angelegt (1,8,10-13; 7,18,2); eine korinthische Bronze (3,6,4); den Drittel des Gehalts für eine höhere Lehrstelle, falls die Eltern den Rest aufbringen (4,13,3-6); schliesslich sorgt er dafür, dass die für Comum bestimmten HS 400'000 aus dem Nachlass des Saturninus trotz rechtlicher Probleme der Heimat zukommen (5,7,2 *Mihi autem defuncti voluntas ... antiquior iure est, utique in eo quod ad communem patriam voluit pervenire.*).[71] Durch die Inschrift CIL V, 5262[72] werden ausserdem bezeugt: Ein Kapital von HS 100'000 für den Unterhalt

---

(Sherwin-White, 184: „... the family owned land and possibly originated from the Marsian region."). Denkbar wäre allerdings ebenso, dass Plinius mit *veteres Marsi tui* nur einen besonders vertrauten Besitz des Freundes anspricht.

67 Vgl. S. 208f.
68 2,5 berichtet über die Ausarbeitung einer entsprechenden Rede. Vgl. S. 191f.
69 a) 1,19: HS 300'000 an Romatius Firmus zur Erreichung des Ritterzensus. Neben der gemeinsamen Herkunft werden allerdings auch andere, privatere Beziehungen geltend gemacht (1,19,1 *Municeps tu meus et condiscipulus et ab ineunte aetate contubernalis, pater tuus et matri et avunculo meo, mihi etiam quantum aetatis diversitas passa est, familiaris ...*), was die Grösse der Zuwendung erklären mag (Vgl. b u. e). b) Dass Plinius, wie Duncan-Jones, Finances, 186, behauptet, Romatius auch die Stelle am Gericht verschaffte, ist plausibel; er warnt ihn davor, im Vertrauen auf seinen Beistand weitere Gerichtssitzungen zu versäumen (4,29), nimmt also regen Anteil an der Karriere seines Schützlings. Im weiteren spüren wir in 4,29 neben der echten Sorge um Romatius hinter dem scherzhaften Ton nicht die Ungeduld des Förderers, der seinen Protégé auf „Abwegen" sieht? c) 6,25,3 *Huic* (sc. ‚Metilio Crispo municipi meo') *ego ordinem impetraveram atque etiam proficiscenti quadraginta milia nummum ad instruendum se ornandumque donaveram, ...* d) Einsatz für Bekannte aus dem „Pliny country" (mit gesicherter Herkunft): 7,22,2 (Tribunat für Cornelius Minicianus, der als *ornamentum regionis meae, seu dignitate seu moribus* bezeichnet wird); 3,2 (Bitte um eine Stellung für Arrianus Maturus aus Altinum); 1,14 (Minicius Acilianus aus Brixia wird als Schwiegersohn vorgeschlagen. Plinius scheint ihn zumindest väterlich angeleitet zu haben (vgl. 1,14,3 ... *nam ita formari a me et institui cupit* ...)). e) Nicht unter „Gefälligkeiten an Landsleute" rechnen würde ich diejenigen an die beiden Corelliae (vgl. S. 209) und das Gütchen, das er seiner Amme, vermutlich doch wohl in der Heimat, vermachte (6,3). In diesen Fällen scheinen engste persönliche Bande die Hauptrolle zu spielen, die allfällige gemeinsame Herkunft dahinter zurückzutreten. Andererseits illustriert gerade der Fall der Corellii, dass es problematisch ist, zwischen „Verbundenheit auf Grund derselben Herkunft" und „anderer persönlicher Verbundenheit" säuberlich scheiden zu wollen.
70 Mommsen, Lebensgeschichte, 435f., Anm. 6.
71 Zur Sache vgl. Anm. 62.
72 Vgl. Anm. 2a.

der Bibliothek; HS 300'000 für den Schmuck der Thermen, ein Kapital von HS 200'000, dessen Ertrag deren Unterhalt gewährleisten sollte, und nicht zuletzt wohl auch die unbekannte Summe für ihre Errichtung[73]; HS 1'866'666, deren Ertrag zunächst für den Unterhalt von hundert Freigelassenen des Plinius, nach deren Ableben aber zur jährlichen Ausrichtung eines Festmahles für die Bürgerschaft dienen sollte. Den zuletzt genannten Betrag und die Aufwendungen für die Bäder hat der kinderlos verstorbene Plinius testamentarisch vermacht.

Daneben nehmen sich nicht nur die Zuwendungen an Tifernum[74], sondern auch alle übrigen von Plinius reichlich, aber stets überlegt gewährten *beneficia*[75] bescheiden aus. Seine im Vergleich zu anderen begüterten Zeitgenossen aussergewöhnliche[76] Munifizenz erklärt sich zum Teil gewiss aus seiner Persönlichkeit. Nicht vergessen dürfen wir aber, dass es starke Anstösse von aussen gab: Durch Donationen reihte er sich in die Tradition der Vorfahren ein (1,8,5 *munificentia parentum nostrorum*) und mehrte den Ruhm der Familie (vgl. 5,11).[77] Darüber hinaus genügte er damit einer gesellschaftlichen Konvention, die in der Zeit um die Jahrhundertwende erstarkte.[78] Klare Hinweise auf den Einfluss gesellschaftlicher

---

73   CIL V, 5262, ist an der entscheidenden Stelle unvollständig (vgl. Anm. 2a). Gentile, I., Le beneficenze di Plinio Cecilio Secondo ai Comensi, RIL 14, 1881, 458-70, 467, spricht nur von „restorazione ed ampliamento delle terme", da die Thermen schon in der sog. „Cilo-Inschrift" (CIL V, 5279 (vgl. Anm. 2g)) genannt werden. Alle übrigen rechnen mit der Errichtung von (weiteren) Thermen: e.g. Mommsen, Lebensgeschichte, 436; Duncan-Jones, Finances, 187f. (gibt für Bäderbau die Höchstsumme von HS 500'000 an).

74   Während wir durch die Inschriften die Donationen an Comum – zumindest die grösseren an die Gesamtbürgerschaft – umfassend kennen, sind wir bei denen an Tifernum auf die durch Briefe ausgewiesenen beschränkt. Erwähnt wird ein Tempel (3,4,2; 4,1,5), der mit Kaiserstatuen geschmückt wurde (10,8,1-2). Wo der zu erneuernde Cerestempel (9,39) stand, ist unklar (vgl. S. 194f.).

75   Vgl. Bütler, Geistige Welt, 119-28.

76   Beispiele bei Duncan-Jones, Finances, 188. Der bezeugte Höchstbetrag (für Capua?), ein Geschenk der jüngeren Matidia, lag bei 2 Mio HS. Plinius spendete nach Duncan-Jones nahezu 5 Mio HS. Dass sich der Betrag, falls man seine Interpretation von 5,7 ablehnt (vgl. Anm. 62), minim verringert, verschlägt bei einer solch groben Überschlagsrechnung nichts.

77   Zur vermutlichen Stiftung eines Tempels durch Plinius' Vater: Vgl. Anm. 2e zu CIL V, Suppl. Italica I, 745; 5,11,2 (Der Ruhm des Fabatus, der Comum eine Säulenhalle geschenkt und Schmuck für die Stadttore versprochen hat, wird sich auf Plinius übertragen) *Gaudeo primo tua gloria, cuius ad me pars aliqua pro necessitudine nostra redundat* ...; 7,32,2 (Ehrungen für Fabatus und Plinius nach Freilassungen) *Illud etiam me non ut ambitiosum sed tamen iuvat, quod adicis te meque et gratiarum actione et laude celebratos. Est enim, ut Xenophon ait, ἥδιστον ἄκουσμα ἔπαινος, utique si te mereri putes.*

78   Die Übernahme von Verpflichtungen für die Heimat war üblich. Das zeigt auch die Bemerkung des Herennius Senecio, der, nachdem er die Anklage der Provinz Baetica gegen Baebius Massa zusammen mit Plinius erfolgreich geführt hatte, überdies die staatliche Verwaltung der Güter des Baebius zu kontrollieren gedachte *Tu* (sc. ‚Plinius'), *quem voles, tibi terminum statues, cui nulla cum provincia necessitudo ...; ipse et natus ibi et quaestor in ea fui* ... (7,33,5). Vgl. CAH XI, 209: „We stand indeed at the threshold of an age of unparalleled generosity, in which rich men counted it as an honour to spend money for the service of their

Normen auf Plinius' Freigebigkeit finden wir in 10,8,1f. und 9,30,1. Aus 10,8,1f. geht hervor, dass er Tifernum die Kaiserstatuen und den Tempel auf das Beispiel und eine Rede des Nerva hin, durch die dieser alle Bürger zur Freigebigkeit aufrief, gespendet hat.[79] Die Frage, ob die Alimentarstiftung für Comum – das zweite grosse Geschenk nach der Bibliothek – in direkter Nachfolge der entsprechenden staatlichen Massnahmen steht, ist nicht völlig zu klären. Nach Abwägung der Argumente halte ich das allerdings für höchst wahrscheinlich.[80] In 7,32 wünscht Pli-

---

city." (Trajan, der erste Kaiser aus einer Provinz, förderte den Strassenbau – den in seiner spanischen Heimat besonders kräftig ...).

[79] 10,8,1f. *Cum divus pater tuus, domine, et oratione pulcherrima et honestissimo exemplo omnes cives ad munificentia esset cohortatus, petii ab eo, ut statuas principum, quas in longinquis agris per plures successiones traditas mihi quales acceperam custodiebam, permitteret in municipium transferre adiecta sua statua. Quod quidem ille mihi cum plenissimo testimonio indulserat; ego statim decurionibus scripseram, ut adsignarent solum in quo templum pecunia mea exstruerem; ...*

[80] Da es heute als unbestritten gilt, dass bereits Nerva die staatliche Alimentarstiftung einrichtete (dazu mit ausführlicher Argumentation, Duncan-Jones, Economy, 291-93), bleibt folgendes mit zu klären: Richtete Plinius seine *alimenta* völlig auf eigene Initiative hin ein (die früheste private Einrichtung von *alimenta* ist für die julisch-claudische Zeit bezeugt. (CIL X, 5056 = ILS 977: Senator T. Helvius Basila in Atina)) oder erst nach Nervas Aufruf zur Freigebigkeit (vgl. 10,8,1) oder überhaupt erst, nachdem ihm die entsprechenden „staatlichen Massnahmen" bekannt wurden? Die *alimenta* wurden anlässlich der Einweihung der Bibliothek versprochen (1,8,10). 1,8 enthält die Bitte an Saturninus, die vor den Landsleuten gehaltene Rede nochmals anzusehen. Nerva wurde am 18.9.96 zum Kaiser proklamiert. Wann er den Aufruf *ad munificentiam* erlassen hatte, ist unbekannt, die *alimenta* muss er 97 eingerichtet haben (darüber, ob zwischen der Rede und den staatlichen Massnahmen ein direkter Zusammenhang bestand, kann man nur spekulieren ...). Auffällig ist die Tatsache, dass Nerva zur Sanierung des Staatshaushaltes und zur Gewinnung von Geldern für seine gemeinnützigen Aufgaben an Opfern sowie an Pferderennen und anderen Schaustellungen gespart hat (D.C. 68,2,3 καὶ πολλὰς μὲν θυσίας πολλὰς δὲ ἱπποδρομίας ἄλλας τέ τινας θέας κατέλυσε, συστέλλων ὡς οἷόν τε τὰ δαπανήματα) und Plinius seinen Landsleuten mit eben in 1,8,10 auch *alimenta* und keine *ludi* und *gladiatores* verspricht. Andererseits mag die Gemeinsamkeit mit den Intentionen Nervas zufällig sein: Plinius, der in 6,34,1 die Gladiatorenspiele des Maximus in Verona als Leichenspiele für dessen verstorbene Frau akzeptiert (positiv natürlich auch pan. 33,1), mag Zirkusspiele persönlich weniger (9,6) (zu dieser Seite des Autors treffend Seel, O., Ansatz zu einer Martial-Interpretation, in: Das Epigramm, Zur Geschichte einer inschriftlichen und literarischen Gattung, ed. G. Pfohl, Darmstadt 1969, 153-86, 155: „Plinius war sicher ein Mann von grosser Redlichkeit, ..., jedoch ohne alle denkerische Rigorosität, vielmehr immer konnivent.") und hatte als gebildeter Mann wohl insbesondere auch Überlegungen zur sinnvollen Freigebigkeit, wie sie e.g. Cic. off. 2,55 u. 59f. bieten, verinnerlicht. Die Modalitäten der *alimenta* des Staates und derjenigen des Plinius sind nicht wirklich gleich, beruhen aber beide auf festen Zinsen auf Land. Sherwin-White, 422, scheint mir die Ähnlichkeit der staatlichen Einrichtung mit derjenigen des Plinius (vgl. 7,18) zu stark zu betonen – allerdings wäre eine genaue Kopie des staatlichen Schemas – der Fiscus gab günstige Hypotheken (zu den Modalitäten vgl. e.g. Christ, Geschichte, 286; Duncan-Jones, Economy, 288) – unter den gegebenen Verhältnissen für Plinius und Comum unmöglich gewesen (auf der Seite des Gebers hätte das ungebundene Kapital und auf der anderen wohl die Nachfrage gefehlt). Meinungen zur Datierungsfrage: a) Sherwin-White (1973), comm. ad 1,8 u. 7,18, 103f. u. 422, ist sich seiner Sache wenig sicher, 103f.: „Pliny fol-

nius, dass Comum in jeder Beziehung wachse, vor allem aber an Bürgern als *oppidis firmissimum ornamentum*, und begrüsst darum Freilassungen. Auch die Sorge um den Bevölkerungszuwachs ist nicht nur die eigene, sondern ebenso diejenige Nervas und Trajans – bekanntlich suchten diese dem Bevölkerungsrückgang in Italien durch verschiedenste Massnahmen Einhalt zu gebieten.[81] Dass Plinius fast gleichzeitig mit der Propagierung eine besonders starke Bindung zu diesem

---

lows imperial example – but whose?", „... the date of his own alimenta is Domitianic", denn auf Grund von *non est tamen quod ab homine desidioso aliquid novi operis exspectes* (1,8,2) sei der Brief vor der Rede *De Helvidi ultione* (97) wegen *desidiosus*, das er als „out of office" interpretiert (kein Amt – keine zu redigierenden Reden ...), gar um die Wende von 96/97 anzusetzen. Die Datierung vor der Rede ist akzeptabel, *desidiosus* hingegen ist überinterpretiert: Plinius betont seine tatsächliche oder auch nur vermeintliche Trägheit oft genug (vgl. 1,2 u. 6; 3,5,19; (4,16,3)). Ein nicht unbedingt schlüssiges Argument führt Sh.-Wh. zu 1,8,17 ins Feld: ... *ne quam in speciem ambitionis inciderem* bezieht sich kaum auf die Angst, Domitian zu missfallen, sondern, wie der weitere Zusammenhang deutlich macht, auf eine allgemeine Scheu, die Wohltat (nachträglich) in der breiten Öffentlichkeit herauszustreichen (Eben gerade darum, weil sie sich an das kaiserliche Beispiel anlehnte?). Domitian, der dem Auftreten von privaten Gönnern tatsächlich mit krankhaftem Misstrauen begegnete (vgl. e.g. Mart. 12,3,11f.), wäre eine Verkündigung im Stadtrat ebenso unlieb gewesen wie eine „öffentliche": Plinius' Freigebigkeit wäre mit dem Inkrafttreten der Massnahme so oder so offenkundig geworden. 422 behauptet Sh.-Wh. unter Rückverweis auf 1,8 (s.o.!): „The date of Pliny's scheme is fixed to c. 97 .... The motive is given by Nerva's exhortation ad munificentiam .... (X,8,1)." b) Mommsen (1869), Lebensgeschichte, 435f.: Bibliothek unter Domitian, Alimentarstiftung unter Nerva, vorsichtiger Verweis auf 10,8,1 (436, Anm. 1); nimmt direkte Nachfolge des kaiserlichen Vorbildes implizit an, da der Brief bestätige, dass die „Alimentarinstitution in Italien ... auf Nerva zurückgeht". c) Gentile (1881), Beneficenze, 459-61, setzt die Einweihungsrede ins Jahr 97, evtl. 96, und nimmt auf Grund von 10,8,1 an, dass Nervas Aufruf die *alimenta* direkt veranlasste. d) CAH XI (1936), 210: Alimentarstiftung vor Nerva; dieser habe ein solches System, wie es Plinius angewandt habe, übernommen ... e) Rostovtzeff (1957), 359: direkte Nachahmung der kaiserlichen Institution (Trajans?). f) Duncan-Jones (1965), Economy, 185f., setzt den Beginn der, wie er betont, mehrjährigen Bauarbeiten für die Bibliothek unter Verweis auf 10,8,1 in die Regierungszeit des Nerva, die Einweihung des Baus und das Versprechen der *alimenta* in die frühe Regierungszeit des Trajan. g) Mrozek (1988), S., Die privaten Alimentarstiftungen in der römischen Kaiserzeit, in: Sozialmassnahmen und Fürsorge, Zur Eigenart antiker Sozialpolitik, ed. H. Kloft, Graz 1988, 155-66, 157: „Erwiderung auf die Politik Nervas" (beim angegebenen Datum 107/108 (!) handelt es sich wohl um eine Verschreibung für 97/98). h) Vittinghoff (1990), F., Europäische Wirtschafts- und Sozialgeschichte in der römischen Kaiserzeit, ed. F. Vittinghoff, unter Mitarbeit von J.H. D'Arms, A.R. Birley, J.M. Blázquez u.a., Stuttgart 1990, 255, sieht die Alimentarstiftung als Reflex auf den Appell Nervas an die persönliche Munifizenz (vgl. 10,8,1). Die meisten Interpreten sehen also mindestens einen Zusammenhang zwischen Nervas Aufruf und Plinius' *alimenta*, nicht wenige auch die Nachfolge der staatlichen Massnahmen. Wenn letzteres sich auch nicht absolut nachweisen lässt (vgl. CAH XI (oben d)), halte ich das persönlich auf Grund der zeitlichen Nähe eben doch für sehr wahrscheinlich.

81 Zu den Massnahmen der Kaiser vgl. e.g. Rostovtzeff, Social and Economical History, 358f.; De Martino, F., Wirtschaftsgeschichte des alten Rom, aus dem Italienischen übersetzt von B. Galsterer, München, 1985, 276, u. Eck, Staatliche Organisation, 146f.

Programm entwickelte,[82] könnte auch daran liegen, dass sein Freund, Förderer und enger Berater im Senat, Corellius Rufus – ebenfalls ein Transpadaner –[83], unter Nerva eine der Massnahmen, die Landverteilung an Mittellose, leitete.[84]

In 9,30,1 nennt Plinius bei seiner Definition wahrer Freigebigkeit die *patria* an erster Stelle der zu Bedenkenden, noch vor Verwandten *(propinqui, adfines)* und Freunden *(amici).*[85] Ich nehme an, dass Plinius in dieser allgemeinen Definition der geschuldeten Freigebigkeit den Begriff *patria* unverbindlich in einem allgemeinen Sinn als „Heimat" verwendet und ihn nicht auf die *germana patria* reduziert:[86] Freigebigkeit soll dem politischen Ganzen, in das man eingebunden ist, zugute kommen.[87] Dass sich die *liberalitas in patriam* in seiner Zeit dann konkret neben allfälligen auswärtigen „Klientelgemeinden" vor allem auf die *germana patria* richtete, ist verständlich. Die politischen Verhältnisse der Kaiserzeit lassen den Einsatz für die Gemeinschaft nur in privaterer Sphäre zu, die grossen Aufgaben hatten die Kaiser längst an sich gezogen. Zudem: In der *germana patria* kennt man die Leute, ist mit einem Teil von ihnen verwandt oder befreundet *(propinqui, adfines, amici ...)*, dort wird Freigebigkeit vom grossen Sohn der Stadt erwartet und bringt ihm und seiner Familie Ruhm – die *germana patria* stellt die engst verbundene Klientel.[88] Man könnte sagen, dass die Vaterstadt als Ganzes gewissermassen auf derselben Ebene steht wie die zu bedenkenden *propinqui* und

---

82 Die enge Bindung des Plinius an diese Programme, resp. seine Nachahmung kaiserlicher Bevölkerungspolitik, wurde schon von Rostovtzeff, Social and Economic History, 359, beobachtet, wird aber von Späteren kaum aufgegriffen. Das liegt daran, dass Rostovtzeff die Nachfolge des Plinius nicht nur auf die offensichtliche im Falle der *alimenta* bezieht, sondern Plinius' Unterstützung des Pächterwesens in demselben Sinn gedeutet haben möchte. Mit dem zweiten Beispiel hat er sich eines ausgewählt, das vielleicht in diesem Zusammenhang gesehen werden kann, aber sehr viel weiter abliegt und unsicherer scheint als etwa das (von Rostovtzeff nicht angeführte) der grosszügigen Freilassungen. Vielleicht kann die oben angeführte These einer (verstärkten) Vermittlung durch den engen Freund Corellius Rufus die Idee der Anlehnung Plinius' an die „offizielle Bevölkerungspolitik" wieder vermehrt ins Bewusstsein bringen.
83 Zu Corellius Rufus vgl. S. 208f. mit Anm. 102.
84 Plin. 7,31,4. Vgl. Sherwin-White ad loc.
85 9,30,1 *Volo enim eum, qui sit vere liberalis, tribuere patriae, propinquis, adfinibus, amicis, sed amicis dico pauperibus, non ut isti qui iis potissimum donant, qui donare maxime possunt.*
86 Sherwin-White, comm. ad loc., Bütler, Geistige Welt, 127, und Bonjour, Terre, 269, sprechen sich wahrscheinlich mit Blick auf Plinius' Handeln für die „Heimatstadt" aus.
87 Vgl. etwa Cic. off. 1,53-57 (insbes. 57).
88 Vgl. S. 27. Sehr dediziert gerade zu den Geschenken des Plinius: Dahlheim, W., Die Antike, Griechenland und Rom von den Anfängen bis zur Expansion des Islam, Paderborn 1994, 515: „Rechtlich gesehen waren diese Leistungen Geschenke, tatsächlich liessen sie sich gar nicht vermeiden: die erwarteten Gegenleistungen, Untertänigkeit und Loyalität der kleinen Leute, festigten den absoluten Führungsanspruch der senatorischen Aristokratie."

adfines als Einzelpersonen – die Beziehung und die damit verbundene Verpflichtung ist natürlich gegeben.[89]

Ob man dies allerdings mit *... ego, qui nondum liberos habeo, paratus sum pro re publica nostra, quasi pro filia vel parente, tertiam partem ... dare* (4,13,5) direkt belegen kann, ist fraglich. Kasten übersetzt *quasi pro filia vel parente* mit „als wäre sie meine Tochter oder Mutter" und steht damit nicht allein.[90] Auch wenn die *patria* gerne als „Mutter" angesprochen wird, muss man sich doch fragen, was der Topos in Verbindung mit dem keineswegs topischen *filia* soll.[91] Ja, wieso will Plinius überhaupt für „seine Mutter" bezahlen? Quasi *pro filia vel parente* bezieht sich wohl direkt auf die Situation in 4,13: Plinius versucht die zögernden Väter zu überzeugen. Obwohl er selber (noch) keine Kinder habe, wolle er für die Schule der Heimat trotzdem sozusagen wie für ein Kind (d.h. wie wenn er eines hätte), will sagen (*vel*) wie für einen Familienvater bezahlen (der bezahlt ja tatsächlich ...). In der plinianischen Diktion heisst das dann: „... obwohl ich noch keine Kinder habe, bin ich bereit für unsere Gemeinde, wie wenn sie eine Tochter (eigentlich: Kind!) respektive ein Elternteil wäre, ...". Die Genuskongruenz ist bei *filia* wohl lediglich gewahrt, weil *filio* als sprachlich äusserst hart empfunden worden wäre. Wer sie bei der Umsetzung in eine moderne Sprache beibehält, riskiert ein doppeltes Missverständnis: Zunächst ist *filia* angemessener mit „Kind" zu übersetzen, da die (höhere) Schule eher der männlichen Jugend offengestanden haben mag;[92] ins-

---

89   Vgl. Cic. off. 1,53-57.
90   Kasten, 215; Bütler, Geistige Welt, 131; Guillemin, II, 27; Lambert, A., C. Plinius Secundus, sämtliche Briefe, eingeleitet, übersetzt und erläutert von A.L., Zürich, Stuttgart, 1969, 159; Radice, I, 281; Trisoglio, vol. 1, 462 mit Anm. 226 (Sein Hinweis auf Cic. fam. 9,20,3 „per la patria considerata con l'affetto dovuta ad un figlio" ist nicht verwertbar, da Cicero an der Stelle in einer bestimmten Situation seinen grossen Einsatz für den Staat mit einer sprichwörtlichen Redensart charakterisiert (vgl. Shackleton Bailey, D.R., Cicero, Epistulae ad familiares, edited by D.R.Sh.B., vol. II, Cambridge 1977, 346)).
91   Zum seit altersher geläufigen Topos vgl. für das Lateinische e.g. Cat. 63,50; Prop. 3,22,39; Hor. carm. 1,22,6; Stat. silv. 3,5,108 (weitere Parallelstellen bei Nisbet, R.G.M., Hubbard, M., A Commentary on Horace: Odes, Book 1, Oxford 1970, 271). Das Unpassende ist von Bütler, Geistige Welt, 131, Anm. 12, bemerkt worden, stört ihn aber weiter nicht: „Von den beiden Vergleichen, die einander, so nahe beisammen, etwas stören, ist der zweite alt ... der erste versteht sich aus Plinius' väterlich-schützender Fürsorge für die Jugend Comos ...".
92   Römische Töchter besuchten den Unterricht zwar zusammen mit ihren männlichen Alterskameraden (vgl. e.g. Marquardt-Mau, Privatleben, I, 110, u. Marrou, H.-I., Histoire de l'éducation dans l'Antiquité, 2. Le monde romain, Paris 1948, 75). Das betraf den Elementarunterricht und die Stufe des Grammatikunterrichts, weiterer – nicht im Hause erworbener – Bildung setzte allein schon das frühe Heiratsalter Grenzen. Die Frage, welche Art von Schule Plinius in der Heimat fördern wollte, ist umstritten. Sherwin-White, 287, comm. ad 4,13, kommt auf Grund von *studes?* und den auffälligen Parallelen zu 2,18,1 und 3,3,3f. zum Schluss, „‚rhetorical' rather than ‚grammatical' studies are implied" (ebenso: Gentile, Beneficenze, 459: „scuola retorica"; Trisoglio, I, 10, Anm. 9: „una cattedra di retorica" und schon Mommsen, Lebensgeschichte, 101, meinte: „Professor für Rhetorik"). Andere denken eher an

besondere aber darf man in der Folge *parens* keinesfalls zur „Mutter" werden lassen. Dass Plinius' Kinder kaum in Comum zur Schule gegangen wären und dass das fiktive Schulgeld mit einem Drittel des Aufwands viel zu hoch angesetzt ist, ist bei einer derartig rhetorischen Argumentation nicht von Bedeutung.

Die *propinqui, adfines* und *amici* aus Comum und Umgebung spielen eine grosse Rolle in der Korrespondenz des Plinius, eine solche, dass R. Syme in seinen prosopographischen Untersuchungen schon beinahe reflexartig zum CIL V und den Inschriften der Regionen X und XI greift, sobald er auf eine Person unbekannter Herkunft stösst, denn – „the circle of Pliny takes its origin from local attachements at Comum and in cities not far away."[93] Plinius unterhielt nicht nur zahlreiche,[94] sondern auch sehr persönliche Kontakte zur Heimat. In der Regel war er deshalb über das Geschehen in der Region informiert.[95] Eindrückliche Ereignisse

---

eine Grammatikschule (Nicols, 379: „teacher of grammar and literature") oder bleiben unbestimmt (Rusca, L., Plinio il Giovane e la sua piccola patria, in: Horizonte der Humanitas, ed. G. Luck, Bern 1960, 91-99, 91: „istruzione superiore"; Guillemin, II, 27, Anm. 1 ad 4,13: „chaire d'enseignement public"). Aus 4,13 selber ist auf den ersten Blick wenig Konkretes zu erfahren: Plinius spricht von *praeceptores* (stets im Plural; er sucht aber nur einen Lehrer, vgl. 4,13,8 u. 11). Der junge Schüler/Student wird als *praetextatus* und *puer* (4,13,3) bezeichnet, was einen zunächst eher an den *grammaticus* denken lässt, eine Idee, die man nach der Lektüre von Quint. inst. 2,1,1 u. 7, sowie 2,2,1-3 u. insbes. 2,2,14, wo davon die Rede ist, dass die Knaben *(pueri)* und Jünglinge *(adulescentes)* im Rhetorikunterricht nicht durcheinandersitzen sollten (vgl. Tac. dial. 35), fallen lässt. Es könnte gar sein, dass auch der Rhetorikunterricht vor allem von *praetextati* besucht wurde: Die Episode in Sen. contr. 1, praef. 11 (*in illo atriolo, in quo duos grandes praetextatos ait* (sc. ‚Cicero') *secum declamare ...* (sc. ‚Hirtium et Pansam consules')) scheint mir nämlich nahezulegen, dass *praetextatus* geradezu als Synonym für „Schüler", auch für die „Studenten" des Rhetors, gebraucht werden konnte (vgl. ThlL X,2, „praetextatus", 1051,19 ad loc.: ‚iocose de adultis discentibus"). Die Tatsache, dass Plinius auf einen „Schülerstrom von auswärts" (4,13,9) hofft, scheint mir ein Zeichen, dass Comum einen vollständigen Studiengang bieten sollte; in 4,13 ist doch wohl ein Rhetor gesucht.

93 Syme, Correspondents, 465. Zum „Reflexartigen" vgl. ebd. passim (Umsichtig aber zur Herkunft des Tacitus: Ders., Who was Tacitus?, HLB 11, 1957, 185-98, zit. nach: Rom. Pap. 6, Oxford 1991, 43-54, 50-54).

94 Zelzer, K., Zur Frage des Charakters der Briefsammlung des jüngeren Plinius, WS 77, 1964, 144-61, 152, kommt bei seiner sehr vorsichtigen Zählung auf bescheidene zweiundzwanzig Männer und vier Frauen mit sicher bezeugter oberitalischer Herkunft. Er betont, dass mit einer weitaus grösseren Zahl zu rechnen ist, wenn man auch die „wahrscheinlichen Fälle" mitrechnet. Zudem finden sich in diesem Kreis etwa die Hälfte jener Adressaten, die mehr als fünf Briefe erhielten (vier oder gar sechs von insgesamt neun). Eine übersichtliche Liste aller bei Plinius vorkommenden Personen und ihrer mutmasslichen Herkunft findet sich bei Reagan, C.J., Laterculum Prosopographicum Plinianum, RIL 104, 1970, 414-36. Syme, Correspondents, und ders., People, bietet eine wichtige Ergänzung mit zahlreichen Mutmassungen. Die schwierigen prosopographischen Fragen können im Rahmen der vorliegenden Darlegungen nicht näher verfolgt werden.

95 Zu erschliessen aus der Bemerkung 6,24,5 *Quod factum ne mihi quidem, qui municeps, nisi proxime auditum est ...* (Plinius vernahm die Geschichte des Doppelselbstmordes erst durch den Besuch eines Landsmannes).

– wie eine Landsfrau, die sich aus Liebe zusammen mit ihrem auf den Tod erkrankten Gatten aus dem Fenster stürzte – konnten so zum Briefthema werden (6,24). Die Bindung an die Heimat wurde durch die Heirat mit Calpurnia gestärkt – Verwandte wünschen Information und Besuch ...[96] Die junge Frau wurde ihm gewiss durch Verbindungen in der Heimat vermittelt.[97] Ob er eine Comenserin wählte, um „Ungewissheiten in einer späten Ehe zu vermeiden",[98] mag ich nicht entscheiden.

Unter den Bekannten und Freunden aus der Region nimmt der aus Mailand stammende Tutor und Förderer Verginius Rufus eine besondere Stellung ein. Die Herkunft aus derselben Gegend, ja die Nachbarschaft, wird von Plinius als Grund der persönlichen Verbundenheit ebenso eigens hervorgehoben wie bei Atilius Crescens, dessen Vaterstadt eine Tagereise von Comum entfernt lag.[99] Namentlich erwähnen möchte ich weiter die *municipes* Calvisius und Caninius Rufus, *decurio* und Plinius' Berater in Geschäften der eine, Villenbesitzer und Literaturliebhaber der andere, Annius Severus, ebenfalls aus Como, Arrianus Maturus aus Altinum, Vibius Severus, ein Landsmann des Nepos und Titius Catius, sowie Minicius Acilianus aus Brixia.[100] Wenn wir ferner die oberitalische Herkunft der Corellii als gesichert annehmen dürfen – die Diskussion dreht sich vor allem um die Zuweisung der Familie an das venetische Ateste oder an das transpadanische Laus

---

96   Besuche: vgl. S. 197. Briefe an die Verwandten seiner Frau finden sich vom vierten Buch an regelmässig. An Fabatus: 4,1; 5,11; 6,12 u. 30; 7, 11,16,23,32; 8,10. An dessen Tochter Calpurnia Hispulla: 4,19; 8,11.

97   Calpurnia Hispulla war möglicherweise mit den Plinius eng verbundenen Corellii weitläufig verwandt, war doch die Frau des Corellius Rufus auch eine Hispulla. Vgl. Syme, Correspondents, 465.

98   Syme, Correspondents, 466. Da Plinius die Unverdorbenheit des norditalischen Menschenschlags schätzte (vgl. S. 212) und Calpurnia dem Bild der braven Frau entsprach, könnten solche Überlegungen mitgespielt haben (vgl. insbes. auch die Rolle des Plinius in 1,14: Er vermittelt den aus Brixia stammenden Minicius Acilianus als (potentiellen) Schwiegersohn, nicht zuletzt auf Grund der Rechtschaffenheit des heimatlichen Menschenschlages (vgl. S. 212)). In der Realität sorgte wohl allein die Verheiratung mit einer für heutige Verhältnisse sehr jungen Frau dafür, dass sich „Ungewissheiten" für den lebenserfahrenen Senator vor allem aus dem Umstand des jugendlichen Alters der Gattin ergaben (vgl. 8,10,1; 8,11,2).

99   a) 6,8,2 *Hunc* (sc. ‚Atilium') *ego non ut multi, sed artissime diligo. Oppida nostra unius diei itinere dirimuntur; ipsi amare invicem, ... adulescentuli coepimus.* (Atilius Crescens auch: 1,9,8; 2,14,2). b) 2,1,7f. ... *nobis tamen* (sc. ‚Verginius Rufus') *quaerendus ac desiderandus est ut exemplar aevi prioris, mihi vero praecipue, qui illum non solum publice quantum admirabar tantum diligebam; primum quod utrique eadem regio, municipia finitima, agri etiam possessionesque coniunctae, praeterea quod ille mihi tutor relictus adfectum parentis exhibuit. Sic candidatum me suffragio ornavit; sic ...* (Verginius Rufus auch: 5,3,5; 6,10; 9,19).

100 (Für eine „vollständige" Liste weiterer Personen mit (auch nur vermuteter ...) oberitalischer Herkunft vgl. die Bemerkungen in Anm. 94.). Calvisius Rufus (Comum): 1,12,12; *2,20; *3,1; *3,19; 4,4; *5,7; *8,2; *9,6. Caninius Rufus (Comum): *1,3; *2,8; *3,7; *6,21; *7,18; *8,4; *9,33; (*7,25?). Annius Severus (Comum): *2,16; *3,6; *5,1. Arrianus Maturus (Altinum): *1,2; *2,11 u. *12; 3,2,2; *4,8; 4,12; *6,2; 8,21. Vibius Severus (?): *3,18, *4,28; (*9,22?). Minicius Acilianus (Brixia): 1,14,3. (*= Adressat).

Pompeia –,¹⁰¹ erhält die Liste einen imposanten Zuwachs, hielt Plinius doch nach dem Tod seines Gönners Corellius Rufus den Kontakt zu Corellia, dessen Schwester und Freundin der eigenen Mutter, und Corellia Hispulla, seiner Tochter, aufrecht und erwies ihnen seinerseits einige Gefälligkeiten.¹⁰²

Plinius versäumte es gegenüber Landsleuten kaum je, die gemeinsame Verbundenheit mit Ausdrücken wie *patria nostra, Larius noster*, ja sogar *Veronensibus nostris* (sc. ‚munus promisisti') oder *illa nostra Italia* zu unterstreichen.¹⁰³ Das Possessivpronomen bei Adressaten sonst unbekannter Herkunft kann so hin und wieder zum Indiz für eine Heimat im Norden werden.¹⁰⁴ Da unser Autor wie schon Cicero in den Briefen überhaupt gerne Gemeinsamkeiten betont,¹⁰⁵ scheint es allerdings ratsam, das Pronomen, das eine kommunikative Funktion erfüllt, in keiner Weise zu strapazieren, es etwa auch nicht mit starken Gefühlsmomenten zu belegen. Andererseits betont man im freundschaftlichen Umgang Gemeinsamkeiten, die den Beteiligten etwas bedeuten – übersetzen wir also ruhig „unsere liebe Heimat", „unser lieber Larius".

Ambivalente Gefühle gegenüber der Heimat, denen Plinius in zur Veröffentlichung bestimmten Briefen kaum je deutlich Ausdruck verliehen hätte,¹⁰⁶ lassen sich schwer greifen. Die Verpflichtungen in Tifernum hingegen scheinen nicht gerade lästig, aber zuweilen unangenehm bindend gewesen zu sein.¹⁰⁷ Immerhin: Der

---

101 Vgl. e.g. Syme, Correspondents, 462.
102 Die Corellii in der Korrespondenz: 1,12 (Freitod des Corellius Rufus); 3,3 (an Corellia Hispulla, suchte Rhetor für deren Sohn); 4,17 (Plinius wird Hispulla vor Gericht vertreten; 6-9: Corellius Rufus als Förderer); 5,1,5 (Corellius als Berater herangezogen); 7,11 (Corellia erhielt Land am Larius zu einem Vorzugspreis; vgl. 7,11,3 *Corelliam cum summa reverentia diligo, primum ut sororem Corelli Rufi, ... deinde ut matri meae familiarissimam.*); 7,14 (an Corellia; Corellia will für das Gut (vgl. o. 7,11) schliesslich den durch die Steuereinnehmer veranschlagten Preis bezahlen, was Plinius ausschlägt); (7,31,4 (Corellius beiläufig erwähnt)); 9,13,6 (Corellius für gewöhnlich der Berater des Plinius im Senat).
103 <u>Patria nostra:</u> 3,6,4; 5,11,2; 7,32,1. <u>res publica nostra:</u> 4,13,5; 5,7,11. <u>Larius noster:</u> 2,8,1; 6,24,2; 7,11,5. <u>Veronensibus nostris:</u> 6,34,1 (vgl. Anm. 104). <u>illa nostra Italia:</u> 1,14,4 (vgl. aber Anm. 104). <u>municipibus nostris:</u> 7,18,1.
104 Vgl. dazu Sherwin-White, comm. ad 1,14,4: Es könnte gut sein, dass der Adressat, Iunius Mauricus, und seine Familie aus der Transpadana stammte, allerdings: „caution is necessary". Bei *Veronensibus nostris* (6,34,1) ist es nicht sicher, ob Maximus (oder dessen verstorbene Frau) aus Verona selber stammt (Sherwin-White, comm. ad loc.), eine Heimat im Norden ist allerdings wahrscheinlich.
105 Etwa auch *urbs nostra, amicus noster* (1,10,1; 5,6,4; 1,9,8; 2,14,2 u.a. Vgl. Sherwin-White, comm. ad 1,14,4).
106 Vgl. aber Mart. 12, praef. Plinius war nicht der Mann, der seine Mitmenschen vor den Kopf stiess, im Gegenteil war er stets bereit, sich freundlich der gängigen Ansicht anzuschliessen (Seel, Martial-Interpretation, 155, spricht von „Konnivenz" (vgl. Anm. 80)).
107 Vgl. 4,1,3 (das „Unangenehme" wird gegenüber Fabatus besonders herausgestrichen, um die Verkürzung des Besuches in Comum zu entschuldigen – es zeigt sich trotzdem, wo die Probleme jenes Patronats lagen): ... *deflectemus in Tuscos ... ut fungamur necessario officio. Oppidum est praediis nostris vicinum ..., quod me paene adhuc puerum patronum cooptavit,*

Gedanke, die an Spiele gewohnten *municipes* könnten die Alimentarstiftung zu wenig würdigen und die Veröffentlichung seiner nur vor den Dekurionen gehaltenen Rede könnte nicht nur von ihnen als *ambitio* ausgelegt werden, bereitete Plinius Unbehagen (1,8).[108] Gewiss arbeitete er die Gedanken über das richtige Verhalten beim – oder eben nach dem – Schenken auch deshalb stark aus, weil er damit ein Thema gefunden hatte, das Gelegenheit zu mancherlei weiterreichenden Überlegungen bot.[109] Den Anstoss dazu gab aber die nicht so einfache Situation nach dem Versprechen der *alimenta*. Die Angst, seine Grosszügigkeit oder das Sprechen darüber würde falsch ausgelegt (1,8,15) ist einzigartig: Das Altertum tolerierte Selbstdarstellung in einem hohen Masse. In der Regel hatten die Honoratioren „keinerlei Skrupel, den Reichtum ihrer Familie demonstrativ zur Schau zu stellen und sich sogar prahlerisch als ‚Wohltäter' darzustellen."[110] Die Zurückhaltung könnte im Falle der *alimenta* politische Gründe haben: Wer wie Plinius von Domitian gefördert wurde und dann die ersten Bestrebungen des Nachfolgers eifrigst aufnimmt und mit der Veröffentlichung einer vor geschlossener Gesellschaft gehaltenen Rede sicherstellt, dass die versprochene Gabe trotzdem breit bekannt wird, läuft Gefahr, als *ambitiosus* verschrien zu werden. Eine solch bösartige Anschuldigung fürchtete Plinius (1,8,16f.). Allerdings bezeugt etwa die Nebenbemerkung in 7,32,2 und eine längere Ausführung zur Abtretung der ererbten HS 400'000 an die Heimat (5,7,5f.),[111] dass sich Plinius allgemein Gedanken über „Schenkungen", *ambitio*

---

tanto maiore studio quanto minore iudicio. Adventus meus celebrat, profectionibus angitur, honoribus gaudet. In hoc ego, ut referrem gratiam (nam vinci in amore turpissimum est), templum pecunia mea exstruxi, cuius dedicationem, cum sit paratum, differre longius inreligiosum est.

108 a) 1,8,10-13 *Accedebat his causis, quod non ludos aut gladiatores sed annuos sumptus in alimenta ingenuorum pollicebamur. ... Nam si medici salubres sed voluptate carentes cibos blandioribus adloquiis prosequuntur, quanto magis decuit publice consulentem utilissimum munus, sed non perinde populare, comitate orationis inducere? praesertim cum enitendum haberemus, ut quod parentibus dabatur et orbis probaretur, ... Sed ut tunc communibus magis commodis quam privatae iactantiae studebamus, cum intentionem effectumque muneris nostri vellemus intellegi, ita nunc in ratione edendi veremur, ne forte non aliorum utilitatibus sed propriae laudi servisse videamur.* b) 1,8,16f. *Me vero peculiaris quaedam impedit ratio. Etenim hunc ipsum sermonem non apud populum, sed apud decuriones habui, nec in propatulo sed in curia. Vereor ergo ut sit satis congruens, cum in dicendo adsentationem vulgi adclamationemque defugerim, nunc eadem illa editione sectari, cumque plebem ipsam cui consulebatur, limine curiae parietibusque discreverim, ne quam in speciem ambitionis inciderem, nunc eos etiam, ad quos ex munere nostro nihil pertinet praeter exemplum, velut obvia ostentione conquirere.*

109 Vgl. insbes. 1,8,14f. (5f.; 8f.). „Schenken" als philosophisches Thema: Vgl. e.g. Sen. benef. passim, Sen. dial. 7,(22,1), 23,5-24,3 u. insbes. Cic. off. 2,52-71.

110 Vittinghoff, Europäische Wirtschafts- und Sozialgeschichte, 201. Vgl. aber unten und Anm. 112 zu den in der Zeit aufkommenden Bedenken gegenüber unverhülltem Eigenlob.

111 a) 7,32,2 (vgl. Anm. 77). b) 5,7,5f. *Haec ego scribere publice supersedi, primum quod memineram ... et debere te et posse perinde meis ac tuis partibus fungi; deinde quia verebar ne*

und die *malignitas interpretantium* machte. Die hin und wieder schon beinahe moralisch-philosophischen Erwägungen zu diesem Thema – vgl. etwa 1,8,8f. u. 14f. – sind nicht nur Verbrämung, sondern stimmen mit eigenem Fühlen überein und mögen zudem die in seiner Zeit zumindest unter den Gebildeten langsam aufkommende Scheu gegenüber gänzlich unverhülltem Eigenlob widerspiegeln.[112]

Im Falle der korinthischen Bronze (3,6), einer kleineren[113], eher „konventionellen" Gabe, war sorgfältiges Abwägen nicht nötig, Plinius konnte beinahe bestimmen, wo und wie er sie aufgestellt haben wollte – am liebsten im Jupitertempel auf einem Marmorsockel, der mit seinem Namen und, wenn Severus es für nötig halte (doch eine gewisse Vorsicht?), seinen Ehrenämtern zu versehen sei.[114] Die Bemerkung, dass bei einem Plädoyer für Comum nicht nur wie immer Sorgfalt und Zuverlässigkeit (*diligentia, fides*), sondern auch die Heimatliebe (*pietas*) dem Urteil des Publikums unterworfen sei,[115] macht klar, dass für Plinius der Umgang mit der *germana patria* nicht einfach unbeschwerte Freude war, sondern eine gesellschaftliche Angelegenheit, die Reflexion und Taktgefühl erforderte.

Pflichtgefühl und Umsicht brauchten Plinius nicht durch äussere Normen nahegelegt zu werden, auch wenn er diesen deutlich zu genügen wünschte. Die beiden Eigenschaften sind für ihn charakteristisch. Neben dem Pflichtgefühl und der Verantwortung als „grosser Sohn" Comums, die sich nicht zuletzt in der (von einem Teil der Einwohnerschaft zunächst vielleicht gar weniger geschätzten) sorgfältigen und auf lange Zeit früchtetragenden Auswahl der Donationen – *alimenta*, der dritte Teil einer Lehrstelle, eine Bibliothek – zeigt, finden sich Äusserungen von unbelasteter Freude, von direkter emotionaler Zuneigung und persönlicher Wertschätzung. Seinen *municeps* Caninius fragt er *Quid agit Comum, tuae meaeque deliciae?* (1,3,1). Das Plädoyer für die Heimat freut trotz der Bedenken (2,5,3 *ornare patriam et amplificare gaudemus*), ebenso jegliche Verschönerung der Vaterstadt, diejenige durch Fabatus aber besonders: *Gaudeo ... postremo quod patria nostra*

---

modum, quem tibi in sermone custodire facile est, tenuisse in epistula non viderer. Nam sermonem vultus gestus vox ipsa moderatur, epistula omnibus commendationibus destituta malignitati interpretantium exponitur. (Zur Sache vgl. Anm. 62).

112 1,8,8f. über *avaritia* und *munificentia*; 1,8,14f. über *gloria* und *munificentia*. (vgl. 1,8,5f.). Eigenlob als „Makel": Vgl. Quint. inst. 1,1,15-24 (betrifft aber das Herausstreichen der eigenen Beredsamkeit) und Plutarchs Schrift De laude ipsius (Plu. M. 539a-547f) mit allgemeinen Erwägungen zum Thema.

113 Ganz gering war die Gabe nicht, wie Plin 3,6,3f. selber betont. Korinthische Bronzen galten als Inbegriff von Luxus. Vgl. u.a. Sen. dial. 10,12,2: *Illum tu otiosum vocas qui Corinthia, paucorum furore pretiosa, anxia subtilitate concinnat et ...* (Petron. 50; Mart. 9,59,11).

114 3,6,4-6 *Emi autem ..., verum ut in patria nostra celebri loco ponerem, ac potissimum in Iovis templo; videtur enim dignum templo dignum deo donum. Tu ergo, ut soles omnia quae a me tibi iniunguntur, suscipe hanc curam, et iam nunc iube basim fieri, ex quo voles marmore, quae nomen meum honoresque capiat, si hos quoque putabis addendos.*

115 2,5,2 (vgl. Anm. 25).

florescit, quam mihi a quocumque excoli iucundum, a te vero laetissimum est (5,11,2).

Die Transpadana hat den Geist des alten Römertums, Kraft und Sittsamkeit bewahrt, sie ist geradezu *illa nostra Italia*, obwohl das Gebiet jenseits des Po als „Gallierland" erst später als das ursprüngliche „alte Italien" insgesamt römisches Bürgerrecht erhielt (49 v. Chr.).[116] Den Minicius Acilianus empfiehlt nicht zuletzt seine Herkunft aus Brixia und die seiner Verwandtschaft mütterlicherseits aus Patavium als geeigneten Schwiegersohn, und wenn Plinius Cornelius Minicianus als *ornamentum regionis meae seu dignitate seu moribus* vorstellt, dürfen wir uns gewiss einen besonders tüchtigen und rechtschaffenen Mann vorstellen.[117] Hebt er entsprechende Charakterzüge anderer Freunde ebenfalls auf Grund ihrer oberitalischen Herkunft hervor oder müssen wir in diesen Fällen, etwa der *castitas* des Arrianus (3,2,2) oder der *frugalitas* (6,8,2) des Crescens,[118] doch eher auf Plinius' allgemeine Wertschätzung altrömischer *virtutes* verweisen? Die Frage ist nur eine scheinbare. Römische *virtus* und oberitalische Herkunft gehen zusammen: Wenn Catull auch ganz andere Geschichten aus seiner Heimat berichten konnte, galt das provinzielle[119] Verona zumindest Aussenstehenden als Burg sittlicher Wohlanständigkeit (Cat. 68,27-29).[120] Als besonders sittenstreng war Patavium bekannt: Neben dem Zeugnis des Plinius (1,14,6) steht dasjenige seines Zeitgenossen und Bekannten Martial.[121]

Exemplarisch[122] illustriert wird das Verhältnis zu Comum durch 4,13: Plinius sucht einen Lehrer für die Vaterstadt und ist bereit, ein Drittel der Aufwendungen

---

116 Zu *illa nostra Italia* vgl. Anm. 117.
117 a) Minicius Acilianus: 1,14,4-6 *Patria est ei Brixia, ex illa nostra Italia quae multum adhuc verecundiae frugalitatis, atque etiam rusticitatis antiquae, retinet et servat ... Habet aviam maternam Serranam Proculam e municipio Patavio. Nosti loci mores: Serrana tamen Patavinis quoque severitatis exemplum est*. Derartige Ausführungen gehören zum Charakter eines Empfehlungsschreibens (vgl. 7,22 u. 3,2). Trotzdem scheint für Plinius *ex illa nostra Italia ...* mehr als eine Floskel gewesen zu sein. b) Cornelius Minicianus: 7,22,2.
118 Bütler, Geistige Welt, 132, rechnet daneben auch Verginius Rufus *exemplar aevi prioris* (2,1,7) oder gar die aus Verona (?? (vgl. Anm. 104)) stammende *uxor probatissima* des Maximus (6,34,1) unter die Träger „transpadanischer *virtus*". In diesen Fällen ist die Wertschätzung aber nicht so ausdrücklich auf die Herkunft bezogen wie bei Minicius Acilianus und Cornelius Minicianus (zu diesen beiden vgl. Anm. 117).
119 Dass „Provinz" und „Sittenstrenge" zusammengehen, wird e.g. auch bei Tacitus, ann. 16,5,1, betont: *Sed qui remotis e municipiis severaque adhuc et antiqui moris retinente Italia, quique per lon<gin>quas provincias lascivia inexperti ...*
120 Vgl. S. 57f. mit Anm. 48.
121 Plin. ep. 1,14,6 ... *Nosti loci mores: Serrana tamen Patavinis quoque severitatis exemplum est*; Mart. 11,16,7f. *tu quoque nequitias nostri lususque libelli / uda, puella, leges, sis Patavina licet*.
122 So auch Bütler, Geistige Welt, 131. Er spricht von „einer sehr bezeichnenden bodenständigen Mischung von selbstverständlichem Patriotismus, Sorge um die überkommene Moral und dem Sparwillen des guten Hausvaters".

zu bezahlen. Wir finden eine für seine Zeit charakteristische Form patronaler Fürsorge (Bildung wurde seit Vespasian offiziell gefördert), wohlüberlegte Grosszügigkeit (Plinius bezahlt nur einen Teil, damit sich die Beschenkten mit dem Projekt identifizieren und es angemessen fortführen), neben dem finanziellen auch persönliches Engagement (er lässt Tacitus nach geeigneten Kandidaten Umschau halten), die Überzeugung, dass die Bindung an die Heimat wichtig und von früher Kindheit an zu fördern ist (schliesslich könne man nirgendwo bewahrter aufwachsen) und nicht zuletzt Freude am Gedeihen der *germana patria*, hofft er doch – und das gewiss nicht nur als Ansporn für die Eltern –, dass bald Schüler von auswärts nach Comum strömen werden.[123]

---

[123] a) 4,13,5-8 *‚Atque adeo ego, qui nondum liberos habeo, paratus sum pro re publica nostra, quasi pro filia vel parente, tertiam partem eius quod conferre vobis placebit dare. Totum etiam pollicerer, nisi timerem ne hoc munus meum quandoque ambitu corrumperetur ... Huic vitio occurri uno remedio potest, si parentibus solis ius conducendi relinquatur ... Nam qui fortasse de alieno neglegentes, certe de suo diligentes erunt dabuntque operam, ne a me pecuniam non nisi dignus accipiat, si accepturus et ab ipsis erit.'* (Eine ähnliche Vorsicht gegenüber der Gemeinde in Gelddingen zeigt sich beim Rat an Caninius: 7,18,1f.). b) 4,13,10f. *... rogo, ut ex copia studiosorum ... circumspicias praeceptores, quos sollicitare possimus, sub ea tamen condicione, ne cui fidem meam obstringam. Omnia enim libera parentibus servo: illi iudicent, illi eligant, ego mihi curam tantum et impendium vindico.* c) 4,13,9 *‚Nihil honestius praestare liberis vestris, nihil gratius patriae potestis. Educentur hic qui hic nascuntur, <u>statimque ab infantia natale solum amare frequentare consuescant</u>. Atque utinam tam claros praeceptores inducatis, ut in finitimis oppidis studia hinc petantur, utque nunc liberi vestri aliena in loca ita mox alieni in hunc locum confluant!'.*

XII.2 SCHLUSSBEMERKUNGEN ZU „PLINIUS UND COMUM"

Augenfällig an Plinius' Verhältnis zur *germana patria* ist die Selbstverständlichkeit: Bereitwillig setzt er sich für die Belange seiner Vaterstadt ein oder hilft Landsleuten aus der engeren und weiteren Umgebung der Heimat. Ohne weiteres kann und will er sein Engagement für Aussenstehende sichtbar machen. Fern sind die Zeiten, wo die römischen Aristokraten einen aus einer Landstadt stammenden Mitbürger *rex peregrinus*[124] schimpfen konnten. In den Briefen des Plinius manifestiert sich dasselbe Verhältnis zu Herkunft und Heimat, wie es durch zahlreiche Inschriften seines und der folgenden Jahrhunderte bezeugt ist: Der arrivierte Sohn hält der *germana patria* die Treue, und zwar ganz konkret durch finanzielle Unterstützung. Das Engagement ist nicht lediglich ein privates, sondern ein (halb)öffentliches, ein patronales. Noch nicht angebrochen ist andererseits die Zeit, in der das Engagement für die Vaterstadt zur äusserst belastenden, für Angehörige des Dekurionenstandes gar eng reglementierten Verpflichtung geworden ist.[125]

Plinius' Einsatz steht im Einklang mit eigenen Interessen und persönlichen Zielen. Zunächst erlaubt es dieser, sich an die ererbte Tradition anzuschliessen und so mit dem eigenen auch den Ruhm der Familie zu mehren. Die Angelegenheiten der *gens*, nicht zuletzt das Hinterlassen der eigenen Spur in deren Geschichte, waren Plinius ein Anliegen.[126] Dass der Einsatz für die Heimat sich zudem auffällig mit den Bestrebungen der Kaiser deckt – man denke an die *alimenta*, die Bildungsbestrebungen und die allgemeine Sorge um Bevölkerungswachstum – könnten Eigeninteresse und Profilierung als massgebliche Antriebskräfte des Handelns erscheinen lassen. Bei einem sozialen Aufsteiger, der seine Karriere gerade unter Domitian aufs eifrigste betrieb, ist das nicht auszuschliessen. Tatsächlich wird der Aspekt der gesellschaftlichen Opportunität von Plinius' Handeln bei der verbreiteten, einseitigen Betonung seiner „idealistischen Gesinnung"[127] stark vernachlässigt.

---

124 Cic. Sull. 21f. (Vgl. S. 42).
125 Die Lage verschärfte sich in der zweiten Hälfte des 2. Jh. Dazu e.g. Stevenson, G.H., Roman Provincial Administration till the Age of the Antonines, Oxford. 1939, 157. Allerdings warnt Vitinghoff, F., Zur Entwicklung der städtischen Selbstverwaltung – einige kritische Anmerkungen, in: Stadt und Herrschaft, Römische Kaiserzeit und Hohes Mittelalter, ed. F. Vittinghoff, München 1982, 107-46, 121f. u.131, zu Recht davor, die Verhältnisse in der Zeit davor zu idealisieren: Schon vor den Reglementierungen der Severerzeit habe ein enormer sozialer Druck auf den Oberschichten gelastet.
126 Das zeigt sich auch in der Art, wie er sich in 8,11,3 über seinen Kinderwunsch äussert: ... *liberos cupio, quibus videor a meo tuoque latere pronum ad honores iter et audita latius nomina et non subitas imagines relicturus.*
127 Vgl. etwa Bütler, Geistige Welt, 131 (vgl. Anm. 122). Schuster, „Plinius d. J.", 446f., spricht zwar von „Seelengüte", „Begeisterung für alles Edle und Schöne" und „humaner Gesinnung", nennt aber u.a. im Zusammenhang mit der „sorgsamen Erwähnung aller

Wer andererseits das Engagement als reine Anpasserei auslegen und die stilisierten Briefe zum Thema Heimat als eine Art Plädoyer für die „Italia-Idee" seiner Zeit sehen wollte, wird dem Autor kaum gerecht. Um gesellschaftlichen Pflichten Genüge zu tun, hätte ein geringerer Einsatz an Kräften und Mitteln gereicht. Zudem: Ein starkes „Anlehnungsbedürfnis", das ihm nicht immer als Loyalität und Stärke ausgelegt wurde, zeigt Plinius auch in seinen Anfragen an Trajan im zehnten Buch: Da bedarf bekanntlich jede Kleinigkeit der kaiserlichen Begutachtung. Plinius scheint von Natur aus gerne bereit, sich dem als richtig und gut Erkannten anzuschliessen. Im Falle der Unterstützung der „Italien-Politik" ist die prompte Gefolgschaft, wie ich vermuten möchte, vielleicht nicht einfach dem direkten kaiserlichen Vorbild zu verdanken; sie könnte durch die Nähe zu Corellius Rufus zumindest entscheidend gefördert worden sein.[128] Niemand wird im übrigen bestreiten, dass gerade die sich enger an das Vorbild staatlicher Massnahmen anschliessenden Schenkungen und Stiftungen dem Wohl einer Bürgergemeinde auf Dauer am nachhaltigsten dienten. Ja, war sich Plinius der Gefahr einer böswilligen Auslegung seiner Grosszügigkeit nicht nur allzu bewusst? Mehrfach zeigt sich, dass er umsichtig agiert, agieren muss, um nicht in den Geruch des *ambitiosus* zu geraten.[129] Dass seine Pläne mit denen der Obrigkeit harmonieren, soll man nicht zum Vorwurf werden lassen, wenn auch deutlich wird, dass er bei seinem Einsatz für die Transpadana „in seinem Herzen" eben auch „Römer", nicht „Stadtrömer", aber *civis Romanus*[130] ist: Senator und treuer Anhänger und Nachahmer einer für

---

Wohltätigkeitsspenden" auch „Eitelkeit und Neigung zur Selbstbespiegelung". Die Erwähnung der Wohltätigkeitsspenden trägt m.E. aber eben nicht allein den Stempel persönlicher, privater Eitelkeit, sondern ist doch ein bisschen mehr, etwas, was uns unangenehmer berührt: nach aussen getragene Propaganda für sich selber, das „Zur-Schau-Stellen" gesellschaftlichen und politischen Wohlverhaltens.

128 Vgl. S. 204f.
129 Vgl. S. 209-11.
130 Bütlers Bemerkung (Geistige Welt, 129), dass Plinius in seinem Herzen immer zuerst Transpadaner, dann erst Römer gewesen sei, zielt im engeren Zusammenhang auf Plinius' Verhältnis zur Hauptstadt. Allerdings steht die Äusserung im weiteren Zusammenhang mit Ciceros berühmten Stelle leg. 2,5 (vgl. S. 47, Anm. 99), und Bütler meint denn auch, Plinius sei sozusagen weniger römischer Bürger als Cicero, eben eher „Transpadaner". Als pointierte Aussage kann man das gelten lassen, da das Idealbild des „wahren Römertums" jetzt auf die Heimat projiziert wird. Andererseits zeigt eben dieselbe Projektion, dass Plinius nicht „Transpadaner" sein will, sondern Römer. Hingegen ist der Gedanke, dass gerade im Beschwören des „altrömischen Geistes" der Heimat etwas „Provinzielles" liegt, nicht unberechtigt ... (so Mratschek, S., Est enim ille flos Italiae, Literatur und Gesellschaft in der Transpadana, Athenaeum 72, 1984, 154-89, 178-80; vgl. Tac. ann. 16,5,1 (Anm. 119)). Insgesamt scheint mir Plinius aber mehr *civis Romanus*, als Bütler wahrhaben will: „Bürgersinn" mag sich zu seiner Zeit eben mittelbar durch Loyalität zum Kaiser, und nicht – wie zu Ciceros Zeiten – unmittelbar durch spektakuläre Opferbereitschaft für das Staatsganze gezeigt haben. Die Möglichkeiten zu letzterem waren im Prinzipat beschränkt oder verlagerten sich auf eine privatere Ebene – den von der Obrigkeit geförderten Einsatz für die

gut befundenen imperialen Politik, Verfechter römischer Ideale und Zielsetzungen. Die Heimat war konsequenterweise keine „transpadanische", sondern Abbild des „wahren Italien" und „wahren Römertums" (1,1,14,4-6).[131] Die Wertschätzung von grossem und kleinem Vaterland geht Hand in Hand – dass die Realitäten in der *patria civitatis* der idealistischen Vorstellung des „wahren Italien" insbesondere unter Domitian wenig entsprachen, mag die Zuwendung zur *germana patria* verstärkt haben.

Comum wurde von Plinius so stark gefördert, weil es seinen Platz nicht allein im bewussten Denken – in Überlegungen zur gesellschaftlichen Opportunität des Verhaltens etwa –, sondern auch im Fühlen hatte.[132] Das zeigen nicht zuletzt die Nebenbemerkungen: Das Plädoyer für die Vaterstadt wird durch dichterische Schilderungen besonders lang (2,5,2f.). Die Tusci mag er öfter besucht haben, aber nur von den ererbten Ländereien um Comum wollte er auch bei schlechtem Ertrag nichts abgeben (2,15,2), und lediglich von der Heimat gebrauchte er eine Formulierung wie: *Quid agit Comum, tuae meaeque deliciae?* (1,3,1).

---

    germana patria etwa. (Plinius' Loyalität gegenüber Trajan ist i.ü. kaum zu übertreffen (so auch Bütler, Geistige Welt, 141)).
131 Das oft besonders enge Angleichen der Führungsschichten (ursprünglich) fremder Völker und Städte an römische Sitten, eine Art „Selbstromanisierung", spielt eine entscheidende Rolle bei der Konsolidierung des römischen Weltreiches. Vgl S. 30f.
132 So auch Stevenson, Roman Provincial Administration, 157.

XIII LOKALPATRIOTISMUS VON CICERO BIS PLINIUS

Die Zeugnisse zum Thema sind weit verstreut. Äusserungen zur *germana patria* finden sich am ehesten in den Selbstdarstellungen der Dichter, zuweilen auch in einer kurzen Anspielung auf Geschichte, Land und Leute. Die Verbundenheit mit der Geburtsheimat ist kein Hauptgegenstand der Dichtung. Obwohl Cicero in *De legibus* das Thema in seiner ganzen Breite angeschnitten hatte und Horaz die Zuneigung zur einen oder anderen Örtlichkeit mehr als nur einzelne Verse wert war, ist es noch weit bis zum eigentlichen „Heimatgedicht", einem Sprechen von der Heimat um ihrer selbst willen.[1] Nahe an einem reinen Lob sind einige Epigramme Martials – insbesondere 4,55 und 12,18 –, aber sie sind zumindest noch an Freunde adressiert und zum Teil auch klar eigens für diese gestaltet (vgl. etwa 1,49). Catulls Sirmio-Gedicht und Ovid am. 2,16 können, auch wenn die Verbundenheit mit der Geburtsheimat in ihnen deutlich erkennbar ist, nicht als eigentliche Hymnen auf die Heimat gelten; Catull carm. 31 ist das Gedicht eines Heimkehrers und zeigt Heimat als „Zuhause", und Statius lobt in der „Suasorie" silv. 3,5 Neapel als geeigneten Alterssitz. In Ovid am. 2,16 sind die Gefühle für Sulmo eingebunden in die Thematik einer Liebeselegie, und Martial stilisiert sich in 10,65 als trutzig-männlicher Keltiberer, um sich von einem *pathicus* abzusetzen. Wir halten fest: Über die *germana patria* wird eigentlich nur im Zusammenhang mit anderem gesprochen, der Gedanke an das „kleine" Vaterland fliesst an geeigneter Stelle ein.

Selbstverständlich ist das besonders dort der Fall, wo sich der Dichter traditionsgemäss über sich selber äussert, etwa zu Beginn oder am Ende eines Werkes. Der Antike lag die Assoziation von Dichtername und Geburtsheimat überhaupt sehr nahe. Während manchem, der sich in deutscher Literatur beschlagen weiss, Wendungen wie „der Dichter aus Husum" oder der „Lyriker aus Lauffen" zumindest umständlich und gesucht anmuten würden, flossen den Alten Ausdrücke wie „der blinde Mann aus Chios", „dirkäischer Schwan", „Pataviner" oder „Mantuaner" mühelos von den Lippen und scheinen von den literarisch Gebilde-

---

[1] Als Hymne auf die Geburtsheimat darf man gewiss Ausonius ord. urb. nob. 20 bezeichnen, obwohl das Gedicht Teil eines Zyklus von zwanzig Gedichten zum Ruhm von Städten ist: Ord. urb. nob. 20 ist das letzte Gedicht und um einiges länger als die übrigen. Die Liebe zur Geburtsheimat ist Hauptthema und kommt reichlich zum Ausdruck, Ausonius äussert sich zum Verhältnis von *germana patria* und *patria civitatis* im übrigen sehr ähnlich wie Cicero leg. 2,5 (vgl. S. 47): *Hic labor extremus celebres collegerit urbes. / utque caput numeri Roma inclita, sic capite isto / Burdigala ancipiti confirmet vertice sedem. / haec patria est: patrias sed Roma supervenit omnes. / diligo Burdigalam, Romam colo; civis in hac sum, / consul in ambabus; cunae hic, ibi sella curulis.* (Auson. ord. urb. nob. 20,36-41).

ten keineswegs als eine Art „schikanöser Prüfungsfrage" empfunden worden zu sein. Der Dichter war aber trotz einer gewissen Tradition[2] nicht verpflichtet, sich in seinem Werk als Sohn seiner Vaterstadt vorzustellen oder gar vom Ruhm zu sprechen, den er ihr bringen wollte – Tibull etwa hat sich dieser Topoi nicht bedient, ebensowenig Catull.

Die Prosaautoren hatten keinen durch Herkommen festgelegten Ort, um über persönliche Verhältnisse zu sprechen. Historische Werke etwa stehen in ihrer eigenen, ganz anders gearteten Tradition: Nach der *germana patria* sucht man in den Praefationen vergebens. So ist es ein Glücksfall, wenn bei Livius indirekt etwas von seiner Verbundenheit mit Patavium spürbar wird. Da in letzter Zeit die Heimatverbundenheit von Prosaautoren – etwa diejenige von Pomponius Mela –[3] stark hervorgehoben wird, soll darauf doch in einem Exkurs näher eingegangen werden:

Fachschriftsteller flechten bei Gelegenheit Bemerkungen zur eigenen Herkunft ein. Der ältere Plinius hat das ganz nebenbei in seiner Vorrede getan,[4] und der aus Gades stammende Columella informiert uns ebenso beiläufig über „seinen" Lattich und darüber, dass der Fisch *faber* eben *in nostro Gadium municipio* den Namen *zeus* trage.[5] Es scheint, dass der Autor, der selber Güter auf der gepriesenen *Saturnia tellus* Italiens bewirtschaftete, die südspanische *germana patria* nicht ungern und vor allem aus eigener Anschauung erwähnt. Der Bruder seines Vaters, M. Columella, besass dort ein in seinen Augen mustergültiges Gut. So erfahren wir unter anderem in einem längeren Exkurs (Colum. 7,2,4f.), dass der Onkel Wollschafe mit farbigen afrikanischen Widdern züchtete, welche eigentlich für die *munera* in Gades importiert worden waren, und schliesslich die besondere Färbung mit der weichen Qualität der heimischen Wolle verbinden konnte. Allerdings dürfte man doch nicht behaupten, Gades oder die Baetica nähmen einen herausgehobenen „Ehrenplatz" ein. Wie ein Vergleich zeigt, werden Südspanien sowie vor allem die (neue) Heimat Italien, Gallien, Carthago und andere Örtlichkeiten dort erwähnt, wo es opportun erscheint:[6] Wie der Historiker

---

2   Dazu Kranz, Sphragis, 10ff. (Ortsnennung bei den Griechen).
3   Vgl. die Ausführungen unten (mit Anm. 9).
4   Vgl. S. 192.
5   a) Colum. 8,16,9 *ut in Atlantico faber, qui ..., in nostro Gadium municipio – eumque prisca consuetudine zeum appellamus ...* b) Colum. 10,185 *et mea (sc. lactuca), quam generant Tartesi litore Gades.* Vgl. 11,3,26 (ohne Kennzeichnung der eigenen Herkunft) *quae (sc. ‚lactuca') deinde candida est et crispissimi folii, ut in provincia Baetica est finibus Gaditani municipii ...*
6   Die Vermutung stellt sich schon bei der Konsultation des „Index nominum" ein, wie ihn etwa Richter, W., Lucius Iunius Moderatus Columella, Zwölf Bücher über Landwirtschaft, Buch eines Unbekannten über Baumzüchtung, lateinisch-deutsch, herausgegeben und übersetzt von W.R., 3 Bde, München 1981, 1982, 1983, Bd. 3, 729-738, bietet: Die Rubriken „Baetica," „Gades" (resp. „Tartesiacus", „Tartesus" u.ä.) verzeichnen zwar zahlreiche Stellen, stehen aber nicht nur in Konkurrenz mit italischen Örtlichkeiten, sondern auch etwa mit

Livius hält Columella an seiner Aufgabe, gewissenhaft zu berichten, fest, verweist aber, wenn es sich ergibt, auf seine Geburtsheimat, und zwar „mehr beiläufig als betont".[7] Dass er das etwa mit *mea* (sc. ‚*lactuca*') doch direkter tut als der Historiker, liegt in der Natur seines Werkes.: Auch andere Erfahrungen, etwa die auf den italischen Gütern, sind als persönliche gekennzeichnet.[8]

Etwas mehr muss man über Pomponius Mela sagen, und zwar eben deshalb, weil seine „Heimatverbundenheit" in Publikationen der jüngsten Zeit über Gebühr herausgestrichen wird.[9] Der Chorograph konnte es sich nicht versagen, bei der Beschreibung Spaniens Tingentera als seine Heimat zu bezeichnen.[10] Das ist aber kaum aussergewöhnlich, hat doch auch Strabo seine *germana patria* Amaseia nicht nur genannt, sondern in der Folge sogar auffallend breit geschildert.[11] Immerhin: Melas Tingentera ist uns sonst völlig unbekannt.[12] Zudem gewinnt es unter den fast nur mit Namen aufgeführten Städten in 2,96 durch die Erwähnung seines punischen Ursprungs vielleicht eine Spur an Gewicht. Einzig dem benachbarten Carteia wird in der besprochenen Partie ähnliche Aufmerksamkeit geschenkt – allerdings finden wir die Bemerkung, manche Leute hielten diese Stadt für das alte Tartesos, schon bei Strabo.[13]

Den Eindruck hingegen, dass Mela in 2,86 Hispanien über Gebühr und mehr als andere Landstriche lobt, kann man leichter teilen:[14] Hispanien hat nicht nur Überfluss an Männern, Pferden und Metallen, es ist so fruchtbar, dass es auch dort, wo es ausgedörrt sich selber nicht mehr ähnlich sieht, dennoch Flachs und

---

Gallien und dem Umland von Karthago (letzteres beeinflusst durch die Quellen: vgl. Colum. 1,1,10 u. vor allem 1,1,13: die Bücher des Puniers Mago).

7 So Richter, Columella, Bd. 3, 588.
8 Vgl. e.g. Col. rust. 2,8,5; 2,9,1; 2,10,11; 2,10,18 (Aufenthalt in Kilikien und Syrien; vgl. CIL IX, 234 = ILS 2923); 3,3,3; 3,9,2; 3,10,8 etc. Kappelmacher, A., RE X, „Iunius 104", 1061: „Bei der Polemik (sc. ‚gegen Ansichten anderer') stützt sich der Autor oft auf seine und seines Oheims Erfahrung ...".
9 Allgemein insbesondere bei Brodersen, K., Pomponius Mela, Kreuzfahrt durch die alte Welt, zweisprachige Ausgabe von K.B., Darmstadt 1994, 1. Zu einzelnen Stellen auch Silberman, A., Pomponius Mela, Chorographie, texte établi, traduit et annoté par A.S., Paris 1988, 96 (ad 3,107), 220 (ad 2,86). Differenzierter Parroni, P., Pomponii Melae, De Chorographia libri tres, introduzione, edizione critica e commento a cura di P.P., Roma 1984, 16, 38, 340.
10 Mela 2,96 *et sinus ultra est in eoque Carteia, ut quidam putant aliquando Tartesos, et quam transvecti ex Africa Phoenices habitant atque unde nos sumus Tingentera.*
11 Str. 12,561.
12 Vgl. dazu Silberman, Pomponius Mela, VIIf.
13 Vgl. Anm. 10. Diese Gleichsetzung schon bei Strab. 3,151.
14 Als Kommentar zur Stelle: Parroni, Pomponii Melae ..., 16: „Una punta d'orgoglio nazionalistico" u.ä. 340; Silberman, Pomponius Mela, 220, wörtlich übernommen: „une pointe de fierté nationale". Brodersen, Pomponius Mela, 1, bei der Aufzählungen der Indizien für den „Lokalpatriotismus des romanisierten Spaniers". Nicht so wunderlich, wie Brodersens Formulierung vermuten lassen könnte (loc. cit.), ist es, dass die Passage über den Reichtum an Menschen etc. (Mela 2,86 (vgl. Anm. 15)) zu Beginn der Beschreibung steht. Solche „Gesamtwürdigungen" eines Landstriches stehen u.a. auch 1,20 (Africa); (1,49 (Aegypten), sehr kurz); 3,17 (Gallien von der Atlantikseite); 3,26 (Germanien); 3,62-65 (Indien) aus kompositorischen Gründen am Anfang der Übersicht.

Pfriemengras hervorbringt.[15] So positiv – sogar in der Öde wächst Nützliches – sieht Mela keinen anderen Landstrich,[16] und Strabo zeigte neben allem Lob für die iberische Halbinsel keinerlei Scheu, von geringer Fruchtbarkeit, kargen Böden, Weite und Wildheit zu sprechen.[17] Anders steht es mit den übrigen „Indizien": Mela beginnt seine Chorographie bestimmt nicht aus Heimatverbundenheit bei den Säulen des Herakles statt in Italien.[18] Das Vorgehen entwickelt sich folgerichtig aus seiner von den Meeren ausgehenden Schilderung der Welt und findet sich neben früheren etwa auch bei Strabo – der übrigens tatsächlich mit Hispanien, und nicht wie der „Spanier" Mela mit Africa beginnt ...[19] In 3,107 nennt der Chorograph die Meerenge von Gibraltar gewiss aus einer Art „Heimatverbundenheit" *nostrum fretum*. Auch wenn Tingentera in dieser Gegend lag, handelt es sich dabei aber nicht um „engen" Lokalpatriotismus.[20] Mela feiert nach der Weltumsegelung sozusagen die Ankunft in bekannten Gefilden: Mit dem *fretum nostrum* beginnt das *mare nostrum* und mit ihm gewissermassen der „heimatliche Erdkreis", von dem er ausgegangen ist.[21]

Dass die Beschreibung des „Heimatlandes"[22] (2,86-96; 3,3-15) mehr Raum einnimmt als die Italiens (2,58-72),[23] liegt zum einen daran, dass letzteres erklär-

---

15 Mela 2,86 ... *viris, equis, ferro, plumbo, aere, argento auroque etiam abundans et adeo fertilis ut, sicubi ob penuriam aquarum effeta ac sui dissimilis est, linum tamen aut spartum alat*.
16 Ähnlich positiv eigentlich nur das nördliche Gallien (3,17). Allerdings bringt dieses wegen der Kälte gewisse Saaten nur kümmerlich hervor. Die ausserordentliche Fruchtbarkeit Ägyptens wird zwar gewürdigt (1,49), macht aber rasch altbekannten, herodotischen Denkwürdigkeiten Platz.
17 Str. 3,146 u. 163.
18 Brodersen, Pomponii Melae ..., 1: „Und es ist sicher kein Zufall, dass Mela sein Werk nicht etwa mit der Hauptstadt Rom beginnt, sondern mit der seiner Heimatregion benachbarten Meerenge, zu der er am Ende auch zurückkehrt –, und die er schliesslich III 107 als ‚Unsere Meerenge' bezeichnet."
19 Vgl. etwa Str. 3,137 und das parallele Vorgehen bei Plin. nat. 3,5. Dass der Beginn im Westen ein traditioneller, „durch eine Vorlage bedingter" ist, wurde schon von H. Dahlmann vermerkt (RE XXI,2, „Pomponius 104 (P. Mela)", 2365, mit den frühesten Zeugnissen zu dieser Vorgehensweise).
20 Silberman, Pomponius Mela, 96, ad 3,107: „‚Nostrum fretum' doit désigner ici non pas la mer Méditerranée, mais le détroit de Gibraltar (II,96: ‚oram freti'), sur lequel l'auteur considère que se trouve ‚Tingentera' (II,95-96) ‚unde nos sumus' (II,96)". Ebenso Brodersen, Pomponii Melae, 1, (vgl. Anm. 18).
21 Zum Plan seiner Beschreibung vgl. Mela 1,24b und 3,1.
22 Der Ausdruck bei Brodersen, Pomponii Melae ..., 1, und Silberman, Pomponius Mela, 219 („son pays"), sollte in Anführungszeichen gesetzt werden. Auch wenn Mela die Fruchtbarkeit Hispaniens herausheben sollte, weil er sich dem Landstrich verbunden fühlte, ist die Iberische Halbinsel nicht sein „Heimatland".
23 Darauf verweist mit Nachdruck Brodersen, Pomponii Mela, 1. Ähnlich Dahlmann, H., RE XXI,2, „Pomponius 104 (P. Mela)", 2361, Anm. 1 (in Anlehnung an eine flüchtige Bemerkung von Duff, J.W., A literary History of Rome in the Silver Age, London, New York 1964³, 103): „Der Spanier scheint sich auch in der gegenüber der flüchtigen Italiens relativ sorgfältigen Beschreibung der Pyrenäenhalbinsel zu bekunden" (vgl. op. cit. 2388).

termassen nicht ausführlich beschrieben werden sollte.[24] Zum anderen hängt es damit zusammen, dass die Iberische Halbinsel, wie das ebenfalls recht umfangreich beschriebene Gallien (2,74-84; 3,16-23),[25] von zwei Seiten her betrachtet wird: Im zweiten Buch vom Mittelmeer und im dritten vom Atlantik her. Das Massnehmen an der Kapitelzahl ist allerdings an sich problematisch. Die Schilderung eines kleineren, bereits gut beschriebenen und kulturell interessierenden, urbanisierten Gebietes wird zumindest im Verhältnis länger und detaillierter[26] ausfallen (Griechenland 2,37-54) als die eines grösseren, unbekannteren, menschenleeren oder nur von Stämmen besiedelten (vgl. die Mittelmeerküste Afrikas:[27] 1,20-48). So stellt uns Mela Hispanien zwar tatsächlich detailliert, aber nicht etwa in auffälliger Weise anders als Gallien vor. Die Schilderung der beiden Mittelmeerküsten ist absolut vergleichbar. Dass es vom Atlantik her gesehen von der iberischen Halbinsel (3,3-15) mehr zu berichten gibt als von Gallien (3,16-23), ist kaum der Heimatverbundenheit zuzuschreiben: Zahlreiche Städte und berühmte Bergbaugebiete stehen weiten Landstrichen ohne bedeutendere Örtlichkeiten und Industrien gegenüber. Dafür verdienen die von Parroni als Erweis einer „particolare attenzione" angeführten, nur bei Mela vorkommenden Toponyme für die iberische Halbinsel Beachtung: Von 2,86-96 sind es sieben und von 3,3-15 dreizehn solche „hapax geografici",[28] d.h weitaus mehr als irgendwo sonst.[29] Auch dieses Ergebnis ist zu relativieren: Die Ausbeute für das „mittelmeerische" Hispanien mit seinen sieben Sondernennungen lässt sich durchaus mit den fünf für Südgallien vergleichen, und was die singulären dreizehn für das „atlantische" betrifft – wo anders hätte Mela überhaupt eine vergleichbare Anzahl Namen finden können? Im nördlichen Gallien kaum, in den Weiten Germaniens bestimmt nicht, und in Italien oder Griechenland trifft ebenfalls niemand ohne weiteres auf Örtlichkeiten, die uns auch noch Plinius, Ptolemaios oder sonst einer der Späteren vorenthalten hätte.[30] Bei aller Skepsis kann man aber zugestehen, dass der Chorograph seine Quellen für Hispanien offen-

---

24 Mela 2,58 *De Italia magis quia ordo exigit quam quia monstrari eget pauca dicentur: nota sunt omnia.*
25 Ebenfalls über 18 Kapitel erstreckt sich Griechenland (2,37-55), das wohlbekannt war und durch seine Bedeutung Interesse weckte.
26 D.h. es gibt mehr „Städtelisten" als allgemeine Beschreibungen.
27 Bis Aegypten: Dieses wird bereits Asien zugeschlagen (1,49).
28 Ausdruck bei Parroni, Pomponii Melae ..., 37.
29 Parroni, Pomponii Melae ..., 16 mit Verweis auf 38 (sc. ‚mit Anm. 32'). Da die Liste in Anm. 32 nicht vollständig ist – es fehlen u.a. ausgerechnet die Angaben zur Mittelmeerküste Spaniens – muss der Kommentar bemüht werden. Auswertung der „hapax geografici" für Hispanien, Gallien, Griechenland: Iberische Halbinsel: a) 2,86-96 (vom Mittelmeer her): 89 mons Iovis mit den scalae Hannibalis (vgl. 90 mons Iovis); 90 Baetulo; 90 Maius; 90 Tulcis; 91 Ferraria; 92 Sucronensis; 92 Sorobin. b) 3,3-15: 5 Olintigi; 5 Onolappa; 7 Portus Hannibalis; 10 Celadus; 10 Laeros; 10 Ulla; 11 Sars; (11 turris Augusti); 13 Adrobrica; 14 Salia; 15 Saunium; 15 Avarigini; 15 Namnasa. Gallien: a) 2,74-84 (vom Mittelmeer her): 80 Mesua collis; 82 Leucata; 84 Telis; 84 Ticis; 84 Cervaria. b) 3,16-23 (vom Atlantik her): 22 Antros. Griechenland: 2,37-55: 52 Callipolis.
30 Für die konkrete Auswertung vgl. Anm. 29.

sichtlich sorgfältiger ausgewertet hat als seine Vorbilder und Nachfolger.[31] Der ältere Plinius hat von Landsleuten wohl nicht umsonst eine besondere Beachtung der Heimat erwartet.[32]

Weniger Konkretes, als man denken könnte, bieten die aus Corduba stammenden Senecae. Die Verbindungen des Rhetors zu Spanien waren eng, „seine Kolonie" hielt ihn wegen des Bürgerkrieges länger fest, als dem jungen, ehrgeizigen Mann lieb war.[33] Den Rhetorikunterricht besuchte er zusammen mit seinem Landsmann und Freund seit frühester Jugend, Porcius Latro, bei dem möglicherweise ebenfalls aus Hispanien stammenden Marullus.[34] Latro wird den Söhnen in den *Controversiae* gleich zu Beginn als eindrücklichstes Vorbild hingestellt. Das beruht auf der engen persönlichen Verbindung der beiden Männer. Nur einmal spielt bei der Beurteilung des Freundes die Herkunft eine Rolle. Es ist die stets bewahrte „kraftvoll-ländliche Lebensweise spanischer Art", die Latro das Leben nehmen liess, wie es gerade kam, und in der Folge auch nichts Besonderes für seine Stimme tun liess: Weder modulierte er in allen Tonlagen, noch benutzte er schweisstreibende Einreibungen oder stärkte seine Lunge durch Spaziergänge.[35] Der *Hispanae consuetudinis mos* des Latro setzt sich wohltuend von der gegeisselten Verweichlichung der Zeitgenossen der jungen Senecae ab.[36] Allein schon die kunstvoll-feierliche Diktion *illum fortem et agrestem et Hispanae consuetudinis morem* empfiehlt, hinter den Worten grundsätzlich eine äusserst positive Einschätzung jener Lebensweise zu sehen. Es scheint also, dass Seneca, selber ein Mann von konservativer Strenge, wie mancher andere in der eigenen Heimat den Geist altrömischer *virtus* bewahrt sieht. Wer aber darauf achtet, in welchem Zusammenhang er sich über die „ungekünstelte, spanische Art" äussert, wird die Bemerkung nicht als Hervorstreichen heimatlicher Werte sehen dürfen.[37] Dieselbe unbekümmert natürliche, spanische Art – *utcumque res tulerat, ita vivere* –, die Seneca an sich zu schätzen scheint, war es nämlich, die den Freund jegliche, auch berechtigte Sorge um seine Stimme (*lucubrationibus et neglegentia, non natura infuscata*), ja überhaupt die Rücksicht auf seine Gesundheit vernachlässigen

---

31 Silberman, Pomponius Mela, 219f.: „Pomponius Mela donne de son pays une image, bien que plus succincte, précise, bien informée et parfois plus détaillée que celle de Strabon ...".
32 Plin. nat. 3,1 (vgl. S. 192, Anm. 30).
33 Sen. contr. 1, praef. 11 ... *ne Ciceronem quidem aetas mihi eripuerat sed bellorum civilium furor, qui ..., intra coloniam meam me continuit.*
34 Zu Senecas konkreten Verbindungen zu Hispanien im einzelnen vgl. Griffin, M., The Elder Seneca and Spain, JRS 62, 1972, 1-19 (zur Herkunft des Marullus: 6); Sussman, L.A., The Elder Seneca, Leiden 1978, 19-23 (die Schule eher in Rom? vgl. 20f.).
35 Sen. contr. 1, praef. 16 *nulla umquam illi cura vocis exercendae fuit; illum fortem et agrestem et Hispanae consuetudinis morem non poterat dediscere: utcumque res tulerat, ita vivere, nihil vocis causa facere, non illam per gradus paulatim ab imo ad summum perducere, non rursus ..., non sudorem unctione discutere, non latus ambulatione reparare.*
36 Vgl. Sen. contr. 1, praef. 8-10.
37 Nur positiv gewertet wird die Bemerkung von Bonjour, Terre, 252 (wieso sie in contr. 1, praef. 17, die „habitude espagnole de veiller très tard" findet, versteht so leicht niemand). Im genannten Zusammenhang gesehen hingegen auch von Fairweather, J., Seneca the Elder, Cambridge, London u.a. 1981, 58 u. 236.

liess, so dass er sich ganz auf seine angeborene und antrainierte körperliche Härte verlassen musste und dafür mit Fehlsichtigkeit und schlechtem Teint bezahlte.[38] Zwei andere Bemerkungen lassen in ganz ähnlicher Weise ein „objektiviertes Heimatbewusstsein"[39] erkennen, das die unreflektierte „Gefühlsebene", den Ausdruck eines „Nescio-Quid", durchaus mit Absicht sorgfältig meidet. Zwar stellt Seneca bezeichnenderweise als letzte Rednerporträts seiner *Controversiae* zwei unbekannte hispanische Landsleute vor (contr. 10, praef. 14-16): Gavius Silo und Clodius Turrinus, dessen Sohn der Familie engstens verbunden war.[40] Wenn er im letzten Satz der Praefatio betont, er täte das nicht aus Parteilichkeit, sie hätten es verdient,[41] sollte man es ihm glauben; andere Spanier, etwa der Vater Quintilians, werden nicht etwa einfach aus Heimatverbundenheit pfleglich behandelt.[42] Unverkennbar ist hingegen, dass Seneca den Söhnen Verdienste von Landsleuten[43] gerne bekannt macht, gerade von solchen, denen *quo minus ad famam pervenirent non ingenium defuit sed locus* (contr. 10, praef. 13).[44] Hier einzureihen ist auch suas. 6,27, wo er sich die Gelegenheit nicht nehmen lässt, einen Vers des Sextilius Ena zu zitieren (*non fraudabo municipem nostrum bono versu*) und im Zusammenhang damit eine passende Anekdote zum besten zu geben. Auch hier bemüht er sich um Objektivität: Er zitiert zwar den Vers des Landsmannes, der dem Cornelius Severus als Vorlage gedient haben soll, fügt aber gleich hinzu, dass die Version des Severus sehr viel besser sei, und meint denn auch, Ena ge-

---

38 Sen. contr. 1, praef. 16f.
39 Ich ziehe den Ausdruck vor, weil er das Reflektierte des Verhältnisses wiedergibt. Sussman, The Elder Seneca, 91, spricht direkter von „Spanish regional pride".
40 Sen. contr. 10, praef. 14 u. 16 ... *Turrinus Clodius, cuius filius fraterno vobis amore coniunctus est u. Inde filius quoque eius, id est meus – numquam enim illum a vobis distinxi –* ...
41 Sen. contr. 10, praef. 16 *Horum nomina non me a nimio favore sed a certo posuisse iudicio scietis, cum sententias eorum rettulero aut pares notissimorum auctorum sententiis aut praeferendas.*
42 Diese Tatsache wurde von Griffin, The Elder Seneca, 12, beobachtet und näher ausgeführt. Der Vater Quintilians wird übergangen (contr. 10, praef. 2), seine Herkunft, wie auch die anderer (mutmasslicher) „Spanier", nicht erwähnt. Sie mag den Söhnen ohnehin bekannt gewesen sein. Dass Iunius Gallio, der den ältesten Seneca-Sohn, Novatus, adoptiert hatte, aus der Baetica stammte, scheint mir keinesfalls so sicher, wie oft behauptet (Griffin, The Elder Seneca, 11f.; Sussman, The Elder Seneca, 91, Anm. 196): Die in diesem Zusammenhang noch von H. Chantraine (Kl. Pauly, „Iunius Gallio") bemühte Statius-Stelle silv. 2,7,32 bezieht sich natürlich auf Novatus, der nach der Adoption den Namen L. Annaeus Iunius Gallio trug (vgl. etwa Schanz-Hosius, II, 350, Anm. 1; van Dam, Silvae book II, 469; zögerlich Gerth, K., RE X, „Iunius 77", 1035: Die Stelle beziehe sich „nicht mit Sicherheit" auf den Rhetor, und obwohl man in der Frage der Heimat „auf Vermutungen angewiesen" sei, wird letztlich doch für eine gemeinsame Heimat plädiert (1035f.)).
43 Das gilt umso mehr – aber, wie der Fall des Silo und des Dichters Sextilius Ena zeigt, nicht ausschliesslich –, wenn die Leute wie Latro oder Turrinus Silo zum persönlichen Freundeskreis gehörten.
44 Zur Tatsache, dass es im Werk des älteren Seneca weitere „Spanier" gegeben haben könnte, vgl. Anm. 42.

höre zumindest auf Grund einiger Passagen durchaus zu den *poetae Cordubenses*, denen Cicero einen „dicken und fremden Ton" nachgesagt habe.[45]

Insgesamt ist es ein Glücksfall, wenn uns ein Prosaschriftsteller überhaupt oder wie Cicero gar ausführlicher über seine Geburtsheimat unterrichtet. Der jüngere Seneca etwa spricht zumindest in den erhaltenen und unzweifelhaft für authentisch geltenden Werken nie von Corduba,[46] obwohl er vom Vater mit den Verhältnissen in der näheren Heimat bekannt gemacht wurde und nicht nur in der Trostschrift an die Mutter, sondern eben auch in den Luciliusbriefen bei passender Gelegenheit hin und wieder Lebensumstände ausbreitete.[47] Auch der aus Calagurris stammende Quintilian hat in seinem Werk offenbar keine Gelegenheit gefunden, seine nähere Heimat vorzustellen.

---

45 Sen. suas. 6,27 *Sextilius Ena fuit homo ingeniosus magis quam eruditus, inaequalis poeta et plane quibusdam locis talis, quales esse Cicero Cordubenses poetas ait, <pingue> quiddam sonantis atque peregrinum*. Vgl. Cic. Arch. 26 *qui praesertim usque eo de suis rebus scribi cuperet ut etiam Cordubae natis poetis pingue quiddam sonantibus atque peregrinum tamen auris suas dederet*.

46 Es ist anzunehmen, dass Seneca in dem nahezu vollständig verlorenen Werk *De vita patris* auf die *germana patria* zu sprechen kam. – Zweifelhaftes: a) Das Epigramm Anth. Lat. 405 Sh. B. (= 409 R.) ist kaum Seneca zuzuschreiben (anders etwa Grimal, P., Seneca, Macht und Ohnmacht des Geistes, ins Deutsche übertragen von K.-H. Abel, Darmstadt 1978, 30). Prato, C., Gli epigrammi attribuiti a L. Anneo Seneca, introduzione, testo critico, traduzione, commento, indice delle parole, a cura di C.P., Roma 1964, 143, führt neben der grundsätzlichen Überlegung, dass sich gerade ein Epigramm, das so bekannte Dinge wie Senecas Exil und die Geschichte seiner Heimat erwähnt, besonders gut fälschen lässt, an, dass der Ruhm, den Seneca sich v. 3 (*vates*) und v. 13 (*ille tuus quondam magnus, tua gloria, civis*) zuschreibt, zur Zeit seines Exils noch gar nicht erreicht gewesen sei. Das scheint, auch wenn etwa die Entstehung der Tragödien gerne (aber ohne Gewissheit) in die Exilzeit datiert wird, plausibel – den Ruhm im Exil entstandener Werke wird er sich kaum schon angerechnet haben. b) Hingegen ist vermutlich Sen. frg. 88 Haase, in dem von der strengen sittlichen Moral der *Cordubenses nostri* erzählt wird, echt (Haase, F., L. Annaei Seneca opera quae supersunt, recognovit et rerum indicem locupletissimum adiecit F.H., vol. III, Leipzig 1886, tendiert dazu, das Fragment für echt zu halten, ist aber nicht überzeugt, dass es zu *De matrimonio* gehört (vgl. die Athetese p. 434). Sein Einwand (p. XVI), dass *parentibus* nicht „Verwandte" heissen könne und deshalb *octo* zu tilgen oder vor *vicinis* zu setzen sei, ist nicht stichhaltig: Vgl. u.a. Sen. epist. 108,19). Griffin, The Elder Seneca, 13, hält das Fragment für echt und beruft sich auf Bickel. Bickel, E., Diatribe in Senecae Philosophi fragmenta, vol. I, Fragmenta de matrimonio, Leipzig 1915, 288, Anm. 1, äussert sich ähnlich wie Haase, wendet sich aber bereits gegen dessen Vorbehalte zu *parentibus* – allerdings ohne eine geeignete Vergleichsstelle beizubringen.

47 In der Trostschrift für Helvia erfahren wir einiges über die Familienverhältnisse (dial. 6, 2,4f. u. 6,18f.), aber nichts über Corduba. Besonders reizvoll sind die Hinweise auf (unmittelbare) Lebensumstände in den Luciliusbriefen, etwa in epist. 4,55. Eine Erwähnung von Vergangenheit und Herkunft bot sich in diesem Rahmen aus naheliegenden Gründen kaum an. Vielleicht geht es nicht einmal zu weit anzunehmen, dass in einem Werk, das in die stoische Philosophie einführen sollte, das Hervorheben eigener lokaler Verbundenheit als unpassende, sozusagen gegen die propagierte Überwindung ständischer und nationaler Schranken verstossende Kleingeisterei erschienen wäre.

Die Äusserungen zur Heimat können mehr oder weniger persönlich geprägt sein. Eigenes ist reichlich eingeflossen beim Sprechen über die *germana patria*: Der Ernst und die nostalgische Prägung der Gefühle Ciceros stehen neben den natürlich-ungekünstelten Empfindungen eines Ovid. Grell hebt sich der unbändige, nur durch die Zeit gelinderte Schmerz des Properz vom sanften Klagen der vergilischen Hirten ab, die das Schicksal Mantuas nur leise in ihre heile arkadische Welt eintreten lassen. Die in ihrer Lebendigkeit gezeigten Landschaften Assisis oder Sirmios stehen im Gegensatz zu der zum Symbol erstarrten Flusslandschaft Mantuas oder zum ebenso symbolischen Daunien des Horaz. Plinius zeigt sich um seine Heimat eifrigst bemüht, und Statius rühmt das griechische Wesen der seinigen. Bei Martial schliesslich finden wir beissenden Witz – die Orte der keltiberischen Heimat sind ihm lieber als „Butunti" – und können mitverfolgen, wie am Vorabend seines Abschieds von Rom die *germana patria* zum klaren Ziel der stets gehegten Träume vom besseren Leben wird.

Überfliegen wir die genannten Kurzcharakteristiken – „Nostalgie bei Cicero", „Gefühlsintensität bei Properz", „leise Zurückhaltung bei Vergil", „emsiges Bemühtsein bei Plinius", „Witz und ‚das gute Leben' als Lebensziel bei Martial" – so scheint es beinahe, man spreche nicht von den besonderen Gefühlen und Einstellungen gegenüber der Geburtsheimat, sondern umreisse mit diesen Begriffen Gefühlswelt und Lebenshaltung des Autors überhaupt. Zum einen liegt das gewiss daran, dass es sich bei den Gefühlen für Heimat und Familie um etwas äusserst Intimes, Persönliches handelt. Zum anderen weist es uns aber unmissverständlich auf die Grenzen unseres Bemühens hin: Noch gibt es keine „Heimatgedichte" – weder ein volkstümliches „O Thurgau, du Heimat, ..."[48] noch ein dichterisches „Am grauen Strand, am grauen Meer ...".[49] Die Äusserungen über die Geburtsheimat sind eingebunden in das Werk des Autors, bestimmt durch die Art seines Schaffens, in hohem Masse vom Genos seiner Dichtung. Die Eigenart der Beziehung eines Dichters zu seiner Vaterstadt kann aus seinem Werk nicht in all ihren Schattierungen, sozusagen „objektiv" erfasst werden. Die Autoren gewähren lediglich Einblicke. So ist es gewiss falsch, das mutmassliche Interesse des Livius an Patavium auf die Geschichte der Stadt zu beschränken oder aus Ovid am. 2,16 zu schliessen, die Heimat sei dem Dichter der *Amores* nichts weiter als eine paradiesische, aber zuweilen langweilige Sommerfrische gewesen. Nicht unbedenklich ist es vielleicht auch, Vergil seine wenig persönliche Art, von der Heimat zu sprechen, als Desinteresse auszulegen.

---

48 Schweizer Volkslied des 19. Jh., Text: J.U. Bornhauser.
49 Anfangszeilen aus Theodor Storm, „Die Stadt" (gemeint ist seine Vaterstadt Husum, an der trotz ihrer Trostlosigkeit „sein ganzes Herz hing").

Grund zur Resignation gibt es trotzdem wenig. Wenn wir die Beziehung eines Autors zu seiner *germana patria* auch nicht bis ins Detail erhellen können, so sind die gewährten Einsichten zum Teil recht breit: Neben Cicero, Horaz und Ovid stehen auffällig – aber im Hinblick auf die historische Entwicklung kaum unerwartet –[50] Autoren des späteren ersten Jahrhunderts (Statius, Martial und Plinius), die sich im Verhältnis zu ihren Vorgängern weit ausführlicher äussern. Die Herkunft aus einem Municipium war zum Normalfall geworden; man brauchte sich deswegen nicht wie noch Cicero hin und wieder zu verteidigen.[51] Im Gegenteil – man konnte mit seiner Beziehung zur *germana patria* stolz paradieren und sich dadurch gar, wie der Fall des jüngeren Plinius exemplarisch zeigt, gleichzeitig als besonders devoter Sohn der *patria civitatis* zu erkennen geben.

Dort, wo die Einblicke weniger breit sind, sind sie nicht selten besonders signifikant – denken wir nur an den Schmerz des Properz oder an Catulls plötzliches bewusstes Wahrnehmen der Heimat nach seiner Rückkehr aus Bithynien. Wenn Livius in einem Werk über die Geschichte Roms in besonderem Masse auf seine Heimat eingehen mag, können wir an seinen engen Bindungen zu Patavium kaum zweifeln. Auch Vergil hat seine Heimat etwas bedeutet, nur müssen wir zugeben, dass wir darüber nicht allzuviel Konkretes erfahren und dass es gerade in seinem Falle ein bisschen so scheint, als ob ihm seine Geburtsheimat in späteren Jahren ferner lag als manch anderer Ort.

Was verbindet die Autoren mit ihrer Geburtsheimat? Referieren wir das Vorgefundene in groben Zügen, ohne stark zu individualisieren: Neben Stolz auf Familie und ererbten Besitz (Cicero, Properz, Ovid, Plinius) lässt sich nicht selten ein generelles Interesse an der Lokalgeschichte ausmachen (Cicero, (Vergil), Horaz, Ovid, Livius, Statius (mit Schwergewicht auf dem kulturellen Erbe)). Dazu tritt bei Vergil und Properz der Schmerz, den die jüngste politische Geschichte über ihre Heimat gebracht hatte, und Statius wird beim Gedanken an die Vesuvkatastrophe nachdenklich. In unsicherer Zeit, in Not und bei Erschöpfung, verspricht die *germana patria* Ruhe und Geborgenheit (Cicero, Catull, Ovid (potentiell …), Statius, Martial). Nachweisen lässt sich auch eine Verbundenheit mit den Landsleuten (Cicero, Catull, Horaz, (Ovid), Statius, Plinius, Martial, Seneca maior), die bei Cicero, Horaz, Martial und Plinius bis zur gelegentlichen Identifikation mit dem jeweiligen Volkscharakter gehen kann. Manche Zeile wird der heimatlichen Umgebung gewidmet (wenig deutlich bei Vergil, nicht als Beschreibung der Heimat zu fassen bei Livius), Horaz erinnert sich kurz seiner Kindheit.

---

50 Vgl. S. 28-31 u. 202f. mit Anm. 78.
51 Vgl. S. 42 mit Anm. 65.

Das alles scheint uns Heutigen vertraut. Trotzdem ist es problematisch, ohne weiteres von einer „Verbundenheit des Horaz mit der Landschaft um Venusia" zu sprechen, da wir damit wesentlich andere Vorstellungen als das gelegentliche Nennen einer heimatlichen Örtlichkeit verbinden. Gerade das „Romantische", das wir, bedingt durch die Erfahrungen mit der Literatur unserer Muttersprache,[52] so gerne mit dem Begriff „Heimat" verbinden, fehlt den untersuchten Zeugnissen. Idealisierung von Land und Leuten? Gewiss, aber keine träumerisch-schwärmerische. Stolz ist man auf Familie und ererbten Besitz, auf die Kriegstaten und Sitten der Landsleute, gelegentlich auf das Klima und die Fruchtbarkeit der Heimat – das alles aber ganz direkt, ohne ein wehmütiges Sich-Zurücksehnen nach „teuren Ufern am stillen Strom", „trauten Bergen" und „der Mutter Haus".[53] Martial hat Bilbilis „zum Paradies in westlicher Ferne" idealisiert, trotzdem fehlt seinem Verlangen nach der Heimat die tiefe Wehmut. Dieses gründet vielmehr auf der trotzigen Absage an ein Rom, das ihm nichts mehr bieten wollte, und auf der ihm durch eben diese Enttäuschung lieb werdenden Idee, die Vorstellungen vom „guten Leben" zu Hause Wirklichkeit werden zu lassen. Ähnliches gilt für Statius, der Neapel seiner Frau zwar durchaus rührend als *amborum genetrix altrixque* und in einigen Versen auch als „im goldenen Zeitalter verblieben" vorstellt, den modernen Leser aber mit dem langen Katalog der „Vorteile und Sehenswürdigkeiten" mit einer diesen in einem „Heimatgedicht" seltsam anmutenden krassen Realität konfrontiert und ihn ganz unromantisch an eine Art „antiken Baedeker" denken lässt.

In erster Linie sind die Autoren Rom, der Repräsentantin des grossen Vaterlandes, verpflichtet. Obwohl mancher von ihnen der Metropole – auch wenn er als Römer ihre Grösse und Macht gleichzeitig aufrichtig bewundern mochte – zuweilen kritisch gegenüberstand und genug von den dort gesponnenen politischen Intrigen rund um das „grosse Vaterland" oder auch nur von der Hektik und der Mühsal des hauptstädtischen Lebens hatte, wusste er genau, dass Rom das einzig mögliche Umfeld für erfolgreichstes politisches Wirken (Cicero, Plinius) und dichterisches Schaffen bot. Der *domina urbs*[54] war Achtung zu zollen, und sollte

---

52 Die „Heimatthematik" wurde in der deutschen Literatur nachhaltig von den Romantikern geprägt, in deren Lebensgefühl „Verlorenheit und Heimatlosigkeit" – auch im weitesten Sinne – eine überragende Rolle spielte. Vgl. dazu e.g. Neumeyer, M., Heimat, Zu Geschichte und Begriff eines Phänomens, Kiel 1992, 15f.; einen guten Überblick über die „Heimat" in der deutschen Literatur bietet Bastian, A., Der Heimat-Begriff, Eine begriffsgeschichtliche Untersuchung in verschiedenen Funktionsbereichen der deutschen Sprache, Tübingen 1995, 176-216 (über die Rolle der Romantik: 180-83).
53 Motive aus Friedrich Hölderlin, „Die Heimat".
54 Mart. 1,3,3 u.a. (vgl. S. 183 mit Anm. 152).

einer, wie etwa Martial, das zu vergessen suchen, wurde er unter Umständen schnell und unsanft daran erinnert.⁵⁵

Neben Rom tritt die *germana patria*, aber eben auch die eine oder andere „Wahlheimat". „Wahlheimat" und *germana patria* mussten sich die „privateren Gefühle" der Autoren teilen: Für Cicero gibt es manches ebenso geschätzte Landgut wie das Arpinas, Horaz liebte nach dem Verlust seines Vatergutes sein Sabinum, Tibur und Tarent, Vergil unterhielt engste Beziehungen zu Kampanien und Tarent. Plinius verbrachte nicht nur viel Zeit in seiner Villa in Stadtnähe, sondern ebensoviel in Etrurien, Martial suchte zu besseren Zeiten seinen Alterssitz in Altinum, allein Statius scheint – vielleicht doch nicht erst nach der Rückkehr? – Neapel bedingungslos an die erste Stelle zu setzen.⁵⁶ Man erinnert sich seiner engeren Heimat allerdings gerne und nicht selten mit einem leisen Anflug von Rührung (Cicero, Horaz, Ovid), oft genug mit Stolz. Diejenigen, denen das Vatergut erhalten blieb, scheinen es regelmässig besucht zu haben. Livius ist im Alter nach Patavium „heimgekehrt", ebenso der erschöpfte Statius nach Neapel. Martial musste die bittere Erfahrung vieler Heimkehrer aller Zeiten machen: Heimat kann nach jahrelanger Abwesenheit zur Fremde werden. Zuvor, im Getriebe Roms, galt aber auch für ihn: GERMANA PATRIA? – INEST NESCIO QUID ET LATET IN ANIMO AC SENSU MEO ...⁵⁷

---

55 Ohne Probleme hat sich offenbar Livius in seine Heimat zurückgezogen. Auch Statius scheint in Neapel nicht unglücklich gewesen zu sein – allerdings war es ihm nicht vergönnt, den Lebensabend lange zu geniessen (er wusste im übrigen genau, dass das Leben in Kampanien – insbesondere das kulturell-gesellschaftliche – Langeweile nicht aufkommen lässt und die „Öde der Provinz" (*provincialis solitudo* (Mart. 12, praef. 1. 4f.)) nie zum Thema werden wird.).
56 Stat. silv. 4,5,21f.
57 Cic. leg. 2,3.

XIV BIBLIOGRAPHIE

XIV.1 ABGEKÜRZT ZITIERTE LITERATUR

Forcellini = Forcellini, E., Furlanetto, J., De Vit, V., Totius Latinitatis Lexicon, 10 Bde., Prato 1858-1887.
ThlL = Thesaurus linguae Latinae, Leipzig 1900ff.
Georges = Georges, K.E., Ausführliches Lateinisch-Deutsches Handwörterbuch, 2 Bde., Hannover 1913[8] (Nachdruck).
OLD = Oxford Latin Dictionary, ed. P.G.W. Glare, Oxford 1982.
Walde-Hofm. = Walde, A., Hofmann, J.B., Lateinisches Etymologisches Wörterbuch von A.W., 3., neubearbeitete Auflage von J.B.H., 2 Bde., Heidelberg 1938.
CIL = Corpus Inscriptionum Latinarum, ed. Th. Mommsen u.a., Berlin 1869ff.
CIL, suppl. Italica = Pais, E., Corporis inscriptionum Latinarum supplementa Italica, fasc. I, additamenta ad vol. V. Galliae Cisalpinae, Atti della R. Accademia dei Lincei 285, 1888, serie quarta, Memorie della classe di scienze morali, vol. V, Roma 1884.
ILS = Inscriptiones Latinae selectae, ed. H. Dessau, 3 Bde., Berlin 1892-1916.
IG = Inscriptiones Graecae, Berlin 1873ff.
Kühner-Stegmann = Kühner, R., Stegmann, C., Ausführliche Grammatik der lateinischen Sprache, II. Teil: Satzlehre, 2 Bde., Hannover 1912-1914[2] (Nachdruck).
Hofmann-Szantyr = Hofmann, J.B., Szantyr, A., Lateinische Syntax und Stilistik, München 1965[2].
RE = Pauly's Realencyclopädie der classischen Altertumswissenschaft, neue Bearbeitung, edd. G. Wissowa, W. Kroll, K. Ziegler, 84 Bde., Stuttgart 1894-1980.
Kl. Pauly = Der Kleine Pauly, Lexikon der Antike, edd. K. Ziegler, W. Sontheimer, Stuttgart 1964-1975.
OCD = The Oxford Classical Dictionary, edited by S. Hornblower, A. Spawforth, Oxford, New York 1996[3].
Schanz-Hosius = Schanz, M., Hosius, C., Krüger, G., Geschichte der römischen Literatur, 4 Teile in 5 Bden., München, 1914-1935[1-4].
von Albrecht = von Albrecht, M., Geschichte der römischen Literatur, 2 Bde., München 1994[2].
CAH = The Cambridge Ancient History, vol. X[2]/XI; X[2]: The Augustan Empire, 43 B.C.-A.D. 69, edd. A.K. Bowman, E. Champlin, A. Lintott, Cambridge 1996; XI: The Imperial Peace, A.D. 70-192, edd. S.A. Cook, F.E. Adcock, M.P. Charlesworth, Cambridge 1975 (Nachdruck d. korrigierten Ausg. von 1965 (first publ. 1936)).

XIV.2 HAUPTSÄCHLICH HERANGEZOGENE TEXTAUSGABEN, KOMMENTARE, ÜBERSETZUNGEN (weitere Werke vgl. Anm.; *: massgebend für den Text)

Catull

Baehrens, Ae., Schulte, K.P., Catulli Veronensis liber, recensuit Ae.B., nova editio a K.P. Schulte curata, Leipzig 1883.
Riese, A., Die Gedichte des Catullus, herausgegeben und erklärt von A.R., Leipzig 1884.
Ellis, R., A Commentary on Catullus, Oxford 1889[2].
Friedrich, G., Catulli Veronensis liber, erklärt von G.F., Leipzig, Berlin 1908.
Merrill, E.T., Catullus, edited by E.T.M., Cambridge (Mass.) 1951[2].
*Mynors, R.A.B., C. Valerii Catulli carmina, recognovit brevique adnotatione critica instruxit R.A.B.M., Oxford 1958.

Kroll, W., C. Valerius Catullus, herausgegeben und erklärt von W.K., Stuttgart 1980[6] (Nachdruck d. 3. Auflg. 1959, mit mehrmals nachgetragener und abgeänderter Bibliographie).
Fordyce, C.J., Catullus, The Poems, edited with introduction by C.J.F., Oxford 1961.
Quinn, K., Catullus, The Poems, edited with introduction, revised text and commentary by K.Q., Glasgow 1973[2].

Cicero
du Mesnil, A., M. Tulli Ciceronis de legibus libri tres, erklärt von A.d.M., Leipzig 1879.
Plinval, G., Cicéron, Traité des lois, texte établi et traduit par G.P., Paris 1968[2].
Büchner, C., M. Tulli Ciceronis de legibus libri tres, C.B. recognovit, Florenz 1973.
*Ziegler, K., Görler, W., Cicero, De legibus, herausgegeben von K.Z., 3. Auflg. überarbeitet von W.G., Freiburg, Würzburg 1979[3].

Columella
*Richter, W., Lucius Iunius Moderatus Columella, Zwölf Bücher über Landwirtschaft, Buch eines Unbekannten über Baumzüchtung, lateinisch-deutsch, herausgegeben und übersetzt von W.R., 3 Bde., München 1981, 1982, 1983.

Horaz
Orellius, I.G., Baiter, I.G., Hirschfelder, G., Q. Horatius Flaccus, recensuit atque interpretatus est I.G.O., editio quarta maior emendata et aucta quam post I.G. Baiterum curavit G.H., vol. prius, Odae, Carmen saeculare, Epodi, Berlin 1886[4].
*Klingner, F., Horatius, Opera, edidit F.K., Leipzig 1982[6] (3. unv. Nachdruck der 3. Auflg. 1959).
Shackleton Bailey, D.R., Q. Horati Flacci opera, edidit D.R.Sh. B., Stuttgart 1985.
Kiessling, A., Heinze, R., Horaz, Satiren, erklärt von A.K., sechste Auflage erneuert von R.H., mit einem Nachwort und bibliographischen Nachträgen von E. Burck, Berlin 1957[6].
Brown, M.P., Horace, Satires I, with an introduction, text, translation and commentary, Warminster 1993.
Kiessling, A., Heinze, R., Horaz, Oden und Epoden, erklärt von A.K., zehnte Auflage besorgt von R.H., mit einem Nachwort und bibliographischen Nachträgen von E. Burck, Berlin 1960[10].
Arnaldi, F., Orazio, Odi e epodi, con introduzione e note di F.A., Milano, Messina 1961.
Nisbet, R.G.M., Hubbard, M., A Commentary on Horace: Odes, Book 1, Oxford 1970.
Williams, G., The Third Book of Horace's Odes, edited with translation and running commentary by G.W., Oxford 1996.
Holder, A., Pomponi Porfyrionis commentum in Horatium Flaccum, recensuit A.H., Hildesheim 1967.

Livius
Weissenborn, W., Müller, H.J., Titi Livi ab urbe condita libri, bearbeitet von W. Weissenborn und H.J. Müller, 1./3. Bd., Buch I / IX und X, Berlin 1962[10] / 1962[6] (Nachdrucke der 9. Auflg. 1908 / 5. Auflg. 1890).
Ogilvie, R.M., A Commentary on Livy, Books 1-5, Oxford 1965.
*Ogilvie, R.M., Titi Livi ab urbe condita, recognovit et adnotatione critica instruxit R.M.O., t. I, libri I-V, Oxford 1974.
*Walters, C.F., Conway, R.S., Titi Livi ab urbe condita, recognoverunt et adnotatione critica instruxerunt R.M.O. et R.S.C., t. II, libri VI-X, Oxford 1919.
Seely, J.R., Livy, Book I, with introduction, historical examination and notes by J.R.S., Oxford 1881[3].
Heurgon, J., T. Livi ab urbe condita liber primus, Tite-Live, Histoires, livre premier, édition, introduction et commentaire de J.H., Paris 1963.

Martial

Friedländer, L., M. Valerii Martialis Epigrammaton libri, mit erklärenden Anmerkungen von L.F., 2 Bde., Leipzig 1886.

Helm, R., Martial, Epigramme, eingeleitet und im antiken Versmass übertragen von R.H., Zürich, Stuttgart 1957.

Izaac, H.J., Martial, Épigrammes, t. I (livres I-VII) / II (livres VIII-XII/XIII-XIV), texte établi et traduit par H.J.I., Paris 1961[2].

Ker, W.C.A., Martial, Epigrams, with an English translation by W.C.A.K., vol. I/II Cambridge (Mass.), London 1968[2].

Citroni, M., M. Valerii Martialis Epigrammaton liber primus, introduzione, testo, apparato critico e commento a cura di M.C., Florenz 1975.

Howell, P., A Commentary on Book One of the Epigrams of Martial, London 1980.

Norcio, G., Epigrammi di Marco Valerio Marziale a cura di G.N., Torino 1980.

*Shackleton Bailey, D.R., M. Valerii Martialis Epigrammata post W. Heraeum ed. D.R.Sh. B., Stuttgart 1990.

Shackleton Bailey, D.R., Martial, Epigrams, edited and translated by D.R.Sh. B., vol. I-III, Cambridge (Mass.), London 1993.

Grewing, F., Martial, Buch VI, ein Kommentar, Göttingen 1997.

Mela

*Parroni, P., Pomponii Melae de chorographia libri tres, introduzione, edizione critica e commento a cura di P.P., Roma 1984.

Silberman, A., Pomponius Mela, Chorographie, texte établi, traduit et annoté par A.S., Paris 1988.

Brodersen, K., Pomponius Mela, Kreuzfahrt durch die alte Welt, zweisprachige Ausgabe von K.B., Darmstadt 1994.

Ovid

Brandt, P., P. Ovidi Nasonis Amorum libri tres, erklärt von P.B., erste Abteilung: Text und Kommentar, Leipzig 1911.

Munari, F., P. Ovidi Nasonis Amores, testo, introduzione, traduzione e note di F.M., Firenze 1955.

*Kenney, E.J., P. Ovidi Nasonis, Amores, Medicamina faciei femineae, Ars amatoria, Remedia amoris, iteratis curis edidit E.J.K., Oxford 1994[2].

Lenz, F.W., Ovid, Die Liebeselegien, lateinisch und deutsch von F.W.L., Darmstadt 1965.

Marg, W., Harder, R., Ovid, Liebesgedichte, Amores, lateinisch und deutsch von W.M. und R.H., München 1968[3].

Frazer, J.G., Publius Ovidius Naso, Fastorum libri sex, edited with a translation and commentary by Sir J.G.F., III: Commentary on books III and IV, Hildesheim, New York 1973 (Nachdruck der Ausg. 1929).

Bömer, F., Ovid, Die Fasten, herausgegeben, übersetzt und kommentiert von F.B., 2 Bde., Heidelberg 1957 u. 1958.

Gerlach, W., Ovid, Fasti, Festkalender Roms, lateinisch und deutsch ed. W.G., München 1960.

*Alton, E.H., Wormell D.E.W., Courtney, E., P. Ovidi Nasonis fastorum libri sex, recensuerunt E.H.A., D.E.W.W., E.C., Leipzig 1978.

*Owen, S.G., P. Ovidi Nasonis Tristia, Ibis, Epistulae ex Ponto, Halieutica, Fragmenta, recognovit brevique adnotatione critica instruxit S.G.O., Oxford 1955 (Nachdruck der Ausg. 1915).

Willige, W., Luck, G., Ovid, Briefe aus der Verbannung (Tristia, Ex Ponto), lateinisch und deutsch von W.W. und G.L., Zürich, Stuttgart 1963.

Luck, G., P. Ovidius Naso, Tristia, herausgegeben, übersetzt und erklärt von G.L., 2 Bde. (1: Text und Übersetzung; 2: Kommentar), Heidelberg 1967, 1977.

Plinius

Mueller, C.W.F., C. Plini Caecili Secundi epistularum libri novem, epistularum ad Traianum liber, Panegyricus, recognovit C.F.W.M., Leipzig 1903.

Guillemin, A.-M., Pline le Jeune, Lettres, texte établi et traduit par A.-M.G., t. I-IV, Paris 1953 (I), 1955 (II), 1959 (III/IV).

*Mynors, R.A.B., C. Plini Caecili Secundi, Epistularum libri decem, recognovit brevique adnotatione critica instruxit R.A.B.M., Oxford 1963.

Sherwin-White, A.N., The Letters of Pliny, A Historical and Social Commentary by A.N.Sh.-W., Oxford 1966.

Radice, B., Pliny, Letters and Panegyricus, t. I/II, with an English Translation by B.R., London 1969.

Trisoglio, F., Opere di Plinio Cecilio Secondo, a cura di F.T., Torino 1973.

Kasten, H., Gaius Plinius Caecilius Secundus, Briefe, Epistularum libri decem, lateinisch-deutsch ed. H.K., Darmstadt, 1990⁶.

Properz

Rothstein, M., Die Elegien des Sextus Propertius, erklärt von M.R., 2 Bde., Berlin 1920-24² (Nachdruck der Ausg. 1898).

Butler, H.E., Propertius, with an English Translation, Cambridge (Mass.), London 1962⁸ (Nachdruck der Ausg. 1912).

Butler, H.E., Barber, E.A., The Elegies of Propertius, edited with introduction and commentary by H.E.B. and E.A.B., Hildesheim 1964 (Nachdruck der Ausg. 1933).

Enk, P.J., Sexti Propertii elegiarum liber I/II, cum prolegomenis, conspectu librorum et commentationum ad IV libros Propertii pertinentium, notis criticis, commentario, edidit P.J.E., Leiden 1946 (I), 1962 (II).

*Barber, E.A., Sexti Properti carmina, recognovit brevique adnotatione critica instruxit E.A.B., Oxford 1960².

Camps, W.A., Propertius, Elegies, book I, book IV, edited by W.A.C., Cambridge 1961, 1965.

D'Arbela, E., Propertii elegiarum libri IV, recognovit, adnotatione critica instruxit, italice reddidit E.d'A., Milano 1965.

Helm, R., Properz, Gedichte, lateinisch und deutsch von R.H., Bern 1965.

Richardson, L. (Jr.), Propertius, Elegies I-IV, edited, with introduction and commentary by L.R. (Jr.), Oklahoma 1976.

Fedeli, P., Sesto Properzio, Il primo libro delle Elegie, introduzione, testo critico e commento a cura di P.F., Firenze 1980.

Goold, G.P., Propertius, Elegies, edited and translated by G.P.G., Cambridge (Mass.), London 1990.

Seneca maior

*Håkanson, L., L. Annaeus Seneca Maior, Oratorum et rhetorum sententiae, divisiones, colores, recensuit L.H., Leipzig 1989.

Statius

Vollmer, F., P. Papinii Statii silvarum libri, herausgegeben und erklärt von F.V., Hildesheim, New York 1971 (Nachdruck der Ausg. 1898).

Phillimore, I.S., P. Papini Stati Silvae, recognovit brevique adnotatione critica instruxit I.S.Ph., Oxford 1905.

Mozley, J.H., Statius, with an English Translation by J.H.M, vol. I, Silvae, Thebaid I-IV, Cambridge (Mass.), London 1967 (Nachdruck der Ausg. 1928).

Frère, H., Izaac, H.J., Stace, Silves, texte établi par H.F. et traduit par H.J.I., t. I (livres I-III), t. II (livres IV-V), Paris 1944.

Marastoni, A., P. Papini Stati Silvae, recensuit A.M., Leipzig, 1970².
Traglia, A., Aricò, G., Opere di Publio Papinio Stazio, a cura di A.T. e G.A., Torino 1980.
Van Dam, H.-J., P. Papinius Statius, Silvae Book II, A Commentary by H.-J.VD., Leiden 1984.
Coleman, K.M., Statius, Silvae IV, edited with an English Translation and Commentary by K.M.C., Oxford 1988.
*Courtney, E., P. Papini Stati Silvae, recognovit brevique adnotatione critica instruxit E.C., Oxford 1990.
Wissmüller, H., Statius, Silvae, übersetzt und erläutert von H.W., Neustadt 1990.
Laguna, G., Estacio, Silvas III, Introducción, edición crítica, traducción y comentario, Madrid 1992.

Vergil

Conington, J., Nettleship, H., P. Vergili Maronis opera, with a commentary by J.C., vol. 1, containing the Eclogues and Georgics, forth edition, revised, with corrected orthography and additional notes and essays by H.N., London 1881⁴ (Nachdruck).
Ladewig, Th., Schaper, C., Deuticke, P., Jahn, P., Vergils Gedichte erklärt von Th.L., C.Sch., bearbeitet von P.D., erstes Bändchen, Bukolika und Georgika, 9. Auflage, bearbeitet von P.J., Berlin 1915⁹.
*Mynors, R.A.B., P. Vergili Maronis opera, recognovit brevique adnotatione critica instruxit R.A.B.M., Oxford 1969.
Clausen, W., A Commentary on Virgil, Eclogues, by W.C., Oxford 1994.
Richter, W., P. Vergilii Maronis Georgica, herausgegeben und erklärt von W.R., München 1957.
Thomas, R.F., Virgil, Georgics, vol. 2: books III-IV, edited by R.F.Th., Cambridge u.a. 1988.
Mynors, R.A.B., Virgil, Georgics, edited with a commentary by R.A.B.M., with a preface by R.G.M. Nisbet, Oxford 1990.
Harrison, S.J., Vergil, Aeneid 10, with introduction, translation, and commentary by S.J.H., Oxford 1991.
Thilo, G., Hagen, H., Servii Grammatici, qui feruntur in Vergilii carmina commentarii, recensuerunt G.Th. et H.H., vol. II, Aeneidos librorum VI-XII recensuit G.Th., Leipzig 1884.
Thilo, G., Servii Grammatici, qui feruntur in Vergilii Bucolica et Georgica commentarii, recensuit G.Th., Leipzig 1887.

XIV.3 SEKUNDÄRLITERATUR

Abbott, F.F., Johnson, A.C., Municipal Administration in the Roman Empire, New York 1968 (Nachdruck d. Ausg. 1926).
Abel, K., Zu Horaz c. 3,30, RhM 105, 1962, 92f.
Abel, W., Die Anredeform bei den römischen Elegikern, Untersuchungen zur literarischen Form, Berlin 1930.
Adamik, Th., Die Funktion der Alliteration bei Martial, ZAnt 25, 1975, 69-75.
Alföldy, G., Fasti Hispanienses, Senatorische Reichsbeamte und Offiziere in den spanischen Provinzen des römischen Reiches von Augustus bis Diokletian, Wiesbaden 1969.
Alföldy, G., Römische Sozialgeschichte, Wiesbaden 1984³.
Allain, E., Pline le Jeune et ses héritiers, t. I-III, Paris 1901, 1902.
Aubrion, E., La „Correspondance" de Pline le Jeune, Problèmes et orientations actuelles de la recherche, in: ANRW II, 33.1, ed. W. Haase, Berlin, New York 1989, 304-74.
Barbieri, G., Pompeo Macrino, Asinio Marcello, Bebio Macro e i fasti ostiensi del 115, MEFR 82, 1970, 263-78.

Bastian, A., Der Heimat-Begriff, Eine begriffsgeschichtliche Untersuchung in verschiedenen Funktionsbereichen der deutschen Sprache, Tübingen 1995.
Becker, E., Technik und Szenerie des ciceronischen Dialogs, Diss. Münster 1938.
Bellinger, A.R., Martial, The Suburbanite, CJ 23, 1928, 425-35.
Beloch, J., Campanien, Geschichte und Topographie des antiken Neapel und seiner Umgebung, Breslau 1890[2].
Berends, H., Die Anordnung in Martials Gedichtbüchern I-XII, Diss. Jena 1932.
Bernert, E., „Naturgefühl", RE XVI, 1935, 1811-85, dort: 1811-63.
Besnier, M., De regione Paelignorum, Thèse Paris 1902.
Besnier, M., Sulmo, Patrie d'Ovide, in: Mélanges Boissier, Recueil de mémoires concernant la littérature et les antiquités romaines dédié a G. Boissier à l'occasion de son 80e anniversaire, ed. A. Fontemoing, Paris 1903, 57-63.
Besslich, S., Anrede an das Buch, Gedanken zu einem Topos in der römischen Dichtung, in: Festschrift für H. Widmann, ed. A. Swierk, Stuttgart 1974, 1-12.
Bickel, E., Beiträge zur römischen Religionsgeschichte, RhM 72, 1917/18, 52-61.
Birt, Th., Die Fünfzahl und die Properzchronologie, RhM 70, 1915, 253-314.
Bleicken, J., Verfassungs- und Sozialgeschichte des Römischen Kaiserreichs, Bd. 1, Paderborn 1981[2].
Bonjour, M., Terre natale, Études sur une composante affective du patriotisme romain, Paris 1975.
Boucher, J.-P., Études sur Properce, Problèmes d'inspiration et d'art, Paris 1965.
Brunt, P.A., The Romanization of the Local Ruling Classes in the Roman Empire, in: Assimilation et résistance à la culture gréco-romaine dans le monde ancien, travaux du VIe congrès international d'études classiques (Madrid, septembre 1974), ed. D.M. Pippidi, Bukarest, Paris 1976, 161-73.
Brunt, P.A., Italian Manpower, 225 B.C. - A.D. 14, Oxford 1987[2].
Buchheit, V., Der Anspruch des Dichters in Vergils Georgica, Dichtertum und Heilsweg, Darmstadt 1972.
Büchner, K., „P. Vergilius Maro", RE VIII,1 u. 2 A, 1955 u. 1958, 1021-486.
Büchner, K., Cicero, Bestand und Wandel seiner geistigen Welt, Heidelberg 1964.
Bütler, H.-P., Die geistige Welt des jüngeren Plinius, Studien zur Thematik seiner Briefe, Heidelberg 1970.
Burck, E., Die Erzählkunst des Titus Livius, Berlin, Zürich 1964[2].
Burck, E., Statius an seine Gattin Claudia (Silvae 3,5), WS 99, 1986, 215-27.
Burnikel, W., Zur Bedeutung der Mündlichkeit in Martials Epigrammbüchern I-XII, in: Strukturen der Mündlichkeit in der römischen Literatur, ed. G. Vogt-Spira, Tübingen 1990, 221-34.
Cairns, F., Venusta Sirmio, Catullus 31, in: Quality and Pleasure in Latin Poetry, edited by T. Woodman, D. West, Cambridge 1974, 1-17.
Cancik, H., Römischer Religionsunterricht in apostolischer Zeit, Ein pastoralgeschichtlicher Versuch zu Statius, Silve V,3,176-184, in: Wort Gottes in der Zeit, Festschrift H. Schelkle, edd. H. Feld, J. Nolte, Düsseldorf 1973, 181-97.
Cancik, H., Statius, ‚Silvae', Ein Bericht über die Forschung seit Friedrich Vollmer (1898), in: ANRW II 32.5, ed. W. Haase, Berlin, New York 1986, 2681-726.
Canter, H.V., Venusia and the Native Country of Horace, CJ 26, 1931, 439–56.
Carcopino, J., Les sécrets de la correspondance de Cicéron, t. 1, Paris 1947.
Castagnoli, F., Roma nei versi di Marziale, Athenaeum 28, 1950, 67-78.
Champlin, E., Fronto and Antonine Rome, Cambridge (Mass.) 1980, 5-19.
Chevallier, R., La géographie de Catulle, BAGB 1977, 187-93.
Christ, K., Geschichte der römischen Kaiserzeit, München 1988.
Citroni, M., Funzione communicativa occasionale e modalità di atteggiamenti espressivi nella poesia di Catullo, SIFC 50, 1978, 90-115.
Clington, K., Publius Papinius St[---] at Eleusis, TAPhA 103, 1972, 79-82.

Coleiro, E., An Introduction to Vergil's Bucolics with a Critical Edition of the Text, Amsterdam 1979.
Crawford, M.H., (ed.), Roman Statutes, vol. 1, London 1996.
Curcio, G., Studio su P. Papinio Stazio, Catania 1893.
D'Arms, J.H., Romans on the Bay of Naples, A Social and Cultural Study of the Villas and Their Owners from 150 B.C. to A.D. 400, Cambridge (Mass.) 1970.
Dahlheim, W., Gewalt und Herrschaft, Das provinziale Herrschaftssystem der römischen Republik, Berlin, New York 1977.
Dahlheim, W., Die Funktion der Stadt im römischen Herrschaftsverband, in: Stadt und Herrschaft, Römische Kaiserzeit und Hohes Mittelalter, ed. F. Vittinghoff, München 1982, 13-74.
Dahlheim, W., Die Antike, Griechenland und Rom von den Anfängen bis zur Expansion des Islam, Paderborn 1994.
De Grazia, P., Orazio Flacco, La sua terra natale, la sua famiglia, ASCL 5, 1935, 1-20.
De la Ville de Mirmont, H., La jeunesse d'Ovide, Paris 1905.
Della Corte, F., Il paesaggio mantovano in Vergilio, AVM 53, 1985, 41-56.
Delz, J., Zu den ‚Silvae' des Statius, MH 49, 1992, 239-55.
De Martino, F., Wirtschaftsgeschichte des alten Rom, aus dem Italienischen übersetzt von B. Galsterer, München 1991[2].
De Neeve, P.W., A Roman Landowner and his Estates: Pliny the Younger, Athenaeum 68, 1990, 363-402.
Detlefsen, D., Die Beschreibung Italiens in der Naturalis Historia des Plinius und ihre Quellen, Leipzig 1901.
Doblhofer, E., Die Sprachnot des Verbannten am Beispiel Ovids, in: Kontinuität und Wandel, Lateinische Poesie von Naevius bis Baudelaire, F. Munari zum 65. Geburtstag, ed. U.J. Stache u.a., Hildesheim 1986, 100-16.
Dolç, M., Hispania y Marcial, Contribución al conocimiento de la España antigua, Barcelona 1953.
Dolç, M., La investigación sobre la toponimía hispana de Marcial, EC 4, 1957, 68-79.
Dolç, M., Due passioni di Marziale: Roma e Hispania, in: Problemi attuali di scienza e di cultura, Colloquio italo-spagnolo sul tema: Hispania Romana (Roma, 15-16 maggio 1972), Accademia nazionale dei lincei 200, 1974, 109-25.
Domergue, C., Les mines de la péninsule ibérique dans l'antiquité romaine, Rome 1990.
Duncan-Jones, R., The Finances of the Younger Pliny, PBSR 33, 1965, 177-88.
Duncan-Jones, R., The Economy of the Roman Empire, Quantitative Studies, Cambridge 1974.
Duff, J.W., A literary History of Rome in the Silver Age, London, New York 1964[3].
Eck, W., Die staatliche Organisation Italiens in der hohen Kaiserzeit, München 1979.
Eden, P.T., Problems in Statius: Silvae (III), Mn 46, 1993, 377-80.
Elisei, R., La patria di Properzio, MC 8, 1938, 148-58.
Erb, G., Zu Komposition und Aufbau im ersten Buch Martials, Frankfurt a. M., Bern, 1981.
Fairweather, J., Seneca the Elder, Cambridge, London u.a. 1981.
Fasciano, D., Virgile, Concordance I, Églogues, Géorgique, Énéide, Roma 1982.
Fernández Gómez, F., La lex Irnitana y su contexto arqueológico, Sevilla 1990.
Festa, N., Recordi lucani in Orazio, Il paesaggio e la vita esteriore, (presentazione di P. Fedeli), Venosa 1991[2] (zuerst 1920).
Flintoff, E., The Setting of Vergils Eclogues, Latomus 33, 1974, 814-46.
Förtsch, R., Archäologischer Kommentar zu den Villenbriefen des jüngeren Plinius, Mainz 1993.
Forni, G., I Properzi nel mondo romano: indagine prosopografica, in: Bimillenario della morte di Properzio, Atti del convegno internazionale di studi properziani (Roma-Assisi, 21-26 maggio 1985), Assisi 1986.
Foucher, A., Cicéron et la nature, BAGB 1955, 32-49.

Fränkel, H., Ovid, A Poet between Two Worlds, Berkeley, Los Angeles 1945.
Fraenkel, E., Horace, Oxford 1957.
Frederiksen, M.W., The Republican Municipal Laws: Errors and Drafts, JRS 55, 1965, 183-98.
Frederiksen, M., Campania, edited with additions by N. Purcell, Rom 1984.
Galsterer, H., Herrschaft und Verwaltung im republikanischen Italien, Die Beziehungen Roms zu den italischen Gemeinden vom Latinerfrieden 338 v. Chr. bis zum Bundesgenossenkrieg 91 v. Chr., München 1976.
Galsterer, H., La loi municipale des Romains: chimère ou réalité?, Revue historique de droit français et étranger 65, 1987, 181-203.
Galsterer, H., Municipium Flavium Irnitanum: A latin Town in Spain, JRS 78, 1988, 78-90.
Galsterer, H., Rez: Lintott, A., Imperium Romanum, Politics and administration, London, New York 1993, Gnomon 69, 1997, 330-36.
Garbarino, G., Epiloghi properziani: le elegie di chiusura dei primi tre libri, in: Colloquium Propertianum tertium, Atti, Assisi 1983, 117-48.
Garthwaite, J., Statius' Retirement from Rome: Silvae 3.5, Antichthon 23, 1989, 81-91.
Gelzer, M., Cicero, Ein biographischer Versuch, Wiesbaden 1969.
Gemoll, W., Realien bei Horaz, Heft 3, Berlin 1894.
Gentile, I., Le beneficenze di Plinio Cecilio Secondo ai Comensi, RIL 14, 1881, 458-70.
Giri, G., Su alcuni punti della biografia di Stazio, RFIC, 35, 1907, 433-60.
Gnauk, R., Die Bedeutung des Marius und Cato maior für Cicero, Diss. Leipzig 1935.
Görler, W., Martials Reisegedicht für Licinianus (Ep. 1,49), Eos 74, 1986, 309-23.
Goguey, D., Le paysage dans les Silves de Stace: conventions poétiques et observation réaliste, Latomus 61, 1992, 602-13.
González, J., The Lex Irnitana: A New Copy of the Flavian Municipal Law, JRS 76, 1986, 147-243.
Gossage, A.J., Papinius, The Father of Statius, Romanitas 6/7, 1965, 171-79.
Griffin, M., The Elder Seneca and Spain, JRS 62, 1972, 1-19.
Grimal, P., Les jardins Romains, Paris 1969².
Grimal, P., Seneca, Macht und Ohnmacht des Geistes, ins Deutsche übertragen von K.-H. Abel, Darmstadt 1978.
Guarducci, M., La casa di Properzio ad Assisi, in: Bimillenario della morte di Properzio, Atti del convegno internazionale di studi properziani (Roma-Assisi, 21-26 maggio 1985), Assisi 1986, 137-41.
Haffter, H., Rom und römische Ideologie bei Livius, Gymnasium 71,1964, 236-50, zit. nach: Wege zu Livius, ed. E. Burck, Darmstadt 1967, 277-97.
Håkanson, L., Statius' Silvae, Critical and Exegetical Remarks with Some Notes on the Thebaid, Lund 1969.
Hardie, A., Statius and the Silvae, Poets, Patrons and Epideixis in the Graeco-Roman World, Liverpool 1983.
Heilmann, W., „Wenn ich frei sein könnte für ein wirkliches Leben ...", Epikureisches bei Martial, A&A 30, 1984, 47-61.
Helm, R., „Valerius Martialis", RE VIII,1 A, 1955, 55-85.
Helm, R., „Papinius Nr. 8", RE XVIII,2, 1949, 984-1000.
Hezel, O., Catull und das griechische Epigramm, Stuttgart 1932.
Highet, G., Poets in a Landscape, Harmondsworth 1959².
Hilberg, I., Zur Biographie des Statius, WS 24, 1902, 514-18.
Hirzel, R., Der Dialog, 1. Teil, Hildesheim 1963 (Nachdruck der Ausg. 1895).
Hodge, R.I.V., Buttimore, R.A., The Monobiblos of Propertius, An Account of the First Book of Propertius, consisting of a text, translation and a critical essay on each poem, Cambridge 1977.

Hofmann, R., Aufgliederung der Themen Martials, Wissenschaftliche Zeitung der Karl-Marx-Universität Leipzig 6, 1956/57, 433-74.

Holzberg, N., Martial, Heidelberg 1988.

Housman, A.E., The Silvae of Statius, CR 20, 1906, 37-47, zit. nach: The Classical Papers of A.E. Housman, edd. J. Diggle, F.R.D. Goodyear, vol. II, Cambridge 1972, 637-55.

Housman, A.E., Corrections and Explanations of Martial, JPh 30, 1907, 229-65, zit. nach: The Classical Papers of A.E. Housman, edd. J. Diggle, F.R.D. Goodyear, vol. II, Cambridge 1972, 711-39.

Hubbard, M., Propertius, London 1974.

Immisch, O., Zu Martial, Hermes 46, 1911, 481-517.

Jachmann, G., Die dichterische Technik in Vergils Bukolika, NJA 25, 1922, 101-20.

Janson, T., Latin Prose Prefaces, Studies in Literary Conventions, Stockholm, Göteborg, Uppsala 1964.

Johnston, D., Three Thoughts on Roman Private Law and the Lex Irnitana, JRS 77, 1987, 62-77.

Jolowicz, H.F., Nicholas, B., Historical Introduction to the Study of Roman Law, Cambridge 1972[3].

Kappelmacher, A., Martial und Quintilian, WS 43, 1922/3, 216f.

Kessler, E., Ein Besuch in der Heimat des Ovid, Gymnasium 54/55, 1943/44, 53-64.

Kiepert, H., Atlas antiquus, Zehn Karten zur Alten Geschichte, Berlin 1861.

Kirsopp-Lake, A., A Note on Propertius I,22, CPh 35, 1940, 297-300, zit. nach der dt. Übers. in: Properz, ed. W. Eisenhut, Darmstadt 1975, 36-40.

Klingner, F., Horazische Oden: Das Musengedicht (3,4), Antike 13, 1937, 1-19, zit. nach: Römische Geisteswelt, mit einem Nachwort hgg. von K. Büchner, Stuttgart 1984 (= Nachdruck der verm. Ausg. München 1965[5]), 376-94.

Klingner, F., Italien, Name, Begriff und Idee im Altertum, Antike 17, 1941, 89-104, zit. nach: Römische Geisteswelt, mit einem Nachwort hgg. von K. Büchner, Stuttgart 1984 (= Nachdruck der verm. Ausg. München 1965[5]), 11-33.

Klingner, F., Virgil und die geschichtliche Welt, in: Römische Geisteswelt, Essays über Schrifttum und geistiges Leben im alten Rom, Leipzig 1943[1], 91-112, zit. nach: Römische Geisteswelt, mit einem Nachwort hgg. von K. Büchner, Stuttgart 1984 (= Nachdruck der verm. Ausg. München 1965[5]), 293-311.

Klingner, F., Dichter und Dichtkunst im alten Rom, Leipziger Universitätsreden 15, 1947, 20 S., zit. nach: Römische Geisteswelt, mit einem Nachwort hgg. von K. Büchner, Stuttgart 1984 (= Nachdruck der verm. Ausg. München 1965[5]), 160-90.

Klingner, F., Virgil, Bucolica, Georgica, Aeneis, Zürich, Stuttgart 1967.

Knoche, U., Erlebnis und dichterischer Ausdruck in der lateinischen Poesie, Gymnasium 65, 1958, 146-65.

Knoche, U., Ciceros Verbindung der Lehre vom Naturrecht mit dem römischen Recht und Gesetz, in: Cicero, ein Mensch seiner Zeit, ed. G. Radke, Berlin 1968, 38-60.

Kranz, W., Sphragis, Ichform und Namenssiegel als Eingangs- und Schlussmotiv antiker Dichtung, RhM 104, 1961, Heft 1: 3-46, Heft 2: 97-124.

Krattinger, L., Der Begriff des Vaterlandes im republikanischen Rom, Diss. Zürich 1944.

Kroll, W., Randbemerkungen, RhM 64, 1909, 50-56.

Kunkel, W., Römische Rechtsgeschichte, Eine Einführung, Köln, Wien 1990[12].

Lamberti, F., „Tabulae Irnitanae", Municipalità e „ius Romanorum", Napoli 1993.

Langhammer, W., Die rechtliche und soziale Stellung der Magistratus Municipales und der Decuriones in der Übergangsphase der Städte von sich selbstverwaltenden Gemeinden zu Vollzugsorganen des spätantiken Zwangsstaates (2.-4. Jh. der römischen Kaiserzeit), Wiesbaden 1973.

Lebek, W.D., La ‚Lex Lati' di Domiziano (Lex Irnitana): Le strutture giuridiche dei capitoli 84 e 86, ZPE 97, 1993, 159-78.

Lebek, W.D., Domitians Lex Lati und die Duumvirn, Aedilen und Quaestoren in Tab. Irn. Paragraph 18-20, ZPE 103, 1994, 253-92.
Lebek, W.D., Die Municipalen Curien oder Domitian als Republikaner: Lex Lati (Tab. Irn.), Paragraph 50 (?) und 51, ZPE 107, 1995, 135-94.
Lefèvre, E., Plinius-Studien I, Römische Baugesinnung und Landschaftsauffassung in den Villenbriefen (2,17; 5,6), Gymnasium 84, 1977, 519-41.
Lefèvre, E., Plinius-Studien III, Die Villa als geistiger Lebensraum (1,3;1,24; 2,8; 6,31; 9,36), Gymnasium 94, 1987, 247-62.
Legras, L., Les dernières années de Stace, REA, 9, 1907, 338-48.
Lenz, F.W., „Io ed il paese di Sulmona", Ovid, am. 2,16, in: Atti del convegno internazionale Ovidiano (Sulmona Maggio 1958), vol. II, Roma 1959, 59-68.
Leo, F., Das Schlussgedicht des ersten Buches des Properz, Aus den Nachrichten der K. Gesellschaft der Wissenschaften zu Göttingen, phil.-hist. Klasse, 1898, 469-78, zit. nach: F. Leo, Ausgewählte kleine Schriften, herausgegeben und eingeleitet von E. Fraenkel, Roma 1960, II, 169-78.
Leo, F., Vergils erste und neunte Ekloge, Hermes 38, 1903, 1-18, zit. nach: F. Leo, Ausgewählte kleine Schriften, herausgegeben und eingeleitet von E. Fraenkel, Roma 1960, II, 11-28.
Liebenam, W., Städteverwaltung im römischen Kaiserreiche, Leipzig 1900.
Lintott, A., Imperium Romanum, Politics and administration, London, New York 1993.
Marastoni, A., Der Dichter Statius, Altertum 15, 1969, 220-37.
Marquardt, J., Mau, A., Das Privatleben der Römer, 2 Bde., Darmstadt 1990 (Nachdruck der Ausg. Leipzig 1886).
Marrou, H.-I., Histoire de l'éducation dans l'Antiquité, 2. Le monde romain, Paris 1948.
Martín-Bueno, M.A., Bílbilis, Estudio histórico-arqueológico, Zaragoza 1975.
Marxer, G., Über das Landschaftsempfinden bei den Römern, Neue Schweizer Rundschau 22, 1954, 101-09.
Merlat, P., Pline le Jeune, Propriétaire foncier?, Latomus 44 (= Hommages à L. Hermann), 1960, 522-40.
Mommsen, Th., Zur Lebensgeschichte des jüngeren Plinius, Hermes 3, 1869, 31-139, zit. nach: Gesammelte Schriften 4. Bd., Hist. Schriften 1. Bd., ed. O. Hirschfeld, Berlin 1906, 366-468.
Mommsen, Th., Römisches Staatsrecht, III,1, Leipzig 1887[3].
Moore-Blunt, J., Catullus 31 and Ancient Generic Composition, Eranos 82, 1974, 106-18.
Morgan, K., Ovid's Art of Imitation, Propertius in the Amores, Leiden 1977.
Mratschek, S., Est enim ille flos Italiae, Literatur und Gesellschaft in der Transpadana, Athenaeum 72, 1984, 154-89.
Mrozek, S., Die privaten Alimentarstiftungen in der römischen Kaiserzeit, in: Sozialmassnahmen und Fürsorge, Zur Eigenart antiker Sozialpolitik, ed. H. Kloft, Graz 1988, 155-66.
Nethercut, W.R., The ΣΦΡΑΓΙΣ of the Monobiblos, AJPh 92, 1971, 464-72.
Neumeyer, M., Heimat, Zu Geschichte und Begriff eines Phänomens, Kiel 1992.
Nicols, J., Pliny and the Patronage of Communities, Hermes 108, 1980, 365-85.
Nissen, H., Italische Landeskunde, Bde. I/II,1,2, Berlin, 1883 u. 1902.
Nörr, D., Origo, Studien zur Orts-, Stadt- und Reichszugehörigkeit in der Antike, Tijdschrift voor Rechtsgeschiedenis 31, 1963, 525-600.
Nörr, D., „Origo", RE Suppl. X, 1965, 433-73.
Nörr, D., Imperium und Polis in der hohen Prinzipatszeit, München 1969[2].
Norcio, G., Il ritorno di Marziale, Rassegna di cultura e vita scolastica 18, 1964, 12f.
Opelt, I., Die lateinischen Schimpfwörter und verwandte sprachliche Erscheinungen, Heidelberg 1965.
Oppermann, H., Vergil und Octavian, Zur Deutung der ersten und neunten Ekloge, Hermes 67, 1932, 197-219.

Otto, W., Zur Lebensgeschichte des jüngeren Plinius, SBAW, 10. Abh., München 1919.
Parroni, P., Nostalgia di Roma nell' ultimo Marziale, Vichiana 13, 1984, 126-34.
Perret, J., Les origines de la légende troyenne de Rome, Thèse Paris 1942.
Peterson, R.M., The Cults of Campania, Rom 1919.
Pfligersdorffer, G., Von der Geburtsheimat zur geistigen Heimat, Zum antiken Modell eines Bewusstseinswandels, Vierteljahresschrift des Adalbert Stifter Instituts 25, 1976, 131-42.
Pietzcker, C., Die Landschaft in Vergils Bukolika, Diss. Freiburg i. Br. 1965.
Pöschl, V., Die Hirtendichtung Virgils, Heidelberg 1964.
Pöschl, V., Horazische Lyrik, Interpretationen, Heidelberg 1970.
Pohlenz, M., Cicero de re publica als Kunstwerk, in: Festschrift R. Reitzenstein zum 2. April 1931 dargebracht von E. Fraenkel, H. Fränkel, M. Pohlenz u.a., Leipzig, Berlin 1931, 70-105.
Pohlenz, M., Der Eingang von Ciceros Gesetzen, Philologus 93, 1938, 102-27.
Putnam, M.C.J., Catullus' Journey, (Poems 4, 31, 46, 110), CPh 57, 1962, 10-19.
Putnam, M., Propertius 1,22, A Poet's Self-Definition, QUCC 23, 1976, 93-123.
Reagan, Ch.J., Laterculum Prosopographicum Plinianum, RIL 104, 1970, 414-36.
Reeker, H.-D., Die Landschaft in der Aeneis, Hildesheim, New York 1971.
Rehm, B., Das geographische Bild des Alten Italien in Vergils Aeneis, Leipzig 1932.
Reitzenstein, E., Wirklichkeitsbild und Gefühlsentwicklung bei Properz, Leipzig 1936.
Roloff, H., Maiores bei Cicero, Diss. Göttingen 1938.
Rose, H.J., The Eclogues of Vergil, Berkeley, Los Angeles 1942.
Rostovtzeff, M., The Social and Economical History of the Roman Empire, second edition revised by P.M. Fraser, vol. I,II, Oxford 1957^2.
Ruch, M., Le prooemium philosophique chez Cicéron, Signification et portée pour la genèse et l'esthétique du dialogue, Strasbourg 1958.
Rudd, N., The Satires of Horace, Cambridge 1966.
Rudolph, H., Stadt und Staat im römischen Italien, Untersuchungen über die Entwicklung des Munizipalwesens in der republikanischen Zeit, Leipzig 1935.
Rusca, L., Plinio il Giovane e la sua piccola patria, in: Horizonte der Humanitas, Eine Freundesgabe für W. Wili zu seinem 60. Geburtstag, ed. G. Luck, Bern 1960, 91-99.
Saller, R.P., Personal Patronage under the Early Empire, Cambridge, London u.a. 1982.
Sallmann, K.G., Die Geographie des älteren Plinius in ihrem Verhältnis zu Varro, Versuch einer Quellenanalyse, Berlin, New York 1971.
Salmon, E.T., S. M. P. E., Sulmo mihi patria est, in: Ovidiana, Recherches sur Ovide, ed. N.I. Herescu, Paris 1958, 3-22.
Schäfer, E., Das Verhältnis von Erlebnis und Kunstgestalt bei Catull, Wiesbaden 1966.
Schäfer, E., Martials machbares Lebensglück (Epigr. 5,20 und 10,47), AU 26,3, 1983, 74-95.
Schmidt, O.E., Ciceros Villen, Darmstadt 1972 (Nachdruck der Ausg. 1899).
Schmidt, P.L., Die Abfassungszeit von Ciceros Schrift über die Gesetze, Roma 1969.
Schnelle, I., Untersuchungen zu Catulls dichterischer Form, Leipzig 1933.
Schulten, A., „Hispania", RE VIII, 1913, 1965-2046.
Schulten, A., Martials spanische Gedichte, NJA 31, 1913, 462-75.
Schulten, A., Iberische Landeskunde, Geographie des antiken Spanien, I/II, Strasbourg 1955, 1957.
Schulz-Vanheyden, E., Properz und das griechische Epigramm, Diss. Münster 1969.
Schulze, W., Zur Geschichte der lateinischen Eigennamen, Berlin 1933.
Schuster, M., „Plinius d. J.", RE XXI,1, 1951, 439-56.
Seel, O., Ansatz zu einer Martial-Interpretation, A&A 10, 1961, 53-76, zit. nach: Das Epigramm, Zur Geschichte einer inschriftlichen und literarischen Gattung, ed. G. Pfohl, Darmstadt 1969, 153-86.
Shackleton Bailey, D.R., More Corrections and Explanations of Martial, AJPh 110, 1989, 131-50.

Sherwin-White, A.N., The Roman Citizenship, Oxford 1973².
Simshäuser, W., Iuridici und Munizipalgerichtsbarkeit in Italien, München 1973.
Sirago, V.A., La proprietà di Plinio il Giovane, AC 26, 1957, 40-58.
Snell, B., Arkadien, die Entdeckung einer geistigen Landschaft, zuerst in: A&A 1, 1945, 26-41, zit. nach: Wege zu Vergil, ed. H. Oppermann, Darmstadt 1976², 338-67.
Stärk, E., Kampanien als geistige Landschaft, Interpretationen zum antiken Bild des Golfs von Neapel, München 1995.
Stahl, H.-P., Propertius, ‚Love' and ‚War', Individual and State under Augustus, Berkeley, Los Angeles, London 1985.
Stahl, M., Imperiale Herrschaft und provinziale Stadt, Strukturprobleme der römischen Reichsorganisation im 1.-3. Jh. der Kaiserzeit, Göttingen 1978.
Stephan-Kühn, F., Aspekte der Martial-Interpretation, AU 26,4, 1983, 22-48.
Stevenson, G.H., Roman Provincial Administration till the Age of the Antonines, Oxford 1939.
Stobbe, H.F., Die Gedichte Martials, Eine chronologische untersuchung, Philologus 26, 1867, 44-80.
Stobbe, H.F., Martials zehntes und zwölftes buch, Philologus 27, 1868, 630-41.
Sullivan, J.P., Martial: The Unexpected Classic, A literary and historical study, Cambridge, New York u.a. 1991.
Sussman, L.A., The Elder Seneca, Leiden 1978.
Syme, R., Who was Tacitus?, HLB 11, 1957, 85-98, zit. nach: Roman Papers 6, ed. A.R. Birley, Oxford 1991, 43-54.
Syme, R., Tacitus, vol. I/II, Oxford 1958.
Syme, R., Rez.: Jagenteufel, A., Die Statthalter der römischen Provinz Dalmatien von Augustus bis Diokletian, Gnomon 31, 1959, 510-18.
Syme, R., People in Pliny, JRS 58, 1968, 135-51, zit. nach: Roman Papers 2, ed. E. Badian, Oxford 1979, 694-723.
Syme, R., Transpadana Italia, Athenaeum 63, 1985, 28-36, zit. nach: Roman Papers 5, ed. A.R. Birley, Oxford 1988, 431-39.
Syme, R., Correspondents of Pliny, Historia 34, 1985, 324-59, zit. nach: Roman Papers 5, ed. A.R. Birley, Oxford 1988, 440-77.
Syndikus, H.P., Die Lyrik des Horaz, Eine Interpretation der Oden, Bd. II, drittes und viertes Buch, Darmstadt 1973.
Syndikus, H.-P., Catull, Eine Interpretation, I (Erster Teil: Die kleinen Gedichte (1-60)), II (Zweiter Teil: Die grossen Gedichte (61-68)), III (Dritter Teil: Die Epigramme (69-116)), Darmstadt 1984, 1990, 1987.
Szelest, H., Martial, eigentlicher Schöpfer und hervorragendster Vertreter des römischen Epigramms, in: ANRW II, 32.4, ed. W. Haase, Berlin, New York 1986, 2563-623.
Taine, H., Essai sur Tite Live, Paris 1904[7].
Tanner, R.G., Levels of Intent in Martial, in: ANRW II, 32.4, ed. W. Haase, Berlin, New York 1986, 2624-77.
Temperini, L., Assisi romana e medievale, Profilo storico-archeologico con 90 illustrazioni, Roma 1985.
Thiele, G., Spanische Ortsnamen bei Martial, Glotta 3, 1912, 257-66.
Thierfelder, A., Über den Wert der Bemerkungen zur eigenen Person in Ciceros Prozessreden, Gymnasium 72, 1965, 385-414, jetzt in: Ciceros literarische Leistung, ed. B. Kytzler, Darmstadt 1973, 225-66.
Tissoni, G.G., Nota sul patrimonio immobiliare di Plinio il Giovane, RIL 101, 1967, 161-83.
Tovar, A., Iberische Landeskunde, segunda parte, Las tribus y las ciudades de la antigua Hispania, t. III, Tarraconensis, Baden-Baden 1989.
Tränkle, H., Die Sprachkunst des Properz und die Tradition der lateinischen Dichtersprache, Wiesbaden 1960.

Tränkle, H., Ausdrucksfülle bei Catull, Philologus 111, 1967, 198-211.
Tränkle, H., Rez.: Murgatroyd, P., Tibullus, Elegies I, ed. P.M., Pietermaritzburg 1980, MH 38, 1981, 184.
Tränkle, H., Properzio, Poeta dell'opposizione politica?, in: Colloquium Propertianum tertium, Atti, Assisi 1983, 149-62.
Tränkle, H., Exegetisches zu Martial, WS 109, 1996, 133-44.
Traglia, A., Il maestro di Stazio, RCCM 7, 1965, 1128-34.
Troxler-Keller, I., Die Dichterlandschaft des Horaz, Heidelberg 1964.
Van Buren, A.W., Statius, Silvae III. V. 93, AJPh 50, 1929, 373.
Van Buren, A.W., The Text of two Sources for Campanian Topography, I. Statius, Silvae III.5,104, AJPh 51, 1930, 378f.
Van Dam, H.-J., Rez.: Hardie, A., Statius and the Silvae, Poets, Patrons and Epideixis in the Graeco-Roman World, Liverpool 1983, Gnomon 60, 1988, 704-712.
Vessey, D.W.T., Statius and the Thebaid, Cambridge 1973.
Vessey, D.W.T., Statius to His Wife: Silvae III.5, CJ 72, 1976, 134-40.
Vidman, L., Fasti Ostienses, edendos, illustrandos, restituendos curavit L.V., Prag 1982.
Vittinghoff, F., Zur Entwicklung der städtischen Selbstverwaltung – einige kritische Anmerkungen, in: Stadt und Herrschaft, Römische Kaiserzeit und Hohes Mittelalter, ed. F. Vittinghoff, München 1982, 107-46.
Vittinghoff, F., Europäische Wirtschafts- und Sozialgeschichte in der römischen Kaiserzeit, ed. F. Vittinghoff, unter Mitarbeit von J.H. D'Arms, A.R. Birley, J.M. Blázquez u.a., Stuttgart 1990.
Vittinghoff, F., Römische Stadtrechtsordnungen, in: Vittinghoff, F., Civitas Romana, Stadt und politisch-soziale Integration im Imperium Romanum der Kaiserzeit, ed. W. Eck, Stuttgart 1994 (die Abhandlung geht im Kern auf Vittinghoff, F., Römische Kolonisation und Bürgerrechtspolitik unter Caesar und Augustus, Wiesbaden 1952, Kap. IB, zurück).
Walsh, P.G., Livy, His Historical Aims and Methods, Cambridge 1967.
Weische, A., Plinius d. J. und Cicero, Untersuchungen zur römischen Epistologie in Republik und Kaiserzeit, in: ANRW II, 33.1, ed. W. Haase, Berlin, New York 1989, 375-86.
Wellesley, K., Virgil's Home, WS 79, 1966, 330-50.
von Wilamowitz-Moellendorff, U., Sappho und Simonides, Untersuchungen über griechische Lyriker, Berlin 1913.
Wilhelm, F., Zur Elegie, RhM 71, 1916, 136-43.
Wili, W., Horaz und die augusteische Kultur, Basel 1948.
Wilkinson, L.P., Ovid Recalled, Cambridge 1955.
Wilkinson, L.P., Vergil and the Evictions, Hermes 94, 1966, 320-24.
Williams, G., Change and Decline, Roman Literature in the Early Empire, Berkeley, Los Angeles, London 1978.
Wiseman, T.P., The Masters of Sirmio, in: Roman Studies, Literary and Historical, ed. T.P.W., Liverpool 1987, 311-70.
Witek, F., Die Landschaft bei Catull, in: Symmicta Philologica Salisburgensia, Georgio Pfligersdorffer sexagenario oblata, edd. J. Dalfen, K. Forstner u.a., Rom 1980, 189-205.
Zelzer, K., Zur Frage des Charakters der Briefsammlung des jüngeren Plinius, WS 77, 1964, 144-61.

XV INDICES

XV.1 STELLEN

Es sind in der Regel nur Stellen aufgeführt, die in engerem Zusammenhang mit dem Thema „germana patria" stehen. *Kursiv* hervorgehoben sind eingehende und besondere Bemerkungen zu einer Stelle, eingeklammert sind Stellen in Aufzählungen u.ä. Nicht verzeichnet sind Stellen, die lediglich den Namen eines Landsmannes, wenig spezifische Landeserzeugnisse etc. bieten (> XV.2). (> ff. = vgl. auch die folgenden Stellen)

App. BC 2,2: 42 A65e

App. BC 4,3: 80 A52

Aristid. Or. 26,64: 30f. A78

Aug. civ. 4,1: 10 A10

Auson. ord. urb. nob. 20,36-41: 217 A1

Cat. 1: 61

Cat. 4: 60

Cat. 17: 53f., 217

Cat. 31: *58-61*

Cat. 35: *50-53*

Cat. 39,13: 51, 54

Cat. 43,6: *54f.*

Cat. 46: 60

Cat. 63,50: 206 A91

Cat. 67,32-34: *55-57*

Cat. 68: *57f.*, 212

Cat. 95: 57, 86, 123 A8

Cat. 100: 53, 57f.

Cat. 110; 111: 53

Cic. ad Q. fr. 3,1,1: 40 A47b

Cic. Att. 1,16,10: 42 A65a

Cic. Att. 1,16,18: 35 A21a

Cic. Att. 2,1,11: 35 A21b

Cic. Att. 2,3,2: 35 A21c

Cic. Att. 2,11,2: 39 A46a, *44*

Cic. Att. 2,14,2: 40 A46b

Cic. Att. 2,15,3: 41 A61b, 47 A96e

Cic. Att. 2,16,4: 40 A46c

Cic. Att. 8,16,2: 47 A96a

Cic. Att. 9,19,1: 43 A74c

Cic. Att. 9,6,1: 43 A74a, 47 A96d

Cic. Att. 12,12,1: 43 A72

Cic. Att. 12,49,2: 45 A86

Cic. Att. 13,9,2: 47 A96b

Cic. Att. 13,11,1: 47 A96b

Cic. Att. 13,16,1: 40 A47c

Cic. Att. 16,10,1: 47 A96c

Cic. Balb. 28: 25 A49

Cic. Caecin. 100: 24 A49

Cic. Cluent. 43: 47 A95

Cic. div. 1,59; 2,137f.: 45 A85

Cic. fam. 13,11,3: 21, 43, 46 A95

Cic. fam. 13,12,1: 47 A95

Cic. fam. 13,58: 47 A95

Cic. fam. 14,7,3: 47 A96b

Cic. har. resp. 17: 42 A65c

Cic. Lael. 68: 44 A68d, 184

Cic. leg. 1,1: 32, 45 A87a

Cic. leg. 1,1-3: 34

Cic. leg. 1,3: 33

Cic. leg. 1,4: 45

Cic. leg. 1,5; 1,8f., 1,12: 32

Cic. leg. 1,14: 33 A8a, 34, 38, 40 A51a

Cic. leg. 1,15: *33f.*, 40 A51b

Cic. leg. 1,16: 38

Cic. leg. 1,18: 46

Cic. leg. 1,21: 33 A10a, 34

Cic. leg. 1,25: 38 A39

Cic. leg. 1,28: 33 A9b

Cic. leg. 2,1: 40 A51c
Cic. leg. 2,1-7: *36-39, 45*
Cic. leg. 2,2: 34, *37-39*, 44 A82c
Cic. leg. 2,3: 9 A1, 33 A9b, 40 A47a, *41, 43*, 45, 48
Cic. leg. 2,4: 41, 43
Cic. leg. 2,5: 9 A4, 15, *18 A17*, 42, *46-48*, 217 A1
Cic. leg. 2,6: 33 A8c, *34f., 40*, 42 A71, 45 A87a
Cic. leg. 2,7: 33 A9, 41
Cic. leg. 2,8: 38
Cic. leg. 2,22: 43 A72
Cic. leg. 3,36: 44
Cic. leg. frg. 5: 33 A9e, 40 A51e
Cic. leg. agr. 2,1: 41 A62
Cic. leg. agr. 3,8: 41f.
Cic. off. 1,21: 44 A79
Cic. off. 1,55: 43
Cic. off. 3,67: 45 A86
Cic. de orat. 1,196: *45 A90b*
Cic. Planc. 20 : 42
Cic. Planc. 22 : 42, *44*
Cic. p. red. ad Quir.: 45 A87b
Cic. Sest. 50: 45 A87d
Cic. Sull. 21-24: 42, (A65b,68)
Cic. Sull. 23: 45 A87c
Cic. Sull. 69: 42 mit A70
Cic. Tusc. 5,66: 44f.
Cic. Tusc. 5,74: 40 A47d
CIL V, 2865: 29 A71
CIL V, 2975: 29 A71
CIL V, 5262: 186 A2a, 198 A58, *201f.*
CIL V, 5263: 186 A2b
CIL V, 5267: 186 A2f
CIL V, 5279: 186 A2g, 202 A73

CIL V, 5667: 186 A2c, 198
CIL V, Suppl. Italica I, 745: 186 A1e, 202 A77
CIL IX, 3082, 3093: 29 A69
CIL X, 5382: 11 A12
CIL XI, 5404: 92 A3
CIL XIII, 1668: 10 A10
Colum. 7,2,4f.: 218
Colum. 8,16,9: 192 A32, *218*
Colum. 10,185: *218*
Colum. 11,3,16: *218*
Don. vita Verg. 11: 73 A58
Don. vita Verg. 13: 30 A72; 73 A58
D.C. 68,2,3: *203 A80*
Enn. ann. 377 V: 10 A7
Gell. 16,13,4; 6; 9: *17 A17*
Hier. chron. 53F, ol. 99: 116 A2
Hor. carm. 1,14,25: 74
Hor. carm. 1,22,6: 206 A91
Hor. carm. 1,22,13f.: (74 A5), 76 A25, 78 A41a
Hor. carm. 1,28,2f.: (74 A5), 76
Hor. carm. 1,28,26f.: (74 A5), 76
Hor. carm. 1,33,7f.: (74 A5), 75 A23
Hor. carm. 2,1,34f.: (74 A5), 78 A41b
Hor. carm. 2,9,7: (74 A5), 75 A20, (76f. „Garganus")
Hor. carm. 2,20,5f.: 30 A73
Hor. carm. 3,4,9-20: (74 A5), *82f.*, 87f.
Hor. carm. 3,5,9f.: (74 A5), 76 A26, 78 A41c
Hor. carm. 3,15,13f.: (74 A5)
Hor. carm. 3,16,26f.: (74 A5), 75 A13,14, *77 A39*
Hor. carm. 3,30,10: 77, 178 A135
Hor. carm. 3,30,10-14: 71 A53, *84-86*, 87f., 89, 110

Hor. carm. 3,30,11f.: (74 A5)

Hor. carm. 4,2,27: (74 A5), 75 A17, *79*, 84

Hor. carm. 4,6,27: (74 A5), 84

Hor. carm. 4,9,1-4: 71 A53, (74 A5), 77, 84, 86, 88 A93, 178 A135

Hor. carm. 4,14,25-28: (74 A5), 75 A18, 77

Hor. epist. 1,4,1f.: 11 A13

Hor. epist. 1,15,1: (74 A5)

Hor. epist. 1,15,21: (74 A5)

Hor. epist. 1,20,20: 30 A73

Hor. epist. 2,1,202: (74 A5), 75 A21

Hor. epist. 2,2,50f.: 80 A52,55

Hor. epist. 2,2,177f.: (74 A5)

Hor. epod. 1,27f.: (74 A5), 75 A15

Hor. epod. 2,41f.: (74 A5), 75 A13, 78

Hor. epod. 3,15f.: (74 A5), 75 A16

Hor. epod. 16,28: (74 A5), 75 A24

Hor. sat. 1,10,30: (74 A5), 75 A22

Hor. sat. 1,1,56-58: (74 A5), 75 A19, 77 (A36)

Hor. sat. 1,5,77f.: (74 A5), *81f.*

Hor. sat. 1,5,79-105: 74 A5

Hor. sat. 1,6,21: 30 A73

Hor. sat. 1,6,45: 30 A73

Hor. sat. 1,6,71-75: 29 A65, 30 A73, *79*

Hor. sat. 1,6,86: 29 A72, 30 A73

Hor. sat. 1,10,30: (74 A5), 75 A22

Hor. sat. 2,1,34f.: 75 A12

Hor. sat. 2,1,34-39: (74 A5), 78, *86f.*, 89

Hor. sat. 2,2: (74 A5), 78, *79-81* (> ff.)

Hor. sat. 2,2,112-14: 8 0 A52 Schluss, *80f.*

Hor. sat. 2,2,130; 133f.: 80 A52 Schluss

Hor. sat. 2,3,234: (74 A5)

Hor. sat. 2,8,6: (74 A5)

IG II², 3919: 122 A1

IG XIV, 715: 139 A84

ILS 212: 10 A10

ILS 2919: 29 A71

ILS 2925: 92 A3

ILS 2926: 11 A12

ILS 2927: 186 A2a

ILS 6728: 186 A2g

Iuv. 3,318-321: 11 A12

Liv. 1,1-4: *119f.*

Liv. 5,33,10: 118

Liv. 10,2,2-3: 117

Liv. 10,2,4-15: *117f.*, 121

Liv. 10,2,5f.: *118*

Liv. 41,27,3f.: 121

Liv. frg. 43: 116 A3c, 118, *120 A25*

Liv. perioch. 1: 120 A23

Macr. Sat. 6,4,8: 33 A9e, 40 A51e

Mart. epigr.: 165 A68,71

Mart. 1, praef. l. 1, 1, 2, 113: 165 A71, (172f. A108), 173

Mart. 1,3,3: 227 A54

Mart. 1,26,9: 170 A91

Mart. 1,49: 151 (A10), 153f., 166 A73, *169, 172f.*, 173 A113, 174, 184, 217 (> ff.)

Mart. 1,49,1f.: *163, 179 A138a*

Mart. 1,49,3f.: *180*

Mart. 1,49,5: 180 A139

Mart. 1,49,7f.: 150 A5

Mart. 1,49,9-12: *153*

Mart. 1,49,19f.: *154*

Mart. 1,49,22: 170 A91

Mart. 1,49,25: 154

Mart. 1,49,35-40: 166 A73

Mart. 1,61: *86, 169*, 172, 183f. (> ff.)

Mart. 1,61,3: 116 A3a
Mart. 1,61,10: 71 A53
Mart. 2,90: (164 A67), 169 A82
Mart. 3,14: 168
Mart. 3,95,9-11: 183
Mart. 4,55: 153, *166, 169-171, 173f.*, 174, 183f., 217 (> ff.)
Mart. 4,55,2: 180 A139
Mart. 4,55,3: 166 A73
Mart. 4,55,11f.: 180
Mart. 4,55,13: 150 A5
Mart. 4,55,14f.: *179 A138b*
Mart. 4,55,27f.: 170
Mart. 6,18: *167f.*
Mart. 7,52: 171, *176f.*
Mart. 7,52,3: (163 A59)
Mart. 7,88: 171, *177f.*
Mart. 7,88,5-8: 78 A39
Mart. 9,61: 171, *176*
Mart. 9,61,3f.: 181
Mart. 9,73,7f.: 151, 169 A82
Mart. 10,13: *160* (> ff.)
Mart. 10,13,1f.: (163 A59), (178 A132), 179 A138c, *180*
Mart. 10,13,2: *153* (A15)
Mart. 10,13,5f.: (163 A59), 171 A96
Mart. 10,13,7-10: *160*
Mart. 10,37: 151 (A10), *152, 160*, 161, 164, (164 A67), 166
Mart. 10,37,4, 20: *152*
Mart. 10,61: 153 A12, *161*, 164
Mart. 10,65: 159 A44, *162f.*, 171, 184, 217 (> ff.)
Mart. 10,65,3f.: (163 A59)
Mart. 10,65,4: *178*
Mart. 10,65,11: 162 A55

Mart. 10,78: 160, 161 (> ff.)
Mart. 10,78,2: 158 A39
Mart. 10,78,9(f.): *163,* (163 A59)
Mart. 10,92: 153 A12, *161*, 164
Mart. 10,96: *151* (A10), *152*, 159f. A44, *160*, 164 (> ff.)
Mart. 10,96,1f.: 160
Mart. 10,96,3: *152, 179*
Mart. 10,96,13f.: 168 A80
Mart. 10,103: *160f.*, 172 (> ff.)
Mart. 10,103,1f.: *153*
Mart. 10,103,2: 179 A138d
Mart. 10,103,4-6: 71 A53, 86 A85, *160*
Mart. 10,103,7: (155 A22)
Mart. 10,103,11f.: 161
Mart. 10,104: 159 (> ff.)
Mart. 10,104,4-7: *167 A76 Schluss*
Mart. 10,104,6: 179 A138e
Mart. 10,104,10: (155 A22)
Mart. 10,104,13f.: 151, 152 A12
Mart. 11,96: 183
Mart. 12, praef.: *148f., 154f.*, 209 A106 (> ff.)
Mart. 12, praef., l. 3-6: 154
Mart. 12, praef., l. 4f.: 228 A55
Mart. 12, praef., l. 13-17: 154f.
Mart. 12,2: 148, *158f.*
Mart. 12,2,3f.: *179*
Mart. 12,3: 151, *168*
Mart. 12,3,11f.: 168
Mart. 12,5: 163
Mart. 12,9: 176
Mart. 12,9,1: (163 A59), *171*
Mart. 12,14: 154
Mart. 12,18: *149-151*, 151 A10, 153, 164, 174, 217 (> ff.)

Mart. 12,18,7f.: 155 A23
Mart. 12,18,9: 178 A132
Mart. 12,18,10f.: *149f. A5*
Mart. 12,18,11f.: (163 A59), 169 A88
Mart. 12,18,15f.: 155
Mart. 12,18,19: *180*
Mart. 12,18,24f.: 150 A6
Mart. 12,21: *156f.*, 183
Mart. 12,21,1f.: 156, 158, 179 A138g
Mart. 12,21,3..157
Mart. 12,21,9f.: 156, 159
Mart. 12,31: 149, 151
Mart. 12,31,7: (155 A22)
Mart. 12,34: *154f.*
Mart. 12,34,1: (155 A22)
Mart. 12,44: 157
Mart. 12,62: *166f.*
Mart. 12,63: 157, 176 A123
Mart. 12,63,1-5: 181
Mart. 12,68: *157f.*
Mart. 12,68,6: 161
Mart. 12,98: 157 (A33,34), 176
Mart. 12,98,1-3: 181
Mart. 13 (Xenia): 165 A68,71
Mart. 14 (Apophoreta): 165 A68,71
Mart. 14,33: 156 A27, 179 A138h, *180*
Mela 2,86: *219f.*
Mela 2,86-96: *220-222*
Mela 2,96: *219*
Mela 3,3-15: *220-222*
Mela 3,107: *220*
Nep. Att. 3,1f.: 25 A49
Ov. am. 1,3,7f.: 108 A41 Schluss
Ov. am. 2,1: 86 A89, 110
Ov. am. 2,1,1: 103 A1a

Ov. am. 2,16: 97 A32, 104 A13, *104 A18*, *105-109*, 114, 136, 217, 225 (> ff.)
Ov. am. 2,16,1f.: 103 A5
Ov. am. 2,16,1-10: 103 A6a, 105, 107
Ov. am. 2,16,11: 105
Ov. am. 2,16,13f.: 106
Ov. am. 2,16,19: 107
Ov. am. 2,16,33-36: 105, 107
Ov. am. 2,16,34-38: 103 A6b, 107
Ov. am. 2,16,37: 103 A5
Ov. am. 2,16,37-40: 107 A37
Ov. am. 2,16,38: 107f.
Ov. am. 2,16,47-52: 109
Ov. am. 2,16,51f.: 104 A16, 107 A31
Ov. am. 3,8,9f.: 29 A69, 108 A41a
Ov. am. 3,15: *110f.*, 114 (> ff.)
Ov. am. 3,15,3: 110 A50
Ov. am. 3,15,5f.: 29 A69, 108,110
Ov. am. 3,15,7f.: 71 A53, 86 A85, 110, 160
Ov. am. 3,15,9f.: 111f.
Ov. am. 3,15,11f.: 103 A1c
Ov. am. 3,15,11-14: 71 A53, 89, 99 A38, *110f.*, 160 A48
Ov. fast. 3,95: 112
Ov. fast. 4,79-83: *111f.,*, 113f.
Ov. fast. 4,81: 103 A4
Ov. fast. 4,685f.: 103 A1e, 108
Ov. fast. 4,685-687: 104 A10
Ov. Pont. 1,8,41-45: 103 A1h, 104 A12, 104 A13, 107, 113, 150 A5
Ov. Pont. 4,8,17f.: 29 A69, 108 A41d
Ov. Pont. 4,14,49f.: 103 A1i, 112, 114f.
Ov. trist. 2,109-114: 108 A41b
Ov. trist. 4,8,10: (103 A1f), 104 A12, *104 A18*, 108, 113

Ov. trist. 4,10,3: 104 A15, 109f.
Ov. trist. 4,10,7f.: 29 A69, 108 A41c
Plin. epist. 1,3,1: 190 A15b, 211, 216
Plin. epist. 1,3,1f.: (195 A42a)
Plin. epist. 1,6: 194, (196 A42d)
Plin. epist. 1,8: 194f. A41, *203f. (mit A80), 210f.* (> ff.)
Plin. epist. 1,8,2: *201*, 204 A80
Plin. epist. 1,8,2-18: (195 A42a)
Plin. epist. 1,8,5: *202*
Plin. epist. 1,8,8f.: *203*
Plin. epist. 1,8,10: *203 A80*
Plin. epist. 1,8,10-13: 201, *210*
Plin. epist. 1,8,14f.: *210 A109*
Plin. epist. 1,8,15, 16f.: *210*
Plin. epist. 1,8,17: 204 A80
Plin. epist. 1,14: 201 A69d, 208 A98 (> ff.)
Plin. epist. 1,14,1: 187 A6
Plin. epist. 1,14,4: 209 A103,104
Plin. epist. 1,14,6: *212*, 216
Plin. epist. 1,19: *201 A69a*
Plin. epist. 1,19,1: *187 A6*
Plin. epist. 2,1,7: *212 A118*
Plin. epist. 2,1,7f.: 208
Plin. epist. 2,1,8: 188 A8
Plin. epist. 2,5: *191f., 201 (A68)* (> ff.)
Plin. epist. 2,5,2f.: 191 A23, 211, 216
Plin. epist. 2,5,4f.: 192 A27
Plin. epist. 2,5,5: 191 A25
Plin. epist. 2,8: 197 A50
Plin. epist. 2,8,1: 190 A15a, 194 A39, (195 A42a), 209 A103
Plin. epist. 2,14,9: 187 A6
Plin. epist. 2,15: 190 A17 (> ff.)
Plin. epist. 2,15,1: 200f. A66

Plin. epist. 2,15,2: (195 A42a), *198*
Plin. epist. 2,17: *196f.*
Plin. epist. 3,2: 201 A69d, *212*
Plin. epist. 3,6: *211* (> ff.)
Plin. epist. 3,6,3f.: 211 A113
Plin. epist. 3,6,4: (195 A42a), 201, 209 A103
Plin. epist. 3,6,4-6: 211
Plin. epist. 3,6,6f.: 197
Plin. epist. 3,19: 189 A10, 196 A42d
Plin. epist. 3,21: 152 A12
Plin. epist. 4,1: *197*
Plin. epist. 4,1,3: 194 A39, 209 A107
Plin. epist. 4,6: 197 A51
Plin. epist. 4,6,1: 188 A8, *193 A45*, (195 A42a)
Plin. epist. 4,13: *188 A6*, 197 A49, *206f., 212f.* (> ff.)
Plin. epist. 4,13,3: 187 A6, 193 A45
Plin. epist. 4,13,3-6: 201
Plin. epist. 4,13,3-9: (195 A42a)
Plin. epist. 4,13,5: *206f.*, 209 A103
Plin. epist. 4,13,5-8; 9; 10f.: *213*
Plin. epist. 4,29: 201 A69b
Plin. epist. 4,30: 197 A49 (> ff.)
Plin. epist. 4,30,1f.: 192
Plin. epist. 4,30,1-10: (195 A42a)
Plin. epist. 5,6: *196f.*
Plin. epist. 5,6,45: 193 A45
Plin. epist. 5,7: 189, *199 mit A62*, 202 A76 (> ff.)
Plin. epist. 5,7,1: *199 A62*
Plin. epist. 5,7,1-4: (195 A42a)
Plin. epist. 5,7,2: *199 A62, 201*
Plin. epist. 5,7,3: *199 A62*
Plin. epist. 5,7,5: *200 A62*

Plin. epist. 5,7,5f.: 210
Plin. epist. 5,7,11: 209 A103
Plin. epist. 5,11: (195 A42a), 202, 209 A103 (> ff.)
Plin. epist. 5,11,2: 202 A77, 209 A103, 211f.
Plin. epist. 5,14: 197 A49 (> ff.)
Plin. epist. 5,14,1: (195 A42a)
Plin. epist. 5,14,8: 190 A17, (195 A42a), 197, 198 A54
Plin. epist. 6,1,1: 188 A8, (195 A42a)
Plin. epist. 6,3: 196 A42d, 201 A69d
Plin. epist. 6,6,3: 187 A6
Plin. epist. 6,8,2: 208, *212*
Plin. epist. 6,15,1: 92 A3
Plin. epist. 6,18,1, 2, 3: *200*
Plin. epist. 6,24: 208f. (> ff.)
Plin. epist. 6,24,2: 190 A15c, 209 A103
Plin. epist. 6,24,2-4: (195 A42a)
Plin. epist. 6,24,5: 207f.
Plin. epist. 6,25,3: 201 A69c
Plin. epist. 6,34,1: (203 A80), 209 A103,104, 212 A118
Plin. epist. 7,11: 189, (195 A42a) (> ff.)
Plin. epist. 7,11,5: *188 A9*, 198, 209 A103
Plin. epist. 7,11,15: 188 A8
Plin. epist. 7,14: 189, (195 A42a)
Plin. epist. 7,15,2: 198f.
Plin. epist. 7,18: 202 A80
Plin. epist. 7,18,1: 209 A103, 213 A123
Plin. epist. 7,18,2: 201, 213 A123
Plin. epist. 7,22,2: 201 A69d
Plin. epist. 7,30: 195, 196 A42d
Plin. epist. 7,30,3: 195 A40
Plin. epist. 7,31,4: 205
Plin. epist. 7,32: (195 A42a)

Plin. epist. 7,32,1: 209 A103
Plin. epist. 7,32,2: 202 A77, 210
Plin. epist. 7,33,5: *202 A78*
Plin. epist. 8,1; 2: 195 A40, 196 A42d
Plin. epist. 8,11,3: 214 A126
Plin. epist. 9,7: 188 A8, (195 A42d), 197 (> ff.)
Plin. epist. 9,7,2-4: *189*, (195 A42a)
Plin. epist. 9,10: 195 A39, 196 A42d
Plin. epist. 9,16: 196 A42d
Plin. epist. 9,20: 196 A42d
Plin. epist. 9,30,1: 191 A22, 202f., *205f.*
Plin. epist. 9,37: 195, 196 A42d
Plin. epist. 9,39: 194f., 195f. A42d, (202 A74)
Plin. epist. 10,8,1f.: *202*
Plin. nat. 1,1: *192*
Plin. nat. 2,224: 192 A32
Plin. nat. 2,232: 192
Plin. nat. 3,1: *192 A30*, 222
Plin. nat. 3,123; 124: 192 A32
Plin. nat. 3,127: *192*, 199 A61
Plin. nat. 3,131: 192 A32
Plin. nat. 9,69: 192 A32
Plin. nat. 10,77: 192 A32
Plin. nat. 17,250: 106 A29
Plin. nat. 34,144: (180 A141), 192 A32
Plin. nat. 36,159: *192f.*
Plu. Caes. 47,3f.: 116 A3c, 118 A15
Plu. M. 814E,F: 19 A22
Porph. Hor. carm. 3,4,9: 82 A66
Prop. 1,21,7f.; 8f.: *95*
Prop. 1,22: *90-96 (90,96)*, 102, 111 (> ff.)
Prop. 1,22,3-9: *95*
Prop. 1,22,9f.: *90-94*, 99
Prop. 2,19,23-26: 101

Prop. 3,22,23f.: 101
Prop. 3,22,39: 206 A91
Prop. 4,1: 86 A89, *97-101*, 102, 110 (> ff.)
Prop. 4,1,62-64: 71 A53, 86 A85, 97
Prop. 4,1,65f.: *94 A15*, *99f.*, *110*, 160 A48
Prop. 4,1,121: 29 A68
Prop. 4,1,121-126: *97-101*, 102
Prop. 4,1,123f.: 94
Prop. 4,1,125: 92 A3, 94 A15, *97 A34*, 98
Prop. 4,1,127-130: 97, 102
Prop. 4,1,129: 94
Quint. inst. 8,12f.: 116 A4
Sall. Cat. 31,7: 42 A65d
Schol. Hor. 30,30,11: 85 A83
Sen. contr. 1, praef. 11; 16: *222f.*
Sen. contr. 10, praef. 2: 223 A42
Sen. contr. 10, praef. 13; 14-16: *223*
Sen. suas. 6,27: *223*
Sen. frg. 88 Haase: *224 A46*
Sen. vita patr.: 224 A46
[Sen.] Anth. Lat. 405 Sh. B. (= 409 R.): *224 A46*
Serv. ecl. 1,48; 51: 64 A16a
Serv. ecl. 7,4: 64 A16a
Serv. ecl. 9,9; 60: 64 A16a
Serv. auct. Aen. 10,202: 70 A48
Sidon. carm. 2,188f.; 23,145f.: 116 A3d
Sidon. epist. 4,3,1: 10 A10
Sidon. epist. 9,14,7: 116 A3d
Stat. silv. 1,2: 128, *132* (> ff.)
Stat. silv. 1,2,177: (126 A17)
Stat. silv. 1,2,260-262: 125 A12a, (126 A12)
Stat. silv. 1,2,260-265: *132*, (137 A74)
Stat. silv. 1,2,263: (137 A74)
Stat. silv. 1,2,264: (126 A17)
Stat. silv. 1,2,265: (137 A74)
Stat. silv. 1,2,266f.: 140
Stat. silv. 1,5,60f.: 132, (136 A74)
Stat. silv. 2,2: 127, *130f.*, 136 A73 (> ff.)
Stat. silv. 2,2,1: (137 A74)
Stat. silv. 2,2,1-5: 131 A43
Stat. silv. 2,2,2: (137 A74)
Stat. silv. 2,2,3: (133 A54)
Stat. silv. 2,2,4f.: (137 A74)
Stat. silv. 2,2,6: 128, 134 A61
Stat. silv. 2,2,6-8: 137 A74
Stat. silv. 2,2,9: 128, (135 A65)
Stat. silv. 2,2,76: (136 A74), (137 A74)
Stat. silv. 2,2,76-82: 131 A43
Stat. silv. 2,2,77f.; 80: (137 A74)
Stat. silv. 2,2,81f.: (136 A74)
Stat. silv. 2,2,83-85: 125 A12b
Stat. silv. 2,2,84: 137 A74
Stat. silv. 2,2,94: (126 A17)
Stat. silv. 2,2,95-97: 123 A4, 127, 137 A74
Stat. silv. 2,2,96; 110: (133 A54)
Stat. silv. 2,2,116f.: 131 A43, (137 A74)
Stat. silv. 2,2,117: (137 A74)
Stat. silv. 2,2,133-137: *26 A55*, *127*, (137 A74)
Stat. silv. 2,2,135: (133 A54), 140
Stat. silv. 2,6: 137 (> ff.)
Stat. silv. 2,6,61f.: (137 A74). *137f.*
Stat. silv. 2,6,62: 138 A79
Stat. silv. 2,7,24-35: 127, 132
Stat. silv. 3, praef. l. 20: 123 A5, (137 A74)
Stat. silv. 3, praef. l. 20-23: 146
Stat. silv. 3, praef. l. 23-25: 131, 135 A64, *142*

Stat. silv. 3,1: *130f.*, 136A73 (> ff.)
Stat. silv. 3,1,64: 131 A43, (137 A74)
Stat. silv. 3,1,91-93: 125 A12c
Stat. silv. 3,1,92f.: 137 A74
Stat. silv. 3,1,100f.: (136 A74)
Stat. silv. 3,1,104f.; 109: 131 A43, (137 A74)
Stat. silv. 3,1,128: (136 A74)
Stat. silv. 3,1,137; 138: (137 A74)
Stat. silv. 3,1,147: (135 A65), (136 A74)
Stat. silv. 3,1,147-151: 131 A43
Stat. silv. 3,1,148: (137 A74)
Stat. silv. 3,1,149: (136 A74)
Stat. silv. 3,1,150f.: (136f. A74)
Stat. silv. 3,1,151-153: 125 A12d, 131, (137 A74)
Stat. silv. 3,2,16-24: 127, (136 A74)
Stat. silv. 3,2,22: (133 A54)
Stat. silv. 3,2,23: (136 A74)
Stat. silv. 3,2,24: (137 A74)
Stat. silv. 3,3,59-62: 127
Stat. silv. 3,3,162: 132
Stat. silv. 3,3,162-164: (135 A65)
Stat. silv. 3,5: 130, *133-136*, 137, 140, *142*, 146f., 217 (> ff.)
Stat. silv. 3,5,12: (126 A17), (137 A74), *142 A96*
Stat. silv. 3,5,12f.: 145
Stat. silv. 3,5,14-18: 134
Stat. silv. 3,5,17f.: (135 A65)
Stat. silv. 3,5,28-36: 146
Stat. silv. 3,5,31f.: 134 A61
Stat. silv. 3,5,42f.; 43: (135 A65)
Stat. silv. 3,5,69-80: 133
Stat. silv. 3,5,72-74: (137 A74), 139
Stat. silv. 3,5,74-76: *133*

Stat. silv. 3,5,75: 125 A12e
Stat. silv. 3,5,76f.: (136 A74)
Stat. silv. 3,5,78f.: 139
Stat. silv. 3,5,78-94: (137 A74)
Stat. silv. 3,5,79: (136 A74)
Stat. silv. 3,5,79f.: 124
Stat. silv. 3,5,79-88: 134
Stat. silv. 3,5,81-94: 133
Stat. silv. 3,5,93f.: *128 A29*
Stat. silv. 3,5,94: 146
Stat. silv. 3,5,95-105: 133, 136
Stat. silv. 3,5,96: (135 A65)
Stat. silv. 3,5,96-98: (136 A74)
Stat. silv. 3,5,97: (136 A74)
Stat. silv. 3,5,98: (137 A74)
Stat. silv. 3,5,99: (135 A65), (136 A74)
Stat. silv. 3,5,102; 103: (137 A74)
Stat. silv. 3,5,104: *134 A63*, (137 A74)
Stat. silv. 3,5,106-109: *133*, 206 A91
Stat. silv. 3,5,108f.: (137 A74)
Stat. silv. 3,5,112: 130
Stat. silv. 4, praef.: 137, 143 (> ff.)
Stat. silv. 4, praef. l. 7-10: 136
Stat. silv. 4, praef. l. 9f.: 143
Stat. silv. 4, praef. l. 10, 21: 123 A5, (137 A74)
Stat. silv. 4, praef. l. 19f.: 130
Stat. silv. 4, praef. l. 21f.: 139
Stat. silv. 4,1: 143
Stat. silv. 4,2: 143
Stat. silv. 4,3: *136*, 143, 147 (> ff.)
Stat. silv. 4,3,15ff.: (136 A74)
Stat. silv. 4,3,20-26: 136
Stat. silv. 4,3,24: (126 A17), (136 A74)
Stat. silv. 4,3,24-26: 143 A102

Stat. silv. 4,3,25f.: (135 A65), (136 A74)
Stat. silv. 4,3,32-39: 136
Stat. silv. 4,3,63f.; 64: (135 A65)
Stat. silv. 4,3,65: (136 A74)
Stat. silv. 4,3,66: (136 A74), (137 A74)
Stat. silv. 4,3,67: (137 A74)
Stat. silv. 4,3,111-113: 136
Stat. silv. 4,4: *138f.*, 142, 144 (> ff.)
Stat. silv. 4,4,1: (126 A17)
Stat. silv. 4,4,1-3: 136 A72, (136 A74)
Stat. silv. 4,4,51f.: (136 A74), (137 A74)
Stat. silv. 4,4,51-53: 125 A12f, (128 A29)
Stat. silv. 4,4,54f.: 138
Stat. silv. 4,4,78f.: (126 A17), (136 A74)
Stat. silv. 4,4,78-86: (137 A74), *137-139*, 142
Stat. silv. 4,4,79: 138 A79
Stat. silv. 4,4,79f.: *139*
Stat. silv. 4,4,81-85: *138f.*
Stat. silv. 4,4,82: *138f.*
Stat. silv. 4,4,83: 138 A79
Stat. silv. 4,4,84f.: *138f.*
Stat. silv. 4,4,85f.: *139*
Stat. silv. 4,5: 143 (> ff.)
Stat. silv. 4,5,21f.: *130*, 133, *137*, 228
Stat. silv. 4,5,29-48: 127, 156 A28
Stat. silv. 4,6: 143
Stat. silv. 4,7: 144 (> ff.)
Stat. silv. 4,7,17-20: 136f., *144*
Stat. silv. 4,7,18f.: (135 A65), (136 A74)
Stat. silv. 4,7,19f.: (137 A74)
Stat. silv. 4,7,55f.: 116 A3b
Stat. silv. 4,8: 136 A73, *139-141*, 143 (> ff.)
Stat. silv. 4,8,1-3: 125 A12g
Stat. silv. 4,8,1-5: 130

Stat. silv. 4,8,1-7: (137 A74)
Stat. silv. 4,8,1-9: 140
Stat. silv. 4,8,4f.: *139*
Stat. silv. 4,8,5: (137 A74)
Stat. silv. 4,8,6: 123 A5
Stat. silv. 4,8,8: (133 A54)
Stat. silv. 4,8,8f.: (137 A74)
Stat. silv. 4,8,14f.; 19: (137 A74), 139
Stat. silv. 4,8,45-48: 124 A11, 134 A59
Stat. silv. 4,8,45-56: (137 A74), *139f.*
Stat. silv. 4,8,46: 126
Stat. silv. 4,8,54: 139 A85
Stat. silv. 4,8,59-62: 139 A85
Stat. silv. 4,9: 143
Stat. silv. 5,2: 144
Stat. silv. 5,3: 144 (> ff.)
Stat. silv. 5,3,104-106: 125 A12h, 138
Stat. silv. 5,3,104-115: 123, (137 A74)
Stat. silv. 5,3,109-111: 126f., 129 A31
Stat. silv. 5,3,111: (126 A17)
Stat. silv. 5,3,116-120: 30 A74, 86 A2
Stat. silv. 5,3,124f.: 122
Stat. silv. 5,3,126f.: 122
Stat. silv. 5,3,126-128: 125
Stat. silv. 5,3,129f.: 122, 125 A12i
Stat. silv. 5,3,129-139: (137 A74)
Stat. silv. 5,3,130-132: 122
Stat. silv. 5,3,133: 123, 126 A19
Stat. silv. 5,3,135f.: 126
Stat. silv. 5,3,141: 86, 123
Stat. silv. 5,3,142-145: 122 A2
Stat. silv. 5,3,147-158: 129
Stat. silv. 5,3,162-171: 123
Stat. silv. 5,3,164f.: (136 A74), (137 A74), *141*

Stat. silv. 5,3,164-171: *132*, (135 A65)
Stat. silv. 5,3,165f.; 167f.: (137 A74)
Stat. silv. 5,3,168: (136 A74)
Stat. silv. 5,3,169: (133 A54), (136 A74)
Stat. silv. 5,3,169-171: *141f.*
Stat. silv. 5,3,176-190: *123*, 132
Stat. silv. 5,3,178f.: *123 A9*
Stat. silv. 5,3,183: (126 A17)
Stat. silv. 5,3,203: 124 A9
Stat. silv. 5,3,205-208: (137 A74)
Stat. silv. 5,3,207: *142*
Stat. silv. 5,3,215: 124 A9
Stat. silv. 5,3,226: (126 A17)
Stat. silv. 5,3,233-237: 129
Str. 12,561: 219
Suet. vita Hor.: 29 A72
Symm. epist. 1,2,2: 10 A10
Symm. epist. 4,18,5: 116 A3e
Tab. Irn. <19>: *17 A16*; 20 A25
Tab. Irn. <20>: 20 A25
Tab. Irn. <29>: 20 A24
Tab. Irn. <61>: 20 A24
Tab. Irn. <69>: 18 A17
Tab. Irn. <84>: 17 A16, 19 A21
Tab. Irn. <85>: 20 A25
Tab. Irn. <93>: 20 A25
Tab. Irn. <94>: 25f. A51
Tab. Irn. <98>: 19 A24
Tab. Malac. c. 53: 25 A50
Tac. ann. 11,24,1f.: 10 A10
Tac. Germ. 2: 44 A82d, 184 A159
Tib. 1,10,15f.: 11 A13
Tib. 2,4,53: 11 A13
Ulp. dig. 50,1,1: 24
Verg. Aen. 10,198-206: 62 A1d, *69f.*, 72f.

Verg. Aen, 10,205: 67f.
Verg. ecl. 1: 30 A72, *64f.*, 68f., 72 (> ff.)
Verg. ecl. 1,11f.: 65, 69 A61a
Verg. ecl. 1,46: 65 A18
Verg. ecl. 1,48: 64 A16a (Serv.), 65f.
Verg. ecl. 1,49: 65 A18
Verg. ecl. 1,51: 64 A16a (Serv.), 65, 65 A18
Verg. ecl. 1,53: 65 A18
Verg. ecl. 1,64-66: 65 A18
Verg. ecl. 1,70f.: 65, 69 A61b
Verg. ecl. 1,78: 65
Verg. ecl. 1,83: 65
Verg. ecl. 7: *64, 66f.* (> ff.)
Verg. ecl. 7,4: 64, 64 A16a (Serv.), 66
Verg. ecl. 7,12f.: 62 A1a, 65 A18, *67*, 71
Verg. ecl. 9: *64f.*, 68f., 72 (> ff.)
Verg. ecl. 9,2-6: 69 A61c
Verg. ecl. 9,7-9: *65*
Verg. ecl. 9,27-29: *62 A1e*, 65f.
Verg. ecl. 9,57: 66
Verg. ecl. 9,59f.: 65f.
Verg. ecl. 9,60: 64 A16a (Serv.)
Verg. ecl. 9,9: 64 A16a (Serv.)
Verg. georg. 2,198f.: 62 A1b, 67f., 69, *70f.*
Verg. georg. 3,12-15: 62 A1c, 67f., *71*, 85, 86 A85
[Verg.] cat. 8: 11
Vergili epitaphium (= Verg. frg. 2 Blänsdorf): 11

XV.2 NAMEN, BEGRIFFE, SACHEN

Eigennamen (Örtlichkeiten, Personen) sind aufgeführt, wenn sie in enger Verbindung zu den Geburtsheimaten stehen. (Nicht einzeln genannt werden also etwa die jeweiligen Wahlheimaten, sämtliche hispanischen Ortsbezeichnungen bei Martial u.ä.).

AITIOLOGISCHES: 111; (Apulien = Daunien 74-89 passim); Mantua 70; Neapel 124f., 126, 139; Patavium 119f.; Sulmo 111

APULIEN (= Daunien): Kap. VI passim (Stellenverzeichnis 74 A5); vgl. 123

ARPINUM: 15 A3 (civitas Romana); 21; Kap. III passim.

ASISIUM: 15 A3 (civitas Romana); Kap. VII passim

AUSONIUS: 10; 217 A1

BAIAE: (> Martial: Wahlheimaten; Statius: Örtlichkeiten der Heimat)

BENEFICIA: 28; 214; (> Plinius minor: Beneficia, Munifizenz)

BILBILIS: 15 A3 (civitas Romana); Kap. XI passim

BÜRGERRECHT: Adlectio 26; civitas Romana: 14, Bedeutung 14, Verleihung 10 A10, 15, 21f. (in Italien), 30f. (> Constitutio Antoniniana); Doppeltes ~ 15, 24f. (doppeltes „Stadtbürgerrecht" 26); Origo 24f.; „Stadtbürgerrecht" 24f., 26 (damit verbundene politische Rechte 26f.)

CATO, CENSORIUS: 9 A5 (Tusculanus)

CATULL: Kap. IV passim
Familie: 14 A2, 29, Bruder 57f.
Landschaftsbeschreibung: 56, 58-60
Municipes, Landsleute: 53f., 57, 61, Caecilius 50-52, Cinna 57, Cornelius Nepos 61, Volusius 57, (transpad. Dichterkreis 53, 61)
Örtlichkeiten der Heimat: Brixia 55-57, „Colonia" 53f., Comum u. Larius 50-53, Padua (Poarm) 57, Sirmio 58-61, Verona (14), 51-53, 55, 57f.
Rom: 50, 54, 57f., 61
Selbstverständlichkeit der Heimat: 61
Transpadaner: 51, 54, 61
Zeit und Verhältnis zur Heimat: 61
(ausserdem: 72, 114, 212, (217f., 226))

CICERO: Kap. III passim
Familie: 29, 41-45 (Marius 44f., 48; (> Cicero: Örtlichkeiten, Mariuseiche))
Geborgenheit: 47, 60
Gutsherr: 47 A96b
Identifikation mit dem Volkscharakter: 42
Landschaftsbeschreibung: 33-41, 44 (Landschaftsempfinden 35f.)
Municipes, Landsleute (> Cicero: Patrocinium)
Nostalgie: 43f., 49
Örtlichkeiten der Heimat: Arpinum/Arpinas Kap. III passim (Cicero als *homo Arpinas* 44, Fibrenus(insel) 33-35, 40, 43, Liris 33-35, Mariuseiche 32-34, 38, 48), Atina 42
Otium, Erholung: 37, 40, 48f.
Patria civitatis: 41f., 46-48;
Patrocinium: 42, 43, 46 m. A95
Rom: 47 (> Cicero: patria civitatis)
Selbstverständlichkeit des Verhältnisses zur Heimat: 42, (47 A95 (Cluent. 43))
Virtus der Heimat: 31, 42-44, 49
Vorwurf der Herkunft: 41f.
Wahlheimaten: 40
(ausserdem: 14f., 21, 24, 50, 58, 78, 104, 109, 112f., 191 A20; 217; 224-28, 190f., (217, 224-226))

CINNA, C., HELVIUS: 57 (> Transpadana: Dichterkreis)

COLUMELLA: 218f. (Gaditanus)

COMUM: 15 A3 (civitas Romana); (> Catull: Örtlichkeiten; Kap. XII passim); intermittierende Quelle b. heutigen Torno 192.

CONSTITUTIO ANTONINIANA: 18 A17,; 31

CORDUBA: (> Senecae: Heimat; Martial: Senecae; Lucan)

DAUNIEN (= Apulien): Kap. VI passim, 110, 132 A53

DECURIONES: 26f.; (> Domi nobiles)

DICHTERRUHM UND STOLZ DER HEIMAT: 57, 71, 85f., 110, 160f., 169, 171

DOMI NOBILES: 28-31; (> Decuriones)

DOMITIAN: lex Irnitana 19 A24, 27 A57; Martial 152, 168; Statius 123 A9, 143 (> Statius: via Domitiana)

ENNIUS: 10 A7

FACHSCHRIFTSTELLER: 218-222

FRONTO: 10 A9

GERMANA PATRIA, GEBURTSHEIMAT:
Aufenthalt: 40, 47, 104, 194f., 197
Begriff: 9
Dichterruhm und ~: 57, 71, 85f., 110, 160f., 169, 171
Geborgenheit: 47, 60, (65), 112, 115, 134, 136, (152), 226
Landschaft/Landschaftsbeschreibung: 33-41, 44, 56, 58-60, 63-68, 72, 81f., 90-94, 97-100, 102, 103-7, 115, 118, 131f., 152-54, 164, 184f., 189-92; (> Lokalkolorit; einzelne Autoren)
Lebensumfeld: 57, 61, 147
Leiden: 225; Properz: 85f., 102; Statius 137-142; (> Italien: Landenteignungen)
Mutter: 133, 206
offizielles Anführen der ~: 24
Otium, Erholung: 37, 40, 48f., (66), 103-5, 114, 134, 138, 149-51, 190, 197 (> Paradies, heile Welt)
Paradies, heile Welt: 68f., 103-7, 115, 134, 149-53, 154, 164, 181, 185, 225, 227 (> Otium, Erholung)
Patria civitatis und ~: 9f., 14-16, 23-25 (Abgrenzung), 46; Bedeutung der patriae für die Munizipalaristokratie 28f.; (> Municipium, Colonia, Abhängigkeit von Rom; einzelne Autoren).
Rückkehr: 228; Livius 116; Martial 148, 159-64; Statius 134, 142-45
Selbstverständlichkeit des Verhältnisses zur ~: 42, 47 A95 Ende, 61, 104, 109, 115, 133, 136, 140, 198-201, 205f., 214 (> germana patria: Mutter)
Unbehagen, ambivalente Gefühle: 148, 154-59, 163f., 209-11
Vergleichsgrösse, Vergleich 107, 109, 114, 170
Virtus der ~: 31, 42-44, 49, (57f.), 75f., 78f., 80, 86f., 88f.; 112, 118, 121, 146, 202, 208 A98, 212
Vorwurf der ~: 24, 41f., 214, 226
Wahrzeichen: 62, 77, 83, 178, Beliebtheit von Flussnamen 132 A50
Zeit und Verhältnis zur Heimat: (> Catull; Ovid; Statius; Martial)

HEIMATGEDICHT: 88, 146, 170, 173f., 184, 217, 225

HISPANIEN: 17 A17 (Hadrian aus Italica), 27 A57, 171; (> Columella; Mela; Quintilian; Martial; Senecae; Trajan; lex Irnitana; lex Salpensana; lex Malacitana)

HOMER, HERKUNFT: 122, 127, 132

HORAZ: Kap. VI passim
Bescheidenheit der Heimat: 85, 87f., 89
Familie: 29f., 79, 85, 87, 89
Heimatbild symbolhaft, erstarrt: 83, 88, 225
Identifikation mit dem Volkscharakter: 86f.
Kindheit: 79, 82f.
Landenteignung: 80f.
Landschaftsbeschreibung: 81f. (> Horaz: Heimatbild symbolhaft ...)
Lokalgeschichte: 86f., 89
Municipes, Landsleute: 79-81 (Ofellus)
Örtlichkeiten der Heimat (Stellenverzeichnis 74 A5): Acaeruntia 83, Apulien/Daunien, Kap. VI passim (Berge, Atabulus 81f.), Aufidus 75, 77, 84, Bantia 83, Canusium 75, Forentum 83, Garganus 75-77,

Lukanien 74 A4, 86f., Matinus 75f. (apis Matina 76, 79, 84), südliches Italien 74-76, Venusia 76, 79, (82), Voltur 82f.
Virtus der Heimat: 75f., 78f., 80, 86f., 88f.
Wahlheimaten: 74f., 78, 88
Wahrzeichen der Heimat: 77, 83
(ausserdem: 58, 61, 72, 110f., 112, 115, 149f., 162 A55, 178, 183, (217, 225-28))

IDENTIFIKATION MIT DEM VOLKSCHARAKTER: 226; Cicero 42; Horaz 86f.; Martial 162f., 183; (Ovid 112); Plinius minor 212; (> Virtus der Heimat)

INCOLA: 24f.

IRNI: (> lex Irnitana; Stellenregister, tabulae Irnitanae)

ITALIEN: Bevölkerungspolitik 140f., 204f.; als Idee 23, 183, 215; Landenteignungen 29, 61f., 68f., 70f., 80f., 97, 100, 115; Munizipalisierung 16, 18 A17, 18, 19-23 (> Municipium, colonia); (> Transpadana; Kampanien; Rom etc.)

JUVENAL: 10 A12 (germana patria); allgemeines: 149, 155, 183 A155

KAMPANIEN: (> Kap. X passim; Martial u. Vergil: Wahlheimaten; Neapel)

KATALOG: 69f., 135, 227

LANDSLEUTE: (> Municipes, Landsleute)

LEIDEN UM DIE HEIMAT: (> germana patria: Leiden)

[LEX FLAVIA MUNICIPALIS]: 20 A27

LEX IRNITANA: 18-20, 21 A33, 25f., 27 A57; (> Stellenregister)

[LEX IULIA MUNICIPALIS]: 21, 23 A41

LEX MALACITANA: 18-20, 25; (> Stellenregister)

LEX SALPENSANA: 18-20

LIVIUS: Kap. IX passim

Familie: 29, 116
Patavium: Kap. IX passim
Patria civitatis: 120f.
Patavinitas: 116f.
Landschaftsbeschreibung: 118
Lokalgeschichte: 117-19, 225
Rückkehr: 116
Virtus der Heimat: 121
(ausserdem: 218f., (225f., 228))

LOKALGESCHICHTE: 226; Cicero (Marius) 44f.; Horaz 86f., 89, 225; Livius Kap. IX passim, 225; Ovid 111, 115, 225; (> Aitiologisches; Statius und griechische Kultur; Vergil: Landenteignungen)

LOKALKOLORIT: 34f., 78-81, 97, 99f., 106, 126f., 152-54, 164, 184f., 225; (> einzelne Autoren)

LOKALPATRIOTISMUS, ENTWICKLUNG: 28-31, 202f., 214, 226

LUCAN: (> Martial: Municipes, Landsleute); vgl. auch 127, 132

LUKANIEN: Kap. VI (Stellenverzeichnis 74 A5)

MANTUA: 15 A3 (civitas Romana); Kap. IV passim; Aitiologisches 70

MARTIAL: Kap. XI passim
Familie: 30, 151
Geborgenheit: (152; (> Martial: Paradies, heile Welt))
Hispanismo: 163, 170f., 183f.
Identifikation mit dem Volkscharakter: 162f., 183
Keltiberien: 150, 162f., 169, 171 A96, 176f. (Verwaltung der Tarraconensis), 183
Landesprodukte: 178-81, Eisen 180, Gold 177-80, Pferde 180
Landschaftsbeschreibung/Lokalkolorit: 152-54, 164, 184f.
Municipes, Landsleute (Übersicht 164f. A67): 148, 154, 156f., 160, 164-69, 171; einzelne: Canius Rufus 164 A67, 165, Decianus 164 A67, 165, Flavus 159, 164f. A67, Licinianus 154, 164,

164f. A67, 166, 169, 171f., 173, Licinius Sura 164f. A67, 166, Lucanus 164 A67, Manius 160, 164f. A67, Marcella 149, 151, 156f., 164f. A67, Maternus 161, 164f. A67, 166, 174, Quintilian 164f. A67, 165, 168f. A82, (Saloninus 164f. A67, 167f.), Senecae (Annaei) 164, 164f. A67, Terentius Priscus 148, 151, 164f. A67, 166-68 (Person, Beziehung), Tuccius 164f. A67, 168, Unicus 157 A31a, 164f. A67

Örtlichkeiten der Heimat (weitere > Martial: Municipes, Landsleute; Landesprodukte): Bilbilis Kap. XI passim (Archäologie 153 A15, Weg nach ~ 167 A76 Schluss), Boterdus 150 A5, 169, Burado 170, Caius 169, Callaicus Oceanus 151f., 161, Carduae 170, Congedi vadum 153, 169, Corduba 157, 164, 176, Derceita 169, (Keltiberien > Martial: Keltiberien), Laietania 169, Nutha 169, Peteris 170, Platea 150 A5, 170, 179 A138, Rigae 170, Tagus 152, 158, 162, 177-80, Vadavero 169, Vobesca 169, Rixamae 170, Salo 152f., 156, 158, 170, 179f., Turgonti lacus 170, Turasiae lacus 170, Tutela 170, Tvetonissa 170, Vativesca 170

Otium, Erholung: 149-51; (> Martial: Paradies, heile Welt)

Paradies, heile Welt: 149-53, 154, 164, 181, 185, 225

Patria civitatis: 183

Patrocinium, patroni: 149, 156f., 157f. (eigene Klienten) (> Martial: Municipes, Landsleute: Marcella, Terentius Priscus)

Rom: 148-52, 154-60, 182f., 185

Rückkehr: 148, 159-64

Unbehagen, ambivalente Gefühle: 148, 154-59, 163f.

Virtus der Heimat: (> Martial: Identifikation mit dem Volkscharakter)

Wahlheimaten: 174f., 182

Wahrzeichen: 178, 184

Wirtschaftliche Verhältnisse: 151, 152 A12

Zeit und Verhältnis zur Heimat: 159, 164, 171f., 174, 185 (ausserdem: 86, 137, 212, (217, 225-28))

MELA, POMPONIUS: 218-22; Hispanien, Örtlichkeiten 219-22 passim, Carteia 219, Tingentera 219f.; „hapax geografici" 221

MUNICIPES, LANDSLEUTE: 24, 47 A95 Ende, 205, 225; (> einzelne Autoren).

MUNICIPIUM, COLONIA: 17 A17; Abhängigkeit v. Rom 15-23; Recht 17-20; Verfassungen 19f., 25f.

MUNIZIPALARISTOKRATIE: (> Domi nobiles)

NATUREMPFINDEN DER RÖMER: 107, 184, 190f.

NEAPOLIS: 15 A3 (civitas Romana), 26 A55, Kap. X passim; Aitiologie 124f., 126, 139; Augustalia 128, 131, 134; Griechentum 22, 126f., 128, 134; (> Statius: Parthenope)

NEPOS, CORNELIUS: 61, 192, 199

NERVA: Italienpolitik 204f.; Martial 163

NOSTALGIE: 43f., 49, 58, 60, (83), 198, 225

ORIGO: im Namen 24; (> Bürgerrecht)

ORTSZUGEHÖRIGKEIT: 23f.; (> Bürgerrecht)

OVID: Kap. VIII passim
  Bescheidenheit der Heimat: 110f.
  Familie: 29, 107-10, 115
  Geborgenheit: 112, 115
  Gutsherr: 104, 115
  Heimatbild erstarrt: 103 u. 115
  Identifikation mit dem Volkscharakter fehlend: 112
  Landschaftsbeschreibung: 103-7, 103 (Klima), 115, 154 A16 (> Ovid: Lokalkolorit)
  Lokalgeschichte: 111, 115
  Lokalkolorit: 106

Örtlichkeiten der Heimat: Sulmo, Paelignerland Kap. VIII passim
Otium, Erholung: 103-5, 114
Paradies: 103-7, 115
Rom: 113, 115
Selbstverständlichkeit des Verhältnisses zur Heimat: 104, 109, 115
Verbannung: 111-14
Virtus der Heimat: 112 (111)
Zeit und Verhältnis zur Heimat: 113f.
(ausserdem: 86, 89, 149 A2, 136, 154 A16,19, 159f., (217, 225f., 228))

PARADIES: (> germana patria: Paradies, heile Welt)

PATAVIUM: 15 A3 (civitas Romana); Kap. IX passim; Aitiologie 119f.; 212.

PATRIA CIVITATIS: und germana patria 9f., 14f.; Abgrenzung 23-25; Bedeutung der patriae für die Munizipalaristokratie 28f. (> einzelne Autoren)

PATROCINIUM: 30, 205f.; (> einzelne Autoren; Municipes)

PLINIUS MAIOR: 192f., 218, 222

PLINIUS MINOR: Kap. XII passim
Alter beim Verlassen Comums: 187
Amt in Comum (?): 198
Aufenthalte in Comum: 194f., 197
Beneficia (> Plinius minor: Munifizenz): 201-7, 209-11; Konkreta: Alimentarstiftung 201, 203, 210f., Betrag für Freigelassene und epulae 202, Bibliothek 201f., 211, Erbe des Saturninus 189, 199 A62, korinthische Bronze 201, 211 Schule 201, 206f., 211-13, Thermen 202; Schwierigkeiten beim Schenken 209-11
Familie: 29, 186 A2 (Inschriften), 187f., 198 (> Plinius minor: Gattin; Municipes, Landsleute, Fabatus)
Gattin: 197, 208; (> Plinius minor: Municipes, Landsleute, Fabatus)
Güter: 193f. A35

Gutsherr: 188f., 190, 197f.
Identifikation mit dem Volkscharakter: 212
Landschaftsbeschreibung: 189-92
Municipes, Landsleute: 207-209; Förderung durch ~: 201, 208; Einzelne ~: Annius Severus 208, Arrianus Maturus 201 A69d, 208, 212, Atilius Crescens 208, 212, Calvisius 199, 208, Caninius Rufus 197, 208, 211, Corellii 208f. (Corellia 189, 201 A69d,, 208 Corellia Hispulla 201 A69d, 208 A96,97, 209, Corellius Rufus 201, 205, 208f.), Cornelius Minicianus 201 A69d, 212, Fabatus (Schwiegervater) 186 A2f, 197f., 202 A77, 208 A96, 209 A107, 211, Metilius Crispus 201 A69c, Minicius Acilianus 201 A69d, 208, 212, Saturninus 189, Verginius Rufus 201, 208, Vibius Severus 199, 208
Munifizenz, Beweggründe: äussere 203-6, 212f., 214f.; innere 211, 213, 214f.
Patrocinium: 197f., 205f. (für Heimat natürlich)
Patria civitatis: 188, 215f.
Örtlichkeiten der Heimat: Comum: Kap. XII passim (intermittierende Quelle beim heutigen Torno 192; Larius 189f., 192, 194, 209; Landsitze in der Heimat 189f.); Transpadana/„Pliny country" 187
Rom: 196f., 215f.
Selbstverständlichkeit des Einsatzes für die Heimat: 198-201, 205f., 214
Unbehagen, ambivalente Gefühle: 209-11
Virtus der Heimat: 208 A98, 212
Wahlheimaten: 190, 193-97, 209
(ausserdem: 15, 78, 104, 112, 149 A1, 154 A19, (225-28))

POSSESSIVPRONOMEN als Träger der Verbundenheit: 55, 163 A61, 209

PROPERZ: Kap. IV passim
Familie: 29, 90, 97, 100
Geburtsort: 90-94
Landenteignung: 97, 100

Landschaftsbeschreibung: 90-94, 97-100, 102; (> Properz: Lokalkolorit)
Leiden um die Heimat: 85f., 102
(Lokal)geschichte: 95f.
Lokalkolorit: 97, 99f.
Örtlichkeiten der Heimat: Asisium Kap. VII passim (vgl. 92 A3), Clitumnus 101, lacus Umber 94, 97, 100, Mevania 94, 97, 99f., Perusia Kap. VII passim (Schicksal 95f., 102, 225), Umbria Kap. VII passim
Rom: 98 (ausserdem: 61, 72, 86, 110f., 115, 183, (225f.))

PROSAAUTOREN: 218-24; Fachschriftsteller: 218-23; Historiker: 218

PUTEOLI: 18, 26 A55; (> Statius: Örtlichkeiten der Heimat)

QUINTILIAN: 164f. A67, 165, 168f. A82, 224 (Calagurris); Quintilianus senex 223

REGIONALISMUS: 23f.; (> Municipes, Landsleute)

ROM: 227f.; Cicero 47; Catull 50; 54, 58, 61; Martial 148-52, 154-60, 182f., 185; Ovid 113, 115; Plinius minor 196f., 215f.; Properz 98; Statius 147

ROMANISIERUNG: 22f., 30f.

ROMANTIK: 49, 62, 227

RÜCKKEHR: (> germana patria: Rückkehr)

SENECA MAIOR: 222f.; Municipes, Landsleute 222f. (Porcius Latro, Marullus, Gavius Silo, Clodius Turrinus, Quintilianus senex, Sextilius Ena); Virtus der Heimat 222

SENECA MINOR: 224

ΣΦΡΑΓΙΣ: 77, 84, 86, 90, 97, 99, 102; 109f., 217

STATIUS: Kap. X passim
Augustalia: 128, 131, 134
Cognomen: 122 A1

Familie: 30, 122 (Vater 122-27; 141f.)
Gattin: 124, 128, 133f., 139f., 146
Geborgenheit: 134, 136
Götter der Heimat: 139f.
griech. Kultur: 124f., 126-130, 225 (griech. Tragödienstoffe 129f.), 134, 146
Municipes, Landsleute: 132; (> Statius: Patrocinium, patroni, Iulius Menecrates, Pollius Felix)
Örtlichkeiten der Heimat (Gesamtübersicht 136 A74): Baiae 132 u. A53, 135f., 141f., Capua 133, Capri 135, Cumae 126 A17, 132 A53, 135, 141, Chalcidicus/Euboicus 126 A17, 129, 132, Golf 128, 134f. (vgl. 136 A74), Gaurus 131, 135, vgl. 136 A74, Herculaneum 132 A53, 141, Inarime 131, (Kampanien Kap. X passim, vgl. 136 A74), Limon 131, Literna palus 136 A74, Lucrinus 131, 132, vgl. 136 A74, Megalia 131, Misenum u. Kap M. 131, 132 A53, 135f., 141f., Nesis 131, Neapel Kap. X passim (> Statius: Parthenope; Neapolis), Pompeii 132 A53, 141, vgl. 136 A74, Prochyta 131, Puteoli 127, 132f., Savo 136 A74, Sarnus 132, Stabiae 135, Surrentum (vgl. 136 A74!), 127, 130f., 135, 141, Sebethos 132, Venus Euploea, Tempel 131, Vesuvius 136 A74 (> Statius: Vesuvausbruch), via Domitiana 136, 143, Volturnus 136 A74

Otium, Erholung: 134, 138
Leiden um die Heimat: (> Statius: Vesuvausbruch)
Paradies, heile Welt: 134, 227
Parthenope: 123 A5, 124f.; (> Statius: Neapel; Neapolis)
Patrocinium, patroni: 136f., Iulius Menecrates 124, 130, 139f., Pollius Felix 26 A55, 127f., 130-133, 136, 139f., 146f.
Rückkehr nach Neapel / Rückkehr nach Rom (?): 131, 134, 142-45
Selbstverständlichkeit der Heimatliebe: 133, 136
Rom: 147; Umzug nach ~ 123 A9; (> Stat.ius: Rückkehr nach Rom)

Vater: (> Statius: Familie)
Vesuvausbruch: 137-142
Virtus der Heimat: 146
Wahlheimat: 130
Zeit und Verhältnis zur Heimat: 130, 137, 147
(ausserdem: 111, 149 A1, 156, (217, 225f., 228))

STRABO: Amaseia 219

SULMO: 15 A3 (civitas Romana); Kap. VIII passim; Aitiologie 111

TACITUS: 10 A11

TIBULL: 11 A13, 218; 150 A7

TOPOI:
Allgemeines: 23f., 63, 71, 76, 132, 136, (148f.)
Dichtername und Herkunftsnennung: 79, 84, 127, 178 A134, 217f.; (> Dichterruhm und Stolz der Heimat)
Flussnamen als Heimatsymbol: 32 A50 (> germana patria: Wahrzeichen)
Heimat als Mutter: 206f.
Heimat im Enkomion: 127f., 132
Heimatliebe des Odysseus: 44f.
Streit der Städte um Homer: 122; (> Dichterehre und Stolz der Heimat; Σφραγίς)
(vgl. weiter: 108 A41, 169 (griech. Städtenamen in lat. Dichtung))

TRAJAN: 171 (hispanische Herkunft (Italica)); Italienpolitik 204f.; Martial 152, 166

TRANSPADANA: 14 A2; 15; Kapp. IV (Catull), V (Vergil), IX (Livius), XII (Plinii) passim; Catius, Titus 199; Dichterkreis 53, 61; Landwirtschaft 70f., 182 A147 (Wolle); Martial (Wahlheimat) 149, 174f.; Nepos, Cornelius 192, 199; „Transpadanus" (Begriff) 51 A6; Virtus 212

UMBRIEN: Kap. VI passim

VARRO: 10 A10

VENUSIA: 15 A3 (civitas Romana); (> Horaz: Örtlichkeiten); vgl. 61

VERGIL: Kap. V passim
Familie: 29
Geborgenheit: (65)
Heimatbild symbolhaft, erstarrt: 67f., 71, 225
Landenteignung: 29, 62, 68f., 70f., 225
Landschaftsbeschreibung: 63-68 (Eklogen und „paesaggio mantovano" 64-67, 72), 72; (> Vergil: Heimatbild, symbolhaft ...)
Örtlichkeiten der Heimat: Mantua Kap. V passim, Mincius 62, 64, 66-68, 70-72, (Schwäne 62 mit A1e, 67, 70)
Paradies, heile Welt: 68f.
Wahlheimaten: 69, 72f., 226
(ausserdem: 61, 86, 103, 111, 115, 132, 138, (225f., 228))

VERONA: 14, (> Catull: Örtlichkeiten), 212

VIRTUS DER HEIMAT: (> germana patria: virtus)

VOLKSCHARAKTER: (> Identifikation mit dem ~)

VORWURF DER HERKUNFT: (> germana patria: Vorwurf)

WAHLHEIMAT: 228; Cicero 40; Horaz 74f., 88; Martial 174f.; 182, Plinius minor 190, 193-97, 209; Statius 130; Vergil 69, 72f., 226

WAHRZEICHEN: (> germana patria: Wahrzeichen)